北京理工大学"双一流"建设精品出版工程

Introduction to Data Science
（Fourth Edition）

数据科学导论
（第4版）

杨 旭　薛静锋　丁刚毅◎编著

U0234584

北京理工大学出版社
BEIJING INSTITUTE OF TECHNOLOGY PRESS

内 容 简 介

《数据科学导论（第4版）》主要介绍数据科学相关领域的知识，在前序版本的基础上，重点阐述所增加的人工智能部分——聚焦数据和智能的交叉融合，体现"数智赋能"这一未来的重大导向。

本书围绕建设"制造强国"和"网络强国"的需求，重点强调对学生技术能力和创新思维的培养。作者围绕"数据智能，赋能未来"这个核心思想，将内容分为四大篇章，先分别阐述数据和智能的一些基础理论，再结合应用和案例来讨论两者的融合和交叉，最后对数智赋能的未来形态、业态作一番畅想。

本书既可以用作电子信息类、计算机类、经济管理类、工商管理类本科生的教材，也可作为大众科普读物。

版权专有　侵权必究

图书在版编目（CIP）数据

数据科学导论 / 杨旭，薛静锋，丁刚毅编著. —— 4
版. —— 北京：北京理工大学出版社，2024.5
ISBN 978 - 7 - 5763 - 4034 - 1

Ⅰ. ①数… Ⅱ. ①杨… ②薛… ③丁… Ⅲ. ①数据管
理 Ⅳ. ①TP274

中国国家版本馆 CIP 数据核字（2024）第 102036 号

责任编辑：王晓莉	文案编辑：王晓莉
责任校对：刘亚男	责任印制：李志强

出版发行 /	北京理工大学出版社有限责任公司
社　　址 /	北京市丰台区四合庄路 6 号
邮　　编 /	100070
电　　话 /	（010）68944439（学术售后服务热线）
网　　址 /	http://www.bitpress.com.cn

版 印 次 /	2024 年 5 月第 4 版第 1 次印刷
印　　刷 /	三河市华骏印务包装有限公司
开　　本 /	787 mm × 1092 mm　1/16
印　　张 /	24.25
字　　数 /	569 千字
定　　价 /	58.00 元

图书出现印装质量问题，请拨打售后服务热线，负责调换

《论语·卫灵公》有云："子曰：人无远虑，必有近忧。"晋代葛洪在其所著的《抱朴子·安贫》中也指出"明哲消祸于未来，智士闻利则虑害"。可以说，对未来的思考和创造正是科学研究的原动力。

然而，未来究竟是怎样的呢？历史上的人们不是没有想过要去测度未来，各种各样的占卜问卦方式层出不穷。

对未来的理解，关键是数据。数据就是我们创造的，用来刻画这个世界和其运行规律的法宝。有了数据，一切都有迹可循。有形的，无形的；天上的，地下的；过去的，未来的……也就是何物何事何时，俱可归于数据。只要数据在手，无物可逃过你的法眼。

《马克思恩格斯全集（第二十三卷）》中讲到"各种经济时代的区别，不在于生产什么，而在于怎样生产，用什么劳动资料生产。劳动资料更能显示一个社会生产时代的具有决定意义的特征"。如今，数据科学当红，人工智能可热。"数据"和"智能"正是这个时代最重要的生产资料。大数据是原始知识，刻画和描述世界的运行规律，而人工智能提供解读数据、获取规律的技术手段——两者相辅相成，不可分割。单从大模型的成功我们就可以看到，没有大规模数据，不可能形成世界模型。反之，没有人工智能学习算法的支撑，数据也无用武之地。

国际形势的发展日益凸显数据科学研究的重要性。此次修订，本教材从符合国家重大战略的要求出发，秉持二十大"加快建设教育强国、科技强国、人才强国"的精神，围绕建设"制造强国"和"网络强国"的需求，重点强调对学生技术能力和创新思维的培养，与案例讲授、技术讲解无缝衔接，达到润物细无声，随风潜入夜的效果。全书遵从"数智赋能"的核心思想，分为"数据""智能""赋能""未来"四大篇章，从"数据"和"智能"的本源讲起，融汇两者，畅想未来。

在"数据"和"智能"两者的融合赋能之下，我们的未来一定不是梦！

目 录
CONTENTS

第1章　引论 ……………………………………………………………………… 001

1.1　序言 ………………………………………………………………………… 001

1.2　本书结构 …………………………………………………………………… 001

第2章　数据与大数据 …………………………………………………………… 003

2.1　数据的定义 ………………………………………………………………… 003

2.1.1　数据的定义 …………………………………………………………… 003

2.1.2　其他相关概念 ………………………………………………………… 004

2.2　大数据的概念 ……………………………………………………………… 005

2.3　大数据的4V特性 …………………………………………………………… 006

2.3.1　体量（Volume） ……………………………………………………… 006

2.3.2　多样性（Variety） …………………………………………………… 008

2.3.3　价值/真实性（Value/Veracity） ……………………………………… 009

2.3.4　速度（Velocity） ……………………………………………………… 010

2.3.5　对4 V特性的体会 ……………………………………………………… 010

2.4　数据简史 …………………………………………………………………… 010

2.5　大数据时代 ………………………………………………………………… 016

2.5.1　大数据时代的来临 …………………………………………………… 016

2.5.2　大数据的产生根源 …………………………………………………… 017

2.5.3　大数据时代带来的挑战 ……………………………………………… 019

第3章　数据科学 ………………………………………………………………… 021

3.1　数据科学简述 ……………………………………………………………… 021

3.1.1　数据科学的定义 ……………………………………………………… 021

3.1.2　数据科学的由来 ……………………………………………………… 022

3.1.3 数据科学的研究范畴 ·· 022

3.2 数据科学的研究方法 ··· 024

3.2.1 范式和范式的演化过程 ·· 024

3.2.2 第四范式兴起的社会根源 ··· 027

3.2.3 数据科学研究的一般流程 ··· 031

第4章 数据科学的研究方法 ·· 033

4.1 数据的类型 ··· 033

4.2 数据的获取 ··· 035

4.2.1 网络爬虫的一般框架 ··· 035

4.2.2 网页遍历策略 ··· 036

4.2.3 链接分析 &PageRank 算法 ·· 037

4.2.4 更新策略 ·· 045

4.3 数据的预处理 ·· 046

4.3.1 数据预处理的目的 ·· 046

4.3.2 数据清洗 ·· 047

4.3.3 数据集成 ·· 052

4.3.4 数据变换 ·· 054

4.3.5 数据归约 ·· 056

4.4 数据的存储 ··· 060

4.4.1 数据存储的发展 ··· 060

4.4.2 大数据对存储带来的挑战 ··· 063

4.4.3 云存储方式 ··· 064

4.5 数据的管理 ··· 065

4.5.1 数据管理的发展阶段 ··· 065

4.5.2 大数据时代数据管理的特点 ··· 068

4.5.3 非关系型数据库 ··· 069

4.5.4 开源的 NoSQL 数据库软件 ··· 069

4.6 数据的处理 ··· 071

4.6.1 Hadoop 概述 ·· 071

4.6.2 HDFS 架构 ·· 072

4.6.3 MapReduce 并行框架 ··· 074

4.6.4 MapReduce 的编程实例 ·· 080

4.6.5 Spark ··· 086

4.7 数据的可视化 ·· 090

4.7.1 概述 ·· 090

4.7.2 数据可视化的重要性 ··· 090

4.7.3 可视化的基本原则 – 最大化数据 – 墨水 ······························· 095

4.7.4 可视化工具 ··· 098

第5章　智能 ·· 104

5.1　智能的定义 ··· 104
5.2　智能的表现形式 ··· 105
5.2.1　感知 ··· 105
5.2.2　注意 ··· 107
5.2.3　记忆 ··· 108
5.2.4　决策 ··· 111
5.2.5　意识 ··· 111
5.3　人工智能 ··· 115
5.4　人工智能的主要学派 ····································· 116
5.4.1　符号主义 ··· 116
5.4.2　联结主义 ··· 117
5.4.3　行为主义 ··· 118
5.5　人工智能的研究简史 ····································· 118
5.5.1　起步发展期：1943年—20世纪60年代 ·············· 119
5.5.2　反思发展期：20世纪70年代 ······················ 122
5.5.3　应用发展期：20世纪80年代 ······················ 123
5.5.4　平稳发展期：20世纪90年代—2010年 ·············· 125
5.5.5　蓬勃发展期：2011年至今 ························· 127

第6章　经典人工智能技术 ······································ 134

6.1　传统机器学习技术 ······································· 134
6.1.1　线性模型 ··· 134
6.1.2　决策树 ··· 135
6.1.3　支持向量机 ··· 140
6.1.4　贝叶斯模型 ··· 143
6.1.5　集成学习 ··· 147
6.1.6　聚类 ··· 150
6.2　人工神经网络 ··· 160
6.2.1　概述 ··· 160
6.2.2　感知机模型 ··· 160
6.2.3　误差逆传播算法 ····································· 164
6.3　深度学习 ··· 170
6.3.1　卷积神经网络 ······································· 170
6.3.2　循环神经网络 ······································· 173
6.3.3　Transformer与注意力机制 ························· 179
6.4　强化学习 ··· 182
6.4.1　Q-learning ··· 183

6.4.2　SARSA ……………………………………………………………… 183

6.4.3　Actor – Critic ………………………………………………………… 184

第 7 章　智能辅助的数据运用新模式 …………………………………… 185

7.1　关联分析 ……………………………………………………………… 185

7.1.1　啤酒与尿布——商品的关联性分析 ……………………………… 185

7.1.2　亚马逊——个性化推荐 …………………………………………… 196

7.1.3　潘多拉音乐组计划——标签系统的运用 ………………………… 202

7.1.4　塔吉特——大数据营销 …………………………………………… 208

7.2　趋势预测 ……………………………………………………………… 210

7.2.1　"搜索 + 比价" …………………………………………………… 210

7.2.2　Twitter 与股票量化分析 ………………………………………… 216

7.2.3　疾病预测与预警 …………………………………………………… 217

7.2.4　电影票房预测 ……………………………………………………… 225

7.2.5　奥斯卡预测 ………………………………………………………… 230

7.3　决策支持 ……………………………………………………………… 234

7.3.1　《纸牌屋》——数据化决策 ……………………………………… 234

7.3.2　大数据助力美国大选 ……………………………………………… 237

7.3.3　"全球脉搏计划"——大数据助力民生决策 …………………… 241

7.3.4　大数据助力医疗决策 ……………………………………………… 246

7.3.5　大数据辅助行车路线优化 ………………………………………… 249

7.4　模式创新 ……………………………………………………………… 250

7.4.1　大数据反恐 ………………………………………………………… 250

7.4.2　利用大数据打击犯罪 ……………………………………………… 256

7.4.3　大数据与破案 ……………………………………………………… 258

7.4.4　大数据助力智慧城市建设 ………………………………………… 259

7.4.5　大数据帮助寻根问祖 ……………………………………………… 262

7.4.6　基于医保大数据的精准医保基金监管 …………………………… 265

第 8 章　数据驱动的人工智能新业态 …………………………………… 269

8.1　"大"模型 …………………………………………………………… 269

8.1.1　概述 ………………………………………………………………… 269

8.1.2　BERT ……………………………………………………………… 271

8.1.3　ChatGPT …………………………………………………………… 274

8.1.4　Sora ………………………………………………………………… 279

8.1.5　大模型的网络安全问题 …………………………………………… 280

8.2　知识图谱 ……………………………………………………………… 281

8.2.1　概述 ………………………………………………………………… 281

8.2.2　知识图谱构建技术 ………………………………………………… 282

8.2.3　知识图谱的研究现状 ···················· 283

8.3　数据驱动的类脑智能 ·················· 284

8.3.1　概述 ···················· 284

8.3.2　发展历史 ···················· 285

8.3.3　类脑芯片架构 ···················· 287

8.3.4　脉冲神经网络 ···················· 293

8.3.5　展望未来 ···················· 299

8.4　可解释的因果学习 ·················· 300

8.4.1　人工智能的可解释性 ···················· 300

8.4.2　因果之梯 ···················· 302

8.4.3　因果发现 ···················· 307

8.4.4　因果推断 ···················· 309

8.4.5　因果学习的研究情况分析 ···················· 312

第 9 章　数据 & 智能，赋能未来 ·················· 314

9.1　智慧城市 ·················· 314

9.1.1　概述 ···················· 314

9.1.2　数据智能与智慧城市 ···················· 317

9.1.3　智慧城市案例 ···················· 321

9.2　智慧医疗 ·················· 336

9.2.1　概述 ···················· 336

9.2.2　智慧医疗的范畴 ···················· 337

9.2.3　数据智能助力智慧医疗 ···················· 341

9.2.4　可穿戴技术 ···················· 344

9.2.5　思维启示 ···················· 350

9.3　未来已来 ·················· 351

9.3.1　AIGC ···················· 352

9.3.2　脑机接口 ···················· 358

9.3.3　具身智能 ···················· 361

9.3.4　元宇宙 ···················· 364

第 10 章　结语 ·················· 369

10.1　要注意的事 ·················· 369

10.1.1　数据不是万能的 ···················· 369

10.1.2　大数据时代的伦理忧思 ···················· 370

10.1.3　别忘了，数据只是工具 ···················· 371

10.1.4　提防进入数据使用的误区 ···················· 373

10.2　写在最后，却只是开端 ·················· 373

参考文献 ·················· 374

第1章
引　　论

1.1　序言

中国古代《易传·系辞上传》有言："是故，易有太极，是生两仪，两仪生四象，四象生八卦，八卦定吉凶，吉凶生大业。"从无诞生了有，有分阴阳，阴阳化四方，四方演八极，八极而定万物之吉凶，知过去与未来。似乎很玄，却不无道理。阴阳好比0、1，四方代表二维平面，八极就是三维空间，加上时间，所有一切就都有迹可循，如何不可通晓？这其中的核心就是数据。有形的、无形的、天上的、地下的、过去的、未来的，何物何事何时，俱可归之于数据。只要数据在手，无物逃过你法眼。

谷歌的首席经济学家哈尔·瓦里安也说过："与数据相关的能力——包括获取数据、理解数据、处理数据、从数据中提取价值、用可视化方式展现数据、交流数据——将成为未来数十年间至关重要的一项能力。不仅专业技术人员应该掌握它，即使是在我们的小学、中学和大学，也都应该传授相关的技巧。因为我们已经进入了大数据时代，数据无处不在，无孔不入。"

本书遵从"数智赋能"的核心思想，分为"数据""智能""赋能""未来"四篇，从"数据"和"智能"的本源讲起，融汇两者，畅想未来。大数据是原始知识，刻画和描述世界的运行规律，而人工智能提供解读数据、获取规律的技术手段。两者相辅相成，不可分割。单从大模型的成功我们就可以看到，没有大规模数据，就不可能形成世界模型。反之，没有人工智能学习算法的支撑，数据也无用武之地。在"数据"和"智能"两者的融合赋能之下，我们的未来一定不是梦！

1.2　本书结构

随着大数据时代的来临，数据在人们的生活中开始占据越来越大的比重。无论是在工作、学习还是在生活中，人们在做决定时，都会越来越多地依赖对数据的分析。

数据科学作为一门正在蓬勃发展的新学科，所关注的正是如何在大数据时代背景下，运用各门与数据相关的技术和理论，服务于社会，让人们可以更好地利用身边的数据，将生活变得更加美好。数据科学已经渗入人们生活和工作的方方面面，无论是政府还是企业，未来都需要大量懂得数据科学相关知识的人才。

本书系统地讲述了与数据科学相关的各个方面的知识，着重培养数据科学所需要的各项技能与思维方法。本书作为数据类课程的基础教材，结合大量翔实的案例来讲解相关知识要点。一方面，大量案例使得本书更为生动具体，从各个方面阐述了数据科学知识的运用方式，让学生更容易接受。另一方面，从这些案例中，编者也提取出数据科学各个领域的特色，寓技术于案例之中，在讲解案例的同时，把技术细节也传授给了学生。并且将数据科学学科中各种新兴的思维模式和技术方法穿插到案例分析的过程中。结合案例来讲述相关知识和技术，可以让学生更直观、深刻地了解各个知识点。

数据和智能已经成为不能割裂的共同体。数据是智能腾飞的基础，而智能则是数据增值的渠道。

本书围绕"数智赋能"四个字，将主题内容分为四篇：

- 第1篇——数据，包括第2~4章，主要讲述数据的定义与发展、数据科学的研究方法——数据密集型研究范式。
- 第2篇——智能，包括第5~6章，介绍智能的形式与人工智能的发展，以及经典人工智能技术。
- 第3篇——赋能，包括第7~8章，首先介绍智能辅助的数据运用新模式，接着讨论数据驱动的人工智能新业态。
- 第4篇——未来，包括第9~10章，探讨数据和智能如何去赋能未来，以及一些对于数据使用和智能运用的隐忧的思考。

第 2 章
数据与大数据

2.1 数据的定义

2.1.1 数据的定义

究竟什么是数据呢？一提到数据，首先闪过人们脑海的一定是一堆数字。的确，数据最通常也最简单的表现形式就是数字。但数据可不是只包括数字。随着我国大数据战略的推广，大数据这个词这几年早已火遍全国。但凡了解过大数据的一定知道，所谓大数据，那可是囊括了文本、音频、视频、图像、网络日志、传感器信号，等等。也就是说，这些都是数据（图 2.1）。那数据究竟该怎么定义呢？

图 2.1　都是数据

本书中，我们给出如下定义：

定义 2.1（数据）

数据是指以定性或者定量的方式来描述事物的符号记录，是可定义为意义的实体，它涉及事物的存在形式。

简单说，数据就是人为创造的一种对事物的表示方式，是通过观察或实验得来的对现实世界中地方、事件、对象或概念的描述和反映。

这里有两个核心的点：

1）数据是人创造的，不管是通过观察还是实验得到的，它一定是一种人的主观意志的表现，带有强烈的主观色彩，而并不是像我们认为的是事物的客观表现。

2）数据既可以是定性的描述方式，也可以是定量的描述方式。数字只代表了一种最简单的定量的对世界的刻画方式，还有许多种对世界的刻画方式，都属于数据。

2.1.2　其他相关概念

数据、信息与知识，这三个概念在后面的学习中会多次出现。这三个概念往往会存在一些交叠，容易混淆，在这里先做一下区分。

这三个概念之间最主要的区别是所考虑的抽象层次不同。数据是最低层次的抽象，信息次之，知识则是最高层次的抽象。数据是原始的、零散的，数据本身是没有意义的，数据经过处理依然是数据，只有经过解释和理解才有意义。从数据抽象到信息的过程，就是对数据解读和释义的过程。

人们只有对数据进行解释和理解之后，才可以从数据中提取出有用的信息。只有对信息进行整合和呈现，才能够获得知识。例如，世界第一高峰珠穆朗玛峰的高度为 8 844.43 m，这可以认为是"数据"；而一本关于珠穆朗玛峰地质特性的书籍，则包含了"信息"；而一份包含了攀上珠穆朗玛峰最佳路径信息的报告，就是"知识"了。所以，数据是信息的载体，是形成知识的源泉，是智慧、决策以及价值创造的基石。

信息所涉及的范畴是非常广泛的，从日常生活到技术细节都可以涵盖。通常而言，信息这个概念，一般是与约束、形式、指示、含义、样式、表达等紧密关联的。数据是一些符号的组合，而当这些符号被用来指示某个事物或者某件事情时，则成了信息。

而知识则是人们对某件物品或某种现象的理论性或实践性的理解，知识一般是形式化的或系统化的。知识的获取，一般是通过传授或亲身经历。

比如一碗热汤摆在人们面前，要认识到它很烫的这个特性，或者说获取到它很烫的这个知识，既可以经由长辈告诉我们，也可以通过用手触摸自我感受得到。

数据科学所研究的正是从"数据"整合成"信息"进而组织成"知识"的整个过程，其中包含了对数据进行采集、分类、录入、储存、处理、统计、分析、整合、呈现等一系列活动。

在数据科学中还有一些概念是人们需要用到的，包括：

- 元数据——即数据的数据。
- 元信息——即信息的信息。
- 数据文件——即信息与元数据的集成，用以描述数据的各个方面。

为了加深对这些概念的理解，这里举两个例子来予以说明。

示例1：岩石样本

　数据就是所收集的岩石样本的重量、形状、尺寸等；

　信息则是关于这些岩石样本的成分分析图像；

　知识指的则是由分析这些岩石样本所获取到的地质活动的相关证据；

　元数据则指的是这些岩石样本收集的时间、收集的地点等；

　数据文件则是一本出版了的实验室报告。

示例 2：天气

　　数据就是当天的风速、风向、温度等；

　　信息则是由这些数据制成的气象云图；

　　知识则是从中获取到的如高气压系统的分布情况、天气的稳定性等；

　　元数据则指这些天气数据获取时所用的雷达类型、传感器类型等。

2.2　大数据的概念

　　"大数据"这个术语最早可以追溯到 Apache 的开源项目 Nutch。Nutch 是一个开源 Java 实现的搜索引擎。当时，大数据用来描述为更新网络搜索引擎，需要进行批量处理或分析的大量数据集。

　　国际权威研究机构 Gartner 对大数据的定义是："大数据"是需要新处理模式才能具有更强的决策力、洞察发现力和流程优化能力的海量、高增长率和多样化的信息资产。

　　维基百科对大数据的定义是："大数据，或称巨量资料，指的是所涉及的资料量规模巨大到无法透过目前主流软件工具，在合理时间内达到撷取、管理、处理，并整理成为帮助企业经营决策更积极目的的资讯。"

　　著云台的分析师团队认为，大数据通常用来形容一个公司创造的大量非结构化和半结构化数据，这些数据在用来分析时会花费过多时间和金钱。大数据分析常和云计算联系到一起，因为实时的大型数据集分析需要像 MapReduce 一样的框架来向数十、数百，甚至数千台计算机分配工作。

　　图 2.2 展示了国际数据公司对大数据的定义。

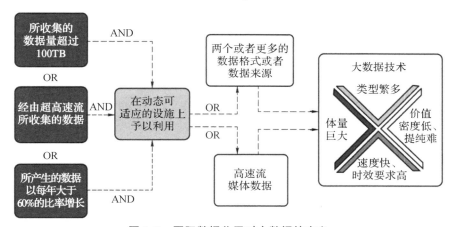

图 2.2　国际数据公司对大数据的定义

　　从以上的这些定义中，可以归结出几个共性，即

　　1）大数据是巨量、高增长和多样化的。

　　2）大数据是一种信息资产。

　　3）对大数据的解读和分析需要新的处理模式和思维方式。

　　由此可见，大数据与传统数据最大的区别，就在于它所能带来的机遇与挑战。大数据是流动的、变化的、快速增长的信息资产，蕴含着巨大的可能和潜力，能够带来无法想象的价值空间，是一个巨大的宝库，而开启这个宝库的钥匙就是人们的头脑，需要以新的思维模式，运用新的技术手段，采取新的模式方法，来解读和分析它，从而获取其中蕴含的价值。

2.3　大数据的 4V 特性

大数据的 4 V 特性（图 2.3）是它区别于传统数据的一个最为显著的特征。

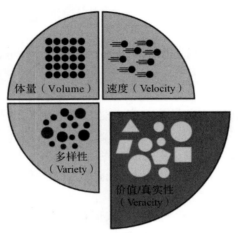

图 2.3　大数据的 4 V 特性

大数据的 4 V 特性有多种提法，在本书中，归结为以下四个：

1）体量巨大。

2）类型繁多。

3）价值密度低、提纯难。

4）速度快、时效要求高。

2.3.1　体量（Volume）

大数据的起始计量单位至少是 PB（即 1 000 TB）、EB（100 万个 TB）或 ZB（10 亿个 TB），未来甚至会达到 YB 或者 BB。

这与数据存储和网络技术的发展密切相关。数据的加工处理技术的提高、网络宽带的成倍增加，以及社交网络技术的迅速发展，使数据产生量和存储量成倍增长。

在某种程度上来说，数据的数量级的大小并不重要，重要的是数据具有了完整性。这也使全本分析具备了可能性。

那么，是否数据量足够大时，就可以称为大数据呢？或是否可以说体量巨大，才是大数据最重要的特性呢？

为了理解这个问题，将大数据与数据仓库做一下对比（图 2.4）。

真实世界中的数据可以大致分为两类，即客观世界中的数据与主观世界中的数据。

客观世界中的数据描述的是物理世界本身。这部分数据大多是数字的或者是关键字数据，多为结构化的数据，适合用计算机和标准统计学方式来处理，通常称为硬数据。硬数据又可以细分为三类：

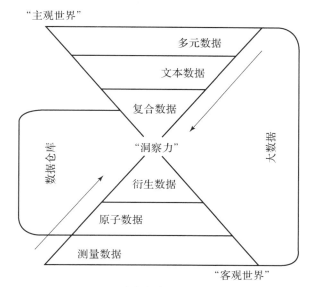

图 2.4　大数据与数据仓库对比

1）测量数据（Measurement Data）。测量数据指的是从与计算机或是与互联网相连的传感器网络所采集到的数据。测量数据包括位置、速度、流率、事件计数、化学信号等，这个类型的大数据已被科学家认识和研究多年。

2）原子数据（Atomic Data）。原子数据指的是由客观事件和人类活动有意义的交织而形成的数据。比如磁卡读取账户信息，紧接着 ATM 吐出现金，这就标志着一次取现行为的完成。再比如，一组特定模式的位置、速度和重力的测量数据组合，以及自动导航仪中记录的时间数据，共同标志了一次飞机事故。原子数据包括网络日志记录（Web Log Records）、电子商务事件等。这部分数据在数据仓库领域已经被深入研究。

3）衍生数据（Derived Data）。衍生数据由原子数据经数学处理而得到，通常用来帮助人们更深刻地理解数据背后的含义。例如，银行事务可以归结起来生成账户统计信息等。生成衍生数据的过程往往会造成一些细节的丢失。

而主观世界中的数据是通过人类认识世界，以及人类之间的互相交流而产生的。相对于硬数据，可以称为软数据。软数据是人类在与世界和社会互动的过程中产生的数据信息，通常结构化程度不高，需要特定的统计和分析方式来进行处理。软数据也可以细分为三类：

1）多元数据（Multiplex Data）。多元数据包括图像、视频、音频数据等。多为非结构化数据。

2）文本数据（Textual Data）。文本数据包括文本、文件数据。这类数据通常适用于使用统计工具或者文本分析工具进行处理。

3）复合数据（Compound Data）。复合数据是硬信息与软信息的结合体，也是两者之间的桥梁。通常包含作为对硬数据补充解释的结构化的、带语义和模式化的数据。复合数据的代表是元数据。复合数据是终极数据，也是数据科学研究中最引人注目的地方。

首先将这两大类数据画到一张图里，形成两个互相对立的金字塔。这里金字塔的每层的宽度与该类型数据的数据体量和记录数目大致呈正比例关系（图 2.4）。图中，上面的是主观世界中的数据，下面的是客观世界中的数据，而人们最关心的就是两者之间的交点，也就是数据所蕴含的意义。

数据仓库和大数据的目标都是探索数据宇宙中所蕴含的意义，也都是从高度细节化的数据集开始，逐步朝着人类思维能够理解和把握的，更具有洞察力的小规模数据集方向推进，最后为人类所利用。

但是大数据的关注重点，更强调主观世界中巨量细节化数据，而且传统的数据仓库的分析模式是基于先期假设而开展的，而大数据的研究则基于统计结果来提取和创立假设。

由此可见，并不是说数据量足够大的数据就能称为大数据，而是要符合大数据的全部4 V特性才行。

2.3.2　多样性（Variety）

图2.5中展示了多种类型的数据各自的特征，任选其中几项：

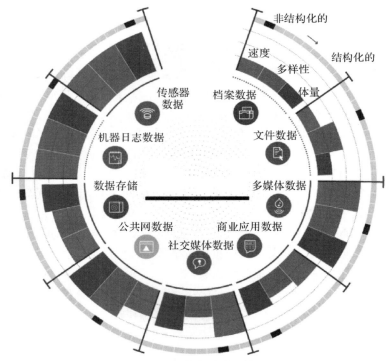

图 2.5　大数据的类型繁多

1）档案数据：非结构性很强，产生速度慢，多样性不高，体量不算大；

2）多媒体数据：介于结构化与非结构化之间，产生速度非常快，多样性适中，体量巨大；

3）传感器数据：结构性非常强，产生速度非常快，多样性强，体量巨大。

图2.5中所示的这些类型的数据都包含在大数据的范畴之内，由此可见大数据多样性之一斑。

通常来说，大数据包括网络日志、音频、视频、图片、地理位置信息等各种结构化、半结构化和非结构化的数据。

所谓的结构化数据，是存储在数据库里的，可以用二维表结构来表达实现的数据。

非结构化数据，包括所有格式的办公文档、文本、图片、XML、HTML、报表、图像和音频/视频信息等。

而所谓半结构化数据，就是介于完全结构化数据（如关系型数据库、面向对象数据库中的数据）和完全无结构的数据（如声音、图像文件等）之间的数据。它一般是自描述的，数据的结构和内容混在一起，没有明显的区分。

大数据之所以具有如此强的多样性，其根源就在于随着互联网和物联网的发展，各种设备通过网络连成一个整体。在互联网上，人类不仅是网络信息的获取者，也成了信息的制造者和传播者。而物联网中连接起来的各种设备、传感器、仪器也在不停地制造、产生和传递各种各样的数据。

互联网上传播的数据主要是一些主观性的数据，包括人们发布的文本、图片、音频、视频等，以及在人们上网的过程中所记录下来的浏览日志、点击流等信息。而物联网上所传播的则主要是客观性的数据，通常为仪器、设备和传感器网络所记录的各种声、光、电、温度、湿度、重力、加速度数据。

2.3.3　价值/真实性（Value/Veracity）

究竟数据是怎样升华为智慧的呢？

数据是原始的和零散的，通过对数据的过滤和组织可以得出信息，再将信息进行整合与呈现，就能获取知识，知识最后经由领悟与归纳形成智慧。因此，这是一个不断抽象、不断归纳、不断升华的过程。

大数据的这个特性，更多刻画的是它给人们带来的一个挑战——数据的价值"提纯"。图2.6为寻找数据价值。

图 2.6　寻找数据价值

一方面，数据噪声、数据污染等因素带来了数据的不一致性、不完整性、模糊性、近似性、伪装性，这给数据"提纯"带来了挑战；另一方面，超级庞大的数据量、极其复杂的多样特性，也给数据"提纯"增加了难度。

以视频为例，在连续不间断的监控过程中，可能有用的数据仅有一两秒。

在分析数据的过程中，我们会发现，随着掌握的数据越来越多，统计上显著的相关关系也就越来越多。然而，在这些相关关系中，有很多都是没有实际意义的，在真正解决问题时很可能将人引入歧途。这种欺骗性会随着数据的增多而呈指数级增长。

可以打一个形象的比喻。数据"提纯"的过程就好比要在一个干草垛中找到一根针。数据本身的污染以及数据分析过程中引入的干扰，很可能会将人们引入歧途。这也是大数据时代的特征之一："重大"发现的数量可能会被数据扩张带来的噪声淹没。所以，如果不能很好地处理大数据的"提纯"问题，最终只会产生更大的"干草垛"。

2.3.4　速度（Velocity）

这个特性主要强调的是大数据增长的快速性所带来的实时性要求。

大数据处理技术和传统的数据挖掘技术有一个最大的区别，这就是对处理速度有极严格的要求，一般要在秒级时间范围内给出分析结果，即"1秒定律"或"秒级定律"，时间太长就失去价值了。

2.3.5　对4V特性的体会

大数据的4V特性，刻画了大数据与传统数据之间的差异。带给人们的既是机遇，也是挑战。

既有的技术架构和路线已经无法高效处理如此海量、多样化、快速增长的数据。因此，大数据技术的战略意义不仅在于掌握庞大的数据信息，还包括对这些含有意义的数据进行专业化处理。

换言之，如果把大数据比作一种产业，那么这种产业实现盈利的关键，在于提高对数据的"加工能力"，通过"加工"实现数据的"增值"。

可以说，大数据时代对人类的数据驾驭能力提出了新的挑战，也为人们获得更为深刻、全面的洞察能力提供了前所未有的空间与潜力。

综合大数据的4V特性，可以给大数据下如下定义：

> **定义2.2（大数据）**
>
> 大数据，就是在计算机技术的快速发展推动下，随着互联网、物联网的推广与普及，涌现的高速产生，海量，多种类，多来源，多模态，需要运用先进的处理、分析和呈现技术对其进行"提纯"才能产生价值的结构化、半结构化和非结构化数据。

大数据时代，更要充分发挥数据的能力，为人们出谋划策。

大数据是未来的信息资产，是21世纪的"石油"。石油还有采完的一天，可数据却取之不尽。

2.4　数据简史

人类历史上最早的有记录的数据，可以追溯到穴居的原始人时期。当时的人类会在作为居处的洞穴墙壁上，以石器或骨器刻画来记录数据。这些被记录的数据，或是简单地记录日期的刻痕，或是形象化地记载一些日常发生事件的壁画（图2.7）。

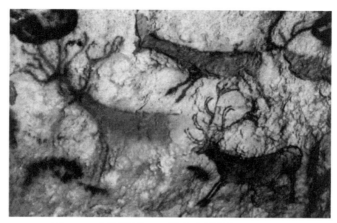

图 2.7 穴居壁画——最古老的数据记录形式

后来，人们创造了结绳记事的方式来记录数据。《周易·系辞下》中有云："上古结绳而治，后世圣人易之以书契。"即在一条绳子上打结，用以记事。上古时期的中国及秘鲁印第安人皆有此习惯。到了近代，一些没有文字的民族，仍然将结绳记事来作为数据记录方式传递信息。古人采取的结绳方法，据古书记载为："事大，大结其绳；事小，小结其绳，结之多少，随物众寡。"

图 2.8 所示的是古代印加人采用的一种结绳记事的方法，用来计数或记录历史。事大，大结其绳；事小，小结其绳。不过，这种记事的方法已经失传，目前还没有人能够了解其全部含义。

随着数字和文字的出现，古人开始以更加明确的形式来记录数据。古埃及人发明了莎草纸用来记录。埃及博物馆中陈列的各种莎草纸文书、图画表明，莎草纸是人类历史上最早、最便利的书写材料之一，是记录古埃及历史的主要载体（图 2.9）。

图 2.8 结绳记事

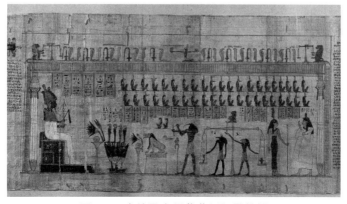

图 2.9 古埃及人用莎草纸记录数据

我们的祖先在汉代发明了造纸术（图2.10），这种数据记录方式一直延续到现在。这里一定要强调，本书中所提到的数据，不仅包括数字形式的数据，以文本、图像、语音等方式记录的数据都是数据科学研究的内容。造纸术的发明和改进，让文本形式的数据记录方式开始盛行起来。

图2.10　汉代造纸流程

最早的录音机，也叫留声机（图2.11），诞生于1877年，是"发明大王"爱迪生制造的。爱迪生发现了电话传话器里的模板随着说话声而振动的现象，于是他拿短针做了实验，从中得到了很大的启发。说话的快慢高低能使短针产生相应的颤动。那么，反过来，这种颤动也一定能发出原先的说话声音。于是，他开始研究声音重发的问题。留声机的发明，让音频数据的记录成为可能。

图2.11　最早的留声机

在公元前400年前，墨子所著《墨经》中已有针孔成像的记载；在13世纪，欧洲也出现了利用针孔成像原理制成的映像暗箱，人们可以走进暗箱观赏映像或描绘景物。

但直到1822年，法国的涅普斯才在感光材料上拍摄出了世界上第一张照片，不过当时成像不太清晰，而且需要 8 h 的曝光时间。1826 年，他又在涂有感光性沥青的锡基底板上，通过暗箱拍摄了一张照片。

1839 年，法国的达盖尔制成了第一台实用的银板照相机，它由两个木箱组成，把一个木箱插入另一个木箱中进行调焦，用镜头盖作为快门，来控制长达 30 min 的曝光时间，从而拍摄出清晰的图像，最终实现了静止图像数据的记录（图 2.12）。

1874 年，法国的朱尔·让桑发明了一种摄影机。他将感光胶片卷绕在带齿的供片盘上，在一个钟摆机构的控制下，供片盘在圆形供片盒内做间歇供片运动，同时钟摆机构带动快门旋转，每当胶片停下时，快门开启曝光。让桑将这种相机与一架望远镜相接，能以每秒一张的速度拍下行星运动的一组照片。让桑将其命名为摄影枪（图 2.13），这就是现代电影摄影机的始祖。

摄影机的发明，使运动图像数据的记录成为可能。

图 2.12　最古老的照相机

图 2.13　早期的摄影机——摄影枪

1946 年 2 月 14 日，由美国军方定制的世界上第一台电子计算机"电子数字积分计算机"（Electronic Numerical Integrator and Calculator，ENIAC）在美国宾夕法尼亚大学问世，这表明电子计算机时代的到来。从此，人类与数据的关系进入了第二个时代，带来了一场数据存储方式的革命（图 2.14）。

图 2.14　世界上第一台电子计算机

计算机的飞速发展，给数据的存储和处理模式带来了巨大的变革。以往的数据需要存储在纸张、胶片、磁带等介质上，一方面，数据的存储无法进行压缩；另一方面，介质的存储需要占用大量的空间。而计算机的发明，从本质上改变了这一点。数据可以通过多种算法进行压缩。而且随着半导体工业的发展，存储能力不断增强，数据所需要的存储实体空间也在不断缩小。如今，一块小小的U盘就可以存储GB量级的数据，节约了大量的数据存储空间。

随着计算机技术的发展，数据的处理能力也在不断提升。在计算机发明以前，数据都是通过人工的方式来进行处理的。而有了计算机的帮助，通过各种各样的计算方式和统计软件，人们可以快速地处理数据。根据最新的统计，目前世界上最快的计算机——中国制造的天河2号（图2.15），可以惊人的每秒33.86 petaflops的速度运行，远远领先于其他超级计算机。

图2.15　目前世界上最快的计算机——天河2号

互联网的出现，是人类与数据之间的关系进入第三个时代的标志，带来了一场数据产生和传播的革命（图2.16）。最早的网络是由美国国防部高级研究计划局（ARPA）建立的。现代计算机网络中的很多概念和方法，如分组交换技术都来自ARPAnet。ARPAnet不仅进行了租用线互联的分组交换技术研究，而且做了无线、卫星网的分组交换技术研究，其结果就是加速了TCP/IP的问世。

1977—1979年，ARPAnet推出了TCP/IP体系结构和协议。1980年前后，ARPAnet上的所有计算机开始了TCP/IP协议的转换工作，并以ARPAnet为主干网建立了初期的Internet。到1983年时，ARPAnet的全部计算机完成了向TCP/IP的转换，并在UNIX（BSD 4.1）上实现了TCP/IP。到1984年时，美国国家科学基金会NSF规划建立了13个国家超级计算中心及国家教育科技网，随之替代了ARPAnet的骨干地位。1988年，Internet开始对外开放。到了1991年6月，在接入Internet的计算机中，商业用户首次超过了学术界用户，这是Internet发展史上的一个里程碑，从此Internet的成长速度一发不可收拾。

图2.16　网络与数据

互联网的精神就在于"开放、分享、平等、合作"。网络的出现，让人与人之间的距离变得越来越短，地球村的概念也随之产生。通过网络，人们可以越洋对话，可以浏览海量的数据，可以实时地关注国际上最新的事件。网络让数据的产生和共享进入了一个崭新的时代。

网络时代的来临，造就了数据的大爆炸。据统计，2012 年年底，有超过 6 000 万用户，通过社交网站 Facebook 发布了超过 300 亿条的新内容；游戏商 Zynga 每天要处理超过 1 PB 的玩家数据；每天通过视频网站 Youtube 被浏览的视频量大约为 20 亿次；每个月通过微博 Twitter 所进行的搜索量会达到 320 亿次。

通过传感器网络搜集的数据又是另一大来源。所谓传感器网络，就是由大量部署在作用区域内的、具有无线通信与计算能力的微小传感器节点，通过自组织的方式所构成的，能根据环境自主完成指定任务的分布式智能化网络系统。

传感器网络综合了多种先进技术，如传感器技术、嵌入式计算技术、现代网络及无线通信技术、分布式信息处理技术等。它能够通过各类集成化的微型传感器协作，来实时监测、感知和采集各种环境或监测对象的信息，并可通过嵌入式系统对信息进行处理，并且通过无线通信网络将感知到的信息传送到用户终端。

利用传感器网络，通过感知识别技术，让物品"开口说话、发布信息"，融合物理世界和信息世界，便可以建立物联网（图 2.17）。物联网的"触手"是位于感知识别层的大量信息生成设备，包括 RFID、传感器网络、定位系统等。传感器网络所感知的数据正是物联网海量信息的重要来源之一。

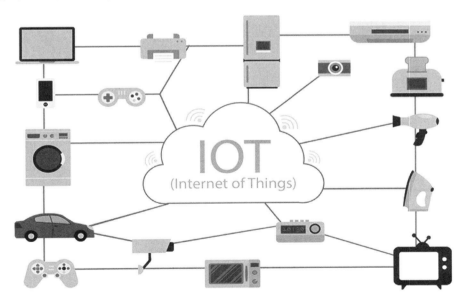

图 2.17　物联网

互联网和物联网，正是数据收集的两大重要渠道，推动了大数据时代的来临。

大数据时代的来临，标志着人类和数据的关系进入了第四个时代，带来的是一场数据运用的革命。

一方面，大量的数据被产生和积存下来，只有想办法努力地汲取其中的养分，才能让这些数据产生价值，开出智慧的花朵（图2.18）。另一方面，大量的数据也提供了更好地了解这个世界运行方式的渠道，让人们通过对数据的分析可以一窥未来（图2.19）。

图 2.18　用数据产生智慧之花

图 2.19　用数据一窥未来

2.5　大数据时代

2.5.1　大数据时代的来临

都说大数据时代已经来临，为什么？让我们来看一组数据（图2.20~图2.22）。

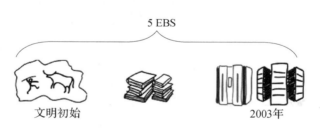

图 2.20　大数据时代来临（图一）

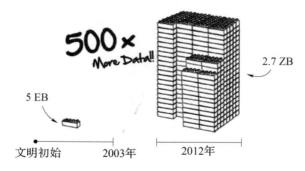

图 2.21　大数据时代来临（图二）

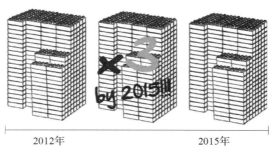

2012年　　　　　　　　　　　2015年

图 2.22　大数据时代来临（图三）

研究表明，从有人类文明以来，直到 2003 年，人类一共产生了 5 EB 的数据。而 2012 年，几乎每两天就能产生 5 EB 的数据。到 2012 年年底，人类所产生的数据总量已经达到 2.7 ZB。而且这个数据量每两年就会翻一番。到 2015 年，人类所创造的总的数据量已达到 8 ZB。

让我们再来直观感受一下。一份斯坦福大学的报告曾指出：在 2010 年，整个人类世界产生了约 1 200 EB 的数据。这是什么概念呢？

假设用 16 GB 华为手机来存储这些数据，需要多少部手机呢？粗略一算，大约是800 亿部！如果把这些手机首尾相连，可以环绕地球超过 100 圈！

也许大家觉得 16 GB 手机容量太小了，那么翻倍，用 32 GB 的 iPad 来存储这些数据，那需要多少呢？大约需要 400 亿部。如果把这些 iPad 一个一个垒起来，可以从地球表面一直垒到月球！

可能还有人觉得这容量也小了，那么直接用 2 TB 的移动硬盘来存储这些数据，那得需要大约 6 291 万个移动硬盘。如果用金字塔来存放这些移动硬盘，几乎需要 292 座！

这还只是 2010 年一年人类产生的数据，如今已经过去 10 多年了，现在我们一年产生的数据又已经翻了好几番了。怎能不说我们已经到了大数据的时代呢？

2.5.2　大数据的产生根源

世界著名咨询公司麦肯锡公司在《大数据，是下一轮创新、竞争和生命力的前沿》专题研究报告中指出："数据已经渗透到当今每一个行业和业务职能领域，成为重要的生产因素。人们对海量数据的挖掘和运用，预示着新一波生产率的增长和消费者盈余浪潮的到来。大数据的使用将成为个人公司提升竞争力、促进增长的一个关键基础。"

那么，大数据究竟是如何产生的呢？

大数据的产生有两个基础：计算机技术的发展是大数据时代出现的技术基础，而互联网和物联网的发展则是大数据时代出现的数据基础。

2.5.2.1　大数据时代出现的技术基础

计算机技术的飞速发展，是大数据时代出现的技术基础。

无线互联技术推动了移动互联网、传感器网络的飞速发展。通过移动互联网，人们可以时时处处访问互联网，从而持续不断地产生和传播数据。而无线传感器网络更是每天不间断地产生各种信号数据。

数据抓取技术让数据获取变得越来越简便。并行处理技术的发展，大大提升了处理巨量数据的能力和效率。高容量、高可靠性存储技术的发展，让人们可以存储更多的数据，可以更快地存取数据。

数据可视化、虚拟现实技术，帮助人们把数据转化为更为形象直观的视觉感受，更为深刻地把握数据背后的价值和含义。人工智能技术，以机器智慧帮助人们挖掘数据之中的价值，更好地辅助决策。

2.5.2.2 大数据时代出现的数据基础

互联网和物联网的蓬勃发展是大数据时代出现的数据基础。

互联网，特别是移动互联网的普及（图2.23），让网络无处不在，也让数据无处不在。互联网上产生和传播的数据主要是一些主观性的数据，包括人们发布的文本、图片、音频、视频等，以及人们在上网过程中记录下来的浏览日志、点击流等信息，更多的是属于非结构化数据。

图2.23　移动互联网的飞速发展

物联网，简言之就是物物相连的互联网。

当物物相连，物物都能产生数据时，汽车、家具、传感器、衣物这些都能产生数据，试想想看，会是多么大的数据产出量。互联网上的数据主要依靠人来产生，但人需要休息，可是设备不需要休息，因此，物联网天生就是大数据（图2.24）。

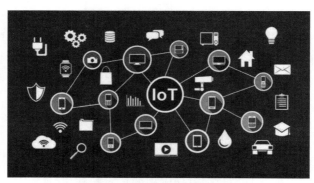

图2.24　物联网天生就是大数据

与互联网相比，物联网所产生的数据更为结构化，速率更快、体量更大，主要是客观性的数据，通常为仪器、设备和传感器网络所记录的各种声、光、电、温度、湿度、重力、加速度数据。

2.5.3　大数据时代带来的挑战

大数据是继云计算、物联网之后 IT 产业又一次颠覆性的技术变革。大数据概念的背后对应着一套新的解决问题的流程，即通过收集、整理生活中方方面面的数据，对其进行分析挖掘，从而获得有价值的信息，最终衍化出一种新的商业模式。

虽然目前大数据在国内还处于初级阶段，但是其商业价值已经显现出来。首先，手中握有数据的公司站在金矿上，基于数据交易即可产生很好的效益。其次，基于数据挖掘会有很多商业模式产生。比如帮企业做内部数据挖掘，就可以使它更精准地找到用户，降低营销成本，提高企业销售率，增加利润。

未来，数据可能会成为最大的交易商品。但仅数据量大并不能算是大数据，大数据的特征是数据量大、数据种类多、非标准化数据的价值最大化，因此，只有数据共享、交叉复用后才能获取最大的数据价值。未来的大数据，将会如基础设施一样，有数据提供方、管理者、监管者，数据的交叉复用将大数据变成一大产业，大数据将带来新的洞察力。

麦肯锡预测，未来大数据产品将产生 7 000 亿美元的潜在市场，未来中国大数据产品的潜在市场规模有望达到 1.57 万亿元。

既然大数据时代已经来临，就该做好迎接这个时代的准备。特别是正在学习阶段的学生，更要努力学好大数据时代所需要的技巧和知识，成为迎接这个时代的弄潮儿。

那么，大数据时代的来临究竟会给我们带来什么样的挑战呢？

2.5.3.1　数据规模

目前，数据增长的速度已经远远超过计算和存储资源增长的速度。未来，该如何有效存储并管理大规模且迅速增长的数据？

处理器设计面临功率墙的限制，无法再依靠单纯提升时钟速度的方法来提升系统整体性能，需要通过增加核心的数目来提升速度。但海量计算资源会带来更多的问题：如何考虑任务在节点间的划分？如何保证节点间数据的一致性？如何考虑对资源竞争的处理？

移动终端设备的大量使用，使电池供电有效时间成为一项重要考量。即使是电源供电系统，出于节能环保考虑，也要考虑能耗、功耗问题。数据处理系统将有可能需要主动去管理系统硬件的功耗，那么该如何设计、建造和运行能耗有效的数据处理组件？

云计算在发展，具有不同性能目标的工作负载如今将聚集成非常大的集群。如何在昂贵的大型集群上进行资源共享？如何用较低的代价来完成每一个工作负载的目标并处理系统故障？

传统的 I/O 子系统正在发生巨变，硬盘驱动器正在逐步被固态硬盘取代，其他技术如内存计算等即将来临。在大数据时代，该如何设计数据处理系统的存储子系统？如何实现数据的安全搬移，快速拷贝超大规模的数据？如何保证拷贝过程的无误？

2.5.3.2　数据的多样性和异构性

目前的机器分析算法只能处理同构的数据，不能理解自然语言的细微差别。因此，现阶段数据分析的第一步就是将数据结构化。那么，该如何实现对半结构化，甚至非结构化数据的高效表达、存取和分析？

2.5.3.3　数据的不可靠问题

如何检测、验证数据的真伪？如何分辨出哪些是真正有用的数据？哪些数据才真正客观地反映了自然界和人类社会的规律？即使在数据分析之前进行了数据的清洗和纠错，数据仍有可能存在缺失和错误。如何对这些缺失和错误数据进行处理呢？

2.5.3.4　数据的实时性要求

速度是规模的另一面。要处理的数据集越大，分析所花费的时间将越长。在大数据背景下，许多时候要求立即得到分析结果。如何快速而高效地分析数据得出结论？如何保证可以快速将需要的数据传递到任何一个需要的角落？

对于给定的一个大数据集，往往需要从中找出符合指定要求的元素。在数据分析的过程中，这种搜索可能反复出现。如何设计新的索引结构来支持此类查询？如何快速建立多模态、多类型数据的关联索引？

2.5.3.5　数据隐私问题

数据隐私是一个引人关注的大问题。在大数据环境下，该问题更为突出。该如何有效地管理隐私？如何分享私人数据，才能既保证在数据隐私不被泄露的同时，又能够正常使用？在大数据环境下，信息共享的安全性如何保障？想利用大数据来解决问题，又担心自己的隐私被泄露怎么办？用还是不用？

2.5.3.6　人机协作问题

在理想的情况下，大数据的分析将不是纯粹由计算系统完成的而是人机交互的。那么，应该如何通过可视化分析实现面向数据处理的人机交互？大数据是人类的共有资源，未来如何利用可视化技术使数据挖掘更加平民化，让普通民众也可以享受大数据的红利？

在当今复杂的世界，要理解某种现象，往往需要来自不同领域的专家共同协作。一个大数据分析系统必须支持多专家输入以及结果的同步探查。如何利用人类的集体智慧来解决问题？传统的多方协作依靠简单的逻辑操作来实现，大数据时代下是否依然可行？

2.5.3.7　数据的访问与共享

尽管通过网络可以访问到大量的数据，但是很多有价值的数据被某些公司牢牢握在手中，形成了新的数据垄断，影响了全球数据的流动性。未来，怎么防范数据变成一种新的垄断资源？应该怎样保证数据被用来为全人类谋福利？

2.5.3.8　数据运用的合理性

人们收集到的数据的来源是一个有限的人群，所分析出来的结果究竟能在多大程度上代表整个人类社会？如何根据对数据的分析发现异常情况？人们在数据中要寻找的是大概率事件还是小概率事件？如何证实所找到的异常是真正的异常，还是由于数据运用得不正确所导致的？

第 3 章

数 据 科 学

3.1 数据科学简述

3.1.1 数据科学的定义

"数据科学"这个词从最早提出到现在已经有超过 50 年的历史了。要理解什么是数据科学，首先要明白什么是科学。

图 3.1 对现有的科学体系做了一个总结，可以看到，科学研究的范围小到粒子，大到整个可见宇宙，囊括了客观世界的方方面面，还涉及主观世界中人的逻辑思维、社会行为等。那究竟什么是科学？

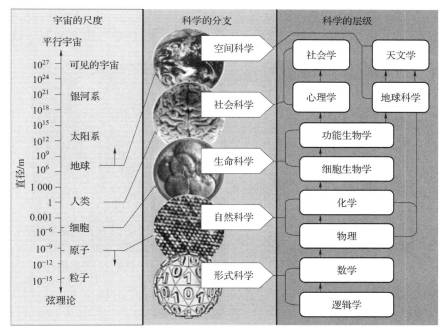

图 3.1 科学体系

按照达尔文的说法，"科学就是整理事实，从中发现规律，得出结论"。而在我国的《辞海》中对科学有如下定义："科学是关于自然界、社会和思维的知识体系，它是为适应人们生产斗争和阶级斗争的需要而产生和发展的，它是人们实践经验的结晶。"维基百科如是说："科学是一项系统性工程，它以各种可验证、可测试的关于宇宙万物的解释和预测的形式，来创造、构建和组织知识体系。"

可见，科学就是一项系统性的，通过不断的探索和尝试，去获取知识、了解世界的工程。

由此，可以引出数据科学的定义：

> **定义 3.1（数据科学）**
>
> 数据科学就是一门通过系统性研究来获取与数据相关的知识体系的科学。

这里有两个层面的含义：

1）研究数据本身，研究数据的各种类型、结构、状态、属性及变化形式和变化规律；

2）通过对数据的研究，为自然科学和社会科学的研究提供一种新的方法——称为科学研究的数据方法，其目的在于揭示自然界和人类行为的现象和规律。

3.1.2 数据科学的由来

"数据科学"这个词最早出现在 1960 年，是由丹麦人、图灵奖得主、计算机科学领域的先驱彼得·诺尔（图 3.2）提出的。最初，彼得·诺尔打算用它来代称计算机科学。

1974 年时，彼得·诺尔出版了 *Concise Survey of Computer Methods* 一书，对当时的数据处理方法进行了广泛的调研，在书中他多次提到"数据科学"一词。

1997 年，国际知名的统计学家、美国国家工程院院士吴建福（图 3.3）在美国密歇根大学做了题为"统计学是否等同于数据科学"的讲座。他把统计学归结为由数据收集、数据建模和分析、数据决策所组成的三部曲，并认为应将"统计学"重命名为"数据科学"。

图 3.2 彼得·诺尔

图 3.3 吴建福

2001 年，*Data Science Journal* 创刊。2003 年，*The Journal of Data Science* 创刊。随着大数据时代的来临，"数据科学"这门学科在近些年受到了越来越多的关注。

3.1.3 数据科学的研究范畴

虽然已经有 60 多年的历史，但数据科学仍可算是一门新兴的学科。它涉及的领域非常广泛（图 3.4），主要涵盖以下几个方面：

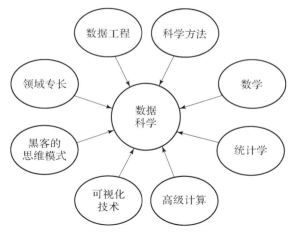

图 3.4　数据科学的研究范畴

1）数据与统计学相关知识，包括数据模型、数据过滤、数据统计和分析、数据结构优化等。

2）计算机科学的相关知识，包括数据的获取技术、数据的处理方法、数据的存储和安全性保障等。

3）图形学的相关知识，包括数据的可视化、数据的协同仿真、虚拟环境的实现等。

4）人工智能的相关知识，包括机器学习算法的应用、神经网络的运用等。

5）领域相关知识，包括处理特定领域的数据分析和解读时需要用到的理论和方法等。

除了上面这些已知的领域外，数据科学在未来还会深入许多目前未知的领域。目前，对数据科学的探索只能算是刚开始，还有许多未知的领域亟待探索。

从图 3.5 可以看到，数据科学的研究对象是数据本身，通过研究数据来获取对自然、生命和行为的认识，进而获得信息和知识。数据科学的研究对象、研究目的和研究方法等，都与已有的计算机科学、信息科学和知识科学有本质的不同。自然科学研究自然现象和规律，认识的对象是整个自然界，即自然界物质的各种类型、状态、属性及运动形式。行为科学是研究自然和社会环境中人的行为以及低级动物行为的科学，包括心理学、社会学、社会人类学等。数据科学支持了自然科学和行为科学的研究工作。而随着数据科学的发展，越来越多

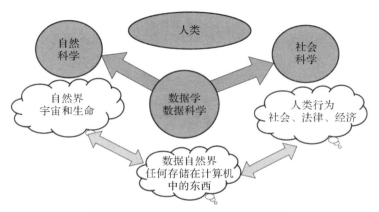

图 3.5　数据科学与其他学科的关系

的科学研究工作将会直接针对数据进行，这将使人类更好地认识数据，从而更加深刻地认识自然和社会。

归结起来看，数据科学的具体研究内容可以分为以下四个方面：

1）基础理论研究（科学）。

基础理论研究的对象是：数据的观察方法和数据推理的理论，包括数据的存在性、数据测度、数据代数、数据相似性与簇论、数据分类与数据百科全书等。

2）实验和逻辑推理方法研究（工程）。

要想做好实验和逻辑推理方法研究（工程），需要建立数据科学的实验方法，建立许多科学假说和理论体系，并通过这些实验方法和理论体系来开展对数据的探索研究，从而认识数据的各种类型、状态、属性及其变化形式和变化规律，揭示自然界和人类行为的现象和规律。

3）数据资源的开发利用方法和技术研究（技术）。

数据资源的开发利用方法和技术研究（技术）主要是指研究数据挖掘、清洗、存储、处理、分析、建模、可视化、展现等一系列过程中所遇到的各种技术难题和挑战。

4）领域数据科学研究（应用）。

领域数据科学研究（应用）主要是指将数据科学的理论和方法应用于各种领域，从而形成针对专门领域的数据科学，例如，脑数据科学、行为数据科学、生物数据科学、气象数据科学、金融数据科学、地理数据科学等。

3.2　数据科学的研究方法

3.2.1　范式和范式的演化过程

3.2.1.1　范式的定义

"范式"（Paradigm），意指"模范"或"模型"，最初是由美国著名科学哲学家托马斯·库恩在《科学革命的结构》中提出的，此著作一问世，这个词汇立刻被学界接受，并且围绕它展开了激烈的争论。库恩长期以来研究科学史，他发现一种累积性的科学史观统治着这个领域，但这种认识他认为是不能真正反映科学史原貌的。库恩自述，一旦他找到了"范式"这个词汇，一切困惑当即冰释。不过这个"范式"，却并不是一个简单的字眼。如果非要简单地概括，它的内涵有两层：①科学共同体的共同承诺集合；②科学共同体共有的范例。

范式概念是库恩范式理论的核心，而范式从本质上讲是一种理论体系。范式理论指常规科学所赖以运作的理论基础和实践规范。范式是从事某一科学研究的研究者群体所共同遵从的世界观和行为方式，它包括三个方面的内容：①共同的基本理论、观念和方法；②共同的信念；③某种自然观（包括形而上学假定）。范式的基本原则可以在本体论、认识论和方法论三个层次表现出来，分别回答的是事物存在的真实性问题、知者与被知者之间的关系问题以及研究方法的理论体系问题。这些理论和原则对特定的科学家共同体起规范的作用，协调他们对世界的看法以及他们的行为方式。

库恩指出："按既定的用法，范式就是一种公认的模型或模式。我采用这个术语是想说明，在科学实践活动中某些被公认的范例——包括定律、理论、应用以及仪器设备统统在内的范例——为某种科学研究传统的出现提供了模型。"在库恩看来，范式是一种对本体论、认识论和方法论的基本承诺，是科学家集团所共同接受的一组假说、理论、准则和方法的总和，这些东西在心理上形成科学家的共同信念。范式的特点是：

1）范式在一定程度内具有公认性；

2）范式是一个由基本定律、理论、应用以及相关的仪器设备等构成的一个整体，它的存在给科学家提供了一个研究纲领；

3）范式还为科学研究提供了可模仿的成功先例。

可以看出，在库恩的范式理论里，范式归根到底是一种理论体系，范式的突破导致科学革命，从而使科学获得一个全新的面貌。库恩对范式的强调对促进心理学中的理论研究具有重要意义。

学术范式就是看待研究对象的方式和视角，它决定了我们如何看待对象，把对象看成什么，在对象中看到什么、忽视什么。

模式（Pattern）其实就是解决某一类问题的方法论。即把解决某类问题的方法总结归纳到理论高度，那就是模式。按既定的用法，范式就是一种公认的模型或模式。

亚历山大给出的经典定义是：每个模式都描述了一个在环境中不断出现的问题，然后描述了针对该问题的解决方案的核心。通过这种方式，可以无数次地使用那些已有的解决方案，无须重复相同的工作。

模式有不同的领域，建筑领域有建筑模式，软件设计领域也有设计模式。当一个领域逐渐成熟的时候，自然会出现很多模式。

3.2.1.2　范式的演变过程

一个稳定的范式如果不能提供解决问题的适当方式，它就会变弱，从而出现范式转移（Paradigm Shift）。按照库恩的定义，范式转移就是新的概念传统，是解释中的激进改变，科学据此对某一知识和活动领域采取全新的和变化了的视角。通常，范式转移是一个由某一特别事件引发的过程。所谓特别事件是指在现有范式中被证明是反常（Anomalous）事件的增加，为了纠正问题，决策者需要改变工具设定，并尝试新的政策工具。如果这些努力不能奏效，就会出现政策失败（Policy Failure），进而打击旧的范式，促使人们去寻找新的范式，进行修正政策的试验过程。

库恩对范式转换对科学发展的推动作用尤其重视，他甚至认为，科学的发展不是靠知识的积累而是靠范式的转换完成的，一旦形成了新范式，就可以说建立起了常规科学。

库恩认为科学的发展可以看作一个循环过程：前学科（没有范式）—常规科学（建立范式）—科学革命（范式动摇）—新常规科学（建立新范式）。

在前学科时期，科学家之间存在意见分歧，因而没有一个被共同接受的范式。不同范式之间竞争和选择的结果是一种范式得到大多数科学家的支持，形成科学共同体公认的范式，于是进入常规科学时期。在此期间，科学共同体的主要任务是在范式的指导下从事释疑活动，通过释疑活动推动科学的发展。而随着在释疑活动过程中，一些新问题和新事物逐渐产生，并动摇了原有的范式，于是进入科学革命时期。革命的结果是拥有新范式的新的科学共同体取代拥有旧范式的旧的科学共同体。新范式的产生并不表示新范式更趋近真理，只是解题能力增强了。于是，再次进入新常规科学时期。

近半个世纪以来，科学范式理论对世界学术界产生了重大和深远的影响，很多学者都关注科学研究的范式，各个学科也纷纷开展自己的学科范式以及范式的应用研究。科学范式的价值不仅在于它描述了科学研究已有的习惯、传统和模式，还在于它提供了科学研究群体协同一致、共同探索的纽带，它能够为科学研究的未来发展和进一步开拓奠定基础。

科学范式已经历了多次的迭代与更新。2007 年，计算机图灵奖得主吉姆·格雷在美国国家研究理事会计算机科学和远程通信委员会（NRC – CSTB）的演讲报告中提出了科学研究"第四范式"，即以数据密集型计算为基础的科学研究范式。

关于学科的发展，格雷认为，所有学科 X 都有两个进化分支，一个是模拟的 X 学，另一个是 X—信息学，以生态学为例，即计算生态学和生态信息学，前者与模拟生态的研究有关，后者与收集和分析生态信息有关。在 X—信息学中，编码和表达知识的方式是，将试验和设备产生的、其他档案产生的、文献中产生的、模拟产生的事实都保存在一个空间中，人们通过计算机向这个空间提问并获得答案，其中要解决的一般问题有：数据的获取、PB 级大容量数据的管理、公共模式的设置、数据的组织、数据的重组、数据的分享、查找和可视化工具的构件、建立和实施模型的设置、数据和文献集成方法的构件、数据管理和长期保存的实现。当前，科学家们需要更好的工具来实现数据的捕获、分类管理、分析和可视化。

格雷先生的四个科学范式理论基本内容为：

- 第一范式：经验范式。

产生于几千年前，是描述自然现象的，是以观察和实验为依据的研究。经验范式是指偏重于经验事实的描述和明确具体的实用性的科学研究范式。经验范式在研究方法上，以归纳为主，带有较多盲目性的观测和实验。一般科学的早期阶段都属于经验科学，化学尤甚。在恩格斯《自然辩证法》中，经验范式专指 18 世纪以前搜集材料阶段的科学。

经验范式由 17 世纪的科学家弗朗西斯·培根阐明，并一直沿用至今。

经验范式研究的经典方法是"三表法"：先观察，进而假设，再根据假设进行实验。如果实验的结果与假设不符合，则修正假设再实验。因此经验范式的模型是科学实验。

经验范式的经典范，例如伽利略在比萨斜塔所做的"两个铁球同时落地"的著名实验。

牛顿的经典力学、哈维的血液循环学说以及后来的热力学、电学、化学、生物学、地质学等都是实验科学的典范。

- 第二范式：理论范式。

产生于几百年前，是以建模和归纳为基础的理论学科和分析范式。

这里首先探讨一下理论的概念。所谓理论，是指人类对自然、社会现象按照已有的实证知识、经验、事实、法则、认知以及经过验证的假说，经由一般化与演绎推理等方法，进行合乎逻辑的推论性总结。人类借由观察实际存在的现象或逻辑推论，而得到某种学说，但如果未经社会实践或科学试验证明，只能属于假说。而如果假说能借由大量可重现的观察与实验而验证，并为众多科学家认定，这项假说就可被称为理论。

因此，理论范式主要指偏重理论总结和理性概括，强调较高普遍的理论认识而非直接实用意义的科学研究范式。

在研究方法上，理论范式以演绎法为主，不局限于描述经验事实。

在恩格斯的《自然辩证法》中，理论范式主要指 19 世纪以后成熟起来的，处于整理材料阶段的科学。

理论范式的模型为数学模型。理论范式研究的范例包括：数学中的集合论、图论、数论和概率论；物理学中的相对论、弦理论、卡鲁扎—克莱恩理论（KK 理论）、圈量子引力理论；地理学中的大陆漂移学说、板块构造学说；气象学中的全球暖化理论；经济学中的微观经济学、宏观经济学以及博弈论；计算机科学中的算法信息论、计算机理论等。

- 第三范式：模拟范式。

产生于几十年前，是以模拟复杂现象为基础的计算科学范式。模拟范式是一个与数据模型构建、定量分析方法以及利用计算机来分析和解决科学问题的科学研究范式。主要用于对各个科学学科中的问题进行计算机模拟和其他形式的计算。

模拟范式研究的问题域包括：

1）数值模拟。数值模拟有各种不同的目的，取决于被模拟的任务的特性。重建和理解已知事件（如地震、海啸和其他自然灾害）；预测未来或未被观测到的情况（如天气、亚原子粒子的行为）。

2）模型拟合与数据分析。适当调整模型或利用观察来解方程，不过也需要服从模型的约束条件（如石油勘探地球物理学、计算语言学）；利用图论建立网络的模型，特别是那些相互联系的个人、组织和网站的模型。

3）计算优化。包括数学优化；最优化已知方案（如工艺和制造过程、前端工程学）等。模拟范式在研究中所用到的模型主要是计算机仿真/模拟。而典型的范例包括人工智能、热力学和分子问题、信号系统等。

- 第四范式：数据密集型范式。

正在出现和演进，是以数据考察为基础，联合理论、试验和模拟一体的数据密集计算范式，数据被一起捕获或由模拟器生成，被软件处理，信息和知识存储在计算机中，科学家使用数据管理和统计学方法分析数据库和文档，因此，称为数据密集型范式。

数据密集型研究范式是针对数据密集型科学，由传统的假设驱动向基于科学数据进行探索的科学方法的转变而生成的科学研究范式。

数据依靠工具获取或模拟产生；利用计算机软件处理；依靠计算机存储；利用数据管理和统计工具分析数据。

数据密集型研究范式的研究对象是数据。

3.2.2 第四范式兴起的社会根源

3.2.2.1 数据洪流的到来

从技术角度说，新型的硬件与数据中心、分布式计算、云计算、大容量数据存储与处理技术、社会化网络、移动终端设备、多样化的数据采集方式使海量数据的产生和记录成为可能。

从用户角度说，日益人性化的用户界面、每个人的信息行为模式都容易被作为数据记录下来，人人都可成为数据的提供方，人人也可成为数据的使用方。

从未来趋势看，随着云计算的发展，从理论上讲，世界上每个人、每件事存在和活动所产生的新数据，包括位置、状态、思考和行动等都能够被数字化，都能够成为数据在互联网传播。社交网站记录人们之间的互动和沟通，搜索引擎记录人们的搜索行为和搜索结果，电子商务网站记录人们购买商品的喜好，微博网站记录人们所产生的即时的想法和意见，图片视频分享网站记录人们的视觉观察，百科全书网站记录人们对抽象概念的认识，幻灯片分享网站记录人们的各种正式和非正式的演讲发言，机构知识库和开放获取期刊记录人们的学术研究成果。

上述现象导致了海量数据的产生，进而引发了数据洪流。可见，在现代技术的支持下，无论是简单的生活活动，还是复杂的学术研究，都能够成为数据被传播，这些海量数据蕴含了巨大的潜力。善于挖掘、分析和可视化展现它们，将给人类的生活、工作和学习带来全方位的影响。

3. 2. 2. 2　科学界对海量数据的关注

2011 年 5 月，麦肯锡全球研究院发布了一份同样关注当前社会数据洪流的报告——《海量数据：创新、竞争和生产率的下一个前沿》。该报告以数字、数据和文档的当前状况为基础，分析大数据集如何在现代社会中创造价值和产生更大的潜力。该报告称，2010 年全球企业在磁盘上存储了超过 7 EB 的新数据，消费者在个人计算机等设备上存储了超过 6 EB 的新数据，而 1 EB 等于 10 亿 GB，相当于美国国会图书馆中存储数据的 4 000 多倍。如果这些数据能够被合理地采集、管理和分析，将会创造难以计量的商业价值。该报告通过研究美国卫生保健、欧洲公共部门、美国零售业、美国制造业和全球个人位置数据这五个领域的大数据集，总结出美国的医疗行业可以利用海量数据管理，通过使数据更易于访问、促进与数据相关的试验和商业决策自动化等手段，创造高达每年 3 000 亿美元的价值；零售业通过海量数据管理可将利润率提高 60%；欧盟可以利用海量数据管理缩减 1 490 亿美元的运营开支。

在科学领域，由于科学观察、试验和研究设备的进化、计算机辅助技术的发展以及大规模合作的科学态势，科学数据呈海量增长。据统计，大型天文观察望远镜投入运行后的第一年，生产的数据就达到 1. 28 PB（$1 \times 1 015$ Bytes）；欧洲分子生物实验室核酸序列数据库 EMBL – Bank 收到数据的速度每年递增 200%；预算达 30 亿美元的人类基因组计划（Human Genome Project，HGP）要揭开组成人体的 4 万个基因的 30 亿个碱基对的秘密，2008 年产生 1 万亿碱基对的数据，2009 年速率又翻一番。

科学界对海量数据对科学研究的影响已经开始重点关注，2011 年 2 月美国《科学》（Science）期刊刊登了一个专辑，名为《数据处理》（Dealing With Data）。该杂志还联合美国科学促进会（AAAS）的官方刊物《科学——信号传导》（Science：Signaling）、《科学——转化医学》（Science：Translational Medicine）以及职业在线网站 Science Careers，推出相关专题，围绕科学研究海量数据的问题展开讨论。

2006 年美国国家科学基金会发布的名为"21 世纪发现的赛博基础结构"的报告称，美国在科学和工程领域的领先地位将越来越取决于利用数字化科学数据，借助复杂的数据挖掘、集成、分析和可视化工具，将数据转换为信息和知识的能力。2010 年 12 月，美国总统科技顾问委员会（PCAST）提交给总统和国会的报告中明确提出"数据密集的科学和工程"（DISE）概念，随后，在美国国家科学局和国家科学基金会的一些会议上深入地讨论了数据密集的科学和工程问题。

学者们将科学研究型数据的来源归结为四类：一是来自测量仪器、传感设备记录仪器的观测型数据，如天文望远镜观测的数据；二是来自物理学、医学、生物学、心理学等各学科领域的大型试验设备的试验型数据，如粒子加速器试验数据；三是来自大规模模拟计算的计算型数据；四是来自跨学科、横向研究的参考型数据，如人类基因数据。这些数据有些由于观测和试验的不可重复性，有些由于时间、设备和经济等其他条件的限制，数据获取难度大，因此长期有效地保存数据、科学地管理数据、有条件共享数据和促进数据利用是极有意义和价值的一项工作。

科学界需要为应对数据洪流采取措施，需要从海量的数据中寻找科学的规律，需要考察数据密集性科学研究的未来。

3.2.2.3　关联数据运动

互联网之父伯纳斯·李从对网络发展和演变的分析中同样也发现了数据在未来网络中的价值。2006 年，他在讨论关于语义网项目的一份设计记录中提出了发展数据网络（Web of Data）的设想，并创造了"关联数据"（Linked Data）一词，提出数据网络的核心即关联数据。

2009 年，他在 TED 大会（即技术娱乐和设计大会，1984 年由理查德·沃尔曼先生发起，每年 3 月在美国召集科学、设计、文学、音乐等领域的杰出人物，探索关于技术、社会和人的问题）上再次阐明了关联数据及其对数据网络的影响。关联数据就是用主体、谓词、客体三元组来表示资源的 RDF（Resource Description Framework）格式数据，关联数据描述了一种出版结构化数据让其能够互联和更加有用的方法，它依赖标准互联网技术，如 HTTP 和 URIS，不是使用它们服务于人类可读的网页，而是扩展到以能被计算机自动阅读的方式分享信息。

关联数据有别于互联网上的文件互联，它强调的是数据互联，将以前没有关联的数据链接到一起，允许用户发现、描述、挖掘、关联和利用数据（图 3.6）。

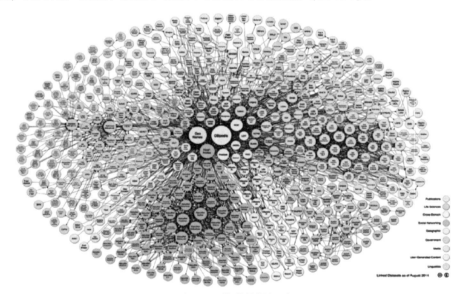

图 3.6　关联数据运动

关联数据方法提出后受到社会的广泛响应，一些国际组织如 W3C、世界银行，社会公益机构如美国国会图书馆，大众媒体如 BBC、纽约时报等纷纷加入关联数据出版发布的行列。

2007 年 5 月，W3C 启动 LOD（Linked Open Data）项目，号召人们将数据按照关联数据要求发布，将数据源互联。至 2010 年 9 月，仅用了三年时间，已有很多数据提供者和网络开发者将数据发布过来，形成了具有 203 个数据集、包含 250 亿条的 RDF 语句、拥有 3.95 亿个链接的巨大关联数据网络。

从以下欧洲委员会在关联数据所提供的支持和举措，便可以感受到关联数据的影响力：欧洲委员会提供资金作为第七框架计划的一部分，支持出版和使用链接的开放数据，目的是改善一个全天候的基础结构，以监测使用情况，并改善数据质量，为数据出版者和消费者提供低的接入门槛，开发一个开放源数据处理工具图书馆，为处理链接数据与欧盟数据的联合而管理一个试验平台，支持社区教育和最佳实践。

欧洲委员会资助了杰出网络项目——行星数据项目（The Planet Data Project），致力于将欧洲在大规模数据管理方面的研究者聚合起来，这些数据包括遵从链接数据原则出版的语义网 RDF 数据。该项目的独特之处在于能够在项目进行过程中开放引进其他研究者提供的行星数据。

欧洲委员会投资 650 万欧元的资金支持 LOD2 项目，以持续开展链接开放数据项目，该项目 2010 年 9 月开始，持续到 2014 年完成。项目的目标是从"相互关联的数据中创造知识"，具体任务包括五个方面：开发可供企业使用的、在互联网上公开和管理大量结构化信息的工具和方法；开发来源于维基百科和 OpenStreetMap 的高质量、多领域、多语种的本体的试验平台和网络；开发基于机器自动从互联网中学习和从网络融合数据的算法；开发能够可靠跟踪来源、确保隐私和数据安全、评价信息质量的标准和方法；开发适宜的工具以搜索、浏览和创作链接数据。

3.2.2.4　政府数据开放运动

由于新型网络技术在电子政府发展过程中的逐步应用，现在的互联网已不仅是政府提供信息和服务的平台，而且是公众与政府互动的、共同创造的平台，这种状态改变了政府与公众以及公众之间建立关联的方式，同时也逐步改变了电子政府信息管理和服务的方式。新时代的电子政府不再只满足于从提供的角度给公众更好的服务，而是提倡政府作为一个整体的、开放的平台为企业和公众开放更多的信息和数据，促进更多的创新应用，这就是 Tim O'Reily 提出"政府 2.0"时重点强调的观点。

政府信息资源占社会信息资源的绝大多数，政府所掌握的数据也同样可观，如果关联数据标准用于政府数据的开放中，必将为全球的数据空间贡献更多的数据容量。对于政府而言，政府数据的开放，意味着电子政府的发展进入一个全新的开放、透明、互动的电子政府新阶段，它使政府能够提供一个中心平台或门户，更好地满足决策制定者、科学研究者、企业和普通公众对政府信息资源的需求。

开放政府数据的价值在于：
- 可以使公众免费、便捷地获得政府的数据，促进政府信息透明。
- 可以使公众更多、更好地参与政府决策，促进政府决策的民主化。
- 可以获得更有效的公众反馈，增加公众与政府的协作性。
- 可以促进公共数据的广泛应用，激发创新，促进政府信息资源的深度开发与重用，更快实现资源的价值。

自 2009 年以来，世界电子政府先进国家兴起了一股"数据民主化"浪潮，各国积极开展政府数据开放工作。美国政府承诺除了涉及国家安全和隐私之外的政府数据全部向公众开放。

2009 年 5 月，美国政府将以前政府专有的数据库发布到网上，建立了全球第一个独立的政府数据门户 www. data. gov，该举措标志着全世界政府数据开放运动的开端。伯纳斯·李也是政府数据上网的积极倡导者，他不仅通过 TED 会议的号召让公众可以访问和利用政府数据，通过真实的案例说明政府开放数据的价值，还在 2010 年 1 月亲自为英国政府数据网站揭幕。

2009 年以来，政府数据开放发展迅速，成效显著。以美国政府数据网站为例，2009 年 5 月美国政府数据网站上线时，只有 11 个政府机构提供了 76 项数据集。现在，该网站不仅提供计算机可读和可处理的数据集，还提供了多种数据分析、过滤和管理的工具；不仅有政府提供数据的各种应用程序，还鼓励公众贡献数据的应用程序；不仅提供互联网上的应用，还提供移动终端的综合应用。

2012 年 1 月，该站点提供了 390 178 个原始数据和地理空间数据集，1 150 个政府应用程序，236 个政府开发的应用，85 个移动终端应用。美国政府有 31 个州、13 个城市、172 个机构和子机构建立了数据网站，而与此同时，国际上也有 28 个国家、地区或国际组织开办了数据网站。

政府数据开放运动的价值不仅在于它提供了计算机可以直接处理的数据，还在于它提供了各种各样的作为基础设施的数据工具，包括结构间协作的数据工具、数据反馈工具、数据查找工具等。毫无疑问，从科学研究发展的角度看，全球正在兴起的政府数据开放运动，为基于数据科学研究基础架构的建立提供了良好的条件。

3.2.3　数据科学研究的一般流程

试想一下，如果 24 h 站在窗前，以分钟为单位，记录走过窗边的人的数目；或者从今天起，记录下一年内周围 0.5 km 内居住的人们每天发送的电子邮件数目；或者去当地医院，在血液样本中搜寻 DNA 的样式，也许人们会觉得这些事情让人毛骨悚然，但是事情本该如此，因为人们所在的世界，就是一台巨大的数据产生机器：

- 当人们早上乘坐各种交通工具前往工作岗位时，会产生数据。
- 当血液在身体内流淌时，会产生数据。
- 当购物、发送电子邮件、浏览网页、参与股票市场时，会产生数据。
- 当修建楼房时，当用餐时，当和朋友们聊天时，会产生数据。
- 当工厂生产商品时，会产生数据。

也就是说，人们的生活历程，或者说世界的运行历程，就是一个数据产生的过程。人们之所以要研究数据，也就是因为人们想更好地了解世界，或者说，只有更好地理解这个数据产生的过程，我们才能找到很多问题的答案。

数据，其实就代表了这个现实世界历程的某种轨迹，所以，研究数据的过程就是解析和了解世界运行历程的过程。图 3.7 所示为数据科学的研究流程。

所以，对数据科学的研究首先要从世界入手。

首先，现实世界中，有各色各样的人在进行各种各样的行为。有人在浏览网页，有人在参与体育活动，有人在发送电子邮件。这些都会产生大量数据。那么，人们就要收集这些数据。

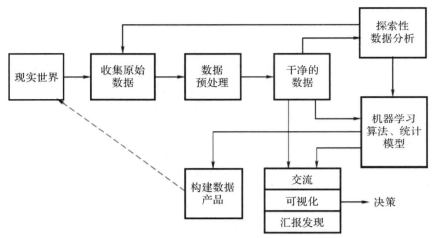

图 3.7　数据科学的研究流程

一开始收集到的是原始的数据，比如网页浏览日志文件、体育活动记录、电子邮件原件等。

有了这些原始数据，为了能够开展后续的分析，要对它们进行清理或预处理。因而，需要建立一整套数据预处理流程。当原始数据经过了预处理过程后，就得到了规整而干净的数据。

在此基础上，将会开展探索性数据分析（Exploratory Data Analysis）。也许，通过探索性数据分析，人们意识到手头的数据还不是干净的数据，那么需要再次进行预处理。或者，人们意识到数据还不够充分，那就需要重新收集数据。

完成了探索性数据分析后，人们可以运用诸如 k – NN、线性回归、贝叶斯算法等，来建立数据模型。根据需要解决的是哪种类型的问题，人们确定需要选取的数据模型种类。

完成数据建模后，可以开始解读数据，为数据实现可视化展示，生成数据报告，或与研究者们交流研究心得。这是数据科学研究的一种成果形式，即形成数据分析报告，或者是决策支持文件等。

数据科学研究的另一种成果形式，就是构建一种"数据产品"。比如搜索评级算法，或者推荐系统等。数据产品会产生更多的数据，会与现实世界进行互动，从而完成一个循环。这正是数据科学区别于统计学的一大特征，即研究会反过来影响数据产生的过程，并形成往复。

这和气象预测有显著的区别。对于气象预测，预测模型并无法影响输出。人们可以预测下个星期有雨，但除非人们具有非凡的神力，不然，下个星期是否下雨并不是由人们决定的。

但是，如果人们建立的是一个推荐系统，推荐给读者一本书，原因是很多读者都喜欢它，那么在这个过程中，推荐系统就发挥了显著的作用，许多读者喜欢这本书，也许就是推荐造成的。也就是说，人们的工作不是预测未来，而是在改变未来。即模型不仅是在观测和预测所关注的现象，而且正在试图改变它。这正是数据科学的神妙之处。

第 4 章
数据科学的研究方法

数据科学的研究需要遵循数据密集型研究范式。在本章中我们将会按照数据科学研究的流程来分别介绍。

4.1 数据的类型

要研究数据科学，最重要的前提是要有数据。所以，我们首先来讨论数据的类型问题。这里需要先区分两个概念：数据的类型和数据的语义。

- 数据的语义，是指该数据项在现实世界中的意义。比如，该数据项表示的是某公司的名称，或者某天，或者某个人的高度，等等。
- 数据的类型，表征的是在该类数据上可执行的操作类型。

1996 年时，马里兰大学教授本·施奈德曼提出可以把数据分成以下七类：一维数据（1 – D）、二维数据（2 – D）、三维数据（3 – D）、多维数据（n – D）、时态数据（Temporal）、层次数据（Hierarchical）和网络数据（Network）。

在本书中，参考 1946 年史丹利·史密斯·史蒂文斯发表的 *On the Theory of Scales of Measurement* 一文中对数据类型的定义方式，将数据分为四种类型：

1）分类型数据（Categorical Data）：对于这种类型数据，只关注它们之间是否存在相等或者不等的情况，因此，对于这种类型数据，能运行的数学操作为求解 = 或 ≠。

2）排序型数据（Ordinal Data）：对于这类型数据，它们存在着排序关系，因而，可以运行的数据操作为 = 、≠ 、 > 、 < 。

3）区间型数据（Interval Data）：这种类型的数据，属于定量性数据，它们可以看作一个个几何点，因此直接比较它们是没有任何意义的，只有比较它们两两之间的差别才有意义。对于它们，可运行的数据操作为 = 、≠ 、 > 、 < 、 + 、 − 。

4）比值型数据（Ratio Data）：这种类型的数据主要是测量产生的结果，也属于定量性数据。对于它们来说，原点是固定的，可以看作一个个几何向量，因此，可运行的数据操作为 = 、≠ 、 > 、 < 、 + 、 − 、 × 、 ÷ 。

而区间型数据和比值型数据，通常可以统称为定量型数据（Quantitative Data）。

例题 4.1 试分析图 4.1 中所示的订单数据。

订单号	订单日期	订单优先级别	产品包装	产品折扣	运输日期
3	10/14/2006	5-低	大盒	0.8	10/21/2006
6	2/21/2008	4-未规定	小包装	0.72	2/22/2008
32	7/16/2007	2-高	小包装	0.65	7/17/2007
32	7/16/2007	2-高	包装袋	0.44	7/17/2007
32	7/16/2007	2-高	中等盒	0.56	7/17/2007
32	7/16/2007	2-高	包装袋	0.6	7/17/2007
32	7/16/2007	2-高	小盒	0.78	7/17/2007
35	10/23/2007	4-未规定	小盒	0.7	10/24/2007
35	10/23/2007	4-未规定	小包装	0.65	10/25/2007
36	11/3/2007	1-紧迫	小包装	0.44	11/3/2007
65	3/18/2007	1-紧迫	小盒	0.65	3/19/2007
66	1/20/2005	5-低	包装袋	0.7	1/20/2005
69	6/4/2005	4-未规定	包装袋	0.65	6/6/2005
69	6/4/2005	4-未规定	包装袋	0.44	6/6/2005
70	12/18/2006	5-低	小盒	0.45	12/23/2006
70	12/18/2006	5-低	小盒	0.56	12/23/2006
96	4/17/2005	2-高	小包装	0.7	4/19/2005
97	1/29/2006	3-中等	小包装	0.55	1/30/2006

图 4.1　订单数据

解　首先来区分数据的语义和类型。在图 4.1 中，第一行条目，表示的是这些数据的语义。它们代表的是表中的这些数据在现实世界中的含义，比如这些数据代表的是订单号，还是订单日期，还是订单的优先级别。

在这个关系型表中，每一行代表了一个元组，而每一列代表的是一个属性。

接下来看看每一列属性所属的数据类型：

● 订单号。订单号数据代表的是每个订单的标号。在其上只能判断是否存在相等或者不等的情况，所以，订单号数据应该属于分类型数据。

● 订单日期。订单日期数据代表的是每个订单产生的日期。它是一种定量型数据。但不能直接将两个订单的日期来进行比较，这没有任何意义。可以做的是比较两个订单日期之间的差别，因而它属于区间型数据。

● 订单优先级别。订单优先级别数据代表的是每个订单的优先级别。可以比较它们之间是否相等，也可以依据优先级别的高低对它们进行排序，因此，它属于排序型数据。

● 产品包装。产品包装数据代表的是每个产品的包装方式。同理，可以比较它们之间是否相等，也可以依据所用的包装的大小对它们进行排序，因此，它属于排序型数据。

● 产品折扣。产品折扣数据代表的是每个产品所获得的折扣。显然，属于定量型数据。而且，可以直接将两个数据进行比较，因此，它属于比值型数据。

● 运输日期。运输日期代表的是每个产品运输的日期，显然，它和订单日期一样属于区间型数据。

在图 4.2 中，用粗体标出了分类型数据，用斜体表示排序型数据，剩下的为定量型数据（包括区间型和比值型）。从这张图中可以看出，分类型数据和排序型数据实际上代表的是数据可能存在的维度，它们可以看作一种描述性的数据，它们之间是互相独立的。而定量型数据则是一种对数据的量度，是可以用来分析的数字，它们之间是有依赖关系的。

订单号	订单日期	订单优先级别	产品包装	产品折扣	运输日期
3	10/14/2006	5-低	大盒	0.8	10/21/2006
6	2/21/2008	4-未规定	小包装	0.72	2/22/2008
32	7/16/2007	2-高	小包装	0.65	7/17/2007
32	7/16/2007	2-高	包装袋	0.44	7/17/2007
32	7/16/2007	2-高	中等盒	0.56	7/17/2007
32	7/16/2007	2-高	包装袋	0.6	7/17/2007
32	7/16/2007	2-高	小盒	0.78	7/17/2007
35	10/23/2007	4-未规定	小盒	0.7	10/24/2007
35	10/23/2007	4-未规定	小包装	0.65	10/25/2007
36	11/3/2007	1-紧迫	小包装	0.44	11/3/2007
65	3/18/2007	1-紧迫	小盒	0.65	3/19/2007
66	1/20/2005	5-低	包装袋	0.7	1/20/2005
69	6/4/2005	4-未规定	包装袋	0.65	6/6/2005
69	6/4/2005	4-未规定	包装袋	0.44	6/6/2005
70	12/18/2006	5-低	小盒	0.45	12/23/2006
70	12/18/2006	5-低	小盒	0.56	12/23/2006
96	4/17/2005	2-高	小包装	0.7	4/19/2005
97	1/29/2006	3-中等	小包装	0.55	1/30/2006

图 4.2 订单数据的数据类型区分

4.2 数据的获取

数据获取主要是经由观察、测量和生成这三种方式。目前，主要的数据获取渠道一般是通过网络。而网络数据获取有几种形式，如批量下载、App 获取或者采用网络爬虫技术。本书将重点就网络爬虫相关的技术做介绍。

网络爬虫（又被称为网页蜘蛛、网络机器人），是一种按照一定的规则，自动地抓取互联网信息的程序或脚本。另外一些不常使用的名字还有蚂蚁、自动索引、模拟程序或蠕虫。

随着网络的迅速发展，互联网成为大量信息的载体，如何有效地提取并利用这些信息成为一个巨大的挑战。而网络爬虫技术正是一种可以帮助人们快速高效地从互联网上获取数据的手段。

4.2.1 网络爬虫的一般框架

一个通用的网络爬虫的框架如图 4.3 所示。

互联网上的网络爬虫各式各样，但爬虫爬取网页的基本步骤大致相同：

1）人工给定一个 URL 作为入口，从这里开始爬取。

2）用运行队列和完成队列来保存不同状态的链接。对大型数据而言，内存中的队列是不够的，通常采用数据库模拟队列。用这种方法既可以进行海量的数据抓取，还可以实现断点续抓功能。

3）线程从运行队列读取队首 URL，如果存在，则继续执行，反之则停止爬取。

4）每处理完一个 URL，将其放入完成队列，防止重复访问。

5）每次抓取网页之后分析其中的 URL（URL 采用字符串形式，功能类似指针），将经过过滤的合法链接写入运行队列，等待提取。

6）重复步骤 3）、4）、5）。

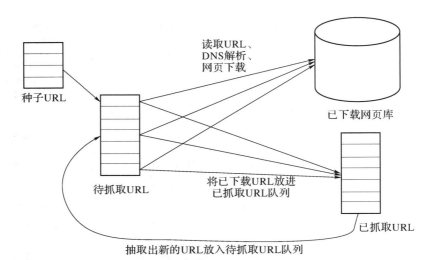

图 4.3　通用的网络爬虫的框架

因此，从网络爬虫的角度来看，可以将互联网的所有页面分为五个部分（图 4.4）。

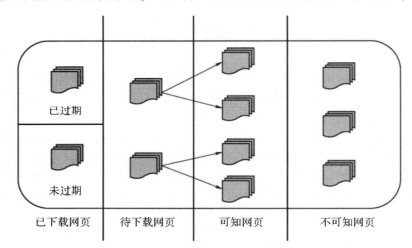

图 4.4　互联网网页的划分

1）已下载未过期网页。

2）已下载已过期网页：抓取到的网页实际上是互联网内容的一个镜像与备份，互联网是动态变化的，一部分互联网上的内容已经发生了变化，这时，这部分抓取到的网页就已经过期了。

3）待下载网页：也就是待抓取 URL 队列中的那些页面。

4）可知网页：还没有抓取下来，也没有在待抓取 URL 队列中，但是可以通过对已抓取页面或待抓取 URL 对应页面分析获取到的 URL。

5）不可知网页：爬虫无法直接抓取下载的网页。

4.2.2　网页遍历策略

网页的数量是异常庞大的，因此，需要考虑如何才能尽可能完备地访问到所有需要抓取的网页。这里就涉及网页遍历策略问题。下面以图4.5为例来重点介绍两种最常见的网页遍历策略。

1）深度优先遍历策略。

深度优先遍历策略从起始网页开始，选择一个 URL 进入，分析这个网页中的 URL，选择一个再进入。如此一个链接一个链接地抓取下去，直到处理完一条路线之后再处理下一条路线。深度优先策略设计较为简单。然而门户网站提供的链接往往最具价值，但每深入一层，网页价值都会相应地有所下降。这暗示了重要网页通常距离种子较近，而过度深入抓取到的网页却价值很低。同时，这种策略抓取深度直接影响着抓取命中率以及抓取效率，抓取深度是该种策略的关键。而且深度优先在很多情况下会导致爬虫的陷入（Trapped）问题产生，因此，此种策略很少被使用。

如果按照深度优先遍历策略来抓取图4.5所示的网页拓扑结构，则遍历的路径为：A—F—G、E—H—I、B、C、D。

2）宽度优先遍历策略。

宽度优先遍历策略或称广度优先搜索策略，是指在抓取过程中，在完成当前层次的搜索后，才进行下一层次的搜索。该算法的设计和实现相对简单。在目前为了覆盖尽可能多的网页，一般使用宽度优先搜索方法。宽度优先遍历策略的基本思路是，将新下载网页中发现的链接直接插入待抓取 URL 队列的末尾。也就是指网络爬虫会先抓取起始网页中链接的所有网页，然后再选择其中的一个链接网页，继续抓取在此网页中链接的所有网页。

如果按照宽度优先遍历策略来抓取图4.5所示的网页结构，则遍历的路径为：A—B—C—D—E—F、H、G、I。

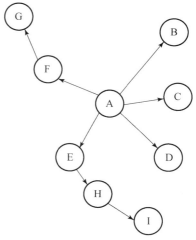

图 4.5　网页拓扑结构示例

4.2.3　链接分析 &PageRank 算法

从网络上获取数据的时候，一般希望可以按照与需求相关联的紧密程度来对抓取到的网页进行排序，这时候就需要进行链接分析。可以说，链接分析是搜索引擎的一个非常核心的功能。然而，大量垃圾链接（Spammers）的存在，导致链接分析存在很大难度。

让我们先来看一下早期的搜索引擎所采用的链接分析方法。

早期的搜索引擎会对抓取到的网页内容进行分析，根据在网页上面找到的词来构建一种叫作倒排索引（Inverted Index）的排序方式。当有用户在搜索引擎发起针对某关键词的搜索时，就会根据被搜索的关键词来计算所有网页的倒排索引，依据倒排索引的值来对所有网页排序，从而实现链接分析，并将排序后的搜索结果反馈给用户。

现在举例说明垃圾链接如何蒙混早期的搜索引擎。比如你在经营一个售卖 T – Shirt 的网页。该网页的访问量有点少。为了增加访问量，你可以这么做：因为我们知道很多人都热衷于搜索和电影相关的内容，所以，我们可以在自己的网页上放置很多的"Movie"，如图4.6所示。这样当搜索引擎看到我们的网页时，会认为这个网页是一个和电影非常相关的网页。于是，当有人搜索电影时，搜索引擎大概率会推荐我们这个网页给对方。

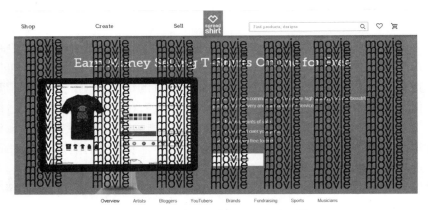

图 4.6　垃圾链接如何蒙混早期搜索引擎之一

为了让我们的网页变得美观，我们可以进一步处理，让这些"Movie"变得不可见，如图 4.7 所示。

图 4.7　垃圾链接如何蒙混早期搜索引擎之二

当然，如果你觉得这样还不太足够，可以再去搜索电影这个关键词，然后把搜索引擎返回的前面几个网页粘贴到你的网站上（图 4.8），同样，继续处理为不可见。

图 4.8　垃圾链接如何蒙混早期搜索引擎之三

从这个例子可以看出来，正是因为早期的搜索引擎是根据一个网页对自己的描述来评判这个网页，所以很容易被垃圾链接蒙混。大量垃圾链接的存在，一度让早期搜索引擎近乎摆设。

为了解决这个问题，谷歌推出了 PageRank 算法。PageRank 算法是一种链接分析方法，其出发点是为网络中的每个网页分配一个实数值，来对它们进行排序，而这个实数值就是每个网页的 PageRank 值。它是一个概率分布，表征一个在互联网上随机游走的个体会访问到某个特定网页的概率。

有读者会问，为何谷歌认为对随机游走行为进行模拟可以帮助我们了解网页的重要性呢？这是基于两点假设：

1）随机游走的行为可以用来表征个体用户访问网页的行为；

2）用户会更多地访问有用的网页，而不是无用的网页。

为了计算每个网页的 PageRank 值，需要去模拟用户在互联网上的随机游走行为。

首先，我们需要刻画互联网的结构。通常，网页可以被视为一个有向图（图 4.9）。在图中，每个网页是一个节点（Node）。若从节点 A 到节点 B 有一张表，则表示从网页 A 到网页 B 存在一条或多条链接。

那假如有一次互联网上的随机游走起始于节点 A，由于节点 A 的链接指向 B、C 和 D，所以，一次随机游走的结果是 1/3 的概率停留在 B，1/3 的概率停留在 C，1/3 的概率停留在 D，而停留在 A 的概率为 0。

所以，从互联网的结构抽象出来的有向图中，我们可以构建转移矩阵。一个具有 N 个节点的网页的转移矩阵可以被定义为一个 $N \times N$ 的矩阵 M（图 4.10）。

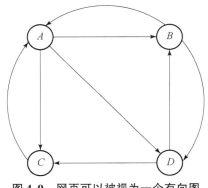

图 4.9　网页可以被视为一个有向图

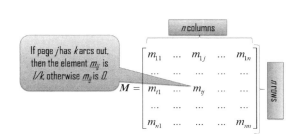

图 4.10　转移矩阵

接下来我们就可以模拟这个随机游走过程了。首先，需要构建初始概率分布向量 v_0。

$$v_0 = \begin{bmatrix} 1/n \\ 1/n \\ \cdots \\ \cdots \\ 1/n \end{bmatrix} \tag{4.1}$$

然后，就可以开始模拟随机游走过程了。如果 M 代表转移矩阵，则经历一次随机游走过程后，游走结果的分布将是 Mv_0，即：

$$v_1 = Mv_0 = \begin{bmatrix} m_{11} & \cdots & m_{1j} & \cdots & m_{1n} \\ \cdots & \cdots & \cdots & \cdots & \cdots \\ m_{i1} & \cdots & m_{ij} & \cdots & \cdots \\ \cdots & \cdots & \cdots & \cdots & \cdots \\ m_{n1} & \cdots & \cdots & \cdots & m_{nn} \end{bmatrix} \begin{bmatrix} 1/n \\ 1/n \\ \cdots \\ \cdots \\ 1/n \end{bmatrix} \tag{4.2}$$

按照这个逻辑，两次随机游走之后的结果分布将是：

$$v_2 = Mv_1 = M(Mv_0) \tag{4.3}$$

一般来说，用初始向量 v_0 与转移矩阵 M 相乘 i 次将会得到 i 步随机游走过程之后的分布。那么结束准则是什么呢？在经历许多次迭代之后，概率分布会达到一个极限值，每一轮的变化量会非常小。这个极限概率分布值就是每个网页的理想化的 PageRank 值。一般来说，50~75 次迭代之后就足以收敛了。

例题 4.2 图 4.9 所示的网页结构下，试结算每个网页节点的 PageRank 值。

解 首先，根据图 4.9 所示的网页结构，计算转移矩阵 M。

$$M = \begin{bmatrix} 0 & 1/2 & 1 & 0 \\ 1/3 & 0 & 0 & 1/2 \\ 1/3 & 0 & 0 & 1/2 \\ 1/3 & 1/2 & 0 & 0 \end{bmatrix} \tag{4.4}$$

因为网络中有 4 个网页节点，所以初始分布向量可以表示为：

$$v_0 = \begin{bmatrix} 1/4 \\ 1/4 \\ 1/4 \\ 1/4 \end{bmatrix} \tag{4.5}$$

第一次随机游走后：

$$v_1 = Mv_0 = \begin{bmatrix} 0 & 1/2 & 1 & 0 \\ 1/3 & 0 & 0 & 1/2 \\ 1/3 & 0 & 0 & 1/2 \\ 1/3 & 1/2 & 0 & 0 \end{bmatrix} \begin{bmatrix} 1/4 \\ 1/4 \\ 1/4 \\ 1/4 \end{bmatrix} = \begin{bmatrix} 3/8 \\ 5/24 \\ 5/24 \\ 5/24 \end{bmatrix} \tag{4.6}$$

第二次随机游走后：

$$v_2 = Mv_1 = \begin{bmatrix} 0 & 1/2 & 1 & 0 \\ 1/3 & 0 & 0 & 1/2 \\ 1/3 & 0 & 0 & 1/2 \\ 1/3 & 1/2 & 0 & 0 \end{bmatrix} \begin{bmatrix} 3/8 \\ 5/24 \\ 5/24 \\ 5/24 \end{bmatrix} = \begin{bmatrix} 5/16 \\ 11/48 \\ 11/48 \\ 11/48 \end{bmatrix} \tag{4.7}$$

经历多次迭代后，最终的 PageRank 值为：

$$\begin{bmatrix} 1/3 \\ 2/9 \\ 2/9 \\ 2/9 \end{bmatrix} \tag{4.8}$$

当然，这是理想情况下的 PageRank 计算方法。但是，真实的网页结构中存在很多非常怪异的情况，导致会出现一些麻烦问题，使得理想情况下的 PageRank 计算方法会无法处理。

最典型的两种问题就是死路（Dead End）和蜘蛛陷阱（Spider Trap）。

所谓死路，是指没有出链接的网页。随机游走一旦到达这样的网页，就会消失。其结果就是到达 Dead End 的网页不会有任何 PageRank 值。如果允许 Dead Ends 的存在，则转移矩阵中的某些列的总和将会是 0。那样的话，计算几次随机游走过程之后，概率分布向量中的部分元素或者所有元素将变为 0。代表了网页的重要性被 "Drains Out"，也就是说我们获取不到任何关于网页重要性的信息了。

例题 4.3　试计算图 4.11 中网页 PageRank 值。

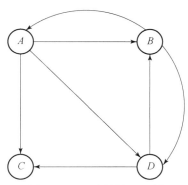

图 4.11　死路的网页示例

解　先分析一下这个网页结构，可知，节点 C 为一个 Dead End 节点。我们先写出该网页结构的转移矩阵：

$$\begin{bmatrix} 0 & 1/2 & 0 & 0 \\ 1/3 & 0 & 0 & 1/2 \\ 1/3 & 0 & 0 & 1/2 \\ 1/3 & 1/2 & 0 & 0 \end{bmatrix} \tag{4.9}$$

网页中有 4 个节点，所以其初始分布概率向量为

$$v_0 = \begin{bmatrix} 1/4 \\ 1/4 \\ 1/4 \\ 1/4 \end{bmatrix} \tag{4.10}$$

我们可以按照理想情况下的 PageRank 方法来计算其 PageRank 值，可得如下的序列：

$$\begin{bmatrix} 1/4 \\ 1/4 \\ 1/4 \\ 1/4 \end{bmatrix} \to \begin{bmatrix} 3/24 \\ 5/24 \\ 5/24 \\ 5/24 \end{bmatrix} \to \begin{bmatrix} 5/48 \\ 7/48 \\ 7/48 \\ 7/48 \end{bmatrix} \to \begin{bmatrix} 21/288 \\ 31/288 \\ 31/288 \\ 31/288 \end{bmatrix} \cdots \begin{bmatrix} 0 \\ 0 \\ 0 \\ 0 \end{bmatrix} \tag{4.11}$$

也就是说游走到任何网页的概率都变成 0 了。

那么，死路情况下的 PageRank 该如何求取呢？一般来说，有两种解决方案：第一种解决方案为：对原图进行修剪，得到一个可以没有任何 Dead End，可按照理想方式计算 PageRank 的余图，计算余图中节点的 PageRank，再恢复为原图，获取剩余节点的 PageRank 值；第二种解决方案称为 "Taxation" 方法。

这里先结合下面的例题来介绍第一种方案。

例题 4.4 试采取解决方案一计算图 4.12 中网页的 PageRank 值。

解 根据方案一，需要先对原网页结构进行修剪，从图中去掉 Dead Ends 和所有它们的入链接，持续这个过程，直到没有任何 Dead Ends 存在，得到一个余图 G。

对原图进行分析，可知图中节点 E 为 Dead End。首先从图中去除节点 E 和指向 E 的入链接，即节点 C 指向节点 E 的链接。执行这个步骤后继续分析余图，会发现节点 C 成为一个新的 Dead End。于是，继续修剪，去掉节点 C 和指向节点 C 的入链接，最终得到图 4.13。在这个图中，不再存在 Dead End。接下来采用理想的 PageRank 计算方式计算图 4.13 中的网页节点的 PageRank 值。

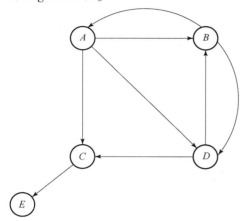

图 4.12 死路的 PageRank 计算例题图

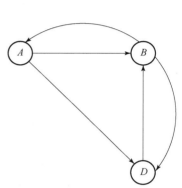

图 4.13 得到的余图 G

先写出图 4.13 中的网页结构的转移矩阵 $\boldsymbol{M}$：

$$\boldsymbol{M} = \begin{bmatrix} 0 & 1/2 & 0 \\ 1/2 & 0 & 1 \\ 1/2 & 1/2 & 0 \end{bmatrix} \tag{4.12}$$

初始概率分布向量为：

$$\boldsymbol{v}_0 = \begin{bmatrix} 1/3 \\ 1/3 \\ 1/3 \end{bmatrix} \tag{4.13}$$

采取经典的 PageRank 计算方法可得如下序列：

$$\begin{bmatrix} 1/3 \\ 1/3 \\ 1/3 \end{bmatrix} -> \begin{bmatrix} 1/6 \\ 3/6 \\ 2/6 \end{bmatrix} -> \begin{bmatrix} 3/12 \\ 5/12 \\ 4/12 \end{bmatrix} -> \begin{bmatrix} 5/24 \\ 11/24 \\ 8/24 \end{bmatrix} \cdots \begin{bmatrix} 2/9 \\ 4/9 \\ 3/9 \end{bmatrix} \begin{matrix} -> \text{PageRank}_A \\ -> \text{PageRank}_B \\ -> \text{PageRank}_D \end{matrix} \tag{4.14}$$

接下来需要按照修剪过程的逆序来计算剩余节点的 PageRank 值。

先来计算节点 C 的 PageRank 值。从图 4.12 中可以看到节点 A 和节点 D 各有一条出链接指向节点 C。A 有三条出链接，所以贡献其 PageRank 值的 1/3 给 C；D 有两条出链接，所以贡献其 PageRank 值的 1/2 给 C。所以，C 的 PageRank 值是

$$\text{PageRank}_C = \frac{1}{3} \times \frac{2}{9} + \frac{1}{2} \times \frac{3}{9} = \frac{13}{54} \tag{4.15}$$

最后来计算节点 E 的 PageRank 值。只有 C 有一条出链接指向 E。而 C 也只有一条出链接，

所以贡献其 PageRank 值的全部给 E。所以，有：

$$\text{PageRank}_E = \text{PageRank}_C = \frac{13}{54} \tag{4.16}$$

于是有原图 4.12 中所有节点的 PageRank 向量为：

$$\begin{bmatrix} 2/9 \\ 4/9 \\ 13/54 \\ 3/9 \\ 13/54 \end{bmatrix} \tag{4.17}$$

笔记

有些读者可能还记得我们之前说过 PageRank 值代表的是一个概率分布值，表征随机游走过程停留在每个网页上的概率。按照定义，所有网页的 PageRank 值之和应该为 1。这里我们可以验算下：

$$\frac{2}{9} + \frac{4}{9} + \frac{13}{54} + \frac{3}{9} + \frac{13}{54} > 1 \tag{4.18}$$

也就是说，所有 PageRank 值相加超过 1，它们不再表示随机游走的分布概率了，但是仍然可以用来表征对网页相对重要性的一个估计。

讲解第二种方案之前，我们先来看看 Spider Trap 问题。因为 Taxation 方法可以用来同时解决 Dead End 和 Spider Trap 问题。

Spider Trap 代表了一个或者一组节点，虽然不存在 Dead Ends，但是没有边连向除它或它们以外的节点。所以，通常会引致 PageRank 计算过程把所有 PageRank 值分配到 Spider Trap 中。

例题 4.5 试计算图 4.14 中节点的 PageRank 值。

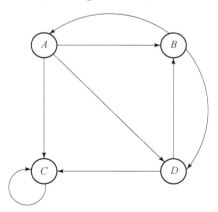

图 4.14 Spider Trap 示例图

解 先写出转移矩阵：

$$\boldsymbol{M} = \begin{bmatrix} 0 & 1/2 & 0 & 0 \\ 1/3 & 0 & 0 & 1/2 \\ 1/3 & 0 & 1 & 1/2 \\ 1/3 & 1/2 & 0 & 0 \end{bmatrix} \tag{4.19}$$

采用经典的计算 PageRank 的方法可得：

$$\begin{bmatrix} 1/4 \\ 1/4 \\ 1/4 \\ 1/4 \end{bmatrix} -> \begin{bmatrix} 3/24 \\ 5/24 \\ 11/24 \\ 5/24 \end{bmatrix} -> \begin{bmatrix} 5/48 \\ 7/48 \\ 29/48 \\ 7/48 \end{bmatrix} -> \begin{bmatrix} 21/288 \\ 31/288 \\ 205/288 \\ 31/288 \end{bmatrix} \cdots \begin{bmatrix} 0 \\ 0 \\ 1 \\ 0 \end{bmatrix} \qquad (4.20)$$

即是说，最后只有 C 有 PageRank 值，因为没有任何随机游走可以在抵达 C 以后离开。从图中也可以分析得出，C 就是一个 Spider Trap。

Taxation 方法可以用来解决 Dead End 和 Spider Trap 问题存在情况下的 PageRank 计算。其思路就是，允许以一个小的概率，让随机游走过程可以传输到一个随机网页，开始新的随机游走，而不是单纯地永远追随当前网页的出链接。

Taxation 方法下 PageRank 值的计算方式为：

$$v' = \beta M v + (1-\beta) e/n \qquad (4.21)$$

这里 β 是一个常数，取值一般在 0.8～0.9 之间。e 是一个元素全为 1 的向量。n 代表网络中节点的个数。所以 $\beta M v$ 这个项代表的是随机游走过程决定追随当前网页的出链接，其概率为 β；而 $(1-\beta) e/n$ 这个项代表随机游走过程决定开始一次新的随机游走，其概率为 $(1-\beta)$。

例题 4.6 采用 Taxation 方法再次计算图 4.14 中节点的 PageRank 值。

解 令 $\beta = 0.8$。图中有 4 个节点，所以 $n = 4$。

$$e/n = \begin{bmatrix} 1/4 \\ 1/4 \\ 1/4 \\ 1/4 \end{bmatrix} \qquad (4.22)$$

所以 Taxation 方法下，PageRank 的计算公式变为：

$$v' = \beta M v + (1-\beta) e/n = \begin{bmatrix} 0 & 2/5 & 0 & 0 \\ 4/15 & 0 & 0 & 2/5 \\ 4/15 & 0 & 4/5 & 2/5 \\ 4/15 & 2/5 & 0 & 0 \end{bmatrix} v + \begin{bmatrix} 1/20 \\ 1/20 \\ 1/20 \\ 1/20 \end{bmatrix} \qquad (4.23)$$

初始概率分布向量为：

$$\begin{bmatrix} 1/4 \\ 1/4 \\ 1/4 \\ 1/4 \end{bmatrix} \qquad (4.24)$$

所以迭代过程为：

$$\begin{bmatrix} 1/4 \\ 1/4 \\ 1/4 \\ 1/4 \end{bmatrix} -> \begin{bmatrix} 9/60 \\ 13/60 \\ 25/60 \\ 13/60 \end{bmatrix} -> \begin{bmatrix} 41/300 \\ 53/300 \\ 153/300 \\ 53/300 \end{bmatrix} -> \begin{bmatrix} 543/4\,500 \\ 707/4\,500 \\ 2\,543/4\,500 \\ 707/4\,500 \end{bmatrix} \cdots \begin{bmatrix} 15/148 \\ 19/148 \\ 95/148 \\ 19/148 \end{bmatrix} \qquad (4.25)$$

可以看见，尽管节点 C 依然获取了绝大部分 PageRank 值，但是其他的节点也能获得随机游走到达的概率。

4.2.4　更新策略

互联网是实时变化的，具有很强的动态性。网页更新策略主要用来决定何时更新之前已经下载过的页面。常见的更新策略有以下三种：

1）历史参考策略：顾名思义，根据页面以往的历史更新数据，预测该页面未来何时会发生变化。一般来说，是通过泊松过程进行建模预测。

2）用户体验策略：尽管搜索引擎针对某个查询条件能够返回数量巨大的结果，但是用户往往只关注前几页结果。因此，抓取系统可以优先更新那些显示在查询结果前几页中的网页，而后再更新那些后面的网页。这种更新策略也需要用到历史信息。用户体验策略保留网页的多个历史版本，并且根据过去每次内容变化对搜索质量的影响，得出一个平均值，用这个值作为决定何时重新抓取的依据。

3）聚类抽样策略：前面提到的两种更新策略都有一个前提：需要网页的历史信息。这样就存在两个问题：第一，如果为每个系统保存多个版本的历史信息，无疑增加了很大的系统负担；第二，如果新的网页完全没有历史信息，就无法确定更新策略。这种策略认为，网页具有很多属性，对于类似属性的网页，可以认为其更新频率也是类似的。要计算某一个类别网页的更新频率，只需要对这一类网页抽样，以它们的更新周期作为整个类别的更新周期。聚类抽样策略如图 4.15 所示。

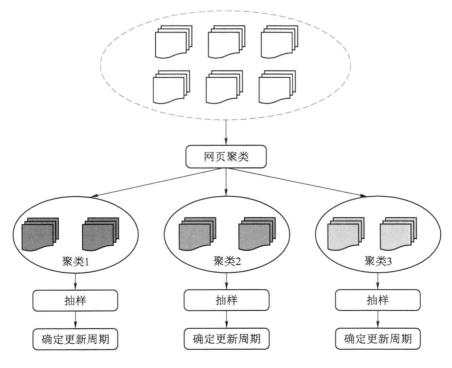

图 4.15　聚类抽样策略

4.3 数据的预处理

4.3.1 数据预处理的目的

数据预处理是数据处理的过程中非常重要的一步。这个过程也许会是整个数据处理流程中最耗费时间的一环。过程也许会很枯燥和烦闷，但是绝对不可或缺。

《探索性数据挖掘与数据清理》的作者西奥多·约翰逊和塔玛拉帕拉尼·达苏曾经说过："根据我们的经验，最终数据挖掘的价值有百分之八十都取决于探索式数据分析和数据清洗的效果。"

为什么需要进行数据的预处理呢？因为在原始数据中存在着各种各样的问题。

4.3.1.1 杂乱性

杂乱性是指系统中的数据缺乏统一的标准和定义。具体表现形式包括：①在不同的数据来源中的同义异名情况，例如为了标示客户，一些数据来源用 cust_id 来区分，另一些则用 cust_number 来区分；②不同数据来源采用的度量标准可能不同，比如对于性别，一些采用 "Male" 或 "Female" 来区分，另一些则采用 "男" 和 "女" 来区分；③对同一属性定义的类型不同，以工资为例，一些数据来源可能定义为 Int 型，另一些则将工资定义为 Double 型。

4.3.1.2 重复性

重复性是指同一事物在数据库中存在两条或多条完全相同的记录。这种情况非常常见，如实际使用过程中出现的意义相同或者可以表示同一信息的多个属性，如年龄和出生日期。在一次数据挖掘中，若考察的是年龄段和消费特征的关系，那么，这两个属性便为冗余的。因为用年龄或出生日期都可以计算得到年龄段，且结果相同。当然，若在数据挖掘时，考察的是年龄段、出生月份对消费特征的影响，那这两个属性就表示的是不同的信息，不可视为重复属性。由此可见，重复性是一种相对的概念，需要根据实际的分析目标来予以判断。

4.3.1.3 不完整性

不完整性是指系统设计的不合理或者使用过程中的某些因素所造成的属性值缺失或者不确定。或者是某个元组中缺少了某样或者某几样属性，甚至是多个元组直接缺失。造成这种情况的原因，也许是在数据输入时，某些数据可能被误认为不重要而删除掉了。或是某些数据由于存在不一致性，结果被删除了。

4.3.1.4 存在噪声

噪声是指测量变量中的随机错误或偏离期望的孤立点值。噪声数据的来源众多，起因也各异。

总之，各种各样的疏忽或错误，会导致"脏"数据的存在，而数据预处理的目的是：对这些原始数据进行处理，为数据挖掘过程提供干净、准确、简洁的数据，减少数据处理量，提高数据挖掘的效率和准确性。可以说，没有高质量的数据就没有高质量的数据挖掘结果。

按照所处理的内容不同，可以将数据预处理的主要任务分为以下几类：

1）数据清理。数据清理即填写空缺值、平滑噪声数据、识别删除孤立点，以及解决数据中的不一致性问题。

2）数据集成。数据集成即通过操作集成多个来源不同的数据库、数据立方或文件。

3）数据变换。数据变换即对原始数据进行规范化和聚集操作。

4）数据规约。数据规约即通过操作得到数据集的压缩表示，所得到的压缩表示将会小得多，但可以在其上得到与原始数据相同或相近的数据挖掘结果。

4.3.2　数据清洗

数据清洗（图 4.16）的主要任务就是对原始数据进行处理，将"脏"数据转化为"干净的"数据。其主要任务包括：

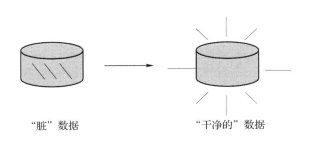

图 4.16　数据清洗

1）填补空缺值。

2）平滑噪声数据。

3）纠正不一致数据。

4）消除冗余数据。

下面详细介绍填补空缺值和平滑噪声数据的主要方法。

4.3.2.1　填补空缺值

原始数据并不总是完整的，在很多情况下，会出现数据库中很多条记录的对应字段为空的情况。

引起空缺值的原因很多，例如：

- 设备异常。
- 与其他已有数据不一致而被删除。
- 因为误解而没有被输入的数据。
- 在输入时，有些数据因为得不到重视而没有被输入。
- 对数据的改变没有进行日志记载。

填补空缺值的方法一般有以下几种：

1）直接忽略存在属性缺失的元组：这种方法一般是在缺少类标号时使用（主要是针对分类或描述）。但是，这种方法的有效性不好，尤其是当属性缺少值的比例很大时。

2）人工方式来填写空缺值：这种方法会耗费大量人力和时间，因而不适用于大数据集。

3）自动填充空缺值：一般可以使用全局变量、属性的平均值、与给定元组属于同一类的所有样本的平均值，或者由回归、判定树、基于推导的贝叶斯形式化方法等确定的其他可能值来自动填充。

📓 **笔记**

自动填充的方法会使数据分布产生倾斜，导致数据分布过度集中于数据空间的某端，造成"头重脚轻"或者"比萨斜塔"等不均匀的分布特点。数据分布倾斜性将造成运算效率上的"瓶颈"和数据分析结果的"以偏概全"。而且，不管采用了何种方式来推断空缺值，填入的值都可能是不正确的。因为我们毕竟不知道空缺处真实的值是多少，而是使用现有数据的信息来推测的。

4.3.2.2 平滑噪声数据

噪声数据，是指原始数据中所存在的随机错误或偏差。引起噪声数据的原因有很多，比如：

- 数据收集工具的问题。
- 数据输入错误。
- 数据传输错误。
- 技术限制。
- 命名规则的不一致。

有很多方法可以用来平滑噪声数据。首先来介绍一下分箱法。

1. 分箱法处理噪声数据

分箱法是指把待处理的数据按照一定的规则放进一些箱子中，先考察每个箱子中的数据，再采用某种方法来分别对各个箱子中的数据进行处理的办法。

这里所谓的箱子就是指按照属性值划分的某个子区间。如果一个属性值处于某个子区间范围内，就称把该属性值放进这个子区间代表的"箱子"里。

采用分箱法来平滑处理噪声数据，必须先确定两个问题：

1）如何分箱？

2）如何对每个箱子中的数据进行平滑处理？

📓 **笔记**

在实施分箱之前，必须先对记录集按目标属性值的大小进行排序。

先来看第一个问题——如何分箱？分箱的方法一般有三种：等深分箱法、等宽分箱法和用户自定义区间法。

- 等深分箱法：又称等频率分箱法。即按照对象的个数来划分。具体来说，就是将对象范围划分为每块包含大致相同数量样本的 N 块。每箱具有相同的记录数，而每箱记录数就称为箱的权重，也叫作箱子的深度。这种分箱方法便于数据缩放，缺点则是绝对属性管理比较困难（即通常无法等分）。

- 等宽分箱法：又称为等距离分箱法。即按照对象的值来划分。具体来说，就是将对象范围划分为等间隔的 N 块。如果 A 和 B 是最低和最高的属性值，那么间隔宽度 W 的计算方式是：

$$W = (B - A)/N \tag{4.26}$$

通常来说，等宽分箱法是最简单的划分方法，但在使用它时可能会出现不少例外情形，而且它不能很好地处理歪斜数据。划分之后的数据集在整个属性值的区间上呈平均分布，每个箱子的区间范围是一个常量。

● 用户自定义区间法：即根据用户需要自定义区间来划分的一种方式。

例题 4.7　假设客户收入属性 income 排序后的值（单位为元）为：800，1 000，1 200，1 500，1 500，1 800，2 000，2 300，2 500，2 800，3 000，3 500，4 000，4 500，4 800，5 000。请分别尝试用三种分箱方法来进行划分。

解

（1）等深分箱法：假定需要划分为四个箱子。由于原始数据一共有 16 个数据项，因此，每个箱子的深度应该为 4。因此，划分后的结果为：

箱 1：　800　1 000　1 200　1 500
箱 2：1 500　1 800　2 000　2 300
箱 3：2 500　2 800　3 000　2 300
箱 4：4 000　4 500　4 800　5 000

（2）等宽分箱法：同样假定需要划分为四个箱子。检查所有数据可知，最低属性值为 800，最高属性值为 5 000，因此每个箱子的间隔宽度 W 为：

$$W = (5\ 000 - 800)/4 = 1\ 050 \tag{4.27}$$

所以，分箱的结果为：

箱 1：　800　1 000　1 200　1 500　1 500　1 800
箱 2：2 000　2 300　2 500　2 800
箱 3：3 000　3 500
箱 4：4 000　4 500　4 800　5 000

（3）用户自定义区间法：假定根据用户自定义，按照如下方式划分——将客户收入划分为 1 000 元以下、1 000 ~ 2 000 元、2 000 ~ 3 000 元、3 000 ~ 4 000 元和 4 000 元以上几组。则划分结果为：

箱 1：　800
箱 2：1 000　1 200　1 500　1 500　1 800　2 000
箱 3：2 300　2 500　2 800　3 000
箱 4：3 500　4 000
箱 5：4 500　4 800　5 000

现在来看第二个问题，即如何对每个箱子中的数据进行平滑处理。

可以有三种方式来对每个箱子中的数据进行平滑处理：

（1）按箱平均值平滑处理：即对同一箱值中的数据求平均值，用平均值代替该箱子中的所有数据。

（2）按箱边界平滑处理：对于箱子中的每个数据，观察它与箱子两个边界值的差异，用差异较小的那个边界值替代该数据。

（3）按箱中值平滑处理：取箱子的中值，用来替代箱子中的所有数据。

例题 4.8　例题 4.7 中，试采取三种平滑处理方式分别对等宽分箱法的划分结果进行处理。

解　例题 4.7 中，采取等宽分箱法分箱的结果为：

箱1： 800　　1 000　　1 200　　1 500　　1 500　　1 800
箱2： 2 000　　2 300　　2 500　　2 800
箱3： 3 000　　3 500
箱4： 4 000　　4 500　　4 800　　5 000

（1）按箱平均值平滑处理：需要计算每个箱子中数据的平均值，然后用平均值来代替该箱子中的所有数据。

对于第一个箱子，我们计算出其数据的平均值为：

$$(800 + 1\ 000 + 1\ 200 + 1\ 500 + 1\ 500 + 1\ 800)/6 = 1\ 300 \tag{4.28}$$

因此，用1 300代替该箱子中的所有数值。

接下来计算第二个箱子中的所有数据的平均值，再用该平均值代替第二个箱子中的所有数据。重复该过程，直到计算完毕。

因此，平滑结果为：

箱1： 1 300　　1 300　　1 300　　1 300　　1 300　　1 300
箱2： 2 400　　2 400　　2 400　　2 400
箱3： 3 250　　3 250
箱4： 4 575　　4 575　　4 575　　4 575

（2）按箱边界值平滑处理：首先考察箱子1中的数据。

箱子1有两个边界值800和1 800，接下来考察箱子每个数据与这两个边界值之差，选择具有较小差值的那个边界值来代替该数据。

第一个数值是800，它本身就是边界值之一，因此不变。

第二个数值是1 000。它与边界值一800的差是200，与边界值二1 800的差是800，因此用边界值一800来代替它。

第三个数值是1 200，它与边界值一800的差是400，与边界值二1 800的差是600，因此用边界值一800来代替它。

以此类推，直到所有箱子中的数据计算完毕。于是得到以下的平滑结果：

箱1： 800　　800　　800　　1 800　　1 800　　1 800
箱2： 2 000　　2 000　　2 800　　2 800
箱3： 3 000　　3 500
箱4： 4 000　　4 000　　5 000　　5 000

（3）按箱中值平滑处理：首先计算每个箱子中数据的中值，然后用该中值代替此箱中所有数据。这和按箱平均值平滑处理的处理方法类似，只是替代值不同。

对于第一个箱子中的数据，计算得到其中值为1 350，因此，用1 350替代第一个箱子中的所有数据。依此类推，最后得到平滑结果为：

箱1： 1 350　　1 350　　1 350　　1 350　　1 350　　1 350
箱2： 2 400　　2 400　　2 400　　2 400
箱3： 3 250　　3 250
箱4： 4 650　　4 650　　4 650　　4 650

例题4.9 将下列排序后的价格分为3组，排序后的平滑价格为：4，8，9，15，21，21，24，25，26，28，29，34。

（1）按照等深分箱法划分。

（2）按照等宽分箱法划分。

（3）对等深分箱法的结果分别按照箱平均值和箱边界值做平滑处理。

解　先对数据进行分析，已完成排序，故可直接进行分箱操作。

（1）按照等深分箱法划分所需要划分的数据一共有 12 项，需要划分为 3 组，因此每组数据应为 4 个。所以划分结果为：

箱 1：　4　　8　　9　　15

箱 2：　21　21　24　25

箱 3：　26　28　29　34

（2）按照等宽分箱法划分先计算每个箱子的宽度，因为需要分成 3 组，所以宽度为：

$$W = (34 - 4)/3 = 10 \tag{4.29}$$

所以划分结果为：

箱 1：　4　　8　　9

箱 2：　15　21　21　24

箱 3：　25　26　28　29

（3）对等深分箱法的结果分别按照箱平均值和箱边界值做平滑处理。

先对等深分箱法的结果按照箱平均值进行平滑处理，计算每个箱子中数据的平均值，得到如下平滑结果：

箱 1：　9　　9　　9　　9

箱 2：　23　23　23　23

箱 3：　29　29　29　29

再按照箱边界值进行平滑处理，对每个箱子中的数据，比较它们与每个边界值之间的差异，选取差异小的替代该数值，得到平滑结果为：

箱 1：　4　　4　　4　　15

箱 2：　21　21　25　25

箱 3：　26　26　26　34

练习 4.1　用等深分箱法处理以下数据，先分成三部分，然后使用箱边界值平滑处理：4，11，8，17，18，15，7，22，25，31，2，9。

2. 其他平滑噪声数据的方法

除分箱法外，还可以用聚类法和回归法来平滑噪声数据。

聚类法将相似的值组织成群或类，那么落在群或类外的值就是孤立点，也就是噪声数据。

如图 4.17 所示，图中共形成了三个聚类，"＋"用来表示聚类的质心。聚类的质心就是聚类的平均点。不在任何聚类中的点称为孤立点，就是要去掉的噪声数据。

回归法可以发现两个相关变量之间的变化模式，通过使数据适合一个函数来平滑数据，即利用拟合函数对数据进行平滑。最常用的回归法包括线性回归、非线性回归等。图 4.18 中给出了一个利用线性回归法来平滑噪声数据的例子。线性回归法可以找出适合两个变量的"最佳"直线，使一个变量能够预测另一个。而从图 4.18 中可以看到，大部分数据点是分布在直线 $y = x + 1$ 附近的，而有两个点的偏离距离较大，这两个点就是需要平滑掉的噪声数据。

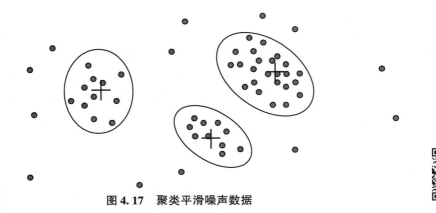

图 4.17 聚类平滑噪声数据

4.3.3 数据集成

数据集成就是将多个数据源中的数据结合起来存放在一个一致的数据存储中。在数据集成的过程中，通常需要考虑多信息源的匹配、数据冗余、数据值冲突等问题（图 4.19）。

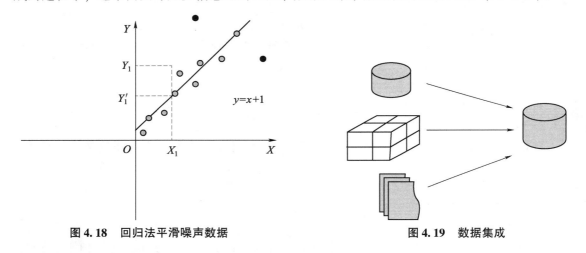

图 4.18 回归法平滑噪声数据　　　　　　**图 4.19 数据集成**

4.3.3.1 多信息源的匹配

在将不同源头的数据集成到一起的过程中，需要完成各信息源的匹配，即从多信息源中识别现实世界的实体，并进行匹配。这是一个非常复杂的问题，比如，如何确定一个数据库中的 Id 和另一个数据库中的 Customer_id 所指的实体是否同一个实体呢？有的时候需要借助元数据（即数据的数据），从而避免在数据集成中发生错误。

让我们考察图 4.20 和图 4.21 中的数据，若用户希望发现客户背景和客户购买类型、购买力的关系，针对数据挖掘的需要，数据预处理时需要将两张表集成为一个数据挖掘源。

可以看到，在图 4.20 中有一个数据项 "Id"，而图 4.21 中有一个数据项名为 "Customer_id"。如果注意观察该属性的说明，可以看到，这两项数据都是指示客户标志，因而可能是属于同一个属性。但两者的数据类型却不同，"Id" 属于 Short int 型，而 "Customer_id" 则属于Int 型。在对这两个数据源进行集成时，需要采用可靠的手段来确定 Id 和 Customer_id 是否是同一个属性。当然，可以借助元数据。同时，必须把两者的数据统一为相同的类型。

属性名称	数据类型	说明
Id	Short int	客户标志
Gender	Boolean	性别
Birth	Date	出生日期
Type	Boolean	是否会员
income	Short int	月收入（元）

图 4.20　客户基本情况

属性名称	数据类型	说明
Customer_id	Int	客户标志
Time	Date	交易日期
Goods	String	商品名称
Price	Real	商品价格
Count	Short int	商品数量
Total price	real	总价格

图 4.21　客户交易数据

4.3.3.2　冗余数据的处理

冗余数据是指重复存在的数据。数据冗余的存在使挖掘程序需要对相同的信息进行重复处理，从而增加了数据挖掘的复杂性，导致了挖掘效率的降低。

主要的数据冗余问题包括：

- 属性冗余：一个属性可能由一个或多个其他属性导出。
- 属性或维命名的不一致，导致数据集成中的冗余。

来看图 4.21。在数据表中，Total price 这个属性，实际上可以通过 Price 和 Count 两个属性计算得到，这样就产生了属性冗余。

要发现数据冗余问题，一般可以采用相关性分析方法。常用的相关性分析方法有 χ^2 检验法（Chi – square Test）。其中 χ^2 的计算方式如下：

$$\chi^2 = \sum \frac{(\text{Observed} - \text{Expected})^2}{\text{Expected}} \tag{4.30}$$

χ^2 越大，则表示变量间的相关性越强。

例题 4.10　待检验数据表如图 4.22 所示。运用卡方检验法判断玩不玩象棋与喜不喜欢看科幻电影之间是否存在相关性。

	玩象棋的	不玩象棋的	合计（行）
喜欢科幻电影的	250	200	450
不喜欢科幻电影的	50	1 000	1 050
合计（列）	300	1 200	1 500

图 4.22　待检验数据表

解　第一步：建立检验假设。$H0$：玩不玩象棋与喜不喜欢看科幻电影没有关系；$H1$：玩不玩象棋与喜不喜欢看科幻电影有关系；评判阈值：$\alpha = 0.05$。

第二步：计算期望值（TRC），计算公式如下：

$$\text{TRC} = nR \cdot nC/n \tag{4.31}$$

式中，TRC 表示第 R 行第 C 列格子的期望值，nR 为期望值同行的合计数，nC 为期望值同列的合计数，n 为总列数。

根据公式计算得出每行每列的期望值如下：

第 1 行 1 列：$450 \times 300/1\ 500 = 90$

第 1 行 2 列：$450 \times 1\ 200/1\ 500 = 360$

第 2 行 1 列：$1\ 050 \times 300/1\ 500 = 210$

第 2 行 2 列：$1\ 050 \times 1\ 200/1\ 500 = 840$

将期望值写入数据表中，如图4.23所示。

	玩象棋的	不玩象棋的	合计（行）
喜欢科幻电影的	250（90）	200（360）	450
不喜欢科幻电影的	50（210）	1 000（840）	1 050
合计（列）	300	1 200	1 500

图4.23　写入期望值的待检验数据表

第三步：计算χ^2。按照式（4.30）计算得到：

$$\chi^2 = \sum \frac{(\text{Observed} - \text{Expected})^2}{\text{Expected}} \tag{4.32}$$

$$= \frac{(250-90)^2}{90} + \frac{(50-210)^2}{210} + \frac{(200-360)^2}{360} + \frac{(1\,000-840)^2}{840} = 507.93$$

第四步：查χ^2表求p值，可知$p < 0.001$，而阈值$\alpha = 0.05$，因此拒绝$H0$，所以可以认为玩象棋与喜欢看科幻电影之间是有关联的，即存在相关性。

而相关性的存在一般预示着冗余的存在。

4.3.4　数据变换

所谓数据变换，就是通过变换将数据转换成适合进行处理和分析的形式。数据变换可能涉及如下内容：

- 平滑：去除数据中的噪声（运用分箱、聚类、回归等方法）。
- 聚集：对数据进行汇总和聚集，常采用数据立方体结构，如运用abg( )、count( )、sum( )、min( )、max( )等对数据进行操作。
- 数据概化：使用概念分层，用更高层次的概念来取代低层次"原始"数据。主要原因是在数据处理和分析过程中可能不需要那么细化的概念，它们的存在反而会使数据处理和分析过程花费更多时间，增加了复杂度。例如，Street可以概化为较高层的概念，如City或Country；Age可以概化为较高层概念。
- 规范化：将数据按比例缩放，使之落入一个小的特定区间。
- 属性构造：由给定的属性、构造添加新的属性，帮助提高数据处理和分析的精度，以及对高维数据结构的理解。比如根据属性height和width可以构造area属性。通过属性构造，可以发现关于数据属性间联系的丢失信息，这对知识的发现是有用的。

4.3.4.1　数据规范化

数据规范化是指将数据按比例进行缩放，使之落入一个小的特定区域，以加快训练速度，消除数值型属性因大小不一而造成数据处理和分析结果的偏差。例如，可以将工资收入属性值映射到$[-1.0, 1.0]$范围内。常用的规范化方法有：

最小—最大规范化（Min - max Normalization）。

零—均值规范化（Z - score Normalization）。

小数定标规范化（Normalization by Decimal Scaling）。

1）最小—最大规范化。

最小—最大规范化一般适用于已知属性的取值范围，要对原始数据进行线性变换，将原取值区间$[min, max]$映射到$[new\_min, new\_max]$上。其计算公式为：

$$v' = \frac{v - \min_A}{\max_A - \min_A} (\text{new\_max}_A - \text{new\_min}_A) + \text{new\_min}_A \tag{4.33}$$

例题 4.11　映射最小和最大值分别为 12 000 和 98 000 的数值到区间 [0.0, 1.0]。试问，值 73 600 和 100 000 在新区间的值为多少？

解　根据式（4.33），有

$$\frac{73\ 600 - 12\ 000}{98\ 000 - 12\ 000} (1.0 - 0) + 0 = 0.716 \tag{4.34}$$

$$\frac{100\ 000 - 12\ 000}{98\ 000 - 12\ 000} (1.0 - 0) + 0 = 1.02\ (越界) \tag{4.35}$$

2）零—均值规范化。

这种方法对属性的值基于其平均值和标准差进行规范。当属性的最大和最小值未知，或孤立点左右了最大—最小规范化时，该方法有用。

计算方式为：

$$v' = \frac{v - \bar{A}}{\sigma_A} \tag{4.36}$$

例题 4.12　假设属性 income 的均值与标准差分别为 54 000 元和 16 000 元，使用零—均值规格化方法将 73 600 元的属性 income 值映射为多少？

解　根据式（4.36），有

$$\frac{73\ 600 - 54\ 000}{16\ 000} = 1.225 \tag{4.37}$$

3）小数定标规范化。

该方法通过移动属性值小数点的位置进行规范化。小数点的移动位数依赖于属性值的最大绝对值。

其计算方式为：

$$v' = \frac{v}{10^j} \tag{4.38}$$

式中，j 为满足下式的最小整数：

$$\max(|v'|) < 1 \tag{4.39}$$

例题 4.13　假定 A 的值由 -986 到 917，确定小数定标规范化的系数 j 的大小。

解　由于 A 的绝对值最大可能为 986，因此，若需要保证

$$\max\left(\frac{A}{10^j}\right) < 1 \tag{4.40}$$

则 j 的取值为 3。因此，A 被规范到 [-0.986, 0.917] 的范围之内。

笔记

数据规范化对原来的数据改变很多，尤其是零—均值规范化和小数定标规范化。一定注意，要保留规范化参数，以便将来的数据可以用一致的方式规范化。

练习 4.2　假设 A 的取值范围为 [-99, 25]，请用小数定标法规范化处理 20 和 -12。

练习 4.3　假设 A 初始的取值范围为 [250, 500]，需要归一化到 [0.0, 1.0] 区间内，则 360 对应归一为什么？

4.3.5　数据归约

之所以要进行数据归约，是因为被分析的对象数据集往往非常大，分析与挖掘会特别耗时甚至不能进行。而通过数据归约处理，可以减少对象数据集的大小。数据归约技术能够从原有的庞大数据集中获得一个精简的数据集合，并使这一精简的数据集保持原有数据集的完整性，以提高数据挖掘的效率。

因此，对于数据归约技术有如下要求：

1）所得归约数据集要小。

2）归约后的数据集仍接近于保持原数据的完整性。

3）在归约数据集上所得分析结果应与原始数据集相同或基本相同。

4）归约处理时间少于挖掘所节约的时间。

数据归约的策略一般有以下几种：

1）数据立方体聚集：结果数据量小，不丢失分析任务所需信息。

2）维归约：检测并删除不相关、弱相关或冗余的属性。

3）样本归约：从数据集中选出一个有代表性的样本的子集。子集大小的确定要考虑计算成本、存储要求、估计量的精度以及其他一些与算法和数据特性有关的因素。

4）特征值归约：即特征值离散化技术，它将连续型特征的值离散化，使之成为少量的区间，每个区间映射到一个离散符号。这种技术的好处在于简化数据描述，并易于理解数据和最终的挖掘结果。

4.3.5.1　数据立方体聚集

所谓数据立方体，就是一类多维矩阵，让用户从多个角度探索和分析数据集，通常是一次同时考虑三个因素（维度）。

当试图从一堆数据中提取信息时，需要工具来帮助找到那些有关联的和重要的信息，以及探讨不同的情景。一份报告，无论是印在纸上还是出现在屏幕上，都是数据的二维表示，是行和列构成的表格，只需要考虑两个因素，但在真实世界中需要更强的工具。

数据立方体是二维表格的多维扩展，如同几何学中立方体是正方形的三维扩展一样。"立方体"这个词让人们想起三维的物体，也可以把三维的数据立方体看作一组类似的互相叠加起来的二维表格。

但是数据立方体不局限于三个维度。大多数在线分析处理（OLAP）系统能用很多个维度构建数据立方体，例如，微软的SQL Server 2000 Analysis Services工具允许维度数高达64个（虽然在空间或几何范畴想象更高维度的实体还是个问题）。

在实际中，常常用很多个维度来构建数据立方体，但人们倾向于一次只看三个维度。数据立方体之所以有价值，是因为人们能在一个或多个维度上给立方体做索引。图4.24为数据立方体的示例。

在数据立方体中，存放着多维聚集信息。每个单元存放一个聚集值，对应于多维空间的一个数据点。每个属性可能存在概念分层，允许在多个抽象层进行数据分析。最底层的数据立方体称为基本方体，最高层抽象的为顶点方体，不同层创建的数据立方体称为方体。每个数据立方体可以看作是方体的格。

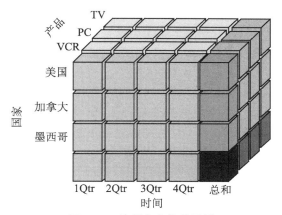

图 4.24　数据立方体的示例

通过对数据立方体的聚集操作，可以实现数据的归约。在具体操作时有多种方式，比如，既可以针对数据立方体中的最低级别进行聚集，也可以针对数据立方体中的多个级别进行聚集，从而进一步缩小处理数据的尺寸。在具体操作时，应该引用适当的级别，便于问题的解决。

图 4.25 中（a）所示数据是某商场 2020—2022 年每季度的销售数据。在对其进行分析时，可以对数据立方体进行聚集，使结果数据汇总每年的总销售额，而不是每季度的总销售额。如图 4.25 中（b）所示，从图中可以看出，聚集后数据量明显减少，但没有丢失分析任务所需要的信息。当感兴趣的是季度销售的总和或者年销售时，由于有了聚集值，可以直接得到查询的结果。

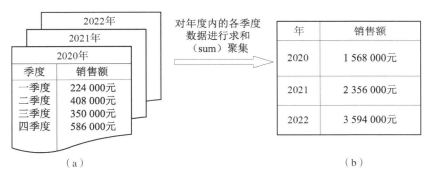

图 4.25　数据立方体的聚集

4.3.5.2　维归约

维归约主要是为了解决维灾难问题。一般我们为了获得更好的分类精度，会选择增加一些特征，但是当特征数量达到一定数量后，增加特征不但不能提高分类精度，反而会导致分类精度的下降。所谓维灾难就是随着特征维度的增加计算开销急剧增加，而分类精度下降（或者聚类质量下降）。

人们收集到的原始数据所包含的属性往往很多，但是大部分与所需要开展的挖掘任务无关。例如，为了对观看广告后购买新款 CD 的顾客进行分类，收集了大量数据，所要开展的分析与年龄和顾客个人喜好有关，但通常与顾客电话号码属性无关。冗余属性的存在会增加要处理的数据量，减慢挖掘进程。

维归约，就是指通过删除不相关的属性来减少数据挖掘要处理的数据量的过程。例如，挖掘学生选课与所取得的成绩的关系时，学生的电话号码可能与挖掘任务无关，可以去掉。

维归约一般可以采用属性子集选择和主成分分析法来实现。

1. 属性子集选择

所谓属性子集选择（图4.26），是指在初始的 N 个属性中选择出一个有 m（$m < N$）个属性的子集，这 m 个属性可以如原来的 N 个属性一样用来正确区分数据集中的每个数据对象。这里有几个关键点要注意：

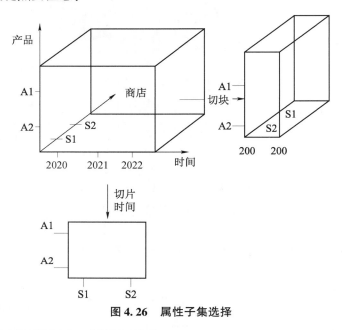

图 4.26　属性子集选择

- 新选择出的属性数要少于原始属性数。
- 新选择出的属性可以和原来的 N 个属性一样描述数据集。
- 新选择出的属性可以和原来的 N 个属性一样区分数据集中的数据对象。

属性选择的基本步骤如下：

子集产生 – > 子集评估 – > 过程终止 – > 结果有效性验证

首先来看子集产生过程。子集产生过程是一个搜索过程，它产生用于评估的属性子集。对于含有 N 个属性的属性集合，它的子集共有 2^N 个，如何从这 2^N 个子集中选择一个合适的子集？

一般采用启发式方法来实现子集选择，常用的方法有：

1）逐步向前选择（Step – wise Forward Selection）：由空属性集合开始，选择原属性集中最好的属性，并将它添加到该集合中，如此迭代循环。这种方法精确性更高，但计算更多。

2）逐步向后删除（Step – wise Backward Elimination）：从整个属性集开始，删掉其中最坏的属性，如此迭代循环。

3）逐步向前选择与逐步向后删除的结合。

4）决策树归纳（Decision – tree Induction）：构造一个类似流程图的结构，每个内部节点（非树叶）表示一个属性上的测试，每个分枝对应于测试的一个输出；每个外部节点

（树叶）表示一个判定类。在每个节点，选择最好的属性，将数据划分成类。当决策树归纳用于属性子集选择时，由给定的数据构造决策树。不出现在树中的所有属性假定是不相关的，那么出现在树中的点会形成归约后的属性子集。

子集产生过程所生成的每个子集都需要用事先确定的评估准则进行评估，并且与先前符合准则最好的子集进行比较，如果它更好一些，那么就用它替换前一个最优的子集。如果没有一个合适的停止规则，在属性选择进程停止前，它可能无穷无尽地运行下去。

属性选择过程可以在满足以下条件之一时停止：

- 达到一个预先定义所要选择的属性数。
- 达到预先定义的迭代次数。
- 增加（或删除）任何属性都不产生更好的子集。

最后，选择的最优子集需要通过在所选子集和原属性集进行不同的测试和比较，使用人工和现实世界的数据集对产生的结果进行有效性验证。

2. 主成分分析

主成分分析（Principal Components Analysis，PCA），是目前最流行的大型数据集归约的统计学方法。主成分分析，通过正交变换将一组可能存在相关性的变量转换为一组线性不相关的变量，转换后的这组变量叫作主成分。

在用统计分析方法研究多变量的课题时，变量个数太多就会增加课题的复杂性。人们自然希望变量个数较少而得到的信息较多。很多情形之下，变量之间是有一定的相关关系的，当两个变量之间有一定相关关系时，可以解释为这两个变量反映此课题的信息有一定的重叠。主成分分析是在原先提出的所有变量中将重复的变量（关系紧密的变量）删去，建立尽可能少的新变量，使这些新变量两两不相关，而且在反映课题的信息方面尽可能保持原有的信息。

可以这样去描述主成分分析方法：一个 m 维向量样本集 $X = \{x_1, x_2, x_3, \cdots, x_m\}$ 通过主成分分析法会被转换成另外一个相同维度的集 $Y = \{y_1, y_2, y_3, \cdots, y_m\}$，其中，$Y$ 的前几维中包含了大部分的信息内容——这样可以以低信息损失将数据集减小到较小的维度。

主成分分析所得到的主成分与原始变量之间存在如下关系：

- 主成分保留了原始变量绝大多数信息。
- 主成分的个数大大少于原始变量的数目。
- 各个主成分之间互不相关。
- 每个主成分都是原始变量的线性组合。

属性子集选择是通过保留原属性集的一个子集来减小属性集，而主成分分析则是通过创建一个替换的、更小的变量集来组合属性的基本要素，从而使原数据可以投影到该较小的集合中。主成分分析常常能够揭示先前未曾察觉的联系，并因此允许解释不寻常的结果。

4.3.5.3　特征值归约

特征值归约又称特征值离散化技术，它将连续型特征的值离散化，使之成为少量的区间，每个区间映射到一个离散符号。这种技术的好处在于简化了数据描述，易于理解数据和最终的挖掘结果。

特征值归约可以是有参数的，也可以是无参数的。有参数方法是指，使用一个模型来评估数据，只需存放参数，而不需要存放实际数据。

有参数的特征值归约方法有以下两种：

1）回归：包括线性回归和多元回归。

2）对数线性模型：近似离散多维概率分布。

无参数的特征值归约方法有三种：

1）直方图：采用分箱近似数据分布，其中 V－最优和 MaxDiff 直方图是最精确和最实用的。

2）聚类：将数据元组视为对象，将对象划分为群或聚类，使在一个聚类中的对象"类似"，而与其他聚类中的对象"不类似"，在数据归约时用数据的聚类代替实际数据。

3）抽样：用数据的较小随机样本表示大的数据集，如简单抽样 N 个样本（类似样本归约）、聚类抽样和分层抽样等。

4.4　数据的存储

4.4.1　数据存储的发展

1725 年时，法国纺织机械师布乔提出了"穿孔纸带"的构想（图 4.27）。他的设想是，首先设法用一排编织针控制所有的经线运动，然后在一卷纸带上根据编织图案打出一排排小孔。启动机器后，正对着小孔的编织针能穿过去钩起经线，其他的针则被纸带挡住不动。这样一来，编织针就自动按照预先设计的图案去挑选经线。

通过这种方式，布乔的"思想""传递"给了编织机，而编织图案的"程序"也就"储存"在穿孔纸带的小孔之中。

1805 年时，法国机械师杰卡德根据布乔"穿孔纸带"的构想完成了"自动提花编织机"的设计制作，如图 4.28 所示。现在，把"程序设计"俗称为"编程序"，就引申自"编织花布"的词义。

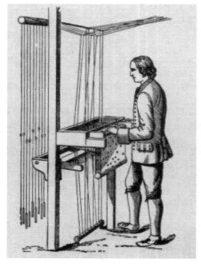

图 4.27　布乔的构想——"穿孔纸带"

图 4.28　自动提花编织机

历史有记载的最早的数据存储媒介应该算是打孔纸卡。虽然这个概念 1725 年由布乔发明，但第一个真正的专利权，是赫尔曼·霍尔瑞斯在 1884 年 9 月 23 日申请的。这个发明用了将近 100 年，一直用到了 20 世纪 70 年代中期。

图 4.29 所示的打孔纸卡制成于 1972 年，上面可以打 90 列孔。能存储的数据少得可怜，事实上几乎没有人真的用它来存储数据。一般它是用来保存不同计算机的设置参数的。

亚历山大·拜恩（传真机和电传电报机的发明人）在 1846 年最早使用了穿孔纸带作为存储设备。纸带上每一行代表一个字符。穿孔纸带（图 4.30）的容量比打孔纸卡大多了。

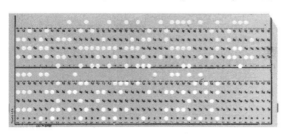

图 4.29　打孔纸卡

图 4.30　穿孔纸带

1946 年 RCA 公司启动了对计数电子管（图 4.31）的研究，这是用在早期巨大的电子管计算机中的一种存储设备。一个管子长达 10 in（1 in = 2.54 cm），能够保存 4 096 bit 的数据。糟糕的是，它极其昂贵，所以在市场上昙花一现，很快就消失了。

图 4.31　计数电子管

在 20 世纪 50 年代，IBM 最早把盘式磁带（图 4.32）用在数据存储上。当时，一卷磁带可以代替 1 万张打孔纸卡，于是它马上获得了成功。直到 20 世纪 80 年代之前，盘式磁带都是最为普及的计算机存储设备。

盒式录音磁带（图 4.33）是飞利浦公司在 1963 年发明的，直到 20 世纪 70 年代才开始流行。一些计算机，如 ZX Spectrum，Commodore 64 和 Amstrad CPC 使用它来存储数据。一盘时长为 90 min 的录音磁带，每面可以存储 700 KB ~ 1 M 的数据。现在的一张 DVD9 光盘，可以保存 4 500 盘这样磁带的数据，如果现在要把这些数据全部读出来，那要整整播放 281 天。

图 4.32　盘式磁带

图 4.33　盒式录音磁带

如图 4.34 所示的磁鼓有 12 in 长，1 min 可以转 12 500 转。它在 IBM 650 系列计算机中被作为主存储器，每支可以保存 1 万个字符（不到 10 KB）。

第一张软盘（图 4.35），发明于 1969 年，当时是一张 8 in 的大家伙，可以保存 80 KB 的只读数据。4 年以后的 1973 年，一种小一号但是容量为 256 KB 的软盘诞生了——它的特点是可以反复读写。从此形成了一个趋势——磁盘直径越来越小，而容量却越来越大。到了 20 世纪 90 年代后期，可以找到容量为 250 MB 的 3.5 in 软盘。

图 4.34　磁鼓

图 4.35　软盘

1956 年 9 月 13 日，IBM 发布了 305 RAMAC 硬盘机（图 4.36）。它的出现，可以说是在存储容量方面的一个革命性的变化——它可以存储“海量”的数据，“高达”4.4 MB（500 万个字符），这些数据保存在 50 个 24 in 的硬磁盘上。1961 年，IBM 生产了 1 000 台 305 RAMAC 计算机，IBM 出租这些计算机的价格是每个月 3 500 美元（因为在那个时代，很少有客户买得起计算机，所以 IBM 发明了出租的办法）。

图 4.37 所示的是人们最熟悉的一种存储设备——硬盘。硬盘存储技术是现在还在发展中的一种技术。图 4.37 所示的日立 Deskstar 7K 500 硬盘，是第一个达到 500 G 容量的硬盘——它的容量是最早的 IBM 305 RAMAC 的 12 万倍。硬盘发展趋势也很明显：价格越来越便宜，容量越来越巨大。

早在 1958 年光盘技术就发明了，可是直到 1972 年，第一张视频光盘才问世，6 年后的 1978 年 LD 光盘开始在市场上销售。那个时候的光盘是只读的，虽然不能写，但是能够保存达到 VHS 录像机水准的视频，这使光盘很有吸引力（图 4.38）。

常见的 5 in 光盘是从 LD 光盘发展来的，它更小，可是容量更大。它是 SONY 公司和飞利浦公司在 1979 年联合发布的，在 1982 年上市。一张典型的 5 in CD 光盘，可以保存 700 MB 数据（图 4.39）。

图 4.36　305 RAMAC 硬盘机

图 4.37　日立 Deskstar 7K 500 硬盘

图 4.38　LD 光盘

DVD 光盘（图 4.40）是使用了不同激光技术的 CD，它采用了 780 nm 的红外激光（标准 CD 则采用 625～650 nm 的红色激光），这种激光技术使 DVD 可以在同样的面积中保存更多的数据。一张双层 DVD 容量可达 8.5 GB。

图 4.39　CD 光盘

图 4.40　DVD 光盘

4.4.2　大数据对存储带来的挑战

大数据时代的来临，给数据存储带来了新的挑战：

1）容量问题。海量数据存储系统一定要具有相应等级的扩展能力，而且扩展的方式一定要简便，如通过增加模块或磁盘柜来增加容量，最好不需要停机。

2）延迟问题。大数据应用往往存在实时性的问题，特别是涉及网上交易或者金融类相关的应用，同时，高性能计算和服务器虚拟化也要求实现高速吞吐。

3）安全问题。金融数据、医疗信息以及政府情报等特殊行业都有自己的安全标准和保密性需求。大数据分析往往需要多类数据相互参考，而在过去并不会有这种数据混合访问的情况，因此大数据应用催生出一些新的、需要考虑的安全性问题。

4）成本问题。成本控制是使用大数据环境的企业要考虑的一个核心问题。要让每台设备都实现更高的"效率"，同时还要减少昂贵的部件，提升存储的效率。

5）数据的积累。任何数据都是历史记录的一部分，数据的分析大都是基于时间段进行的。一定要保证数据可以长期保存，实现数据一致性检测功能，保证其长期高可用性。同时，还要具备原位更新功能。

6）灵活性。大数据存储系统的基础设施规模通常都很大。但应用确实千变万化，对于存储能力，要求其能够随着应用分析软件一起扩展，即具备适应各种不同的应用类型和数据场景的能力。

7）应用感知。目前，已有一些针对应用定制的基础存储设施。在主流存储系统领域，应用感知技术的使用也越来越普遍，它也是改善系统效率和性能的重要手段，也将会应用在大数据存储领域。

8）针对小用户。小企业、个人也会有大数据应用需求，大数据不是大企业的特权。那么，该如何吸引这部分群体？

4.4.3 云存储方式

云存储（图 4.41）即参考云状的网络结构，创建一个新型的云状结构的存储系统，这个存储系统由多个存储设备组成，通过集群功能、分布式文件系统或类似网格计算等功能联合起来协同工作，并通过一定的应用软件或应用接口，对用户提供一定类型的存储服务和访问服务。

图 4.41　云存储

云存储是在大数据时代下，应对存储新需求而发展起来的一种新的模式。大数据时代下，对数据库存在高并发读写的需求，要实现对海量数据的高效率存储和访问，不仅要支持对数据库的高可扩展性和高可用性的需求，还要满足非结构化数据的处理能力的需求。

严格来说，云存储其实不是一种存储媒介，而是一种服务。云存储对使用者来讲，不是指某一个具体的设备，而是指一个由许许多多个存储设备和服务器所构成的集合体。使用者使用云存储，并不是使用某一个存储设备，而是使用整个云存储系统带来的一种数据访问服务。云存储的核心是应用软件与存储设备相结合，通过应用软件来实现存储设备向存储服务的转变。

云存储与传统存储有着很多不同。首先，在功能需求方面，云存储系统面向多种类型的网络在线存储服务，而传统存储系统则面向高性能计算、事务处理等应用；其次，在性能需求方面，云存储要面对数据的安全性、可靠性、效率等新的技术挑战；最后，在数据管理方面，云存储系统不仅要提供传统文件访问，还要能够支持海量数据管理并提供公共服务支撑功能，以方便云存储系统后台数据的维护。

总的来说，云存储的优点在于：

● 可扩容能力强。云存储采取的架构是并行扩容，容量不够了，只要采购新的存储服务器即可，容量立即增加，几乎是没有限制的。

● 易于管理。大部分数据迁移到云存储上去后，所有的升级维护任务都由云存储服务提供商来完成，节约了企业存储系统管理员的成本压力。

● 成本低廉。许多企业宁可冒着数据丢失的危险，也要将大部分数据转移到云存储上，让云存储服务提供商来为他们解决数据存储的问题。这样就能花很少的钱获得最优的数据存储服务。

● 可以实现量身定制。这个主要是针对私有云。云服务提供商专门为单一的企业客户提供一个量身定制的云存储服务方案，或者可以是企业自己的 IT 机构来部署一套私有云服务架构。

4.5　数据的管理

4.5.1　数据管理的发展阶段

数据的管理大致经历了三个阶段：人工管理阶段—文件系统阶段—数据库管理系统阶段。

4.5.1.1　人工管理阶段

20 世纪 50 年代中期以前，数据的管理都是处于人工管理阶段。在那个时代，计算机主要用于科学计算，外部存储器只有磁带、卡片和纸带等，还没有磁盘等直接存取存储设备。

软件也处于初级阶段，只有汇编语言，无操作系统（OS）和数据管理方面的软件。数据处理方式基本是批处理。

在那个时代，数据几乎是不保存的。因为当时计算机主要用于科学计算，对于数据保存的需求尚不迫切。系统也没有专用的软件对数据进行管理，每个应用程序都要包括数据的存储结构、存取方法和输入方法等。程序员在编写应用程序时，还要安排数据的物理存储，因此程序员负担很重。而且，数据是不共享的，即数据是面向程序的，一组数据只能对应一个程序。当然，数据也不具有独立性。程序依赖数据，如果数据的类型、格式或输入/输出方式等逻辑结构或物理结构发生变化，则必须对应用程序做出相应的修改。

4.5.1.2　文件系统阶段

文件系统阶段一般是指 20 世纪 50 年代后期到 20 世纪 60 年代中期。

在这段时间，有了一些新的变化。计算机开始不仅用于科学计算，还大量用于管理。外存储器有了磁盘等直接存取的存储设备。软件方面，操作系统中已有了专门的管理数据软件，称为文件系统。从处理方式上讲，不仅可以进行文件批处理，而且能够进行联机实时处理，可在需要的时候随时从存储设备中查询、修改或更新，因为操作系统的文件管理功能提供了这种可能。

这个时代的特点包括：

1）数据开始需要长期保留。数据可以长期保留在外部存储器上反复处理，即可以经常进行查询、修改和删除等操作，所以计算机大量用于数据处理。

2）程序与数据有了一定的独立性，数据的改变不一定要引起程序的改变。由于有了操作系统，可以利用文件系统进行专门的数据管理，这就使程序员可以将精力集中在算法设计上，而不必过多地考虑细节。在保存数据时，只需给出保存指令，而不必控制计算机，物理地实现数据保存。读取数据时，只要给出文件名，而不必知道文件的具体存放地址。文件的逻辑结构和物理存储结构由系统进行转换。

3）可以实时处理。由于有了直接存取设备，也有了索引文件、链接存取文件、直接存取文件等，所以既可以采用顺序批处理的方式，也可以采用实时处理的方式。数据的存取以记录为基本单位。

这个阶段对数据的管理相对之前有了很大的进步，但仍然存在很多问题：

1）编写应用程序不方便。程序员不得不记住文件的组织形式和包含的内容。

2）数据冗余大。文件之间缺乏联系，造成每个应用程序都有对应的文件，有可能同样的数据在多个文件中重复存储。数据冗余不仅浪费了空间，还导致数据的潜在的不一致性和修改数据的困难。

3）易造成不一致性。不一致性往往由数据冗余造成。在进行更新操作时，稍不谨慎，就可能使同样的数据在不同的文件中不一样。

4）数据独立性差。如果存储文件的逻辑结构发生了变化或存储结构发生了变化，那么就不得不修改程序，所以程序和数据之间的独立性仍然较差。

5）不支持对文件的并发访问。

6）数据间的联系较弱。这是由文件之间相互独立、缺乏联系的特性决定的。

7）难以按不同用户的需要来表示数据。

8）安全控制功能较差。

当时美国的阿波罗登月计划的数据管理就遇到了很大问题。阿波罗飞船由约 200 万个零部件组成，是由分散在世界各地的厂商制造的。为了掌握计划进度及协调工程进展，阿波罗计划的主要合约者罗克威尔公司曾研制了一个计算机零件管理系统。该系统共用了 18 盘磁带，虽然可以工作，但效率极低，维护困难。18 盘磁带中 60% 是冗余数据，一度成为实现阿波罗计划的严重障碍。为了应对这个挑战，罗克威尔公司在实现阿波罗计划中与 IBM 公司合作开发了最早的数据库管理系统之一——IMS，从而保证了阿波罗飞船 1969 年顺利登月。

4.5.1.3　数据库管理系统阶段

从 20 世纪 60 年代后期开始，数据的管理进入了数据库管理系统阶段。

当时，采用计算机来进行管理的规模日益庞大，应用越来越广泛，数据量急剧增长，数据共享的呼声越来越高。而且，计算机有了大容量磁盘，计算能力也非常强。硬件价格不断下降，编制软件和维护软件的费用相对增加。联机实时处理的要求更多，并开始提出和考虑并行处理。

为了解决数据冗余问题，实现数据独立和数据共享，解决由于数据共享而带来的数据完整性、安全性及并发控制等一系列问题，数据库管理系统应运而生。

数据库管理系统的出现，带来了很多优点：

1）数据结构化。在描述数据的时候，不仅要描述数据本身，还要描述数据之间的联系，这样就把相互关联的数据集成了起来。

2）数据共享。数据不再面向特定的某个或多个应用，而是面向整个应用系统。

3）大大降低了数据冗余的可能性。

4）有较高的数据独立性。存储在数据库中的数据与应用程序之间不存在依赖关系，而是相互独立的。

5）保证了安全可靠性和正确性。通过对数据的完整性控制、安全性控制、并发控制和数据的备份与恢复策略，使存储在数据库中的数据有了更大的保障。

6）为用户提供了方便的用户接口。用户可以使用查询语言或终端命令操作数据库，也可以用程序方式（如用 C 语言一类高级语言和数据库语言联合编制的程序）操作数据库。

数据管理三个阶段的比较如表 4.1 所示。

表 4.1　数据管理三个阶段的比较

	项目	人工管理阶段	文件系统阶段	数据库管理系统阶段
背景	应用背景	科学计算	科学计算、管理	大规模管理
	硬件背景	无直接存取存储设备	磁盘、磁鼓	大容量磁盘
	软件背景	没有操作系统	有文件系统	有数据库管理系统
	处理方式	批处理	联机实时处理 批处理	联机实时处理、分布处理、批处理
特点	数据的管理者	用户（程序员）	文件系统	数据库管理系统
	数据面向的对象	某一应用程序	某一应用	现实世界
	数据的共享程度	无共享，冗余度大	共享性差，冗余度大	共享性高，冗余度小
	数据的独立性	不独立， 完全依赖于程序	独立性差	具有高度的物理独立性和一定的逻辑独立性
	数据的结构化	无结构	记录内有结构， 整体无结构	整体结构化，用数据模型描述
	数据控制能力	应用程序自己控制	应用程序自己控制	由数据库管理系统提供数据安全性、完整性、并发控制和错误恢复能力的信息

4.5.2　大数据时代数据管理的特点

随着网民参与互联网产品和应用程序的程度越来越深，互联网将更加智能，互联网的数据量也将呈爆炸式增长（图4.42）。

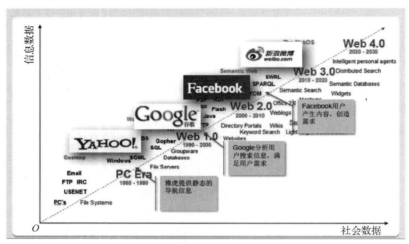

图 4.42　互联网数据量呈爆炸式增长

在大数据时代，数据量异常巨大，数据结构复杂多样，半结构化、非结构化和结构化数据混杂，数据产生速率非常快，实时性要求高，且数据价值密度低，数据存疑。这些特点，对大数据环境下的数据管理提出了新的要求，传统数据库管理系统难以满足大数据存储的管理需求。

传统的关系型数据库是建立在关系模型基础上的数据库，借助集合代数等数学概念和方法来处理数据库中的数据。现实世界中的各种实体以及实体之间的各种联系均用关系模型来表示。关系模型由关系数据结构、关系操作集合、关系完整性约束三部分组成。

关系型数据库有很多优点：

1）操作方便：通过应用程序和后台连接，方便了用户，特别是没有编程基础的人对数据的操作。

2）易于维护：丰富的完整性，包括实体完整性、参照完整性和用户定义完整性，大大降低了数据冗余和数据不一致的概率。

3）便于访问数据：提供了诸如视图、存储过程、触发器、索引等对象。

4）更安全、更快捷：权限分配和管理，使其较以往的数据库在安全性上要强得多。

但进入大数据时代，关系型数据库遇到了发展瓶颈：

1）关系数据库所采用的二维表格数据模型不能有效地处理多维数据，不能有效处理互联网应用中半结构化和非结构化的海量数据，如 Web 页面、电子邮件、音频、视频等。

2）高并发，读写性能低。关系数据库达到一定规模时，非常容易发生死锁等并发问题，导致其读写性能下降非常严重。未来大数据应用并发负载非常高，往往要达到每秒上万次读写请求。关系型数据库勉强可以应付上万次 SQL 查询，但硬盘 I/O 往往无法承担上万次的 SQL 读写数据请求。

3）支撑容量有限。类似人人网、新浪微博、Facebook、Twitter 这样的网站，每天用户产生海量的动态信息。以 Facebook 为例，一个月就要存储 1 350 亿条用户动态，对于关系数据库来说，在一张 1 350 亿条记录的表里进行 SQL 查询，效率是极其低下乃至不可忍受的。再如大型 Web 网站或 IM 的用户登录系统，例如，腾讯、Skype，动辄数以亿计的账号登录，关系数据库也很难应付。

4）数据库的可扩展性和可用性低。当一个应用系统的用户量和访问量与日俱增的时候，传统的关系型数据库就无法像 Web Server 那样简单地通过添加更多的硬件和服务节点来扩展性能和负载能力。对于很多需要提供不间断服务的系统来说，对数据库系统进行升级和扩展往往需要停机维护和数据迁移。

5）建设和运行维护成本高。企业级关系数据库的价格很高，并且随着系统的规模增大而不断上升。高昂的建设和运行维护成本无法满足云计算应用对数据库的需求。

由此，人们需要新的数据管理方式来应对大数据时代的挑战，非关系型数据库正是人们的选择。

4.5.3　非关系型数据库

非关系型数据库（NoSQL）是一种与关系型数据库管理系统截然不同的数据库管理系统，它的数据存储格式可以是松散的，并且易于横向扩展。

这里 NoSQL 是指 Not only SQL，而不是 Not SQL 的意思。意指不一定遵循传统数据库的一些基本要求，比如说符合 SQL 标准、ACID 属性、表结构等。也可称为分布式数据管理系统，数据存储被简化，变得更灵活，重点被放在了分布式数据管理上。

NoSQL 的优势在于：

1）易扩展。NoSQL 数据库种类繁多，但是一个共同的特点就是去掉关系数据库的关系型特性。数据之间无关系，这样就非常容易扩展。无形之间，在架构的层面上带来了可扩展的能力。

2）大数据量，高性能。NoSQL 数据库都具有非常高的读写性能，尤其在大数据量下，同样表现优秀。这得益于它的无关系性，数据库的结构简单。一般 MySQL 使用 Query Cache。NoSQL 的 Cache 是记录级的，是一种细粒度的 Cache，所以 NoSQL 在这个层面上来说性能就要高很多。

3）灵活的数据模型。NoSQL 无须事先为要存储的数据建立字段，随时可以存储自定义的数据格式。而在关系数据库里，增删字段是一件非常麻烦的事。如果是数据量巨大的表格，增加字段简直就是一个噩梦。这点在大数据量的 Web 2.0 时代尤其明显。

4）高可用性。NoSQL 在不太影响性能的情况下，就可以方便地实现高可用的架构。比如 Cassandra、HBase 模型，通过复制模型也能实现高可用性。

4.5.4　开源的 NoSQL 数据库软件

4.5.4.1　Membase

Membase 是 NoSQL 家族的一个新的重量级成员。Membase 是开源项目，源代码采用了 Apache2.0 的使用许可。该项目托管在 GitHub. Source tarballs 上，可以下载 Beta 版本的 Linux 二进制包。该产品主要是由 North Scale 的 Memcached 核心团队成员开发完成的，其中还包括 Zynga 和 NHN 这两个主要贡献者，这两个组织都是很大的在线游戏和社区网络空间供应商。

Membase 容易安装、操作，可以从单节点方便地扩展到集群，而且为 Memcached（有线协议的兼容性）实现了即插即用功能，在应用方面为开发者和经营者提供了一个较低的门槛。

作为缓存解决方案，Memcached 已经在不同类型的领域（特别是大容量的 Web 应用）有了广泛的使用，其中 Memcached 的部分基础代码被直接应用到了 Membase 服务器的前端。

通过兼容多种编程语言和框架，Membase 具备了很好的复用性。在安装和配置方面，Membase 提供了有效的图形化界面和编程接口，包括可配置的报警信息。

Membase 的目标是提供对外的线性扩展能力，包括为了增加集群容量，可以针对统一的节点进行复制。另外，对存储的数据进行再分配仍然是必要的。

4.5.4.2　MongoDB

MongoDB 是一个介于关系数据库和非关系数据库之间的产品，是非关系数据库中功能最丰富、最像关系数据库的。它支持的数据结构非常松散，是类似 JSON 的 BJSON 格式，因此可以存储比较复杂的数据类型。

MongoDB 最大的特点是它支持的查询语言非常强大，其语法有点类似于面向对象的查询语言，几乎可以实现类似关系数据库单表查询的绝大部分功能，还支持为数据建立索引。它的特点是高性能、易部署、易使用、存储数据非常方便。

主要功能特性：

1）面向集合存储，易存储对象类型的数据。"面向集合"（Collenction – oriented），意思是数据被分组，存储在数据集中，称为一个集合。每个集合在数据库中都有一个唯一的标识名，并且可以包含无限数目的文档。集合的概念类似关系型数据库里的表，不同的是它不需要定义任何模式（Schema）。

2）模式自由。模式自由，意味着对于存储在 MongoDB 数据库中的文件，我们不需要知道它的任何结构定义。如果需要的话，你完全可以把不同结构的文件存储在同一个数据库里。

3）支持动态查询。

4）支持完全索引，包含内部对象。

5）支持查询。

6）支持复制和故障恢复。

7）使用高效的二进制数据存储，包括大型对象（如视频等）。

8）自动处理碎片，以支持云计算层次的扩展性。

9）支持 Ruby，Python，Java，C++，Php 等多种语言。

10）文件存储格式为 BSON（Binary Serialized Document Format）（一种 JSON 的扩展）。BSON 存储形式是指存储在集合中的文档，被存储为键值对的形式。键用于标识一个文档，为字符串类型，而值则可以是各种复杂的文件类型。

11）可通过网络访问。MongoDB 服务端可运行在 Linux、Windows 或 OSX 平台，支持 32 位和 64 位应用，默认端口为 27017。推荐运行在 64 位平台，因为 MongoDB 在 32 位模式运行时支持的最大文件尺寸为 2 GB。

MongoDB 把数据存储在文件中（默认路径为：/data/db），为提高效率，使用内存映射文件进行管理。

4.5.4.3　Hypertable

Hypertable 是一个开源、高性能、可伸缩的数据库，它采用与谷歌的 Bigtable 相似的模型。在过去数年中，谷歌为在 PC 集群上运行的可伸缩计算基础设施设计建造了三个关键部分。

第一个关键的基础设施是 GFS(Google File System)，这是一个高可用性的文件系统，提供了一个全局的命名空间。它通过跨机器（和跨机架）的文件数据复制来达到高可用性，并因此免受传统文件存储系统无法避免的许多失败的影响，比如电源、内存和网络端口等的失败。

第二个基础设施是名为 MapReduce 的计算框架，它与 GFS 紧密协作，帮助处理收集到的海量数据。

第三个基础设施是 BigTable，它是传统数据库的替代。BigTable 让用户可以通过一些主键来组织海量数据，并实现高效的查询。Hypertable 是 BigTable 的一个开源实现，并且根据人们的想法进行了一些改进。

4.5.4.4　Apache Cassandra

Apache Cassandra 是一套开源分布式 Key－Value 存储系统。它最初由 Facebook 开发，用于储存特别大的数据。Facebook 在使用此系统。

主要特性：

- 分布式。
- 基于 Column 的结构化。
- 高伸展性。

Cassandra 的主要特点就是它不是一个数据库，而是由一堆数据库节点共同构成的一个分布式网络服务，对 Cassandra 的一个写操作，会被复制到其他节点上去，对 Cassandra 的读操作，也会被路由到某个节点上面去读取。对于一个 Cassandra 群集来说，扩展性能是比较简单的事情，只要在群集里添加节点就可以了。

Cassandra 是一个混合型的非关系数据库，类似于谷歌的 BigTable。其主要功能比 Dynomite（分布式的 Key－Value 存储系统）更丰富，但支持度却不如文档存储 MongoDB（介于关系数据库和非关系数据库之间的开源产品，是非关系数据库当中功能最丰富，最像关系数据库的）。Cassandra 最初由 Facebook 开发，后转变成了开源项目，它是一个网络社交云计算方面理想的数据库。以 Amazon 专有的完全分布式的 Dynamo 为基础，结合了 Google BigTable 基于列族（Column Family）的数据模型以及 P2P 去中心化的存储。很多方面都可以称为 Dynamo 2.0。

4.6　数据的处理

4.6.1　Hadoop 概述

Hadoop 这个名字不是一个缩写，它是一个虚构的名字。该项目的创建者——道格·卡廷解释 Hadoop 的得名："这个名字是我的孩子给一个棕黄色的大象玩具起的名字。我的命名标准就是简短、容易发音和拼写，没有太多的意义，并且不会被用于别处。小孩子恰恰是这方面的高手。"

Hadoop 由 Apache Software Foundation 公司于 2005 年秋作为 Lucene 的子项目 Nutch 的一部分正式引入。它受到最先由 Google Lab 开发的 MapReduce 和 GFS（Google File System）的启发。2006 年 3 月，MapReduce 和 NDFS（Nutch Distributed File System）分别被纳入 Hadoop 项目中。

Hadoop 是在互联网上对搜索关键字进行内容分类的最受欢迎的工具，而且它也可以解决许多具有极大伸缩性的问题。例如，如果要搜索一个 10 TB 的巨型文件，会出现什么情况？在传统的系统上，这将需要很长的时间。但是 Hadoop 在设计时就考虑到这些问题，采用并行执行机制，因此能大大提高效率。

Hadoop 是一个能够对大量数据进行分布式处理的软件框架。但是 Hadoop 是以一种可靠、高效、可伸缩的方式进行处理的。Hadoop 是可靠的，因为它假设计算元素和存储会失败，因此它维护多个工作数据副本，确保能够针对失败的节点重新分布处理；Hadoop 是高效的，因为它以并行的方式工作，通过并行处理加快处理速度；Hadoop 还是可伸缩的，能够处理 PB 级数据。此外，Hadoop 依赖于社区服务器，因此它的成本较低，任何人都可以使用。

Hadoop 是一个能够使用户轻松架构和使用的分布式计算平台。用户可以轻松地在 Hadoop 上开发和运行处理海量数据的应用程序。它主要有以下几个优点：

1）高可靠性。Hadoop 按位存储和处理数据的能力值得人们信赖。

2）高扩展性。Hadoop 是在可用的计算机集簇间分配数据并完成计算任务的，这些集簇可以方便地扩展到数以千计的节点中。

3）高效性。Hadoop 能在节点间动态地移动数据，并保证各个节点的动态平衡，因此处理速度非常快。

4）高容错性。Hadoop 能够自动保存数据的多个副本，并且能够自动将失败的任务重新分配。

Hadoop 带有用 Java 语言编写的框架，因此运行在 Linux 生产平台上是非常理想的。Hadoop 上的应用程序也可以使用其他语言编写，比如 C ++。

4.6.2 HDFS 架构

Hadoop 由许多元素构成。其最底部是 HDFS，它存储 Hadoop 集群中所有存储节点上的文件。

1. HDFS

对外部客户机而言，HDFS 就像一个传统的分级文件系统。可以创建、删除、移动或重命名文件等。但是 HDFS 的架构是基于一组特定的节点构建的，这是由它自身的特点所决定的。这些节点包括 NameNode（仅一个），它在 HDFS 内部提供元数据服务；DataNode，它为 HDFS 提供存储块。由于仅存在一个 NameNode，因此这是 HDFS 的一个缺点（单点失败）。

存储在 HDFS 中的文件被分成块，然后将这些块复制到多个计算机中（DataNode）。这与传统的 RAID 架构大不相同。块的大小（通常为 64 MB）和复制的块数量在创建文件时由客户机决定。NameNode 可以控制所有文件操作。HDFS 内部的所有通信都基于标准的 TCP/IP 协议。

2. NameNode

NameNode 是一个通常在 HDFS 实例中的单独机器上运行的软件。它负责管理文件系统名称空间和控制外部客户机的访问。NameNode 决定是否将文件映射到 DataNode 的复制块上。

对于最常见的三个复制块，第一个复制块存储在同一机架的不同节点上，最后一个复制块存储在不同机架的某个节点上。

实际的 I/O 事务并没有经过 NameNode，只有以块的形式出现的元数据经过 NameNode。当外部客户机发送请求要求创建文件时，NameNode 会以块标识和该块的第一个副本的 DataNode IP 地址作为响应。这个 NameNode 还会通知其他将要接收该块副本的 DataNode。

NameNode 在一个称为 FsImage 的文件中存储所有关于文件系统名称空间的信息。这个文件和一个包含所有事务的记录文件（这里是 EditLog）将存储在 NameNode 的本地文件系统上。FsImage 和 EditLog 文件也需要复制副本，以防文件损坏或 NameNode 系统丢失。

NameNode 本身不可避免地具有单点失效（Single Point of Failure，SPOF）的风险，主备模式并不能解决这个问题，通过 Hadoop Non – stop Namenode 才能实现 100% 可用时间。

3. DataNode

DataNode 也是一个通常在 HDFS 实例中的单独机器上运行的软件。Hadoop 集群包含一个 NameNode 和大量 DataNode。DataNode 通常以机架的形式组织，机架通过一个交换机将所有系统连接起来。Hadoop 的一个假设是：机架内部节点之间的传输速度快于机架间节点的传输速度。

DataNode 响应来自 HDFS 客户机的读写请求。它们还响应来自 NameNode 的创建、删除和复制块的命令。NameNode 依赖来自每个 DataNode 的定期心跳消息。每条消息都包含一个块报告，NameNode 可以根据这个报告验证块映射和其他文件系统元数据。如果 DataNode 不能发送心跳消息，NameNode 将采取修复措施，重新复制在该节点上丢失的块。

4. 文件操作

HDFS 并不是一个万能的文件系统。它的主要目的是支持以流的形式访问写入的大型文件。如果客户机想将文件写入 HDFS，首先需要将该文件缓存到本地的临时存储。如果缓存的数据大于所需的 HDFS 块大小，创建文件的请求将发送给 NameNode。NameNode 将以 DataNode 标识和目标块响应客户机，同时也通知将要保存文件块副本的 DataNode。当客户机开始将临时文件发送给第一个 DataNode 时，将立即通过管道方式将块内容转发给副本 DataNode。客户机也负责创建保存在相同 HDFS 名称空间中的校验文件。在最后的文件块发送之后，NameNode 将文件创建提交到它的持久化元数据存储。

5. Linux 集群

Hadoop 框架可在单一的 Linux 平台上使用（开发和调试时），但是使用存放在机架上的商业服务器才能发挥它的力量。这些机架组成一个 Hadoop 集群。它通过集群拓扑知识决定如何在整个集群中分配作业和文件。Hadoop 假定节点可能失败，因此采用本机方法处理单个计算机甚至所有机架都有可能失败。

4.6.3　MapReduce 并行框架

MapReduce 是一种并行化编程框架，其核心基本构思主要为三点：

- 如何对付大数据处理：分而治之。
- 构建抽象模型：Map 与 Reduce。
- 上升到构架：自动并行化并隐藏底层细节。

下面分别进行阐述：

1. 如何对付大数据处理：分而治之

对相互间不具有计算依赖关系的大数据，实现并行最自然的办法就是采取分而治之的策略。然而，什么样的计算任务可以进行并行化计算？并行计算的第一个重要问题是如何划分计算任务或者计算数据以便对划分的子任务或数据块同时进行计算。

但一些计算问题恰恰无法进行这样的划分。比如斐波拉契数列的计算：

$$f_{k+2} = f_k + f_{k+1} \tag{4.41}$$

由于前后数据项之间存在很强的依赖关系，所以只能串行计算。

即不可分拆的计算任务或相互间有依赖关系的数据无法进行并行计算。而对于大数据，若可以分为具有同样计算过程的数据块，并且这些数据块之间不存在数据依赖关系，则提高处理速度的最好办法就是并行计算。

例如：假设有一个巨大的二维数据需要处理（比如求每个元素的开立方），其中对每个元素的处理是相同的，并且数据元素间不存在数据依赖关系，可以考虑不同的划分方法将其划分为子数组（图 4.43）。

将划分好的数据分别交由一组处理器并行处理，再合并结果，得到最终输出（图 4.44）。这里的一组处理器中会分为两种角色。一种为 Master 节点，负责分派任务和收集结果。一种为 Worker 节点，负责数据的处理。

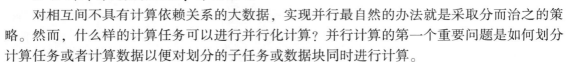

图 4.43　将数据分块

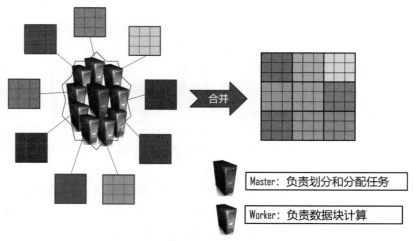

Master：负责划分和分配任务

Worker：负责数据块计算

图 4.44　并行运算后合并结果输出

所以，根据分而治之的理念，我们可以画出典型的大数据任务划分和并行计算模型，如图 4.45 所示。

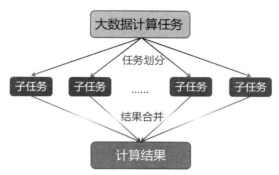

图 4.45　分而治之应对大数据处理

2. 构建抽象模型：Map 与 Reduce

在 MapReduce 模型中，Map 函数代表了对一组数据元素进行某种重复式的处理，而 Reduce 函数对 Map 的中间结果进行某种进一步的结果整理。

这里 MapReduce 借鉴了函数式设计语言 Lisp 的设计思想。函数式程序设计（Functional Programming）语言 Lisp 是一种列表处理语言（List Processing），是一种应用于人工智能处理的符号式语言，由 MIT 的人工智能专家、图灵奖获得者 John McCarthy 于 1958 年设计发明。

Lisp 定义了可对列表元素进行整体处理的各种操作，如：

```
add # ( 1 2 3 4 ) # ( 4 3 2 1 ) 将产生结果：# ( 5 5 5 5 )
```

Lisp 中也提供了类似于 Map 和 Reduce 的操作，如：

```
map 'vector # + # ( 1 2 3 4 5 ) # ( 10 11 12 13 14 )
    通过定义加法 map 运算将 2 个向量相加产生结果# ( 11 13 15 17 19 )
reduce #' + # ( 11 13 15 17 19 )
    通过加法归并产生累加结果 75
```

MapReduce 模型通过对典型的流式大数据问题的特征的抽象分析，基于为大数据处理过程中的两个主要处理操作提供一种抽象机制的关键思想，提取出了 Map 和 Reduce 两个关键环节（图 4.46）。

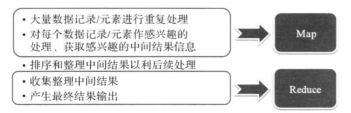

图 4.46　对流式大数据问题特征的抽象分析

需要处理的数据将首先被转化为键值对的形式，作为 Map 函数的输入。这里所谓的键值对就是形如（Key，Value）的数据形式。Map 函数将处理这些键值对，并以另一种键值对形式输出处理的一组键值对中间结果。Map 函数输出的中间结果将被合并处理再传送给

Reduce 函数作为输入。Reduce 函数对传入的中间结果列表数据进行某种整理或进一步的处理，并产生最终的某种形式的结果输出。Map 和 Reduce 为程序员提供了一个清晰的操作接口抽象描述（图 4.47）。

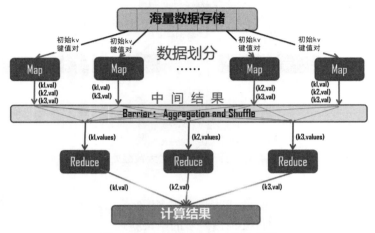

图 4.47　Map 和 Reduce 两个环节

在基于 Map 和 Reduce 的并行计算模型中，各个 Map 函数对所划分的数据并行处理，从不同的输入数据产生不同的中间结果输出；各个 Reduce 也各自并行计算，各自负责处理不同的中间结果数据集合。进行 Reduce 处理之前，必须等到所有的 Map 函数做完，因此，在进入 Reduce 前需要有一个同步障（Barrier）。这个阶段也负责对 Map 的中间结果数据进行收集整理（Aggregation&Shuffle）处理，以便 Reduce 更有效地计算最终结果。最终汇总所有 Reduce 的输出结果即可获得最终结果。

例题 4.14　设有 4 组原始文本数据。

```
text 1：the weather is good        text 2：today is good
text 3：good weather is good       text 4：today has good weather
```

给出基于 MapReduce 的词频统计处理过程。

解　首先将待处理数据转变为键值对形式。可以考虑以文本编号（如 text 1）为键，以文本内容为值，来构建键值对。

一共有 4 个文本待处理，可以考虑选用 4 个 Map 节点。Map 节点的工作很简单，就是把输入的文本内容拆分为一个一个的词，以每个词为键，输出值为 1 的新的键值对。

```
map 节点 1：
  输入：(text1, "the weather is good")
  输出：(the, 1), (weather, 1), (is, 1), (good, 1)
map 节点 2：
  输入：(text2, "today is good")
  输出：(today, 1), (is, 1), (good, 1)
map 节点 3：
  输入：(text3, "good weather is good")
  输出：(good, 1), (weather, 1), (is, 1), (good, 1)
```

```
map 节点 4：
  输入：(text3, "today has good weather")
  输出：(today, 1), (has, 1), (good, 1), (weather, 1)
```

对 Map 函数的输出进行整理之后，选取 3 个 Reduce 节点，分别送入其中。Reduce 节点的工作是将具备相同键的键值对的值进行累加。

```
reduce 节点 1：
  输入：(good, 1), (good, 1), (good, 1), (good, 1), (good, 1)
  输出：(good, 5)
reduce 节点 2：
  输入：(has, 1), (is, 1), (is, 1), (is, 1),
     输出：(has, 1), (is, 3)
reduce 节点 3：
  输入：(the, 1), (today, 1), (today, 1)
        (weather, 1), (weather, 1), (weather, 1)
     输出：(the, 1), (today, 2), (weather, 3)
```

对 3 个 Reduce 节点的结果进行归并，就获得最终结果。

```
good：5
is：3
has：1
the：1
today：2
weather：3
```

这里同时给出进行词频统计的 MapReduce 伪代码如下：

```
Class Mapper
  method map (String input_key, String input_value):
    // input_key: text document name
    // input_value: document contents
    for each word w in input_value:
      EmitIntermediate (w," 1");
Class Reducer
  method reduce (String output_key,
              Iterator intermediate_values):
    // output_key: a word
    // output_values: a list of counts
    int result = 0;
    for each v in intermediate_values:
      result + = ParseInt (v);
    Emit (output_key, result);
```

3. 上升到构架：自动并行化并隐藏底层细节

先来看看并行计算的过程中有哪些需要考虑的细节问题：

- 如何管理和存储数据？如何划分数据？
- 如何调度计算任务并分配 Map 和 Reduce 节点？
- 如果节点间需要共享或交换数据怎么办？
- 如何考虑数据通信和同步？
- 如何掌控节点的执行完成情况？如何收集中间和最终的结果数据？
- 节点失效如何处理？如何恢复数据？如何恢复计算任务？
- 节点扩充后如何保证原有程序仍能正常运行并保证系统性能提升？

在 MapReduce 设计的时候，考量是实现自动并行化计算，并为程序员隐藏系统层细节，是否能把这些复杂的系统底层细节都交给系统去负责处理呢？

MapReduce 之前的并行计算方法都未能做到，但 MapReduce 做到了。MapReduce 提供一个统一的计算框架，可完成：

- 计算任务的划分和调度。
- 数据的分布存储和划分。
- 处理数据与计算任务的同步。
- 结果数据的收集整理（Sorting，Combining，Partitioning，…）。
- 系统通信、负载平衡、计算性能优化处理。
- 处理系统节点出错检测和失效恢复。

可以说 MapReduce 最大的亮点就是：

- 通过抽象模型和计算框架把需要做什么（What Need to Do）与具体怎么做（How to Do）分开了，为程序员提供一个抽象和高层的编程接口和框架。
- 程序员仅需要关心其应用层的具体计算问题，仅需编写少量的处理应用本身计算问题的程序代码。
- 如何具体完成这个并行计算任务所相关的诸多系统层细节被隐藏起来，交给计算框架去处理：从分布代码的执行，到大到数千个小到单个节点集群的自动调度使用。

MapReduce 计算框架提供的主要功能包括：

1）任务调度：提交的一个计算作业（Job）将被划分为很多个计算任务（Tasks），任务调度功能主要负责为这些划分后的计算任务分配和调度计算节点（Map 节点或 Reduce 节点）；同时负责监控这些节点的执行状态，并负责 Map 节点执行的同步控制（Barrier）；也负责进行一些计算性能优化处理，如对最慢的计算任务采用多备份执行、选最快完成者作为结果。

2）数据/代码互定位：为了减少数据通信，一个基本原则是本地化数据处理（Locality），即一个计算节点尽可能处理其本地磁盘上所分布存储的数据，这实现了代码向数据的迁移；当无法进行这种本地化数据处理时，再寻找其他可用节点并将数据从网络上传送给该节点（数据向代码迁移），但应尽可能从数据所在的本地机架上寻找可用节点以减少通信延迟。

3）出错处理：以低端商用服务器构成的大规模 MapReduce 计算集群中，节点硬件（主机、磁盘、内存等）出错和软件有 Bug 是常态，因此，MapReducer 需要能检测并隔离出错节点，并调度分配新的节点接管出错节点的计算任务。

4）分布式数据存储与文件管理：海量数据处理需要一个良好的分布数据存储和文件管

理系统支撑，该文件系统能够把海量数据分布存储在各个节点的本地磁盘上，但保持整个数据在逻辑上成为一个完整的数据文件；为了提供数据存储容错机制，该文件系统还要提供数据块的多备份存储管理能力。

5）Combiner 和 Partitioner：为了减少数据通信开销，中间结果数据进入 Reduce 节点前需要进行合并（Combine）处理，把具有同样主键的数据合并到一起避免重复传送；一个 Reduce 节点所处理的数据可能会来自多个 Map 节点，因此，Map 节点输出的中间结果需使用一定的策略进行适当的划分（Partitioner）处理，保证相关数据发送到同一个 Reduce 节点。

图 4.48 中给出了完整的基于 Map 和 Reduce 的并行计算模型。

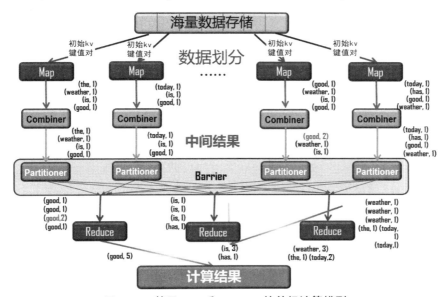

图 4.48　基于 Map 和 Reduce 的并行计算模型

在图 4.48 中除了 Map 和 Reduce 节点以外，还出现了两种新的节点：Combiner 和 Partitioner。下面分别介绍：

（1）Combiner。

Combiner 又被称为 "mini‑reducer"。Combiner 节点接收 Map 节点的输出，在 shuffle and Sort 之前执行。Combiner 的作用主要是对 Map 节点的输出进行局部的聚集处理，从而可以极大地降低网络中的数据传输量。由于 Combiner 节点只能接收一个 Map 节点的输出，因此不能保证可以接收到要处理的对应 "key" 值的所有 "value" 值。Combiner 函数有时可以和 Reduce 函数共享同样的代码，即可以直接用 Reduce 函数来作为 Combiner 使用。有时候也可以直接把 Combiner 的功能包含在 Map 函数的功能之内。

 笔记

Combiner 节点是一种可选的优化措施，可以不运行、运行一次或者多次，但是不能影响算法的正确性。

（2）Partitioner。

Partitioner 决定哪些键值对送到哪个 Reduce 节点。Partitioner 需要仔细设计，以避免 Reduce 节点的负载不均衡。

4.6.4 MapReduce 的编程实例

4.6.4.1 矩阵与向量相乘

矩阵与向量相乘，是大数据运算中非常常见的一种运算形式。

例题 4.15 假设有一个 $n \times n$ 的矩阵 M，与一个长度为 n 的向量 v 相乘，请设计 MapReduce 算法。

解 设矩阵第 i 行第 j 列的元素表示为 m_{ij}，向量的第 j 个元素表示为 v_j。矩阵 - 向量乘法的结果表示为向量 x，可知该向量的长度为 n，向量的第 i 个元素可以表示为 x_i，其计算方式为

$$x_i = \sum_{j=1}^{n} m_{ij} v_j \tag{4.42}$$

在矩阵和向量相乘的过程中，矩阵的每一部分都会和向量完成相乘。

（1）Map 函数的功能设计：

①每一个 Map 任务拿走完整的向量 v 和矩阵 M 的一块；

②由每个矩阵元素 m_{ij}，产生 key - value pair $(i, m_{ij}v_j)$。

于是，所有与最终结果中的 x_i 有关的和会有同样的 key。

（2）Reduce 函数的功能设计：

对所有与 key i 有关的项求和，输出结果 (i, x_i)。

整合所有 x_i 即得到最终结果 x。

4.6.4.2 数据库操作

数据库中的操作包括 Selection、Union、Intersection、Difference 等操作。

例题 4.16 对一个数据表 R，设计执行 Selection 操作的 MapReduce 算法。

解 Selections 其实完全用不上 MapReduce 的全力，用 Map 就可以单独完成，或者用 Reduce 也可以单独完成。

这里给出一种可行的设计。

（1）Map 函数的功能设计：

对 R 中每个元组 t，验证是否满足规则 C。如果满足，则产生 key - value pair (t, t)。

（2）Reduce 函数的功能设计：

把接收到的每个 key - value pair 传给输出。

例题 4.17 假设有表结构相同的关系型数据表 R 和 S，设计 MapReduce 算法实现 R 和 S 的 Union 操作。

解 两个数据表的 Union 操作，会把只在一个数据表中的元组保留，同时出现在两个数据表中的元组只保留一份。Map 任务会被分配从 R 或者 S 来的数据块。Map 任务只需要把输入的数据块整理为 key - value pairs 传送给 Reduce 任务，而 Reduce 任务只需要消除冗余。

（1）Map 函数的功能设计：

将每个输入元组 t 变成 key - value pair (t, t)。

（2）Reduce 函数的功能设计：

输出 key - value pair (t, t)。

笔记

注意，和每个 key t 有关联的会有 1 个或 2 个值，不管何种情况，只用输出 (t, t)。

例题 4.18 假设有表结构相同的关系型数据表 R 和 S，设计 MapReduce 算法实现 R 和 S 的 Intersection 操作。

解 Intersection 操作要获得的是同时出现在关系型数据表 R 和 S 中的元组。可以考虑 Map 函数设计得和 Union 操作的 Map 函数一模一样，而 Reduce 函数必须选出同时在两个关系表中出现的元组。

如果与 key t 关联的是两个值 $[t, t]$，则代表该元组 t 同时出现在了两个表中，Reduce 任务应该产生 (t, t)。如果与 key t 关联的只是 $[t]$，那么元组 t 只出现在一个表中，所以最终结果中不应该有 t。但是在程序执行过程中，这个 key t 必须有一个输出。所以我们要产生一个值来表示 "no tuple," 就像 SQL value NULL。当结果关系表被构造的时候，就会知道忽略该元组。

（1）Map 函数的功能设计：

将每个输入元组 t 变成 key – value pair (t, t)。

（2）Reduce 函数的功能设计：

如果 key t 的值列表为 $[t, t]$，则输出 (t, t)。否则输出 (t, NULL)。

例题 4.19 假设有表结构相同的关系型数据表 R 和 S，设计 MapReduce 算法实现 R 对 S 的 Difference 操作。

解 一个元组会出现在结果的唯一可能情况就是它出现在 R 却没出现在 S。Map 函数除了要将 R 和 S 中的元组传递过去，还要告诉 Reduce 函数，这是 R 来的还是 S 来的。

（1）Map 函数的功能设计：

对 R 中的元组 t，产生 key – value pair (t, R)，对 S 中的元组 t，产生 key – value pair (t, S)。

（2）Reduce 函数的功能设计：

对每个 key t，做如下操作：①如果关联的值列表为 $[R]$，则输出 (t, t)；②如果关联的值列表为别的，比如 $[R, S]$，$[S, R]$，$[S]$，则输出 (t, NULL)。

4.6.4.3　图类问题

什么是图呢？图是一种数据结构（图 4.49），一般可以表示为 $G = (V, E)$，这里 V 是节点集合，E 是边的集合。节点和边可能会包含额外的信息。

存在着很多不同类型的图，可以按照图的边的类型，划分为有向边图或者无向边图，或者按照图中是否有循环划分为有循环图或者无循环图。

图无处不在。网页结构、网络中的计算机互联结构、高速公路路网和社交网络都可以抽象为图。

典型的图类问题包括：

- 最短路径问题，如路由问题、寻径问题。
- 最小生成树问题。
- 特殊节点和社区的辨识。
- 二分图最大匹配。

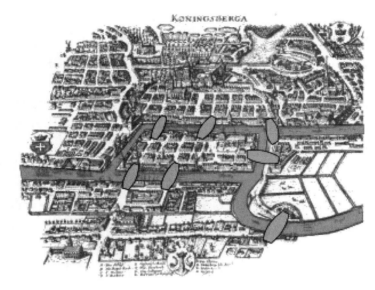

图 4.49　一个典型的数据结构图

- PageRank 计算。

图类算法通常涵盖的问题：

- 在每个节点执行计算：针对节点特性、边的特性、局部链接结构。
- 传播计算：遍历图。

那么要用 MapReduce 算法来解决图类问题，需要关注的两个关键问题就是：

1）在 MapReduce 中如何表示图数据？

2）在 MapReduce 中如何遍历图？

先来看怎么在 MapReduce 中表示图数据。前面讲到了，图通常可以抽象为 $G = (V, E)$。一般可以用邻接矩阵或者邻接列表来表示图数据。

对于形如图 4.50 中的图结构，可以用一个 $n \times n$ 的邻接矩阵 M（图 4.51）来表示这个图。其中 $n = |V|$，为图中的节点个数。矩阵元素 $M_{ij} = 1$ 表示存在从节点 i 到节点 j 的链接。

用邻接矩阵来表示图的优点在于易于进行数据操作，在行和列上的迭代过程对应于在输出链接和输入链接上的计算。缺点在于矩阵会非常稀疏，即存在大量 0 元素，空间浪费率高。

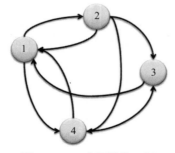

图 4.50　一个图结构示例

	1	2	3	4
1	0	1	0	1
2	1	0	1	1
3	1	0	0	0
4	1	0	1	0

图 4.51　邻接矩阵

而邻接列表可以直接从邻接矩阵丢弃所有 0 元素而转变来。

图 4.52 显示了针对图 4.50 中的图结构，如何从邻接矩阵获得邻接列表。

邻接列表的优点在于相对于邻接矩阵，其表示形式更加紧凑，对输出链接的计算很便捷。但是缺点则是对输入链接的计算变得困难。

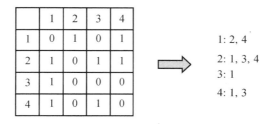

图 4.52　从邻接矩阵到邻接列表

练习 4.4　针对图 4.53 中所示图结构，请写出邻接矩阵和邻接列表。

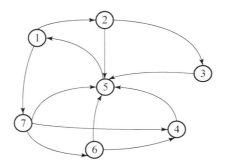

图 4.53　邻接矩阵和邻接列表提取练习图

下面结合图类问题中最常见的一类问题——单源最短路径（Single Source Shortest Path）来讲解如何实现对图的遍历。

单源最短路径问题可以描述为：找到从一个源节点到一个或多个目标节点的最短路径。这里最短也可以表述为最低权值或者最低代价。那么 MapReduce 的解决方案是采取并行广度优先搜索方式。

首先，不妨假设所有边的权值均相等。

假设图结构如图 4.54 所示，单源最短路径问题求解的就是从源 s 到目标节点 n 的最短路径的长度。

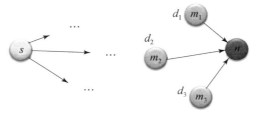

图 4.54　单源最短路径问题图结构

为此，我们需要首先给出可到达的定义：

定义 4.1（可到达）

所谓称从 a 到 b 是可到达的，当且仅当 b 位于 a 的邻接列表中。

规定源节点 s 到其本身的距离表示为：

$$\text{Distance To}(s) = 0 \tag{4.43}$$

再规定任意一个从 s 可到达的节点 p，即在节点 s 的邻接列表上的节点 p，到节点 s 的距离表示为：

$$\text{Distance To}(p) = 1 \tag{4.44}$$

因此，从一组节点 M 可到达的节点 n，到节点 n 的距离可以表示为：

$$\text{Distance To}(n) = 1 + \min(\text{Distance To}(m) \mid m \in M) \tag{4.45}$$

例题 4.20 图结构如图 4.55 所示，给出求解最短路径的 MapReduce 算法。

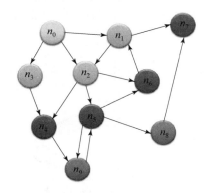

图 4.55　求解最短路径图结构

解　首先来看图的表示方式，可以考虑用邻接列表的形式。

对于 MapReduce 算法，所有输入要是键值对形式。可以用每个节点 n 的编号作为"key"，那么键值对对应的"value"应该包含：①节点 n 到源节点 n_0 的距离 d；②节点 n 的邻接列表 ad_list（n）（即从节点 n 可到达的节点列表）。

在初始化的时候，除了源节点 n_0 以外，其他节点到源节点 n_0 的距离都初始化为 $d = \infty$。

（1）Map 函数的功能设计：

$\forall m \in \text{ad\_list}(n)$，输出键值对 $(m, d+1)$。

（2）Sort/Suffle 函数的功能设计：

根据可到达节点整理中间结果。

（3）Reduce 函数的功能设计：

为每一个可到达节点确定最短距离。若要确定最短路径还需记录额外的信息。

可见，每一次 MapReduce 迭代都会将"known frontier"往前推进一跳。每一次迭代，随着前沿的推进，会将更多的 Reachable 节点纳入进来。为了遍历整张图，需要很多次迭代。那么如何在运算过程中表达图结构？或者说邻接列表该怎么传递？显然是由 Map 节点来输出和传递。

在第一个迭代过程中：

Map 的输入：($n0$, ad_1ist ($n0$))

Map 的输出：($n1$, 1)，($n2$, 1)，($n3$, 1)，以及它们的邻接列表

Reduce 的输出：($n1$, 1)，($n2$, 1)，($n3$, 1)

在第二个迭代过程中

Map 的输入：($n1$, ad_1ist ($n1$))，($n2$, ad_1ist ($n2$))，($n3$, ad_1ist ($n3$))

Map 的输出：($n4$, 2)，($n2$, 2)，($n5$, 2)，($n6$, 2)，($n7$, 2)，($n4$, 2)，以及它们的邻接列表

Reduce 的输出：($n4$, 2)，($n5$, 2)，($n6$, 2)，($n7$, 2)

在第三个迭代过程中

Map 的输入：($n4$, ad_1ist ($n4$))，($n5$, ad_1ist ($n5$))，($n6$, ad_1ist ($n6$))，($n7$, ad_1ist ($n7$))

Map 的输出：($n8$, 3)，($n9$, 3)，($n9$, 3)，以及它们的邻接列表

Reduce 的输出：($n8$, 3)，($n9$, 3)

在第四个迭代过程中

Map 的输入：($n8$, ad_1ist ($n8$))，($n9$, ad_1ist ($n9$))

Map 的输出：($n7$, 4)，($n5$, 4)，以及它们的邻接列表

Reduce 的输出：无新的输出

如果存在图中边的权值不同的情况，只需简单改变邻接列表，即在邻接列表中包含每条边的权值信息即可。那样在 Map 函数中，对于节点 m，输出（m，$d+w_p$）代替（m，$d+1$）即可。其中 w_p 代表了不同路径 p 的权值。

这里的结束准则是当任一轮迭代中没有任何更新即可停止。

图类问题中另一类常见的即为 PageRank 值的计算问题（图 4.56）。在前面我们讲解过 PageRank 模型模拟的是一个随机游走模型，即用户以一个随机的网页作为起点，通过随机点击链接，从一个网页游走到另一个网页的过程。PageRank 值用来表征每一个网页上被用户访问的时间量大小，它是一个概率分布，可以用来表征页面的重要性。

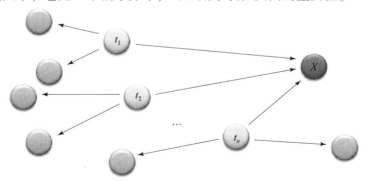

图 4.56　PageRank 值计算

假设对于网页 x 有入链接 t_1，$\cdots$，t_n，令 $C(t)$ 为 t 的出度，α 为随机跳转的概率，N 为网页结构中的节点个数。则 PageRank 的计算公式可以表达为：

$$PR(x) = \alpha\left(\frac{1}{N}\right) + (1-\alpha)\sum_{i=1}^{n}\frac{PR(t_i)}{C(t_i)} \tag{4.46}$$

根据 PageRank 的特性，可知它的计算是可以迭代计算的，因为每次迭代的影响是局域化的。所以 MapReduce 的算法可以这么设计：每个网页的起始种子值为 PR_i；每个网页分配自己的当前 PageRank 值 PR_i 给出链接连向的节点；每个目标网页收集收到的分配值，计算 PR_{i+1}；迭代直到收敛。

图 4.58 中给出了对图 4.57 中网页结构的 PageRank 值的计算过程第一个迭代。可以看到，最初，每个网页的 PageRank 初始值都一样。Map 过程中，每个网页根据自己的出链接个数将当前迭代时候的 PageRank 值平均分配给每个出链接。经过整理之后，在 Reduce 过程中，每个节点获取到自己的入链接给予的 PageRank 值，并合并得到下一个迭代开始时候的 PageRank 值。这个过程不断迭代下去，直到结束准则满足。

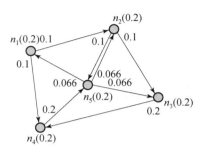

图 4.57　PageRank 值计算示例

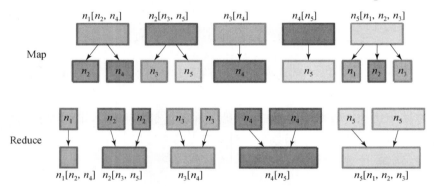

图 4.58　PageRank 值的计算过程第一个迭代

4.6.5　Spark

4.6.5.1　概述

Spark 发源于美国加州大学伯克利分校 AMPLab 的集群计算平台。2009 年由 Berkeley's AMPLab 的马泰主导编写，于 2010 年开放源码，在 2013 年进入 Apache 孵化器项目，2014 年成为 Apache 三个顶级项目之一。Spark 被称为下一代计算平台。它立足于内存计算，从多迭代批量处理出发，兼容并蓄数据仓库、流处理和图计算等多种计算范式，是罕见的全能选手。

可以这样来描述 Spark：基于内存计算的集群计算系统，设计目标是让数据分析更加快速，提供比 Hadoop 更上层的 API，支持交互查询和迭代计算。

4.6.5.2　Spark 的特点

简言之，Spark 的特点就是"轻""快""灵""巧"。

所谓"轻"，是指 Spark 0.6 核心代码只有 2 万行，而 Hadoop 1.0 为 9 万行，2.0 为 22 万行。一方面，要感谢 Scala 语言的简洁和丰富表达力；另一方面，Spark 很好地利用了 Hadoop 和 Mesos（伯克利另一个进入孵化器的项目，主攻集群的动态资源管理）的基础设施。虽然很轻，但 Spark 在容错设计上不打折扣。其主创人马泰声称："不把错误当特例处理。"言下之意，容错是基础设施的一部分。

"快"是指 Spark 对小数据集能达到亚秒级的延迟，这对于 Hadoop MapReduce 是无法想象的（由于 HDFS"心跳"间隔机制，仅任务启动就有数秒的延迟）。就大数据集而言，对典型的迭代机器学习、即席查询（Ad – hoc Query）、图计算等应用，Spark 版本比基于 MapReduce、Hive 和 Pregel 的实现快十倍到百倍。内存计算、数据本地性（Locality）和传输优化、调度优化等该居首功，也与设计伊始即秉持的轻量理念不无关系。

"灵"是指 Spark 提供了不同层面的灵活性。在实现层，它完美演绎了 Scala Trait 动态混入（Mixin）策略（如可更换的集群调度器、序列化库）；在原语（Primitive）层，它允许扩展新的数据算子（Operator）、新的数据源（如 HDFS 之外支持 DynamoDB）、新的 Language Bindings（Java 和 Python）；在范式（Paradigm）层，Spark 支持内存计算、多迭代批量处理、即席查询、流处理和图计算等多种范式。

"巧"是指 Spark 巧在借势和借力。它借助了 Hadoop 之势头，又与 Hadoop 无缝结合；Shark（Spark 上的数据仓库实现）借了 Hive 的势；图计算借用 Pregel 和 PowerGraph 的 API 以及 PowerGraph 的点分割思想。一切都借助了 Scala 之势。

4.6.5.3　编程模型

Spark 的计算抽象是数据流，而且是带有工作集（Working Set）的数据流。它的突破在于，在保证容错的前提下，用内存来承载工作集。显然，内存的存取速度快于磁盘多个数量级，从而可以极大地提升性能。

那么 Spark 如何实现容错？传统上有两种方法：日志和检查点。由于检查点方法有数据冗余和网络通信的开销，因此 Spark 采用日志数据更新。由于 Spark 记录的是粗粒度的 RDD 更新，这样开销可以忽略不计。

Spark 程序工作在两个空间中：Spark RDD 空间和 Scala 原生数据空间（图 4.59）。

在原生数据空间里，数据表现为标量（Scalar，即 Scala 基本类型，图 4.59 中用小方块表示）、集合类型（图 4.59 中用虚线框表示）和持久存储（图 4.59 中用圆柱表示）。

Spark 编程模型中有多种算子：

1）输入算子：将 Scala 集合类型或存储中的数据吸入 RDD 空间，转为 RDD。输入算子的输入大致有两类：一类针对 Scala 集合类型，如 Parallelize；另一类针对存储数据。输入算子的输出就是 Spark 空间的 RDD。

2）变换算子：RDD 经过变换算子生成新的 RDD。在 Spark 运行时，RDD 会被划分成很多的分区（Partition）分布到集群的多个节点中。注意，分区是个逻辑概念，变换前后的新旧分区在物理上可能是同一块内存或存储。这是很重要的优化，以防止函数式不变性导致的内存需求无限扩张。一部分变换算子视 RDD 的元素为简单元素；另一部分变换算子针对 Key – Value 集合。

3）缓存算子：有些 RDD 是计算的中间结果，其分区并不一定有相应的内存或存储与之对应，如果需要（如以备未来使用），可以调用缓存算子将分区物化（Materialize）存下来。

4）行动算子：行动算子的输入是 RDD（以及该 RDD 在 Lineage 上依赖的所有 RDD），输出是执行后生成的原生数据，可能是 Scala 标量、集合类型的数据或存储。当一个算子的输出为上述类型时，该算子必然是行动算子，其效果则是从 RDD 空间返回原生数据空间。

要注意的是，从 RDD 到 RDD 的变换算子序列，一直在 RDD 空间发生。但计算并不实际发生，只是不断地记录到元数据。

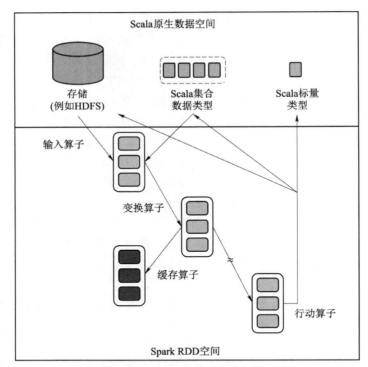

图 4.59　Spark 工作空间

元数据的结构是 DAG（有向无环图），其中每一个"顶点"是 RDD（包括生产该 RDD 的算子），从父 RDD 到子 RDD 有"边"，表示 RDD 间的依赖性。

Spark 给元数据 DAG 取了个很酷的名字——世系（Lineage）。由世系来实现日志更新。世系一直增长，直到遇上行动算子，这时就要评估了，把刚才累积的所有算子一次性执行。

4.6.5.4　运行和调度

Spark 程序由客户端启动，分两个阶段（图 4.60）：

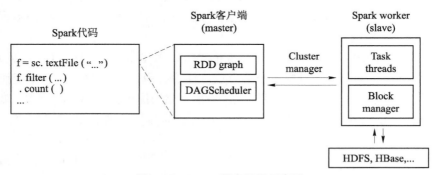

图 4.60　Spark 程序运行示意图

第一阶段记录变换算子序列、增量构建 DAG 图；

第二阶段由行动算子触发，DAG Scheduler 把 DAG 图转化为作业及其任务集。

Spark 支持本地单节点运行（开发调试有用）或集群运行。对于后者，客户端运行于 Master 节点上，通过 Cluster manager 把划分好分区的任务集发送到集群的 worker/slave 节点上执行。

在 Spark 中有一个问题非常重要，就是对依赖的描述。Spark 将依赖划分为两类：窄依赖和宽依赖（图 4.61）。

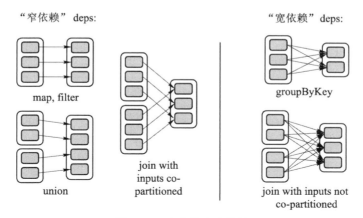

"窄依赖" deps:

map, filter

union

join with inputs co-partitioned

"宽依赖" deps:

groupByKey

join with inputs not co-partitioned

图 4.61　窄依赖和宽依赖

窄依赖是指父 RDD 的每一个分区最多被一个子 RDD 的分区所用。而宽依赖则是指子 RDD 的分区依赖于父 RDD 的所有分区，通常对应于 Shuffle 类操作。

在 Spark 程序中，窄依赖对于优化很有用处。这是因为 Spark 的编程模型中，逻辑上，每个 RDD 的算子都是一个 fork/join（指同步多个并行任务的 Barrier）——即把计算 fork 到每个分区，算完后 join，然后 fork/join 下一个 RDD 的算子。

如果直接翻译到物理实现，是很不经济的。因为，每一个 RDD（即使是中间结果）都需要物化到内存或存储中，费时费空间；而且 join 作为全局的 Barrier，是很昂贵的，会被最慢的那个节点拖死。

如果子 RDD 的分区到父 RDD 的分区是窄依赖，就可以实施经典的 fusion 优化，把两个 fork/join 合为一个；如果连续的变换算子序列都是窄依赖，就可以把很多个 fork/join 并为一个，不但减少了大量的全局 Barrier，而且无须物化很多中间结果 RDD，这将极大地提升性能。Spark 把这种方式叫作流水线优化。

但变换算子序列一碰上 Shuffle 类操作，宽依赖就发生了，流水线优化就终止了。

在具体实现中，Spark 的 DAG 调度器会从当前算子往前回溯依赖图，一碰到宽依赖，就生成一个 Stage 来容纳已遍历的算子序列。

在这个 Stage 里，可以安全地实施流水线优化。然后，从那个宽依赖开始继续回溯，生成下一个 Stage。

如图 4.62 中所示，DAG 调度器从 G 开始回溯。F 到 G 之间是宽依赖，因此，将 F 和 G 划分为不同的 Stage。而 B 与 G 之间是窄依赖，所以继续回溯，直到找到 A 与 B 之间的宽依赖，从而在那里划分 Stage。

窄/宽依赖的概念不止用在调度中，对容错也很有用。如果一个节点宕机了，而且运算是窄依赖，那只要把丢失的父 RDD 分区重算即可，与其他节点没有依赖。而宽依赖需要父 RDD 的所有分区都存在，重算就很昂贵了。

所以如果使用检查点算子来做检查点，不仅要考虑世系是否足够长，也要考虑是否有宽依赖，对宽依赖加检查点是最物有所值的。

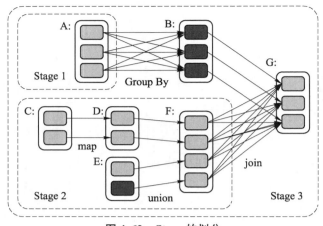

图 4.62　Stage 的划分

4.7　数据的可视化

4.7.1　概述

美国著名统计学家约翰·图基（图4.63）曾经说过一句话，"一幅图画最伟大的价值莫过于它能够使我们实际看到的比我们期望看到的内容丰富得多"。

维基百科对于数据可视化是这样定义的，"借助于图形化手段，清晰有效地传达与沟通信息"。

可视化的优势之一在于简单，表现清晰，利用人对形状、颜色、运动的敏感，有效地传递信息，帮助用户从数据中发现关系、规律、趋势。

数据可视化一般可以分为两类：

1）科学可视化：主要关注的是三维现象的可视化，如建筑学、气象学、医学或生物学方面各种系统。重点在对体、面及光源等的逼真渲染。

2）信息可视化：旨在研究大规模非数值型信息资源的视觉呈现，以及利用图形图像方面的技术与方法，帮助人们理解和分析数据。

图 4.63　约翰·图基

4.7.2　数据可视化的重要性

之所以要进行数据可视化，是因为进入大数据时代，人们需要处理复杂的数据结构，需要应对复杂的数据关系，需要厘清复杂的逻辑分类。可视化方式，可以提供一个更为有效的手段，来帮助人们厘清这些复杂的问题。

图4.64中的数据被称为 Anscombe 的四重奏。它是 1973 年由统计学家 F. J. Anscombe 构造的。假设：如果单纯从数值分析的角度来看这四组数据，那么应该怎么看？是否要依靠统计学特征？

	I		II		III		IV	
x	y	x	y	x	y	x	y
10.0	8.04	10.0	9.14	10.0	7.46	8.0	6.58
8.0	6.95	8.0	8.14	8.0	6.77	8.0	5.76
13.0	7.58	13.0	8.74	13.0	12.74	8.0	7.71
9.0	8.81	9.0	8.77	9.0	7.11	8.0	8.84
11.0	8.33	11.0	9.26	11.0	7.81	8.0	8.47
14.0	9.96	14.0	8.10	14.0	8.84	8.0	7.04
6.0	7.24	6.0	6.13	6.0	6.08	8.0	5.25
4.0	4.26	4.0	3.10	4.0	5.39	19.0	12.50
12.0	10.84	12.0	9.13	12.0	8.15	8.0	5.56
7.0	4.82	7.0	7.26	7.0	6.42	8.0	7.91
5.0	5.68	5.0	4.74	5.0	5.73	8.0	6.89

图 4.64 Anscombe 的四重奏

不妨来算一下这四组数据的统计学特征。经过计算会发现，这四组数据的统计学特征如下：

1）x 值的平均数都是 9.0，y 值的平均数都是 7.5；

2）x 值的方差都是 10.0，y 值的方差都是 3.75；

3）它们的相关度都是 0.816，线性回归线都是 $y = 3 + 0.5x$。

仅从这些统计数字上来看，也许会觉得这四组数据所反映出的实际情况应该非常相近。而事实上，这四组数据有着天壤之别。

来看图 4.65，是否一眼就可以看出这四组数据的不同了呢？这就是数据可视化的威力和魅力所在。

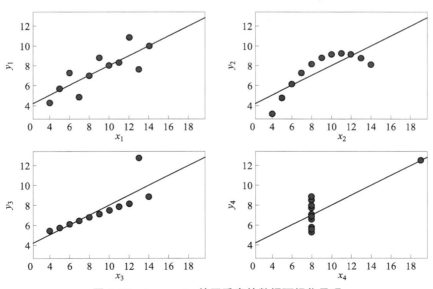

图 4.65 Anscombe 的四重奏的数据可视化呈现

我们再来看一个例子。

假设我们拿到了一些不同种类的细菌针对不同抗菌素作用下的相关数据，如图 4.66 所示，希望通过对这些数据的研究分析出来一些有用的信息，比如人体感染了某种细菌应该选用何种抗菌素才最为有效。

Bacteria	Antibiotic			Gram Stain
	Penicillin	Streptomycin	Neomycin	
Aerobacter aerogenes	870	1	1.6	negative
Brucella abortus	1	2	0.02	negative
Brucella anthracis	0.001	0.01	0.007	positive
Diplococcus pneumoniae	0.005	11	10	positive
Escherichia coli	100	0.4	0.1	negative
Klebsiella pneumoniae	850	1.2	1	negative
Mycobacterium tuberculosis	800	5	2	negative
Proteus vulgaris	3	0.1	0.1	negative
Pseudomonas aeruginosa	850	2	0.4	negative
Salmonella(Eberthella)typhosa	1	0.4	0.008	negative
Salmonella schottmuelleri	10	0.8	0.09	negative
Staphylococcus albus	0.007	0.1	0.001	positive
Staphylococcus aureus	0.03	0.03	0.001	positive
Streptcoccus fecalis	1	1	0.1	positive
Streptcoccus hemolyticus	0.001	14	10	positive
Streptcoccus viridans	0.005	10	40	positive

图 4.66　抗菌素的有效性数据

要对这些数据进行研究，我们知道首先要按照在 4.1 节中所讲述的，对这些数据的类型进行定义和区分。那么，经过整理，我们可以得到图 4.67 中的数据。

Bacteria	Penicillin	Antibiotic Streptomycin	Neomycin	Gram stain
Aerobacter aerogenes	870	1	1.6	−
Brucella abortus	1	2	0.02	−
Bacillus anthracls	0.001	0.01	0.007	+
Diplococcus pneumoniae	0.005	11	10	+
Escherichia coli	100	0.4	0.1	−
Klebsiella pneumoniae	850	1.2	1	−
Mycobacterium tuberculosis	800	5	2	−
Proteus vuigaris	3	0.1	0.1	−
Pseudomonas aeruginosa	850	2	0.4	−
Saimonella(Eberthella)typhosa	1	0.4	0.008	−
Saimonella schottmuelleri	10	0.8	0.09	−
Staphylococcus albus	0.007	0.1	0.001	+
Staphylococcus aureus	0.03	0.03	0.001	+
Streptococcus fecalis	1	1	0.1	+
Streptococcus hemolyticus	0.001	14	10	+
Streptococcus viridans	0.005	10	40	+

图 4.67　整理后的抗菌素有效性数据

从图 4.67 中，我们可以看到第一列数据细菌名称（Bacteria）属于字符串数据类型（分类型数据）；第二列到第四列为三种不同抗菌素（青霉素 Penicillin，链霉素 Streptomycin，新霉素 Neomycin）针对不同种细菌时的最低抑菌浓度，属于浮点数类型（比值型数据），数值越小，代表效果越好；最后一列革兰氏染色（Gram stain）的结果是布尔型数据（分类型数据）。

　　如果让我们对着图 4.67 中的一堆数值来感受和理解抗菌素对不同细菌的适应效果，几乎完全没有任何感觉。但是，如果我们将这些数据用可视化方式展示出来，比如做成图 4.68 的形式。

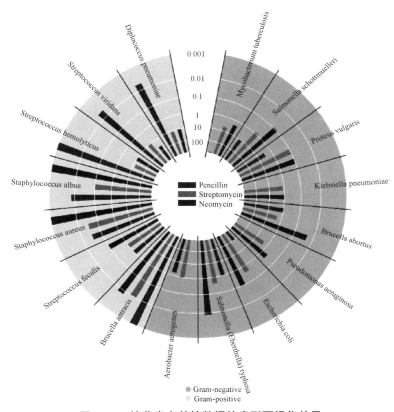

图 4.68　抗菌素有效性数据的扇形可视化效果

　　从图 4.68 中，右半边颜色较深的部分，代表革兰氏染色为阴性，左半边颜色较浅的部分，代表革兰氏染色为阳性。不同抗菌素的最低抑菌浓度用不同颜色的柱子来表征，柱子越短，代表剂量越小，那么效果便越好。显而易见，我们可以非常清晰地看出针对某种细菌，哪种抗菌素的效果最好，哪种不好。这就是可视化的威力。但我们的故事还没结束。

　　让我们来看图 4.69，这里采取了另外一种可视化的方式来展现这些数据，按照不同细菌针对这三种抗菌素的反应情况进行了归类，将反应特征类似的细菌安置在了同一行里。同样采取了用不同长短的柱子来表征最低抑菌浓度的大小，而以柱子在水平线的上方还是下方来区分革兰氏染色的不同。

　　从图 4.69 中我们可以看到一些有趣的现象。

　　1）图中第二行的末尾的细菌名称为 Streptococcus fecalis，按照命名来看属于链球菌。但是我们可以注意到，位于第三行的两种链球菌的反应特征与它相差很大。而其实，Streptococcus fecalis 并不是一种链球菌，但这是在它被命名 30 年以后才被确认。

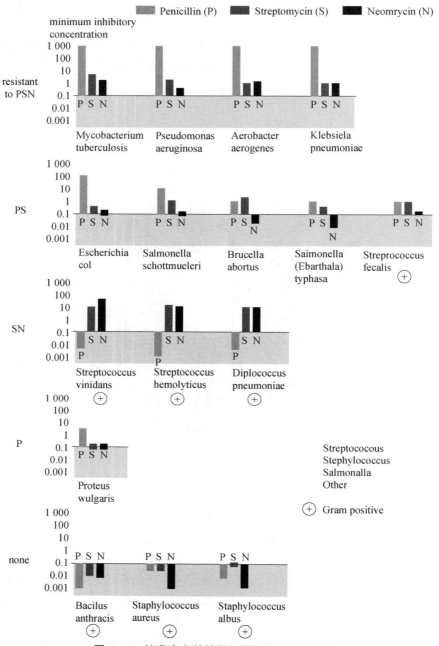

图 4.69　抗菌素有效性数据的柱状可视化效果

2）图中第三行的末尾的细菌名称为 Diplococcus pneumoniae，按照命名来看属于双球菌的一种。但是它的反应特征却和其他两种链球菌很相似。这也难怪，在它被命名大约 20 年后，科学家才意识到原来它是一种链球菌。

假设，一开始我们发现这些细菌的时候就运用了数据可视化的方式来辅助研究，是否能够帮助我们更精确地去确定这些细菌的归属呢？

我们前面说过，"一幅图画最伟大的价值莫过于它能够使我们实际看到的比我们期望看到的内容丰富得多"，当我们用数据可视化的方式将这些数据展现出来（图 4.70），我们可以清晰地看到这些细菌之间的关系。不同种类的细菌按照针对不同抗菌素的效果反应分布在了不同的区域，可以非常清晰地看到它们之间的差异。有了数据可视化，我们可以洞察更多的单纯对着数据本身而无法察觉的秘密，这是我们窥探数据奥秘的非常关键的法宝之一。

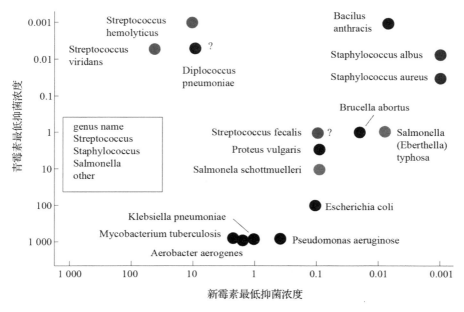

图 4.70　抗菌素有效性数据的散点可视化效果

4.7.3　可视化的基本原则 – 最大化数据 – 墨水

让我们先来看看图 4.71 所示的全球气温变化趋势图。大家其实都非常关注全球变暖的问题，但是从图 4.71 中我们似乎感觉不到全球变暖的趋势。

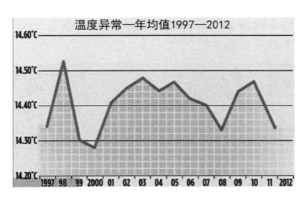

图 4.71　全球气温变化趋势图（1）

但是，若我们将时间尺度拉长，补上之前多年的全球气温变化趋势图，从图 4.72 中，就可以清晰地看出全球变暖的趋势。显然，数据可视化的时候具体的数据展现范围会影响最终的结论。

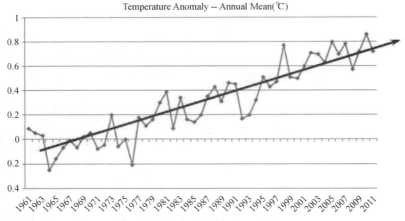

图4.72 全球气温变化趋势图（2）

再来看一个例子，图4.73中给出了前苹果总裁乔布斯一次演讲过程中所展示的美国手机市场份额占比图。希望大家先不要看具体数据，而只是从图上来观感。是否感觉苹果手机份额占比的扇区似乎是排第二的？

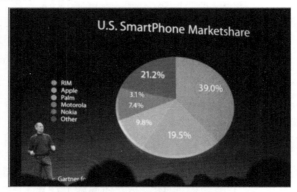

图4.73 手机市场份额占比图（1）

好了，让我们再来看看图4.74，依然可以先不看具体数据，而只从图本身来观感，显然，苹果手机份额占比的扇区只能是排第三。

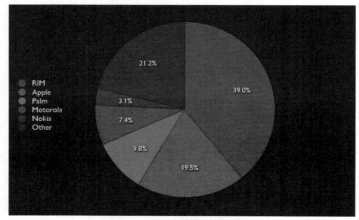

图4.74 手机市场份额占比图（2）

那如果我们不用扇形图，而是选用柱状图，比如图 4.75 中所示，那么苹果的份额占比排第三是毋庸置疑的了。

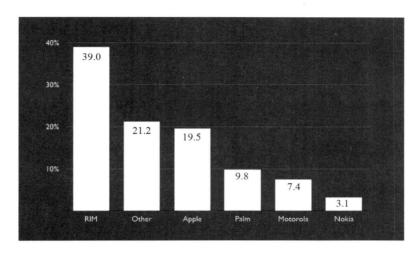

图 4.75　手机市场份额占比图（3）

可见，可视化的时候，选用什么样的表现形式是非常有讲究的。前面的例子显然告诉我们三维饼图并不是一种好的展现形式，当然了，这是从科学实际的角度来看。

爱德华·塔夫特（Edward Tufte）是信息设计的先驱者，耶鲁大学统计学和政治学退休教授，他奠定了视觉化定量信息的基础，出版了包括《视觉解释》《构想信息》《定量信息的视觉展示》和《数据分析的政治和政策》《美丽的证据》在内的一系列书籍。而在《定量信息的视觉展示》（*The Visual Display of Quantitative Data*）一书中，当谈到数据可视化的目的时，他讲到"展示数据是重中之重"和"在图片上的很大一部分墨水应该用来呈现数据 – 信息，墨水应随着数据的变化而变化。数据 – 墨水乃是图形上不可擦除的核心部分，是根据所表示的数据的变化而改变的非冗余墨水"。而所谓的非数据 – 墨水就是指用来画标尺、图标和边框，而不是用来传递数据 – 信息的墨水。

他定义了一个数据 – 墨水比例，用来衡量表示数据的墨水占总的墨水的比例。按照塔夫特的理解，一份最完美的数据可视化图片应该只有数据 – 墨水，非数据 – 墨水在可能的情况下最好都删除。为什么要最大化数据 – 墨水比例呢？塔夫特指出其目的是避免将观看者的注意力引到非相关因素上。所以数据可视化设计的其中一个原则就是呈现一个最高可能的数据 – 墨水比例，但是同时保证有效的交流。

比如图 4.76 和图 4.77 所展示的数据是一样的。但是通过对比，我们可以看出，图 4.77 采取了 3D 柱子的形式来展现数据，而且还描绘了柱子的阴影。但是这些部分的墨水其实是和数据 – 信息没有关系的，不会随着数据的改变去改变，因而属于非数据 – 墨水。因此，图 4.76 具有更高的数据 – 墨水比例，是在进行数据可视化时更为合理的选择。

让我们再来看看这些例子，就能更加深刻地体会塔夫特提出最大化数据 – 墨水比例的深意。图 4.78 和图 4.79，花了大量的墨水去描绘那些与数据 – 信息无关的内容，比如背景、装饰，等等。这些会将我们的注意力引到那些与核心的数据 – 信息无关的方面去，是数据可视化的典型反面教材。

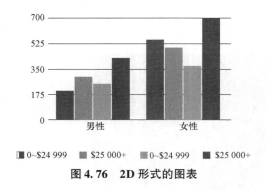

图 4.76　2D 形式的图表

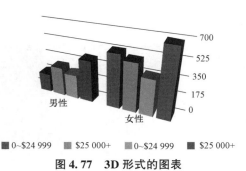

图 4.77　3D 形式的图表

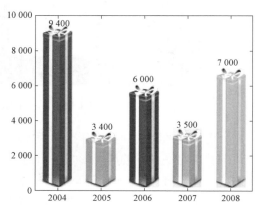

图 4.78　不建议采用的可视化例子一

图 4.79　不建议采用的可视化例子二

4.7.4　可视化工具

4.7.4.1　Excel

Excel 的图形化功能并不强大，但 Excel 是分析数据的理想工具。作为一个入门级工具，Excel 是快速分析数据的理想工具，也能创建供内部使用的数据图，但是 Excel 在颜色、线条和样式上可选择的范围有限，这也意味着用 Excel 很难制作出能符合专业出版物和网站需要的数据图。

Google Chart API 工具集中取消了静态图片功能，目前只提供动态图表工具，能够在所有支持 SVG \ Canvas 和 VML 的浏览器中使用，但是 Google Chart 的一个大问题是，图表在客户端生成，这意味着那些不支持 JavaScript 的设备将无法使用，此外也无法离线使用或者将结果另存为其他格式，之前的静态图片就不存在这个问题。尽管存在上述问题，不可否认的是，Google Chart API 的功能异常丰富，如果没有特别的定制化需要或者对谷歌视觉风格的抵触，那么大可以从 Google Chart 开始（图 4.80）。

4.7.4.2　Raphaël

Raphaël 是一个小型的 JavaScript 库，可以简化人们的工作，在网络上创建矢量图形。如果用户想创建自己特定的图表或图像裁剪、旋转部件，这时候使用这个库就可以方便地实现（图 4.81）。

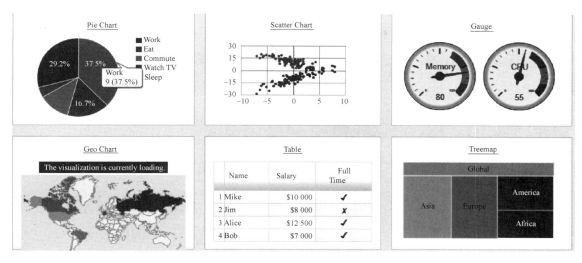

图 4.80　Google Chart API

4.7.4.3　Visual. ly

如果用户需要制作信息图而不仅是数据可视化，也有很多的工具可用。Visual. ly 就是最流行的一个选择。虽然 Visual. ly 的主要定位是"信息图设计师的在线集市"，但是也提供了大量信息图模板。虽然功能还有很多限制，但是 Visual. ly 绝对是个能激发人灵感的地方（图 4.82）。

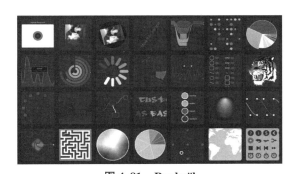

图 4.81　Raphaël

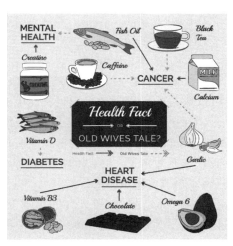

图 4.82　Visual. ly

4.7.4.4　Crossfilter

Crossfilter（图 4.83）是一个用来展示大数据集的 JavaScript 库，支持超快的交互，甚至在上百万或更多数据下都能运行得很快。它主要用来构建数据分析程序。

在使用 Crossfilter 时，当用户调整一个图表的输入范围时，其他关联图表的数据也会随之改变。

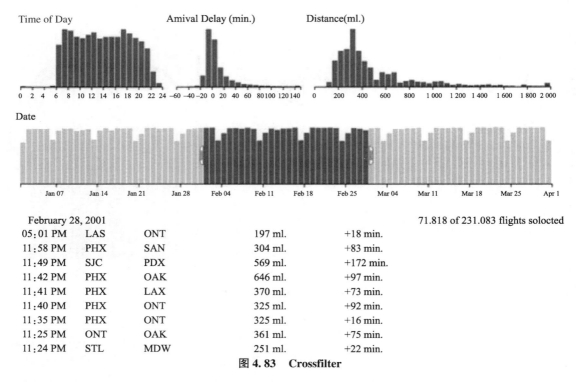

图 4.83　Crossfilter

4.7.4.5　Polymaps

Polymaps 是一个可视化的视图模型，可生成多图多变焦的数据集，并提供快速的支持矢量数据的可视化演示，除了通常的开放街道地图，还支持 Cloud Made、微软和其他供应商的基于图像的网络地图制图。

4.7.4.6　Kartograph

Kartograph 是一个构建交互式地图的简单、轻量级类库。它包含两个库：一个是用 Python 编写的，用于产生漂亮和压缩的 SVG 地图；另一个是 Js 类库，用于前端展示地图。

Kartograph 的标记线是对地图绘制的重新思考，人们都已经习惯了莫卡托投影（Mercator Projection），但是 Kartograph 为人们带来了更多的选择。如果不需要调用全球数据，而仅是生成某一区域的地图，那么 Kartogaph 将使你脱颖而出。

4.7.4.7　Processing

Processing 是数据可视化的招牌工具。只需要编写一些简单的代码，然后编译成 Java 就可以了。目前还有一个 Processing.js 项目，可以使网站在没有 Java Applets 的情况下更容易地使用 Processing。由于端口支持 Objective – C，用户也可以在 iOS 上使用 Processing。虽然 Processing 是一个桌面应用，但也可以在几乎所有平台上运行。此外，经过数年发展，Processing 社区目前已拥有大量实例和代码。图 4.84 为 Processing 编程环境。

4.7.4.8　R

R 是一套完整的数据处理、计算和制图软件系统。其功能包括数据存储和处理系统、数组运算工具（其向量、矩阵运算方面的功能尤其强大）、完整连贯的统计分析工具、优秀的统计制图功能、简便而强大的编程语言、可操纵数据的输入和输出，可实现分支、循环、自定义功能。

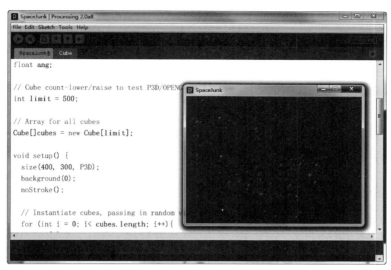

图 4.84 Processing 编程环境

与其说 R 是一种统计软件，还不如说 R 是一种数学计算的环境，因为 R 不仅提供若干统计程序，还可以方便用户操作，他们只需指定数据库和若干参数便可进行统计分析。对于 R，它可以提供一些集成的统计工具，也可以提供各种数学计算、统计计算的函数，从而让使用者能灵活机动地进行数据分析，甚至创造出符合需要的新的统计计算方法。

该语言的语法表面上类似 C 语言，但在语义上是函数设计语言（Functional Programming Language）的变种，并且和 Lisp 以及 APL 有很强的兼容性。特别是它允许在"语言上计算"（Computing on the Language）。这使它可以把表达式作为函数的输入参数，而这种做法对统计模拟和绘图非常有用。

R 是一个免费的自由软件，它有 Unix、Linux、MacOS 和 Windows 版本，都是可以免费下载和使用的。可以下载到 R 的安装程序、各种外挂程序和文档。在 R 的安装程序中只包含了 8 个基础模块，其他外在模块可以通过 Cran 获得（图 4.85）。

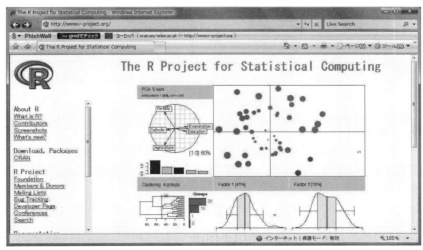

图 4.85 R 语言编程

4.7.4.9 Weka

Weka 的全名是怀卡托智能分析环境（Waikato Environment for Knowledge Analysis），同时 Weka 也是新西兰的一种鸟名，而 Weka 的主要开发者来自新西兰。

Weka 作为一个公开的数据挖掘工作平台，集合了大量能承担数据挖掘任务的机器学习算法，包括对数据进行预处理、分类、回归、聚类，以及在新的交互式界面上的可视化。

如果想自己实现数据挖掘算法，可以参考 Weka 的接口文档。在 Weka 中集成自己的算法，甚至通过借鉴其他方法，实现可视化。

2005 年 8 月，在第 11 届 ACM SIGKDD 国际会议上，怀卡托大学的 Weka 小组荣获数据挖掘和知识探索领域的最高服务奖，Weka 系统得到了广泛的认可，被誉为数据挖掘和机器学习历史上的里程碑，是现今最完备的数据挖掘工具之一（已有 11 年的发展历史）。Weka 的每月下载次数已超过 1 万次。图 4.86 为 Weka 编程环境。

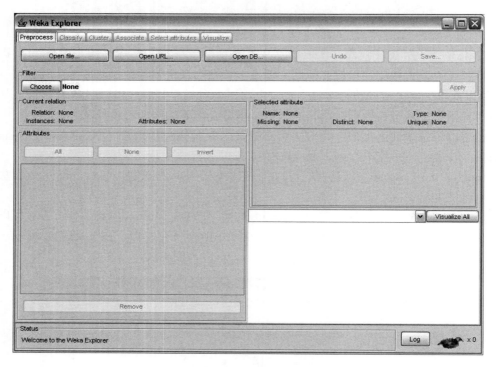

图 4.86 Weka 编程环境

4.7.4.10 Gephi

Gephi 是一款基于 JVM 的开源免费跨平台复杂网络分析软件，它是主要用于各种网络和复杂系统的动态和分层图的交互可视化与探测开源工具。可用作探索性数据分析、链接分析、社交网络分析、生物网络分析等。

Gephi 不但能处理大规模数据集并生成漂亮的可视化图形，还能对数据进行清洗和分类。Gephi 是一种非常特殊的软件，也非常复杂（图 4.87）。

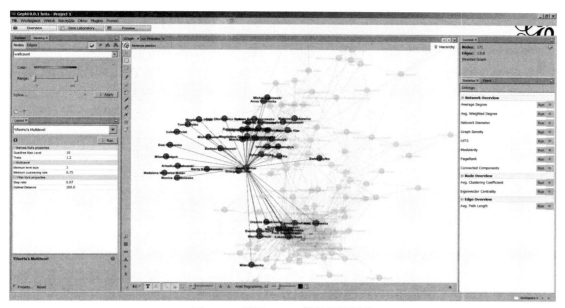

图 4.87 利用 Gephi 做数据可视化

第 5 章

智　能

5.1　智能的定义

智能，是智力和能力的总称，中国古代思想家一般把智与能看作两个相对独立的概念。《荀子·正名篇》：“所以知之在人者谓之知，知有所合谓之智。所以能之在人者谓之能，能有所合谓之能。”其中，“智”指进行认识活动的某些心理特点，“能”则指进行实际活动的某些心理特点。

也有不少思想家把二者结合起来作为一个整体看待。《吕氏春秋·审分》：“不知乘物而自怙恃，夺其智能，多其教诏，而好自以……此亡国之风也。”东汉王充更是提出了“智能之士”的概念，《论衡·实知篇》：“故智能之士，不学不成，不问不知”，“人才有高下，知物由学，学之乃知，不问不识”。他把“人才”和“智能之士”相提并论，认为人才就是具有一定智能水平的人，其实质就在于把智与能结合起来作为考察人的标志。

根据霍华德·加德纳（Howard Gardner，世界著名教育心理学家，“多元智能理论”之父）于1983 年提出的多元智能理论，人类的智能可以分成七个范畴：①语言（Verbal/Linguistic）；②逻辑（Logical/Mathematical）；③空间（Visual/Spatial）；④肢体运作（Bodily/Kinesthetic）；⑤音乐（Musical/Rhythmic）；⑥人际（Interpersonal/Social）；⑦内省（Intra – personal/Introspective）。加德纳于 1996 年又提出了第八种智能——自然认知智能（图5.1）。

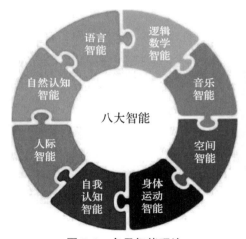

图 5.1　多元智能理论

1. 语言智能（Linguistic Intelligence）

语言智能是指有效地运用口头语言或文字表达自己的思想并理解他人，灵活掌握语音、语义、语法，具备用言语思维、用言语表达和欣赏语言深层内涵的能力结合在一起并运用自如的能力。适合的职业是：政治活动家、主持人、律师、演说家、编辑、作家、记者、教师等。

2. 数学逻辑智能（Logical – Mathematical Intelligence）

数学逻辑智能是指有效地计算、测量、推理、归纳、分类，并进行复杂数学运算的能力。这项智能包括对逻辑的方式和关系，陈述和主张，功能及其他相关的抽象概念的敏感性。适合的职业是：科学家、会计师、统计学家、工程师、计算机软件研发人员等。

3. 空间智能（Spatial Intelligence）

空间智能是指准确感知视觉空间及周围一切事物，并且能把所感觉到的形象以图画的形式表现出来的能力。这项智能包括对色彩、线条、形状、形式、空间关系很敏感。适合的职业是：室内设计师、建筑师、摄影师、画家、飞行员等。

4. 身体运动智能（Bodily‐Kinesthetic Intelligence）

身体运动智能是指善于运用整个身体来表达思想和情感、灵巧地运用双手制作或操作物体的能力。这项智能包括特殊的身体技巧，如平衡、协调、敏捷、力量、弹性和速度以及由触觉所引起的能力。适合的职业是：运动员、演员、舞蹈家、外科医生、宝石匠、机械师等。

5. 音乐智能（Musical Intelligence）

音乐智能是指人能够敏锐地感知音调、旋律、节奏、音色等能力。这项智能对节奏、音调、旋律或音色的敏感性强，与生俱来就拥有音乐的天赋，具有较高的表演、创作及思考音乐的能力。适合的职业是：歌唱家、作曲家、指挥家、音乐评论家、调琴师等。

6. 人际智能（Interpersonal Intelligence）

人际智能是指能很好地理解别人和与人交往的能力。这项智能善于察觉他人的情绪、情感，体会他人的感觉感受，辨别不同人际关系的暗示以及对这些暗示做出适当反应的能力。适合的职业是：政治家、外交家、领导者、心理咨询师、公关人员、推销等。

7. 自我认知智能（Intrapersonal Intelligence）

自我认知智能是指自我认识和善于自知之明，并据此做出适当行为的能力。这项智能能够认识自己的长处和短处，意识到自己的内在爱好、情绪、意向、脾气和自尊，具备独立思考的能力。适合的职业是：哲学家、政治家、思想家、心理学家等。

8. 自然认知智能（Naturalist Intelligence）

自然认知智能是指善于观察自然界中的各种事物，对物体进行辩论和分类的能力。这项智能有着强烈的好奇心和求知欲，有着敏锐的观察能力，能了解各种事物的细微差别。适合的职业是：天文学家、生物学家、地质学家、考古学家、环境设计师等。

总的来说，我们可以认为，智能是知识和智力的总和。前者是智能的基础，后者是指获取和运用知识求解的能力。

5.2　智能的表现形式

5.2.1　感知

感知是一种对外界的探知和反应的方式，也是生命的一种基本能力，每种生物都有自己对周围环境的感知能力。

草履虫（图 5.2）是最简单的单细胞生物，它依靠纤毛在水中游动，如果个体触及任何东西，纤毛则改变游弋方向，转向别处，但它们没有内在神经系统，它们之所以能够做到其他高级生命体能做到的事情，是依靠生物电。

草履虫的细胞薄膜之间存在着一个电势差，通过控制细胞薄膜内外部的离子位置，草履虫创造了大约 40 mV 的电位差，所以当一只草履虫什么都不做，没有触及任何物体，静静地浮在液体中，它就好比一个小电池，利用细胞薄膜来维持体内的电位差，这种功能被它用来感知周围的环境。当草履虫触及什么东西，它体内的细胞薄膜会变形，薄膜打开通道，让正离子回流，同时电势差下降，这就造成了一个电子脉冲，也触发了纤毛开始向别的方向划动，这种电子脉冲贯穿个体的整个细胞内部，也被叫作动作电位，同时草履虫转向逃出危险。

这样控制电流贯穿细胞薄膜而产生的感知力也不只是草履虫所独有的，它存在于任何生物的感知系统中。当我们喝咖啡的时候，我们的味觉细胞就会告诉我们咖啡有点苦，味觉细胞通过神经系统告诉大脑，我们通过味觉感知就会给咖啡加点糖，看似很简单的过程事实上却非常复杂。实际上每次当我们感知到这个世界的时候，我们的眼睛、耳朵、手在某种程度上的感知和我们的大脑之间发生着和草履虫相同的情况。

沙漠中的蝎子（图 5.3）一般以捕食甲虫为生，而这些猎物在黑暗中几乎不可见，那么它就要强化自己的触觉，当昆虫的脚在沙子上移动时会带来细小的振动波并散到各处，如果是在蝎子领地中的任意一个细小沙子被振动波触动，也会被蝎子的脚尖所感知，实际上当有物体掠过时，它们甚至可以感知大约一个原子大小的震动，通过计算振动波到达它每个脚尖时间的延迟，蝎子可以得知准确的猎物所在方位和与猎物的距离，如今蝎子已经适应了这种利用振动来感知物体的方法。

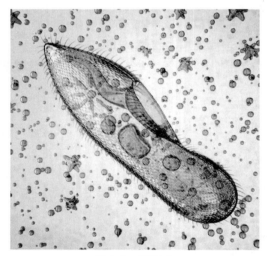

图 5.2　草履虫

图 5.3　沙漠中的蝎子

人类也有类似的系统来感知空气中的振动，我们称之为声音。每种生物都有自己独特的感知周围环境的方法。上述行为存在于任何生物体。事实上，"感知"也是促进生物进化的原动力。

作为地球上最先进的物种，亿万年间，我们人类也通过对环境的感知进化出了先进的听觉和视觉。我们的耳朵可以听到很远处的声响，我们可以听到波谱范围内很低频率的声波，但是我们也可以听到很高音调的声音，好比上百个频率甚至几千倍或者更多，我们可以探测到声音中的各种变化，从昆虫拍打翅膀发出的嗡嗡声，到引擎发出的巨大吼叫声，而这两种声音有着 1 亿倍的差别。

感知即意识对内外界信息的觉察、感觉、注意、知觉的一系列过程。感知可分为感觉过程和知觉过程。

感觉过程中被感觉的信息包括有机体内部的生理状态，心理活动，也包含外部环境的存在以及存在关系信息。感觉不仅接受信息，也受到心理作用影响。

知觉过程中对感觉信息进行有组织的处理，对事物存在形式进行理解认识。

5.2.2　注意

注意是一个心理学概念，属于认知过程的一部分，是一种导致局部刺激的意识水平提高的知觉的选择性的集中。例如侧耳倾听某人说话，而忽略房间内其他人的交谈；或者在驾驶汽车时接听手机。

注意是一个古老而又永恒的话题，是心理学中研究最热门的题目之一。在与人类意识有关的许多认知过程（决策、记忆、情绪等）中，注意被认为是最具体的，由于它与知觉的关系非常密切。同样，它也是其他认知的入门。

俄罗斯教育家乌申斯基曾精辟地指出："'注意'是我们心灵的唯一门户，意识中的一切必然都要经过它才能来。"

心理学上定义注意是指人的心理活动对外界一定事物的指向和集中，是伴随着感知觉、记忆、思维、想象等心理过程的一种共同的心理特征。

意识的指向性是指由于感觉器官容量的限制，心理活动不能同时指向所有的对象，只能选择某些对象，舍弃另一些对象。

意识的集中性是指心理活动能全神贯注地聚焦在所选择的对象上，表现在心理活动的紧张度和强度上。

根据产生和保持注意时有无目的以及意志努力程度的不同，注意可分为：

1）无意注意，是指没有预定目的，不需要付出意志努力就能维持的注意。引起无意注意的原因是：刺激物的特点和人本身的状态。无意注意是人和动物都具有的一种初级的注意形态。比如学生正在上课，忽然有人推门进来，引起大家的注意。

2）有意注意，也叫随意注意，一般是指有预定目的的，需要付出一定意志努力才能维持的注意。它是人类特有的心理活动，是在实践中发展起来的。比如，在学习上遇到困难或环境中出现种种干扰学习的因素时，我们通过意志的努力，使注意力保持在要学习的东西上。

3）有意后注意，也叫随意后注意，是指有自觉的目的，但不需要意志努力的注意。有意后注意是注意的一种特殊形式。从特征上讲，它同时具有无意注意和有意注意的某些特征。无意后注意通常是有意注意转化而成的。例如，在刚开始做一件工作的时候，人们往往需要一定的努力才能把自己的注意保持在这件工作上，但是在对工作发生了兴趣以后，就可以不需要意志努力而继续保持注意了，而这种注意仍是自觉的和有目的的。

在同一时间内，意识所能清楚地把握对象的数量叫注意广度。在简单任务下，注意广度是 7 ± 2，即 $5 \sim 9$ 个项目。在阅读时，有人能一目十行，有人却只能一个字一个字地读。这就是因为注意的广度不一样。

注意的稳定性是指对选择的对象注意能稳定地保持多长时间的特性。注意维持的时间越长，注意越稳定。将手表放在耳朵边刚好能够听到的地方，集中注意认真听，会发现声音一会强一会弱。

由于任务的变化，注意由一种对象转移到另一种对象上去的现象叫作注意转移。注意转移的速度和质量取决于前后两种活动的性质和个体对这两种活动的态度，性质越相似的两种活动，注意越容易转移。如上课过程中，本来你的注意力集中在黑板上，现在老师说翻开课本，开始读课本，根据任务要求的变化，你的注意力有意识地从黑板转移到了课本上。

在同一时间内，把注意指向于不同的对象，同时从事几种不同活动的现象，叫作注意力分配。并不是所有活动都可以进行分配，所从事的活动中必须有一些活动是非常熟练的，甚至已经达到了自动化的程度，并且所从事的几种活动之间应该有内在的联系。

一方面，注意不等同于意识。一般来说，注意是一种心理活动或"心理动作"，而意识主要是一种心理内容或体验。与意识相比，注意更为主动和易于控制。

另一方面，注意和意识密不可分。当人们处于注意状态时，意识内容比较清晰。人从睡眠到觉醒，再到注意，其意识状态分别处在不同的水平上。总之，在注意条件下，意识与心理活动指向并集中于特定的对象，从而使意识内容或对象清晰明确，意识过程紧张有序，并使个体的行为活动受到意识的控制，而进入注意的具体过程则可能是无意识的，即有时包含了无意识过程。

注意的功能主要包括：

1）选择功能。注意的基本功能是对信息选择，使心理活动选择有意义的、符合需要的和与当前活动任务相一致的各种刺激，避开或抑制其他无意义的、附加的、干扰当前活动的各种刺激。

2）保持功能。外界信息输入后，每种信息单元必须通过注意才能得以保持，如果不加以注意，就会很快消失。因此，需要将注意对象的一项或内容保持在意识中，一直到完成任务，达到目的为止。

3）调节功能。有意注意可以控制活动向着一定的目标和方向进行，使注意适当分配和适当转移。

4）监督功能。注意在调节过程中需要进行监督，使得注意向规定方向集中。

一般比较公认的用来描述"注意"的模型为：

1）过滤器模型。过滤器模型是英国心理学家布卢德革特提出的。他认为来自外界的信息是大量的，但个体的神经系统在同一时间对信息进行加工的能力是有限的，需要过滤器加以调节，使中枢神经系统不致负担过重。

2）衰减模型。该模型是美国心理学家特瑞斯曼提出的，他认为注意之外的信息传递通道没有被关闭，而是衰减。

5.2.3　记忆

记忆是大脑对客观事物的信息进行编码、储存和提取的认知过程，也指存储信息的结构及其内容，包括识记、保持、回忆和再认。

记忆是人脑对经验过的事物的识记、保持、回忆和再认，它是进行思维、想象等高级心理活动的基础。人类记忆与大脑海马结构、大脑内部的化学成分变化有关。

记忆作为一种基本的心理过程，是和其他心理活动密切联系着的。记忆联结着人的心理活动，是人们学习、工作和生活的基本机能。把抽象无序转变成形象有序的过程就是记忆的关键。

关于记忆的研究属于心理学或脑部科学的范畴。现代人类对记忆的研究仍在继续。

记忆的基本过程是由识记、保持、回忆和再认三个环节组成的。识记是记忆过程的开端，是对事物的识别和记住，并形成一定印象的过程。保持是对识记内容的一种强化过程，使之能更好地成为人的经验。回忆和再认是对过去经验的两种不同再现形式。记忆过程中的这三个环节是相互联系、相互制约的。识记是保持的前提，没有保持也就没有回忆和再认，而回忆和再认又是检验识记和保持效果好坏的指标。由此看来，记忆的这三个环节缺一不可。记忆的基本过程也可简单地分成"记"和"忆"的过程，"记"包括识记、保持，"忆"包括回忆和再认。

信息加工理论认为，记忆过程就是对输入信息的编码、存储和提取过程。只有经过编码的信息才能被记住，编码就是对已输入的信息进行加工、改造的过程，编码是整个记忆过程的关键阶段。

遗忘是指识记过的材料不能回忆和再认，或者回忆和再认有错误的现象。按照信息加工的观点，遗忘过程在记忆的不同阶段都存在。遗忘基本上是一种正常、合理的心理现象。因为感知过的事物没有全部记忆的必要，识记材料的重要性具有时效性；遗忘是人心理健康和正常生活所必需的。

遗忘虽是一种复杂的心理现象，但其发生发展也是有一定规律的。德国心理学家艾宾浩斯最早进行了这方面的研究。他以无意义音节为实验材料，以自己为实验对象，在识记材料后，每隔一段时间重新学习，以重学时所节省的时间和次数为指标。

他绘制出遗忘曲线（图 5.4）。遗忘曲线所反映的是遗忘变量和时间变量之间的关系。该曲线表明了遗忘的规律：遗忘的进程是不均衡的，在识记之后最初一段时间里遗忘量比较大，以后逐渐减小。即遗忘的速度是先快后慢的。继艾宾浩斯之后，许多人对遗忘进程的研究也都证实了艾宾浩斯遗忘曲线基本上是正确的。

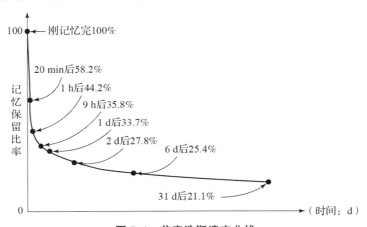

图 5.4　艾宾浩斯遗忘曲线

产生遗忘的原因，既有生理方面的，如因疾病、疲劳等因素造成的遗忘；也有心理方面的。关于这方面的原因，主要有四种学说：

1）痕迹衰退说：主要强调生理活动过程对记忆痕迹的影响，认为遗忘是由于记忆痕迹得不到强化而逐渐减弱，以至最后消退的结果。从巴甫洛夫的条件反射理论来看，记忆痕迹是人在感知、思维、情绪和动作等活动时大脑皮层上有关部位所形成的暂时神经联系，联系形成后在神经组织中会留下一定的痕迹，痕迹的保持就是记忆。在有关刺激的作用下，会激活痕迹，使神经联系恢复，保持在人脑中的过去经验便以回忆或再认的方式表现出来。有些没有被强化的痕迹，随着时间的推移而逐渐衰退造成遗忘。记忆痕迹衰退说还没有得到精确有力的实验证明，但它的解释接近于常识，正像某些物理、化学痕迹也会随时间推移而消失一样，很容易为人们所接受。

2）干扰说：这种理论认为，遗忘是由于所识记的先后材料之间的相互干扰造成的。前摄抑制和倒摄抑制是支持干扰说的有力例证。

3）压抑说：这种理论认为，遗忘是由于情绪或动机的压抑作用造成的，如果压抑被解除，记忆就能恢复。这种理论用以解释与情绪有关内容的暂时性遗忘是有效的。这一理论是由弗洛伊德在临床实践中发现的，他认为，那些给人带来不愉快、痛苦、忧愁的体验常常会发生动机性遗忘。

4）同化说：这种理论认为，遗忘是知识的组织和认知结构简化过程。这是奥苏伯尔根据他的有意义言语学习理论对遗忘提出的一种独特的解释。他认为，当人们学到了更高级的概念与规律之后，高级的观念可以代替低级的观念，使低级观念遗忘，从而简化认识并减轻记忆负担。在真正的有意义学习中，前后相继的学习不是相互干扰而是相互促进的，因为有意义学习总是以原有的学习为基础，后面的学习则是对前面的学习的加深和补充。

根据记忆的内容，可以把记忆分成四种：

1）形象记忆。以感知过的事物形象为内容的记忆叫形象记忆。这些具体形象可以是视觉的，也可以是听觉的、嗅觉的、触觉的或味觉的形象，如人们对看过的一幅画、听过的一首乐曲的记忆就是形象记忆。这类记忆的显著特点是保存事物的感性特征，具有典型的直观性。

2）情绪记忆。以过去体验过的情绪或情感为内容的记忆。如学生对接到大学录取通知书时的愉快心情的记忆等。人们在认识事物或与人交往的过程中，总会带有一定的情绪色彩或情感内容，这些情绪或情感也作为记忆的内容而被存储到大脑，成为人的心理内容的一部分。情绪记忆往往是一次形成而经久不忘的，对人的行为具有较大的影响作用。如教师对某个学生的第一印象会在很大程度上影响对该生的态度、行为，就是因为这一印象是与情绪相连的。情绪记忆的映象有时比其他形式的记忆映象更持久，即使人们对引起某种情绪体验的事实早已忘记，但情绪体验仍然保持着。

3）逻辑记忆。以思想、概念或命题等形式为内容的记忆。如对数学定理、公式、哲学命题等内容的记忆。这类记忆是以抽象逻辑思维为基础的，具有概括性、理解性和逻辑性等特点。

4）动作记忆（运动记忆）。以人们过去的操作性行为为内容的记忆。凡是人们头脑里所保持的做过的动作及动作模式，都属于动作记忆。如上体育课时的体操动作、武术套路，上实验课时的操作过程等都会在头脑中留下一定的痕迹。这类记忆对人们动作的连贯性、精确性等具有重要意义，是动作技能形成的基础。

以上四种记忆形式既有区别，又紧密联系在一起。如动作记忆中具有鲜明的形象性。逻辑记忆如果没有情绪记忆，其内容是很难长久保持的。

根据保存时间，可以把记忆分成两种：

1）瞬时记忆。瞬时记忆又叫感觉记忆，这种记忆是指作用于人们的刺激停止后，刺激信息在感觉通道内的短暂保留。信息的保存时间很短，一般在 0.25 ~ 2 s。瞬时记忆的内容只有经过注意才能被意识到，进入短时记忆。

2）短时记忆。短时记忆是保持时间在 1 min 之内的记忆。据 L. R. 彼得逊和 M. J. 彼得逊的实验研究，在没有复述的情况下，18 s 后回忆的正确率就下降到10% 左右。如不经复述在 1 min 之内就会衰退或消失。有人认为，短时记忆也是工作记忆，是一种为当前动作而服务的记忆，即人在工作状态下所需记忆内容的短暂提取与保留。

短时记忆有以下特点：

● 记忆容量有限，据米勒的研究为 7 ±2 个组块。"组块" 就是记忆单位，组块的大小因人的知识经验等的不同而有所不同。组块可以是一个字、一个词、一个数字，也可以是一个短语、句子、字表等。

● 短时记忆以听觉编码为主，兼有视觉编码。

● 短时记忆的内容一般要经过复述才能进入长时记忆。

3）长时记忆。长时记忆指信息经过充分的和有一定深度的加工后，在头脑中长时间保留下来的记忆。从时间上看，凡是在头脑中保留时间超过 1 min 的记忆都是长时记忆。长时记忆的容量很大，所存储的信息也都经过意义编码。我们平时常说的记忆好坏，主要是指长时记忆。

瞬时记忆系统、短时记忆系统和长时记忆系统虽各有自己的对信息加工的特点，但从时间衔接看是连续的，关系也是很密切的。

5.2.4 决策

决策，指决定的策略或办法，是人们为各种事件出主意、做决定的过程。它是一个复杂的思维操作过程，是信息搜集、加工，最后做出判断、得出结论的过程。语出《韩非子·孤愤》："智者决策于愚人，贤士程行于不肖，则贤智之士羞而人主之论悖矣。"

决策是人们在政治、经济、技术和日常生活中普遍存在的一种行为；决策是管理中经常发生的一种活动；决策是决定的意思，它是为了实现特定的目标，根据客观的可能性，在占有一定信息和经验的基础上，借助一定的工具、技巧和方法，对影响目标实现的诸因素进行分析、计算和判断选优后，对未来行动做出决定。

从心理学角度来看，决策是人们思维过程和意志行动过程相互结合的产物。没有这两种心理过程的参加，无论何人也是做不出决策的。因而决策既是人们的一个心理活动过程，又是人们的行动方案。

一般决策过程包括：

1）问题识别，即认清事件的全过程，确定问题所在，提出决策目标。

2）问题诊断，即研究一般原则，分析和拟定各种可能采取的行动方案，预测可能发生的问题并提出对策。

3）行动选择，即从各种方案中筛选出最优方案，并建立相应的反馈系统。

5.2.5 意识

汉代王充《论衡·实知》有云："众人阔略，寡所意识，见贤圣之名物，则谓之神。"

"意识" 是人脑对大脑内外表象的觉察。生理学上，意识脑区指可以获得其他各脑区信息的脑区（在前额叶周边）。意识脑区最重要的功能就是辨识真伪，即它可以辨识自己脑区中的表象是来自外部感官还是来自想象或回忆。这种辨识真伪的能力，其他任何脑区都没有。当人在睡眠时，意识脑区的兴奋度降至最低，此时无法辨别脑中意象的真伪，意象基于记忆中的认知，这就是所谓的"梦境"。

意识脑区没有自己的记忆，它的存储区域称为"暂存区"，如同计算机的内存一样，只能暂时保存所察觉的信息。意识还是"永动"的，你可以试一下使脑中的意象停止下来，就会发现这种尝试的徒劳。有研究认为，意识脑区其实没有思维能力，真正的思维都发生在潜意识的诸脑区中，我们所感知到的思维，其实是潜意识将其思维呈现于意识脑区的结果。

一种更一般的定义将意识视为一种特殊而复杂的运动，可以反映（映射）真实世界以及非实有意识自身的运动，可以正确映射真实和意识本身规律，也可不正确或歪曲反映。一般意识需要真实物质媒介才能对真实和意识本身产生作用。

它的存在可以分为静态和能动态两种状态，静态意识一般以编码形式存在，比如语言文字、声音、图像、软件或其他静态物质载体，能动态意识可以继承静态形式而提升意识范围和水平。意识的静态和能动态互相作用是新意识产生的重要源泉之一。这种定义的出发点源自物质永恒运动绝对性和静止的相对性，对人工智能有一定参考意义。

最早进行意识的科学实验的可能是美国加州大学旧金山分校神经心理教授本杰明·里贝特（Benjamin Libet）。他在《脑》杂志上发表了一篇论文，所公布的结果令科学界和哲学界沸然（图5.5）。

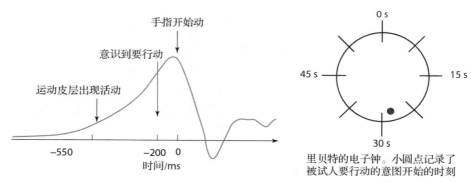

图5.5 里贝特的意识实验

实验是这样的：里贝特找来一些志愿者，用脑电记录装置监控他们的脑电活动，然后给他们下达指令："无论何时，只要起念头，就动动你的手指。"不管从哪个角度来理解，"动动手指"都是一种自由意志的产物：你决定动了，这个意识产生，于是运动皮层发出指令，通过神经–肌肉接头调动相关肌肉群，接着手指就动了。其次序是"意识决定要动"，然后"相关脑区活动，运动皮层发出指令"，最后是"手指动"。

脑电记录装置显示，当志愿者"意识到自己要动手指"时，大脑早已发出动手指的指令。也就是说，先是出现"相关脑区活动，运动皮层发出指令"这个事件，过了大约300 ms以后，才出现"意识决定要动"，接着又过了200 ms左右，"手指动"。

越来越多的研究发现，身体各器官传递的信号会影响我们对世界的感知、所做的决定、对自己的感觉，乃至塑造了意识本身。身体在任何与心灵有关的事情中都扮演了至关重要的角色。人体内的器官会与大脑相互传递反馈信号，由此成为意识的关键组成部分。

一般认为，意识是人脑对客观事物间接的和概括的主观反映。然而"反映"一词过于被动，无法显示意识主体的地位和主动性，更谈不到什么创造性了。更准确的说法应该是：意识是人脑对刺激的反应。

当锤子敲击到钢板时，钢板会变形。钢板变形而产生的力，一部分通过弹性的方式以反作用力的形式作用于锤子，剩余部分因挠性而使钢板本身产生永久性变形。这就是钢板对锤击的反应：有对外（锤子）的，也有对自身的。

意识也是人脑对刺激的反应。意识的结果一方面通过人体器官作用于外界，另一方面也通过改变人脑本身的结构而形成记忆。

同无机质的钢板相比，人脑的结构要复杂得多。人脑由 140 多亿个脑细胞构成，每个脑神经细胞都有许多神经树突，通过神经突触与其他脑神经相连。这些神经连接互相交织，形成一个庞大而繁杂的神经网络（图 5.6）。人脑的这种结构决定了意识这种反应的对外形式和对内改变的复杂性。

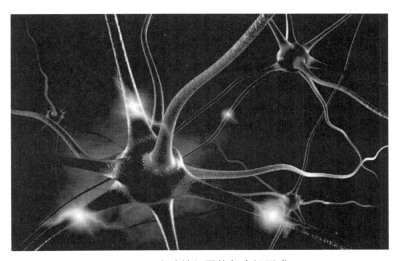

图 5.6　人脑神经网络与意识形成

神经细胞的结构与一般动物细胞结构没什么不同，人们还没有在脑细胞中找到思维和记忆组织。当感官接受刺激时，这些刺激转化为电或化学信号，通过神经纤维传导到大脑，在大脑中沿着相连的神经网络通道进行传导。直到对外界刺激形成有效反应时输入终止。传导的过程，即意识的过程。

在传导中，神经通道上受到信号刺激会处于活跃状态，使附着的血管扩张，接受更多氧气的营养，促进通道上的神经细胞和神经树突生长，使通道中的神经树突更加粗壮。下次遇到相同或相类似的刺激时，信号通过这些通道会更迅速，使过去的意识再现：这就是记忆。

引发意识和记忆的并不一定非得有外界的刺激，只要大脑中有电或化学信号通过就可以。大脑中有一点细胞处于活跃状态，然后在意识过程中激活相关的记忆，信号就会被放大、加强，形成新的思维。人在没有外界刺激的时候也可以进行回忆、冥想等思维活动，也是这个原因。

大脑中的电或化学信号的大小并不是固定的。在平静的时候，大脑中的信号流也是平静的，自由联想、理性思考在这种情况下最有效。如果遇到紧急的或突发情况，接收的信号超出了原通道的输送力，则信号也会从其他通道溢出，使人感到六神无主。

记忆通道除了可生长，也可消退。脑神经细胞只有在不断的刺激中才能生长，如果已建立的记忆通道长时间未受到刺激，其组织的营养就会被输送转移到其他树突部位或其他细胞中，记忆通道就会消退到原始状态，这种过程的外在表现即遗忘过程。

人脑是自然界乃至整个宇宙中最复杂的系统。在人进化过程中，对自身最有利、对外界变化最有效的神经连接，通过了外界的优胜劣汰，在人类世代遗传中被基因固定了下来。

婴儿在出生时脑神经网络已经完善，与成人的没什么区别，特别是与其父母的神经结构有相同之处，这也是某些天赋可以遗传的原因。但同成人比较，除了吮吸反射神经和控制心跳、呼吸等的植物神经通道是通畅的以外，婴儿的神经网络连接的粗细基本上是相同的。所以婴儿大脑中的神经信号传导一般是全方位的，也是无效的。例如，婴儿的眼睛与成人并没有不同，但由于神经网络中有关颜色、形状、运动的相关通道尚未形成，所以单独看东西时很难形成有效意识。经过教育的过程，才能在条件反射中强化相关神经连接，使其大脑生长。

一般认为，意识中最重要的是自我意识。自我意识就是个人对外界刺激总体性的、独特的反应。自我意识并不是生来就有的，而是人在成长过程中从具体的反应事件中综合出来的，用于调控自我内部和与外界关系。

人脑和电脑不同。电脑的硬件是固定的，改变的只是信号，而人脑的信号则要简单得多。人脑的"硬件"虽说也是固定的，却具有生长性，在成长中可以相互作用，这是任何电脑都不可比拟的。

自我意识并不是与物质对立的概念，自我意识只是人脑对刺激的反应。自我意识不过是一种反应，它是大脑的运动而已。

意识还是一个不完整的、模糊的概念。一般认为，意识是人对环境及自我的认知能力以及认知的清晰程度。研究者们还不能给予它一个确切的定义。

约翰·希尔勒通俗地将意识解释为："从无梦的睡眠醒来之后，除非再次入睡或进入无意识状态，否则在白天持续进行的，知觉、感觉或觉察的状态。"

现阶段，意识概念中最容易进行科学研究的是觉察方面。例如，某人觉察到了什么、某人觉察到了自我。有时候"觉察"已经成为"意识"的同义词，它们甚至可以相互替换。

现阶段在意识本质的问题上还存有诸多疑问与不解，当前意识本质研究的困境，一方面在于自然主义认识模式无法对大脑结构和社会语境做出完全等效的模拟，另一方面在于缺少相应的哲学命题和范畴。

对意识这一概念的研究已经成为多个学科的研究对象。意识问题涉及的学科有认知科学、神经科学、心理学、计算机科学、社会学、哲学等，这些领域在不同的角度对意识进行的研究，可以进一步澄清意识问题。

生命的本质，在于它与非生物的区别。科学研究，生命与非生物的区别：生命体能够通过自身的物理感知系统感知自身的存在，并可以根据自身的感知做出对外界环境的种种反应和行为，也就是说生命体（生物）能够适应环境甚至改造环境以适应自身生存。同时，生命的另一显著特征还在于"繁衍"，几乎没有生命体是不能进行繁衍的。

因此，生命的本质，在于它的"意识"。这种生命意识，简单来说，就是"自我"意识。拥有自我意识的生命体，才能与物质世界区分开来——不管是动物、植物还是真菌、病毒或者其他，人与其他生物意识的最大区别就是主观能动性。

人的意识，因其物理感知系统的特殊性，使其有能力掌握语言和文字。这就意味人们的经验和科学可以通过语言和文字得到传承，并积累到社会意识中去。在这样的积累之下，人类的科学进步日益发达，从而使人的意识极大程度地领先于地球上的其他生命体。通常人类特有的意识被称为思想。

一般来说，意识的运作机制，与电脑的程序基本类似，而人工智能，却可能达到人类思想的高度。唯一的原因，即是人工智能可能具有类似生物的本质——自我意识的觉醒，从而可以替代人类的智慧。

5.3　人工智能

人工智能（Artificial Intelligence，AI）是计算机科学的一个分支。研究目的是通过探索智慧的实质，扩展人类智能——促使智能主体会听（语音识别、机器翻译等）、会看（图像识别、文字识别等）、会说（语音合成、人机对话等）、会思考（人机对弈、专家系统等）、会学习（知识表示、机器学习等）、会行动（机器人、自动驾驶汽车等）。一个经典的 AI 定义是："智能主体可以理解数据及从中学习，并利用知识实现特定目标和任务的能力。"（A system's ability to correctly interpret external data，to learn from such data，and to use those learnings to achieve specific goals and tasks through flexible adaptation.）

它企图了解智能的实质，并生产出一种新的能以人类智能相似的方式做出反应的智能机器，该领域的研究包括机器人、语言识别、图像识别、自然语言处理和专家系统等。

人工智能的两个核心点：

- 人工：人所设计，人所制造。
- 智能：具备认识世界、改造世界的能力。

可以说，从很多年前，人工智能一直是人类的一个梦想。人类幻想某一天可以发明某种人工创造的智能形式，媲美甚至超越人类本身。但是，人们也对人工智能充满了畏惧，担心人工智能是那把达摩克利斯之剑，由人类所创造，却可能带来人类自身的毁灭。当然了，也有对其他更深层次问题的思考，比如电影人工智能中所描述的 AI 对自身根源和人性的追求过程（图 5.7）。

唯一可确定的是，人工智能的研究已经如火如荼，箭在弦上不得不发，人工智能时代已经来临。而我们最需要关注的是未来我们该如何与人工智能相处。

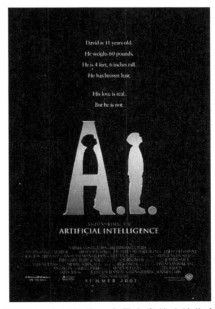

图 5.7　人工智能一直是人类关注的焦点

5.4   人工智能的主要学派

在人工智能的发展过程中，不同时代、学科背景的人对智慧的理解及其实现方法有着不同的思想主张，并由此衍生出不同的学派，影响较大的学派及其代表方法如表 5.1 所示。

表 5.1   人工智能的主要学派及其代表方法

人工智能学派	主要思想	代表方法
联结主义	利用数学模型来研究人类认知的方法，用神经元的连接机制实现人工智能	神经网络、SVM 等
符号主义	认知就是通过对有意义的表示符号进行推导计算，并将学习视为逆向演绎，主张用显式的公理和逻辑体系搭建人工智能系统	专家系统、知识图谱、决策树等
演化主义	对生物进化进行模拟，使用遗传算法和遗传编程	遗传算法等
贝叶斯主义	使用概率规则及其依赖关系进行推理	朴素贝叶斯等
行为主义	以控制论及感知 - 动作型控制系统原理模拟行为以复现人类智能	强化学习等

其中最著名的当属符号主义、联结主义和行为主义这三大学派（图 5.8）。

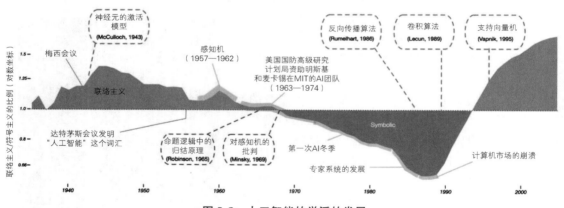

图 5.8   人工智能的学派的发展

5.4.1   符号主义

符号主义（Symbolicism），又称为逻辑主义、心理学派、计算机学派，认为认知就是通过对有意义的表示符号进行推导计算，并将学习视为逆向演绎，主张用显式的公理和逻辑体系搭建人工智能系统。如用决策树模型输入业务特征预测天气。

符号主义是一种基于逻辑推理的智能模拟方法，其原理主要为物理符号系统假设和有限合理性原理，长期以来一直在人工智能研究中处于主导地位。

符号主义学派认为人工智能源于数学逻辑，数理逻辑从 19 世纪末起得以迅速发展，到 20 世纪 30 年代开始用于描述智能行为。计算机出现后，又在计算机上实现了逻辑演绎系统。

其有代表性的成果为启发式程序 LT 逻辑理论家，它证明了 38 条数学定理，表明了可以应用计算机研究人的思维过程，模拟人类智能活动。正是这些符号主义者，早在 1956 年首先采用"人工智能"这个术语。

符号主义曾长期一枝独秀，为人工智能的发展做出重要贡献，为人工智能走向工程应用具有特别重要的意义。在人工智能的其他学派出现之后，符号主义仍然是人工智能的主流派别。

5.4.2　联结主义

联结主义（Connectionism），又叫仿生学派，笃信大脑的逆向工程，主张利用数学模型来研究人类认知的方法，用神经元的连接机制实现人工智能。如用神经网络模型输入雷达图像数据预测天气（图 5.9）。

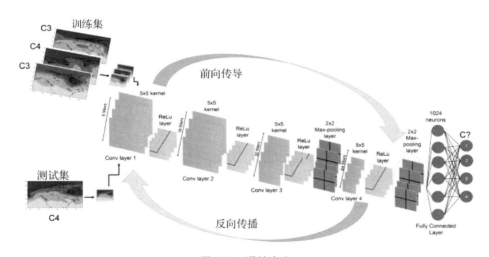

图 5.9　联结主义

联结主义学派把人的智能归结为人脑的高层活动，强调智能的产生是由大量简单的单元通过复杂的相互联结和并行运行的结果。

它的代表性成果是 1943 年由生理学家麦卡洛克和数理逻辑学家皮茨创立的脑模型，即 MP 模型，开创了用电子装置模仿人脑结构和功能的新途径。它从神经元开始进而研究神经网络模型和脑模型，开辟了人工智能的又一发展道路。

20 世纪 60—70 年代，联结主义，尤其是对以感知机为代表的脑模型的研究出现过热潮，由于受到当时的理论模型、生物原型和技术条件的限制，脑模型研究在 20 世纪 70 年代后期—80 年代初期落入低潮。直到 20 世纪 80 年代提出用硬件模拟神经网络以后，联结主义才又重新抬头。

5.4.3 行为主义

行为主义（Actionism），源于心理学与控制论。认为智能产生于主体与环境的交互过程。基于可观测的具体的行为活动，以控制论及感知－动作型控制系统为基础，摒弃了内省的思维过程，而把智能的研究建立在可观测的具体的行为活动基础上。

行为主义，是一种基于"感知—行动"的行为智能模拟方法。

行为主义学派认为人工智能源于控制论。早期的研究工作重点是模拟人在控制过程中的智能行为和作用，并进行"控制论动物"的研制。到20世纪60—70年代，播下智能控制和智能机器人的种子，并在20世纪80年代诞生了智能控制和智能机器人系统。行为主义是20世纪末才以人工智能新学派的面孔出现的，引起了许多人的兴趣。这一学派的代表作首推布鲁克斯的六足行走机器人，它被看作新一代的"控制论动物"，是一个基于感知－动作模式模拟昆虫行为的控制系统。

5.5 人工智能的研究简史

从始至此，人工智能（AI）便在充满未知的道路上探索，曲折起伏，我们可将这段发展历程（图5.10）大致划分为五个阶段期：

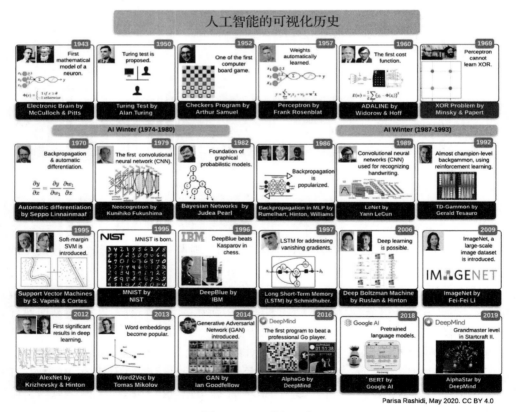

图 5.10 AI 发展历程

- 起步发展期：1943 年—20 世纪 60 年代；
- 反思发展期：20 世纪 70 年代；
- 应用发展期：20 世纪 80 年代；
- 平稳发展期：20 世纪 90 年代—2010 年；
- 蓬勃发展期：2011 年至今。

5.5.1　起步发展期：1943 年—20 世纪 60 年代

人工智能概念提出后，发展出了符号主义、联结主义（神经网络），相继取得了一批令人瞩目的研究成果，如机器定理证明、跳棋程序、人机对话等，掀起人工智能发展的第一个高潮。

1943 年，美国神经科学家麦卡洛克（Warren McCulloch）和逻辑学家皮茨（Water Pitts）提出神经元的数学模型，这是现代人工智能学科的奠基石之一。

1950 年，"计算机之父"艾伦·麦席森·图灵（Alan Mathison Turing）提出著名的"图灵测试"（图 5.11）设想：如果一台机器能够与人类开展对话而不能被辨别出机器身份，那么这台机器就具有智能。让机器产生智能这一想法开始进入人们的视野。

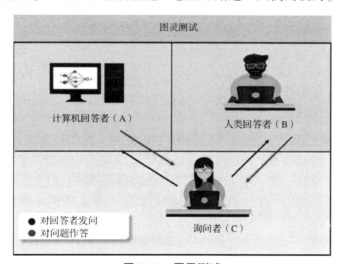

图 5.11　图灵测试

1950 年，克劳德·香农（Claude Shannon）提出计算机博弈。

1951 年，一位名叫 Marvin Minsky 的大四学生与他的同学建造了世界上第一台神经网络计算机。这也被看作人工智能的一个起点。

1952 年，计算机科学家亚瑟·塞缪尔（Arthur Samuel）开发了一种跳棋计算机程序—第一个独立学习如何玩游戏的人。

1956 年，计算机专家 John McCarthy 提出"人工智能"一词。这被人们看作人工智能正式诞生的标志。McCarthy 与 Minsky 两人共同创建了世界上第一座人工智能实验室——MIT AI Lab 实验室。同年，达特茅斯学院人工智能夏季研讨会上正式使用了人工智能（Artificial Intelligence，AI）这一术语。这是人类历史上第一次人工智能研讨，标志着人工智能学科的诞生（图 5.12）。

图 5.12　2006 年达特茅斯会议当事人重聚

左起：Trenchard More，John McCarthy，Marvin Minsky，Oliver Selfridge，Ray Solomonoff

1957 年，弗兰克·罗森布拉特（Frank Rosenblatt）在一台 IBM – 704 计算机上模拟实现了一种他发明的叫作"感知机"（Perceptron）的神经网络模型（图 5.13）。

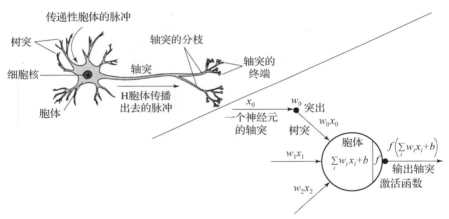

图 5.13　感知机模型

感知机可以被视为一种最简单形式的前馈式人工神经网络，是一种二分类的线性分类判别模型，其输入为实例的特征向量（x_1，x_2，…），神经元的激活函数 f 为 sign，输出为实例的类别（+1 or −1），模型的目标是要将输入实例通过超平面将正负二类分离。

1958 年，David Cox 提出了 Logistic Regression，是类似于感知机结构的线性分类判别模型，主要不同在于神经元的激活函数 f 为 Sigmoid（图 5.14），模型的目标为（最大似然）极大化正确分类概率。

1959 年，Arthur Samuel 给了机器学习一个明确概念：机器学习是研究如何让计算机不需要显式的程序也可以具备学习的能力。

1961 年，Leonard Merrick Uhr 和 Charles M. Vossler 发表了题目为 *A Pattern Recognition Program That Generates，Evaluates and Adjusts its Own Operators* 的模式识别论文，该文章描述了一种利用机器学习或自组织过程设计的模式识别程序的尝试。同年，Unimation 公司推出

了第一个为工业用途设计的机器人。

1963 年，麻省理工学院开发出第一台神经网络学习机。

1965 年，古德（I. J. Good）发表了一篇对人工智能未来可能对人类构成威胁的文章，可以算"AI 威胁论"的先驱。他认为机器的超级智能和无法避免的智能爆炸最终将超出人类可控范畴。后来著名科学家霍金、发明家马斯克等人对人工智能的恐怖预言跟古德半个世界前的警告遥相呼应。

1966 年，麻省理工学院科学家 Joseph Weizenbaum 在 ACM 上发表了题为 *ELIZA – a computer program for the study of natural language communication between man and machine* 的文章，该文章描述了 ELIZA 的程序如何使人与计算机在一定程度上进行自然语言对话成为可能，ELIZA（图 5.16）的实现技术是通过关键词匹配规则对输入进行分解，而后根据分解规则所对应的重组规则来生成回复。

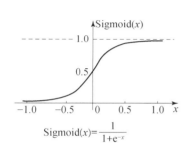

图 5.14　Sigmoid 激活函数

$$Sigmoid(x) = \frac{1}{1 + e^{-x}}$$

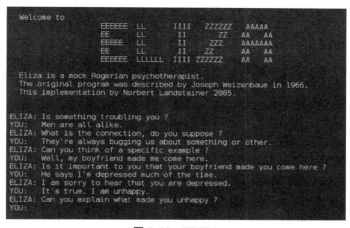

图 5.15　ELIZA

1967 年，Thomas 等提出 K 近邻算法（The K – Nearest Neighbor algorithm，KNN）。KNN 的核心思想（图 5.16），即给定一个训练数据集，对新的输入实例，在训练数据集中找到与该实例最邻近的 K 个实例，以这 K 个实例的最多数所属类别作为新实例的类别。

1968 年，爱德华 · 费根鲍姆（Edward Feigenbaum）提出首个专家系统 DENDRAL，并对知识库给出了初步的定义，这也孕育了后来的第二次人工智能浪潮。该系统具有非常丰富的化学知识，可根据质谱数据帮助化学家推断分子结构。

专家系统（Expert Systems）（图 5.17）是 AI 的一个重要分支，同自然语言理解、机器人学并列为 AI 的三大研究方向。它的定义是使用人类专家推理的计算机模型来处理现实世界中需要专家做出解释的复杂问题，并得出与专家相同的结论，可视作"知识库"（Knowledge Base）和"推理机"（Inference Machine）的结合。

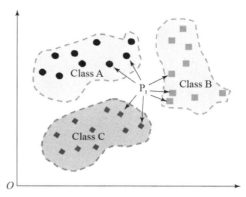

图 5.16　KNN 算法

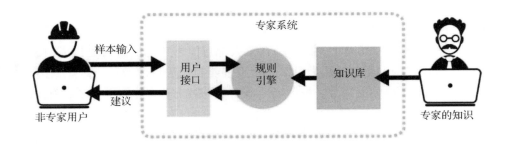

图 5.17　专家系统

1969 年，"符号主义"代表人物马文·明斯基（Marvin Minsky）的著作《感知器》中提出对 XOR 线性不可分的问题：单层感知器无法划分 XOR 原数据，解决这问题需要引入更高维非线性网络（MLP，至少需要两层），但多层网络并无有效的训练算法。这些论点给神经网络研究以沉重的打击，神经网络的研究走向长达 10 年的低潮时期。

5.5.2　反思发展期：20 世纪 70 年代

人工智能发展初期的突破性进展大大提升了人们对人工智能的期望，人们开始尝试更具挑战性的任务，然而计算力及理论等的匮乏使得不切实际的目标落空，人工智能的发展走入低谷。

1974 年，哈佛大学的沃伯斯（Paul Werbos）在博士论文里，首次提出了通过误差的反向传播（BP）来训练人工神经网络，但在该时期未引起重视。BP 算法（图 5.18）的基本思想不是（如感知器那样）用误差本身去调整权重，而是用误差的导数（梯度）调整。通过误差的梯度做反向传播，更新模型权重，以下降学习的误差，拟合学习目标，实现"网络的万能近似功能"的过程。

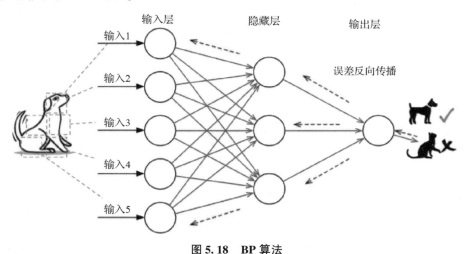

图 5.18　BP 算法

1975 年，马文·明斯基（Marvin Minsky）在论文《知识表示的框架》（*A Framework for Representing Knowledge*）中提出用于人工智能中的知识表示学习框架理论。

1976 年，兰德尔·戴维斯（Randall Davis）构建和维护的大规模的知识库，提出使用集成的面向对象模型可以提高知识库（KB）开发、维护和使用的完整性。

1976 年，斯坦福大学的肖特利夫（Edward H. Shortliffe）等人完成了第一个用于血液感染病的诊断、治疗和咨询服务的医疗专家系统 MYCIN。

1976 年，斯坦福大学的博士勒纳特发表论文《数学中发现的人工智能方法——启发式搜索》，描述了一个名为"AM"的程序，在大量启发式规则的指导下开发新概念数学，最终重新发现了数百个常见的概念和定理。

1977 年，海斯·罗思（Hayes Roth）等的基于逻辑的机器学习系统取得较大的进展，但只能学习单一概念，也未能投入实际应用。

1979 年，汉斯·贝利纳（Hans Berliner）打造的计算机程序战胜双陆棋世界冠军成为标志性事件（随后，基于行为的机器人学在罗德尼·布鲁克斯和萨顿等人的推动下快速发展，成为人工智能一个重要的发展分支。格瑞·特索罗等人打造的自我学习双陆棋程序又为后来的强化学习的发展奠定了基础）。

5.5.3　应用发展期：20 世纪 80 年代

人工智能走入应用发展的新高潮。专家系统模拟人类专家的知识和经验解决特定领域的问题，实现了人工智能从理论研究走向实际应用、从一般推理策略探讨转向运用专门知识的重大突破。而机器学习（特别是神经网络）探索不同的学习策略和各种学习方法，在大量的实际应用中也开始慢慢复苏。

1980 年，在美国的卡内基·梅隆大学（CMU）召开了第一届机器学习国际研讨会，标志着机器学习研究已在全世界兴起。同年，德鲁·麦狄蒙（Drew McDermott）和乔恩·多伊尔（Jon Doyle）提出非单调逻辑，以及后期的机器人系统。也是在这一年，卡耐基·梅隆大学为 DEC 公司开发了一个名为 XCON 的专家系统，每年为公司节省 4 000 万美元，取得巨大成功。

1981 年，保罗（R. P. Paul）出版第一本机器人学课本——*Robot Manipulator*：*Mathematics*，*Programmings and Control*，标志着机器人学科走向成熟。

1982 年，马尔（David Marr）发表代表作《视觉计算理论》，提出计算机视觉（Computer Vision）的概念，并构建系统的视觉理论，对认知科学（Cognitive Science）也产生了很深远的影响。

1982 年，约翰·霍普菲尔德（John Hopfield）发明了霍普菲尔德网络，这是最早的 RNN 的雏形。霍普菲尔德神经网络模型是一种单层反馈神经网络（神经网络结构主要可分为前馈神经网络、反馈神经网络及图网络），从输出到输入有反馈连接。它的出现振奋了神经网络领域，在人工智能之机器学习、联想记忆、模式识别、优化计算、VLSI 和光学设备的并行实现等方面有着广泛应用。

1983 年，Terrence Sejnowski，Hinton 等发明了玻尔兹曼机（Boltzmann Machines），也称为随机霍普菲尔德网络（图 5.19），它本质是一种无监督模型，用于对输入数据进行重构以提取数据特征做预测分析。

1985 年，朱迪亚·珀尔提出贝叶斯网络（Bayesian Network），他以倡导人工智能的概率方法和发展贝叶斯网络而闻名，还因发展了一种基于结构模型的因果和反事实推理理论而受到赞誉。

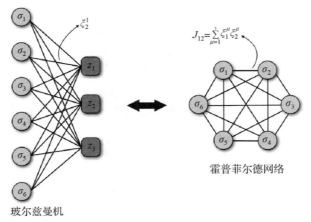

图 5.19　玻尔兹曼机与霍普菲尔德网络

贝叶斯网络是一种模拟人类推理过程中因果关系的不确定性处理模型，如常见的朴素贝叶斯分类算法就是贝叶斯网络最基本的应用。

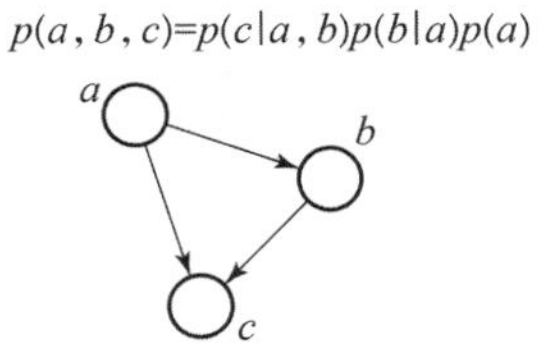

贝叶斯网络拓扑结构是一个有向无环图（DAG），通过把某个研究系统中涉及的随机变量，根据是否条件独立绘制在一个有向图中，以描述随机变量之间的条件依赖，用圈表示随机变量（Random Variables），用箭头表示条件依赖（Conditional Dependencies）就形成了贝叶斯网络。对于任意的随机变量，其联合概率可由各自的局部条件概率分布相乘而得出。如图 5.20 中 b 依赖 a（即：$a->b$），c 依赖 a 和 b，a 独立无依赖，根据贝叶斯定理有 $p(a,b,c)=p(a)*p(b\,|\,a)*p(c\,|\,a,b)$。

图 5.20　贝叶斯网络

1986 年，罗德尼·布鲁克斯（Brooks）发表论文《移动机器人鲁棒分层控制系统》，标志着基于行为的机器人学科的创立，机器人学界开始把注意力投向实际工程主题。

1986 年，辛顿（Geoffrey Hinton）等先后提出了多层感知器（MLP）与反向传播（BP）训练相结合的理念（该方法在当时计算力上还是有很多挑战，基本上都是和链式求导的梯度算法相关的），这也解决了单层感知器不能做非线性分类的问题，开启了神经网络新一轮的高潮（图 5.21）。

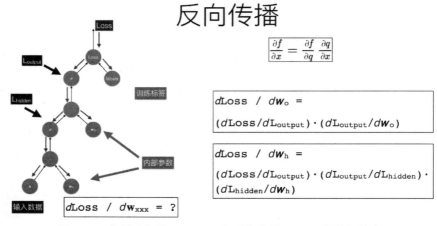

图 5.21　多层感知器（MLP）与反向传播（BP）训练相结合

1986 年，昆兰（Ross Quinlan）提出 ID3 决策树算法。决策树模型可视为多个规则（if，then）的组合，与神经网络黑盒模型截然不同的是，它拥有良好的模型解释性。

1989 年，George Cybenko 证明了"万能近似定理"（Universal Approximation Theorem）。简单来说，多层前馈网络可以近似任意函数，其表达力和图灵机等价。这就从根本上消除了 Minsky 对神经网络表达力的质疑。

"万能近似定理"可视为神经网络的基本理论：一个前馈神经网络如果具有线性层和至少一层具有"挤压"性质的激活函数（如 Sigmoid 等），给定网络足够数量的隐藏单元，它可以以任意精度来近似任何从一个有限维空间到另一个有限维空间的 Borel 可测函数。

1989 年，LeCun（CNN 之父）结合反向传播算法与权值共享的卷积神经层发明了卷积神经网络（Convolutional Neural Network，CNN），并首次将卷积神经网络成功应用到美国邮局的手写字符识别系统中（图 5.22）。

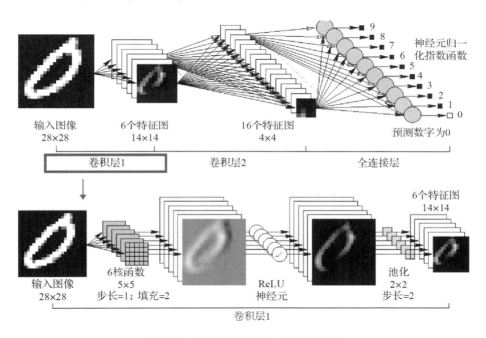

图 5.22　CNN 处理 Mnist 手写数据集

卷积神经网络通常由输入层、卷积层、池化（Pooling）层和全连接层组成。卷积层负责提取图像中的局部特征，池化层用来大幅降低参数量级（降维），全连接层类似传统神经网络的部分，用来输出想要的结果。

5.5.4　平稳发展期：20 世纪 90 年代—2010 年

互联网技术的迅速发展，加速了人工智能的创新研究，促使人工智能技术进一步走向实用化，人工智能相关的各个领域都取得长足进步。在 2000 年代初，由于专家系统的项目都需要编码太多的显式规则，这降低了效率并增加了成本，人工智能研究的重心从基于知识系统转向了机器学习方向。

1995 年，Cortes 和 Vapnik 提出联结主义经典的支持向量机，它在解决小样本、非线性

及高维模式识别中表现出许多特有的优势，并能
够推广应用到函数拟合等其他机器学习问题中。

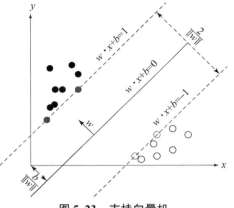

图 5.23　支持向量机

支持向量机（Support Vector Machine，SVM）
可以视为在感知机基础上的改进，是建立在统计
学习理论的 VC 维理论和结构风险最小原理基础
上的广义线性分类器（图 5.23）。与感知机的主
要差异在于：①感知机目标是找到一个超平面将
各样本尽可能分离正确（有无数个），SVM 目标
是找到一个超平面不仅将各样本尽可能分离正确，
还要使各样本离超平面距离最远（只有一个最大
边距超平面），SVM 的泛化能力更强。②对于线
性不可分的问题，不同于感知机的增加非线性隐藏层，SVM 利用核函数，本质上都是实现
特征空间非线性变换，使可以被线性分类。

1995 年，Freund 和 Schapire 提出了 AdaBoost（Adaptive Boosting）算法。AdaBoost 采用
的是 Boosting 集成学习方法——串行组合弱学习器以达到更好的泛化性能。另外一种重要集
成方法是以随机森林为代表的 Bagging 并行组合的方式。以"偏差 – 方差分解"分析，
Boosting 方法主要优化偏差，Bagging 主要优化方差。

Adaboost 迭代算法基本思想主要是通过调节的每一轮各训练样本的权重（错误分类的样
本权重更高），串行训练出不同分类器。最终以各分类器的准确率作为其组合的权重，一起
加权组合成强分类器。

1997 年国际商业机器公司（简称 IBM）深蓝超级计算机战胜了国际象棋世界冠军卡斯
帕罗夫。深蓝是基于暴力穷举实现国际象棋领域的智能，通过生成所有可能的走法，然后执
行尽可能深的搜索，并不断对局面进行评估，尝试找出最佳走法。

1997 年，Sepp Hochreiter 和 Jürgen Schmidhuber 提出了长短期记忆神经网络（LSTM）
（图 5.24）。

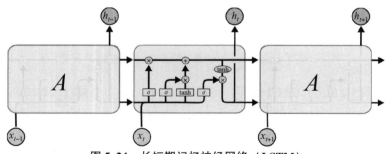

图 5.24　长短期记忆神经网络（LSTM）

LSTM 是一种复杂结构的循环神经网络（RNN），结构上引入了输入门、遗忘门及输出
门：输入门决定当前时刻网络的输入数据有多少需要保存到单元状态，遗忘门决定上一时刻
的单元状态有多少需要保留到当前时刻，输出门控制当前单元状态有多少需要输出到当前的
输出值。这样的结构设计可以解决长序列训练过程中的梯度消失问题。

1998 年，万维网联盟的蒂姆·伯纳斯·李（Tim Berners – Lee）提出语义网（Semantic
Web）的概念。其核心思想是：通过给万维网上的文档（如 HTML）添加能够被计算机所理

解的语义（Meta Data），从而使整个互联网成为一个基于语义链接的通用信息交换媒介。换言之，就是构建一个能够实现人与电脑无障碍沟通的智能网络。

2001 年，John Lafferty 首次提出条件随机场模型（Conditional Random Field，CRF）。CRF 是基于贝叶斯理论框架的判别式概率图模型，在给定条件随机场 $P\,(Y\,|\,X)$ 和输入序列 x，求条件概率最大的输出序列 $y*$。在许多自然语言处理任务中如分词、命名实体识别等表现尤为出色。

2001 年，布雷曼博士提出随机森林（Random Forest）。随机森林是将多个有差异的弱学习器（决策树）Bagging 并行组合，通过建立多个拟合较好且有差异模型去组合决策，以优化泛化性能的一种集成学习方法。多样差异性可减少对某些特征噪声的依赖，降低方差（过拟合），组合决策可消除些学习器间的偏差。

随机森林算法的基本思路是对于每一弱学习器（决策树）有放回的抽样构造其训练集，并随机抽取其可用特征子集，即以训练样本及特征空间的多样性训练出 N 个不同的弱学习器，最终结合 N 个弱学习器的预测（类别或者回归预测数值），取最多数类别或平均值作为最终结果。

2003 年，David Blei、Andrew Ng 和 Michael I. Jordan 于 2003 年提出 LDA（Latent Dirichlet Allocation）。LDA 是一种无监督方法，用来推测文档的主题分布，将文档集中每篇文档的主题以概率分布的形式给出，可以根据主题分布进行主题聚类或文本分类。

2003 年，谷歌公布了 3 篇大数据奠基性论文，为大数据存储及分布式处理的核心问题提供了思路：非结构化文件分布式存储（GFS）、分布式计算（MapReduce）及结构化数据存储（BigTable），并奠定了现代大数据技术的理论基础。

2005 年，波士顿动力公司推出一款动力平衡四足机器狗，有较强的通用性，可适应较复杂的地形。

2006 年，杰弗里·辛顿以及他的学生鲁斯兰·萨拉赫丁诺夫正式提出了深度学习的概念（Deep Learning），开启了深度学习在学术界和工业界的浪潮。2006 年也被称为深度学习元年，杰弗里·辛顿也因此被称为深度学习之父。深度学习（图 5.25）的概念源于人工神经网络的研究，它的本质是使用多个隐藏层网络结构，通过大量的向量计算，学习数据内在信息的高阶表示。

2010 年，Sinno Jialin Pan 和 Qiang Yang 发表文章《迁移学习的调查》。迁移学习（Transfer Learning）通俗来讲，就是运用已有的知识（如训练好的网络权重）来学习新的知识以适应特定目标任务，核心是找到已有知识和新知识之间的相似性（图 5.26）。

5.5.5　蓬勃发展期：2011 年至今

随着大数据、云计算、互联网、物联网等信息技术的发展，泛在感知数据和图形处理器等计算平台推动以深度神经网络为代表的人工智能技术飞速发展，大幅跨越了科学与应用之间的技术鸿沟，诸如图像分类、语音识别、知识问答、人机对弈、无人驾驶等人工智能技术实现了重大的技术突破，迎来爆发式增长的新高潮。

2011 年，IBM Watson 问答机器人参与 Jeopardy 回答测验比赛最终赢得了冠军。Waston 是一个集自然语言处理、知识表示、自动推理及机器学习等技术实现的计算机问答（Q&A）系统。

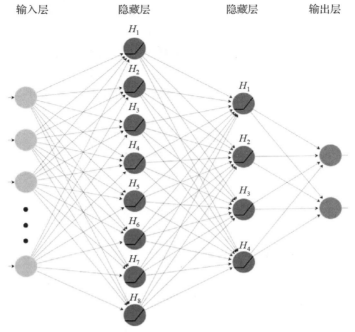

图 5.25　深度学习

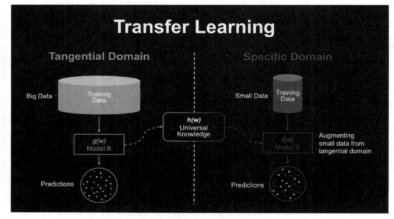

图 5.26　迁移学习

2012 年，Hinton 和他的学生 Alex Krizhevsky 设计的 AlexNet 神经网络模型在 ImageNet 竞赛中大获全胜，这是史上第一次有模型在 ImageNet 数据集表现如此出色，并引爆了神经网络的研究热情。AlexNet（图 5.27）是一个经典的 CNN 模型，在数据、算法及算力层面均有较大改进，创新地应用了 Data Augmentation、ReLU、Dropout 和 LRN 等方法，并使用 GPU 加速网络训练。

2012 年，谷歌正式发布谷歌知识图谱（Google Knowledge Graph），它是谷歌的一个从多种信息来源汇集的知识库，通过 Knowledge Graph 在普通的字串搜索上叠一层相互之间的关系，协助使用者更快找到所需的资料的同时，也可使以知识为基础的搜索更近一步，以提高谷歌搜索的质量。知识图谱是结构化的语义知识库，是符号主义思想的代表方法，用

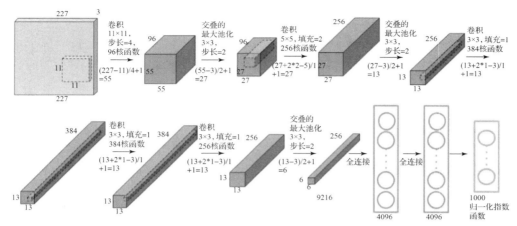

图 5.27 AlexNet

于以符号形式描述物理世界中的概念及其相互关系。其通用的组成单位是 RDF 三元组（实体—关系—实体），实体间通过关系相互联结，构成网状的知识结构。

2013 年，Durk Kingma 和 Max Welling 在 ICLR（国际表征学习大会）上发表文章 *Auto - Encoding Variational Bayes*，提出变分自编码器（Variational Auto - Encoder，VAE）。VAE 基本思路是将真实样本通过编码器网络变换成一个理想的数据分布，然后把数据分布传递给解码器网络，构造出生成样本，模型训练学习的过程是使生成样本与真实样本足够接近。

2013 年，谷歌的 Tomas Mikolov 在 *Efficient Estimation of Word Representation in Vector Space* 中提出经典的 Word 2Vec 模型用来学习单词分布式表示，因其简单高效引起了工业界和学术界极大的关注。Word 2Vec 的基本思想是学习每个单词与邻近词的关系，从而将单词表示成低维稠密向量。通过这样的分布式表示可以学习到单词的语义信息，直观来看，语义相似的单词的距离相近。Word 2Vec 网络结构是一个浅层神经网络（输入层—线性全连接隐藏层 - > 输出层），按训练学习方式可分为 CBOW 模型（以一个词语作为输入，来预测它的邻近词）或 Skip - gram 模型（以一个词语的邻近词作为输入，来预测这个词语）。

2014 年，Goodfellow 及 Bengio 等提出生成对抗网络（Generative Adversarial Network，GAN），被誉为近年来最酷炫的神经网络。GAN（图 5.28）是基于强化学习（RL）思路设计的，由生成网络（Generator，G）和判别网络（Discriminator，D）两部分组成，生成网络构成一个映射函数 $G：Z{\rightarrow}X$（输入噪声 z，输出生成的伪造数据 x），判别网络判别输入是来自真实数据还是生成网络生成的数据。在这样训练的博弈过程中，提高两个模型的生成能力和判别能力。

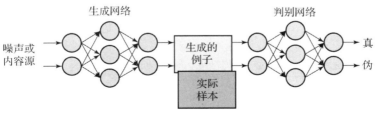

图 5.28 GAN

2015 年，为纪念人工智能概念提出 60 周年，深度学习三巨头 LeCun、Bengio 和 Hinton（他们于 2018 年共同获得了图灵奖）推出了深度学习的联合综述 *Deep Learning*。*Deep Learning* 一文中指出，深度学习就是一种特征学习方法，把原始数据通过一些简单的但是非线性的模型转变成为更高层次及抽象的表达，能够强化输入数据的区分能力。通过足够多的转换的组合，非常复杂的函数也可以被学习。

2015 年，Microsoft Research 的 Kaiming He 等人提出的残差网络（ResNet）在 ImageNet 大规模视觉识别竞赛中获得了图像分类和物体识别的优胜。残差网络的主要贡献是发现了网络不恒等变换导致的"退化现象"（Degradation），并针对退化现象引入了"快捷连接"（Shortcut Connection），缓解了在深度神经网络中增加深度带来的梯度消失问题（图 5.29）。

2015 年，谷歌开源 TensorFlow 框架。它是一个基于数据流编程（Dataflow Programming）的符号数学系统，被广泛应用于各类机器学习（Machine Learning）算法的编程实现，其前身是谷歌的神经网络算法库 DistBelief。

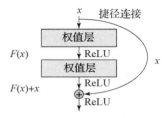

图 5.29　残差网络

2015 年，马斯克等人共同创建 OpenAI。它是一个非营利的研究组织，使命是确保通用人工智能（即一种高度自主且在大多数具有经济价值的工作上超越人类的系统）将为全人类带来福祉。其发布的热门产品包括 OpenAI Gym、GPT 等。

2016 年，谷歌提出联邦学习方法，它在多个持有本地数据样本的分散式边缘设备或服务器上训练算法，而不交换其数据样本。联邦学习保护隐私方面最重要的三大技术分别是：差分隐私（Differential Privacy）、同态加密（Homomorphic Encryption）和隐私保护集合交集（Private Set Intersection），能够使多个参与者在不共享数据的情况下建立一个共同的、强大的机器学习模型，从而解决数据隐私、数据安全、数据访问权限和异构数据的访问等关键问题。

2016 年，AlphaGo 与围棋世界冠军、职业九段棋手李世石进行围棋人机大战，以 4∶1 的总比分获胜。AlphaGo 是一款围棋人工智能程序，其主要工作原理是"深度学习"，由以下四个主要部分组成：策略网络（Policy Network）给定当前局面，预测并采样下一步的走棋；快速走子（Fast rollout）目标和策略网络一样，但在适当牺牲走棋质量的条件下，速度要比策略网络快 1 000 倍；价值网络（Value Network）估算当前局面的胜率；蒙特卡洛树搜索（Monte Carlo Tree Search）估算每种走法的胜率。

2017 年更新的 AlphaGo Zero，在此前版本的基础上，结合强化学习进行了自我训练。它在下棋和游戏前完全不知道游戏规则，完全是通过自己的试验和摸索，洞悉棋局和游戏的规则，形成自己的决策。随着自我博弈的增加，神经网络逐渐调整，提升下法胜率。更为厉害的是，随着训练的深入，AlphaGo Zero 还独立发现了游戏规则，并走出了新策略，为围棋这项古老游戏带来了新的见解。

2018 年，谷歌发表论文 *Pre - training of Deep Bidirectional Transformers for Language Understanding* 并发布 BERT（Bidirectional Encoder Representation from Transformers）模型，成功在 11 项 NLP 任务中取得 State of the Art 的结果。

BERT（图 5.30）是一个预训练的语言表征模型，可在海量的语料上用无监督学习方法学习单词的动态特征表示。它基于 Transformer 注意力机制的模型，对比 RNN 可以更加高效、能捕捉更长距离的依赖信息，且不再像以往一样采用传统的单向语言模型或者把两个单向语言模型进行浅层拼接的方法进行预训练，而是采用新的 Masked Language Model（MLM），以至能生成深度的双向语言表征。

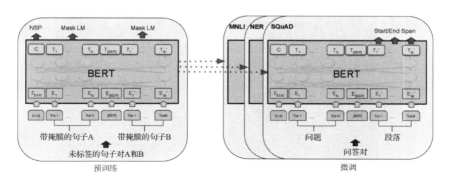

图 5.30　预训练的语言表征模型 BERT

同样是 2018 年，OpenAI 推出了 GPT（Generative Pre-trained Transformer）。这成为自然语言处理中最重要的突破之一。

2019 年，IBM 宣布推出 Q System One，它是世界上第一个专为科学和商业用途设计的集成通用近似量子计算系统。

2019 年，中国香港 Insilico Medicine 公司和多伦多大学的研究团队实现了重大实验突破，通过深度学习和生成模型相关的技术发现了几种候选药物，证明了 AI 发现分子策略的有效性，很大程度解决了传统新药开发分子鉴定困难且耗时的问题。

2020 年，谷歌与 Facebook 分别提出 SimCLR 与 MoCo 两个无监督学习算法，均能够在无标注数据上学习图像数据表征。两个算法背后的框架都是对比学习（Contrastive Learning），对比学习的核心训练信号是图片的"可区分性"。

2020 年，OpenAI 开发的文字生成（Text Generation）人工智能 GPT-3，它具有 1 750 亿个参数的自然语言深度学习模型，比以前的版本 GPT-2 高 100 倍，该模型经过了将近 0.5 万亿个单词的预训练，可以在多个 NLP 任务（答题、翻译、写文章）基准上达到最先进的性能。

2020 年，马斯克的脑机接口（Brain-Computer Interface，BCI）公司 Neuralink 举行现场直播，展示了植入 Neuralink 设备的实验猪的脑部活动。

2020 年，谷歌旗下 DeepMind 的 AlphaFold 2 人工智能系统有力地解决了蛋白质结构预测的里程碑式问题。它在国际蛋白质结构预测竞赛（CASP）上击败了其余的参会选手，精确预测了蛋白质的三维结构，准确性可与冷冻电子显微镜（cryo-EM）、核磁共振或 X 射线晶体学等实验技术相媲美。

2020 年，中国科学技术大学潘建伟等人成功构建 76 个光子的量子计算原型机"九章"（图 5.31），求解数学算法"高斯玻色取样"只需 200 s，而目前世界最快的超级计算机要用 6 亿年。

2021 年，OpenAI 提出两个连接文本与图像的神经网络：DALL·E 和 CLIP。DALL·E 可以基于文本直接生成图像；CLIP 则能够完成图像与文本类别的匹配。

图 5.31　我国量子计算原型机"九章"

2021 年，德国 Eleuther 人工智能公司于当年 3 月下旬推出开源的文本 AI 模型 GPT – Neo。对比 GPT – 3 的差异在于它是开源免费的。

2021 年，美国斯坦福大学的研究人员开发出一种用于打字的脑机接口（Brain – Computer Interface，BCI），这套系统可以从运动皮层的神经活动中解码瘫痪患者想象中的手写动作，并利用递归神经网络（RNN）解码方法将这些手写动作实时转换为文本。相关研究结果发表在 2021 年 5 月 13 日的 *Nature* 期刊上，论文标题为 "*High – performance brain – to – text communication via handwriting*"。

2021 年，AlphaFold 2 能很好地预判蛋白质与分子结合的概率，为我们展示了人工智能驱动自然学科研究的无限潜力。

2022 年，OpenAI 推出聊天机器人 ChatGPT。它是建立在 GPT – 3.5 和 GPT – 4 大型语言模型之上的。

2024 年 2 月 15 日，美国人工智能研究公司 OpenAI 发布人工智能文生视频大模型——Sora。Sora 这一名称源于日文"空"（そら），即天空之意，以示其无限的创造潜力。其背后的技术是在 OpenAI 的文本到图像生成模型 DALL – E 基础上开发而成的。Sora 可以根据用户的文本提示创建最长 60 s 的逼真视频（图 5.32），该模型了解这些物体在物理世界中的

图 5.32　人工智能文生视频大模型 Sora 产生的视频截图

存在方式，可以深度模拟真实物理世界，能生成具有多个角色、包含特定运动的复杂场景。Sora 继承了 DALL – E 3 的画质和遵循指令能力，能理解用户在提示中提出的要求。Sora 给需要制作视频的艺术家、电影制片人或学生带来无限可能，其是 OpenAI "教 AI 理解和模拟运动中的物理世界" 计划中的一步，也标志着人工智能在理解真实世界场景并与之互动的能力方面实现飞跃。

第6章
经典人工智能技术

6.1 传统机器学习技术

6.1.1 线性模型

线性模型是自然界最简单的模型之一，它描述了一个（或多个）自变量对另一个因变量的影响是呈简单的比例、线性关系。例如：

1）住房每平方米单价为 1 万元，100 m^2 住房价格为 100 万元，120 m^2 住房为 120 万元；

2）一台挖掘机每小时挖 100 m^3 沙土，工作 4 h 可以挖掘 400 m^3 沙土。

线性模型在二维空间内表现为一条直线，在三维空间内表现为一个平面，更高维度下的线性模型很难用几何图形来表示（称为超平面）。

线性回归是要根据一组输入值和输出值（称为样本），寻找一个线性模型，能在最佳程度上拟合于给定的数值分布，从而在给定新的输入时预测输出。

设给定一组属性 x，$x = (x_1; x_2; \cdots; x_n)$，线性方程的一般表达形式为：

$$y = w_1 x_1 + w_2 x_2 + w_3 x_3 + \cdots + w_n x_n + b \tag{6.1}$$

写成向量形式为

$$y = w^{\mathrm{T}} x + b \tag{6.2}$$

式中，$w = (w_1; w_2; \cdots; w_n)$，$x = (x_1; x_2; \cdots; x_n)$，$w$ 和 b 经过学习后，模型就可以确定。当自变量数量为 1 时，上述线性模型即为平面下的直线方程：

$$y = wx + b \tag{6.3}$$

线性模型形式简单、易于建模，却蕴含着机器学习中一些重要的基本思想。许多功能强大的非线性模型可以在线性模型基础上引入层级结构或高维映射而得。此外，由于直观表达了各属性在预测中的重要性，因此线性模型具有很好的可解释性。

在二维平面中，给定两点可以确定一条直线，但在实际工程中，可能有很多个样本点，无法找到一条直线精确穿过所有样本点，只能找到一条与样本"足够接近"或"距离足够小"的直线，近似拟合给定的样本。

如何确定直线到所有样本足够近呢？可以使用损失函数来进行度量。

损失函数用来度量真实值（由样本中给出）和预测值（由模型算出）之间的差异。损失函数值越小，表明模型预测值和真实值之间差异越小，模型性能越好；损失函数值越大，模型预测值和真实值之间差异越大，模型性能越差。在回归问题中，均方差是常用的损失函数，其表达式如下：

$$E = \frac{1}{2}\sum_{i-1}^{n}(y - y')^2 \tag{6.4}$$

式中，y 为模型预测值；y' 为真实值。均方差具有非常好的几何意义，对应着常用的欧几里得距离（简称欧氏距离）。线性回归的任务是要寻找最优线性模型，使损失函数值最小，即：

$$(w^*, b^*) = \arg\min \frac{1}{2}\sum_{i-1}^{n}(y - y')^2 = \arg\min \frac{1}{2}\sum_{i-1}^{n}(y' - wx_i - b)^2 \tag{6.5}$$

基于均方误差最小化来进行模型求解的方法称为"最小二乘法"。线性回归中，最小二乘法就是试图找到一条直线，使所有样本到直线的欧式距离之和最小。可以将损失函数对 w 和 b 分别求导，得到损失函数的导数，并令导数为 0，即可得到 w 和 b 的最优解。

在实际计算中，通过最小二乘法求解最优参数有一定的问题：

1）最小二乘法需要计算逆矩阵，有可能逆矩阵不存在；

2）当样本特征数量较多时，计算逆矩阵非常耗时甚至不可行。

所以，在实际计算中，通常采用梯度下降法来求解损失函数的极小值，从而找到模型的最优参数。

梯度（Gradient）是一个向量（矢量，有方向），表示某一函数在该点处的方向导数沿着该方向取得最大值，即函数在该点处沿着该方向（此梯度的方向）变化最快，变化率最大。损失函数沿梯度相反方向收敛最快（即能最快找到极值点）。当梯度向量为零（或接近于零），说明到达一个极值点，这也是梯度下降算法迭代计算的终止条件。

这种按照负梯度不停地调整函数权值的过程就叫作"梯度下降法"。通过这样的方法，改变权重让损失函数的值下降得更快，进而将值收敛到损失函数的某个极小值。

通过损失函数，我们将"寻找最优参数"问题，转换为"寻找损失函数最小值"问题。梯度下降法中通过沿着梯度负方向不断调整参数，从而逐步接近损失函数极小值所在点。

6.1.2　决策树

6.1.2.1　概述

决策树（Decision Tree）是在已知各种情况发生概率的基础上，通过构成决策树来求取净现值的期望值大于等于零的概率，评价项目风险，判断其可行性的决策分析方法，是直观运用概率分析的一种图解法。由于这种决策分支画成图形很像一棵树的枝干，故称决策树。

决策树是一种树形结构，其中每个内部节点表示一个属性上的测试，每个分支代表一个测试输出，每个叶节点代表一种类别。

决策树算法是一种逼近离散函数值的方法。它是一种典型的分类方法，首先对数据进行处理，利用归纳算法生成可读的规则和决策树，然后使用决策对新数据进行分析。本质上决策树是通过一系列规则对数据进行分类的过程。

决策树方法最早产生于 20 世纪 60—70 年代末。由 J. Ross Quinlan 提出了 ID3 算法，此算法的目的在于减少树的深度，但是忽略了叶子数目的研究。C4.5 算法在 ID3 算法的基础上进行了改进，对预测变量的缺值处理、剪枝技术、派生规则等方面做了较大改进，既适合分类问题，又适合回归问题。

决策树算法构造决策树来发现数据中蕴含的分类规则。如何构造精度高、规模小的决策树是决策树算法的核心内容。决策树构造可以分两步进行：第一步，决策树的生成：由训练样本集生成决策树的过程。一般情况下，训练样本数据集是根据实际需要有历史的、有一定综合程度的，用于数据分析处理的数据集；第二步，决策树的剪枝：决策树的剪枝是对上一阶段生成的决策树进行检验、校正和修改的过程，主要是用新的样本数据集（称为测试数据集）中的数据校验决策树生成过程中产生的初步规则，将那些影响预测准确性的分枝剪除。

其主要优点是模型具有可读性、分类速度快。学习时，利用训练数据，根据损失函数最小化的原则建立决策树模型。预测时，对新的数据，利用决策树模型进行分类。缺点则是：对连续性的字段比较难预测；对有时间顺序的数据，需要很多预处理的工作；当类别太多时，错误可能就会增加得比较快；一般的算法只是根据一个字段来分类。

决策树学习通常包括三个步骤：特征选择、决策树的生成和决策树的修剪。

6.1.2.2 决策树的生成

决策树的基本思想是：

1）树以代表训练样本的单个节点开始。

2）如果样本都在同一个类，则该节点成为树叶，并用该类标记；否则，算法选择最有分类能力的属性作为决策树的当前节点。

3）根据当前决策节点属性取值的不同，将训练样本数据集分为若干子集，每个取值形成一个分支，有几个取值形成几个分支。

4）针对上一步得到的一个子集，重复进行先前步骤，递归形成每个划分样本上的决策树。一旦一个属性出现在一个节点上，就不必在该节点的任何后代考虑它。

5）递归划分步骤仅当下列条件之一成立时停止：

①给定节点的所有样本属于同一类。

②没有剩余属性可以用来进一步划分样本。在这种情况下，使用多数表决，将给定的节点转换成树叶，并以样本中元组个数最多的类别作为类别标记，同时也可以存放该节点样本的类别分布。

③如果某一分支，没有满足该分支中已有分类的样本，则以样本的多数类创建一个树叶。

在具体讲解决策树的生成算法之前，需要先学习两个基础定义。

第一个定义是信息熵。

定义 6.1（信息熵）

信息熵是信息论中的一个基本概念，它描述的是事件在结果出来之前对可能产生的信息量的期望，用于描述信息源各可能事件发生的不确定性。

假设样本集合 D 共有 N 类，第 k 类样本所占比例为 p_k，则 D 的信息熵为

$$H(D) = -\sum_{k=1}^{N} p_k \log_2 p_k \tag{6.6}$$

信息熵越大，不确定性越大。$H(D)$ 的值越小，则 D 的纯度越高。

笔记

计算信息熵时约定：如果 $p = 0$，则 $p\log_2 p = 0$。

还有一个概念是信息增益。

定义 6.2（信息增益）

信息增益是一个统计量，用来描述一个属性区分数据样本的能力。

信息增益越大，那么决策树就会越简洁。这里信息增益的程度用信息熵的变化程度来衡量。

其计算公式如下

$$IG(Y \mid X) = H(Y) - H(Y \mid X) \geqslant 0 \tag{6.7}$$

一个决策树包含三种类型的节点：

1）决策节点：通常用矩形框来表示。通过条件判断而进行分支选择的节点。如将某个样本中的属性值（特征值）与决策节点上的值进行比较，从而判断它的流向。

2）机会节点：通常用圆圈来表示，也称为状态节点，代表备选方案的经济效果（期望值），通过各状态节点经济效果的对比，按照一定的决策标准就可以选出最佳方案。由状态节点引出的分支称为概率枝，概率枝的数目表示可能出现的自然状态数目，每个分支上要注明该状态出现的概率。

3）终节点：通常用三角形来表示，也称为叶子节点，即没有子节点的节点，表示最终的决策结果。

决策树中还有一个参数叫作决策树的深度，即所有节点的最大层次数。决策树具有一定的层次结构，根节点的层次数定为 0，从下面开始每一层子节点层次数 +1。

例题 6.1　请根据表 6.1 中的信息构建一棵预测是否贷款的决策树。

表 6.1　Caption

职业	年龄/岁	收入/元	学历	是否贷款
工人	36	5 500	高中	否
工人	42	2 800	初中	是
白领	45	3 300	小学	是
白领	25	10 000	本科	是
白领	32	8 000	硕士	否
白领	23	13 000	博士	是

解

先来观察一下表 6.1，可以看到有四个影响因素：职业、年龄、收入和学历。

步骤一：计算根节点的信息熵

一共有6组数据，其中放贷结论为"是"的有四组，占 $\frac{2}{3}$，结论为"否"的有两组，占 $\frac{1}{3}$。

所以，信息熵为：

$$H(D) = -\left(\frac{2}{3}\log_2\frac{2}{3} + \frac{1}{3}\log_2\frac{1}{3}\right) \approx 0.933 \qquad (6.8)$$

步骤二：计算属性的信息增益

（1）职业：

$$H(\text{"职业"}) = -\frac{1}{3}\left(\frac{1}{2}\log_2\frac{1}{2} + \frac{1}{2}\log_2\frac{1}{2}\right) - \frac{2}{3}\left(\frac{3}{4}\log_2\frac{3}{4} + \frac{1}{4}\log_2\frac{1}{4}\right) \approx 0.867 \qquad (6.9)$$

$$IG(D, \text{"职业"}) = H(D) - H(\text{"职业"}) = 0.066 \qquad (6.10)$$

（2）年龄（以35岁为界）：

$$H(\text{"年龄"}) = -2 \times \frac{1}{2}\left(\frac{2}{3}\log_2\frac{2}{3} + \frac{1}{3}\log_2\frac{1}{3}\right) \approx 0.933 \qquad (6.11)$$

$$IG(D, \text{"年龄"}) = H(D) - H(\text{"年龄"}) = 0 \qquad (6.12)$$

（3）收入（以10 000元为界）：

$$H(\text{"收入"}) = -\frac{2}{3}\left(\frac{1}{2}\log_2\frac{1}{2} + \frac{1}{2}\log_2\frac{1}{2}\right) - \frac{1}{3}(1\log_2 1 + 0\log_2 0) \approx 0.667 \qquad (6.13)$$

$$IG(D, \text{"收入"}) = H(D) - H(\text{"收入"}) = 0.266 \qquad (6.14)$$

（4）学历（以高中为界）：

$$H(\text{"学历"}) = -\frac{2}{3}\left(\frac{1}{2}\log_2\frac{1}{2} + \frac{1}{2}\log_2\frac{1}{2}\right) \approx 0.667 \qquad (6.15)$$

$$IG(D, \text{"学历"}) = H(D) - H(\text{"学历"}) = 0.266 \qquad (6.16)$$

先选择信息增益最大的属性作为划分属性构建根节点（图6.1），即选择"收入"，于是有：

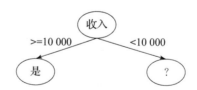

图6.1　采取"收入"属性构建根节点

步骤三：重复前两步的做法继续寻找合适的属性节点

先需要确定第二个属性节点。

（1）重复步骤一：

"是"占0.5；"否"占0.5，因此 $H=1$。

（2）重复步骤二：

很显然，当学历在高中及以上时，是否贷款为否；当学历在高中以下时，是否贷款为是。所以不用再算了，直接得出结果（图6.2）：

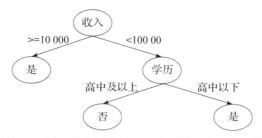

图 6.2　基于信息增益的 ID3 决策树算法构建结果

上面这个例题就是采用了基于信息增益的 ID3 决策树算法来构建决策树的过程。

但在这个例子中，可以看到"学历"一栏如果没有进行分区，则会产生六个分支，每个分支节点仅包含一个样本。这样的决策树不具有泛化能力，无法对新样本进行有效预测。

信息增益准则对可取值数目较多的属性有所偏好（偏向选择取值较多的特征），为减少这种偏好可能带来的不利影响，有些决策树算法不以信息增益作为最优划分属性的选择依据，而选择增益率。

增益率的计算可以依照：

$$IG_{\text{ratio}}(D,a) = \frac{IG(D,a)}{IV(a)} \tag{6.17}$$

式中，$IV(a) = -\sum_{v=1}^{V} \frac{|D^v|}{|D|}\log_2 \frac{|D^v|}{|D|}$，被称为属性 a 的"固有值"，而属性 a 的取值有 $\{a^1, a^2, \cdots, a^V\}$，其中 D^v 表示 D 中所有在属性 a 上取值为 a^v 的样本集合。属性 a 的可能取值数目越多（V 越大），$IV(a)$ 的值通常会越大。

要注意的是，增益率准则对可取值数目较少的属性有所偏好。因此基于增益率的决策树建立方法：先从候选划分属性中找出信息增益高于平均水平的属性，再从中选择增益率最高的（而非直接用增益率作为比对标准）。

6.1.2.3　决策树的修剪

决策树分支可能过多，以至于把训练集自身的一些特征当作所有数据都具有的一般性质而导致过拟合。决策树越复杂，过拟合的程度会越高。因此有时需要主动去掉一些分支来降低过拟合的风险。

所谓决策树的剪枝，是指将一棵子树的子节点全部删掉，根节点作为叶子节点。基本策略是采用预剪枝或者后剪枝。

1. 预剪枝

在决策树生成的过程中，每个决策节点原本是按照信息增益、信息增益率或者基尼指数等纯度指标，按照值越大，优先级越高来排布节点。由于预剪枝操作，所以对每个节点在划分之前要对节点是否剪枝进行判断，即使用验证集按照该节点的划分规则得出结果。若验证集精度提升，则不进行裁剪，划分得以确定；若验证集精度不变或者下降，则进行裁剪，并将当前节点标记为叶子节点。

预剪枝方法的优点是使得决策树很多相关性不大的分支都没有展开，这不仅降低了过拟合的风险，还显著减少了决策树的训练时间开销和测试时间开销；缺点则是有些分支的当前划分虽不能提升泛化能力，甚至可能导致泛化能力暂时下降，但是在其基础上进行的后续划分却有可能提高性能。预剪枝基于"贪心"本质禁止这些分支展开，给预剪枝决策树带来了欠拟合的风险。

2. 后剪枝

后剪枝是指已经通过训练集生成一棵决策树，然后自底向上对决策节点（非叶子节点）用测试集进行考察，若将该节点对应的子树替换为叶子节点能提升验证集的精确度（其算法与预剪枝类似），则将该子树替换成叶子节点，该决策树泛化能力提升。

其优点是后剪枝决策树通常比预剪枝决策树保留了更多的分支。一般情况下，后剪枝决策树的欠拟合风险很小，泛化能力往往优于预剪枝决策树。而缺点则是后剪枝过程是在生成完决策树之后进行的，并且要自底向上对树中的所有决策节点进行逐一考察，因此其训练时间开销比未剪枝的决策树和预剪枝决策树都要大得多。

📔 **笔记**

具体使用过程中，会发现有些属性取值是离散的，有些是连续的。连续属性的可取值数目不是有限的，所以不能直接根据连续属性的可取值来对节点进行划分。常用的做法是采取连续属性离散化技术，而其中最简单的方法是二分法。

6.1.3　支持向量机

6.1.3.1　概述

支持向量机（Support Vector Machine，SVM）是一种常见的监督学习算法，主要用于分类和回归问题。

支持向量机是由模式识别中广义肖像算法（Generalized Portrait Algorithm）发展而来的分类器，其早期工作来自苏联学者 Vladimir N. Vapnik 和 Alexander Y. Lerner 在 1963 年做的研究。1964 年，Vapnik 和 Alexey Y. Chervonenkis 对广义肖像算法进行了进一步讨论并建立了硬边距的线性 SVM。此后在 20 世纪 70—80 年代，随着模式识别中最大边距决策边界的理论研究、基于松弛变量（Slack Variable）的规划问题求解技术的出现和 VC 维（Vapnik‐Chervonenkis dimension，VC dimension）的提出，SVM 被逐步理论化并成为统计学习理论的一部分。1992 年，Bernhard E. Boser、Isabelle M. Guyon 和 Vapnik 通过核方法得到了非线性 SVM。1995 年，Corinna Cortes 和 Vapnik 提出了软边距的非线性 SVM 并将其应用于手写字符识别问题，这份研究在发表后得到了关注和引用，导致在 20 世纪 90 年代后得到快速发展并衍生出一系列改进和扩展算法，为 SVM 在各领域的应用提供了参考。

SVM 在解决小样本、非线性及高维模式识别中表现出许多特有的优势，并能够推广应用到函数拟合等其他机器学习问题中，目前，在人像识别、文本分类等模式识别（Pattern Recognition）问题中得到应用。

6.1.3.2　基本思想

我们先来看看什么叫作线性可分。对于一个二维空间，每个样本就相当于平面上的一个点。如果能够找到一条线，可以把两种类别的样本划分至这条线的两侧，我们就称这个样本集线性可分，线性可分的样本集如图 6.3 所示。反之，若不能找到这样的直线，则称该样本集线性不可分。

在分类问题中给定输入数据和学习目标：$X = \{X_1,$ $X_2, \cdots, X_N\}$，$y = \{y_1, y_2, \cdots, y_N\}$，其中输入数据的每个样本都包含多个特征并由此构成特征空间（Feature Space）：$X_i = [x_1, x_2, \cdots, x_n] \in X$，而学习目标为二元变量 $y \in \{-1, +1\}$，表示负类（Negative Class）和正类（Positive Class）。

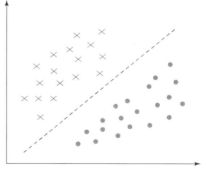

图 6.3　线性可分的样本集

显然，如果是在二维空间中，我们的目标就是找到这样的一条直线，能够把样本集划分成两部分，我们把这样的线称作线性模型。同理，在三维空间中，我们要找的线性模型就是一个平面。而对于更高的维度，虽然我们处在三维的世界，无法想象三维以上的世界，但我们可以使用数学方法描述更高维度，同样也可以使用数学方法推导出高维的线性模型。我们称超过三维的曲面为超平面。这个超平面可以这么表示

$$w^{\mathrm{T}} X + b = 0 \tag{6.18}$$

式中，$w = [w_1, w_2, \cdots, w_n]^{\mathrm{T}}$，$n$ 表示特征数（维度数）；b 为常数。

若输入数据所在的特征空间存在作为决策边界（Decision Boundary）的超平面将学习目标按正类和负类分开，并使任意样本的点到平面距离大于等于 1，即点到平面距离

$$y_i (w^{\mathrm{T}} X_i + b) \geqslant 1 \tag{6.19}$$

则称该分类问题具有线性可分性，参数 w，b 分别为超平面的法向量和截距。

满足该条件的决策边界实际上构造了两个平行的超平面作为间隔边界以判别样本的分类

$$
\begin{aligned}
w^{\mathrm{T}} X_i + b \geqslant 1, &\quad \Rightarrow y_1 = +1 \\
w^{\mathrm{T}} X_i + b \leqslant 1, &\quad \Rightarrow y_1 = -1
\end{aligned}
\tag{6.20}
$$

所有在上间隔边界上方的样本属于正类，在下间隔边界下方的样本属于负类。

SVM 所做的工作就是找这样一个超平面，能够将两个不同类别的样本划分开来，问题是这种平面是不唯一的，即可能存在无数个超平面都可以将两种样本分开，那么我们如何才能确定一个分类效果最好的超平面呢？

Vapnik 提出了一种方法，对每种可能的超平面，将它进行平移，直到它与空间中的样本向量相交。我们称这两个向量为支持向量（Support Vector），之后我们计算支持向量到该超平面的距离 $d = \dfrac{2}{\|w\|}$，这个 d 也称为间距（Margin），分类效果最好的超平面应该使 d 最大（图 6.4）。

6.1.3.3　核函数

对于线性不可分的样本集，我们无法找到这样的一个超平面分割不同类型的样本，但这并不意味着我们无法使用 SVM 方法。

一个线性不可分的样本集，只是在当前维度下线性不可分，但它在高维空间中能够线性可分。SVM 可以通过核函数将输入空间映射到更高维的特征空间，这允许 SVM 在非线性问题上进行处理。

常用的核函数有以下几种：

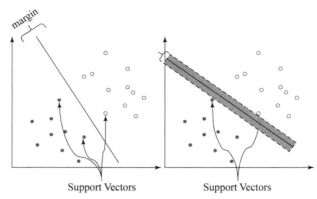

图 6.4　支持向量与间距

1）线性核函数（Linear Kernel）。

$$K(x,y) = x^{\mathrm{T}}y \tag{6.21}$$

2）多项式核函数（Polynomial Kernel）。

$$K(x,y) = (x^{\mathrm{T}}y + c)^{d} \tag{6.22}$$

多项式核函数引入了多项式的概念，其中 d 是多项式的次数，c 是一个常数。它允许 SVM 在原始空间中处理多项式特征。

3）径向基函数（Radial Basis Function，RBF）或高斯核函数（Gaussian Kernel）。

$$K(x,y) = e^{-\frac{\|x-y\|^2}{2\sigma^2}} \tag{6.23}$$

RBF 核函数是最常用的核函数之一，它通过将数据映射到无穷维的特征空间，从而适应更为复杂的非线性关系。σ 是控制函数宽度的参数。

4）Sigmoid 核函数（Sigmoid Kernel）。

$$K(x,y) = \tanh(\alpha x^{\mathrm{T}}y + c) \tag{6.24}$$

Sigmoid 核函数也是一种常见的核函数，它通过类似于神经网络的激活函数（双曲正切函数）来进行非线性映射。

选择合适的核函数通常依赖于具体问题的性质和数据的分布。在实践中，RBF 核函数是默认选择，因为它在很多情况下表现良好。核函数的选择也可能受到调参的影响，因为核函数参数的不同取值可能导致模型性能的差异。

核函数是支持向量机（SVM）中的一个重要概念，它用于将输入空间映射到更高维的特征空间。这个映射使 SVM 在原始的输入空间中线性不可分的问题变得在高维特征空间中线性可分。核函数的引入是为了处理非线性问题，使 SVM 能够更好地适应各种数据分布。

在 SVM 中，核函数的作用是计算两个样本之间的相似度或内积。通过核函数，我们可以在高维空间中隐式地表示数据点，而无须显式计算数据点在高维空间中的坐标。这种技巧被称为"核技巧"（Kernel Trick）。

6.1.3.4　小结

支持向量机的主要思想是将样本点映射到高维空间中，使得样本点在高维空间中形成一种线性可分或近似线性可分的状态，并在该空间中找到一个最优超平面来区分不同的类别，从而将原始的样本点分类问题转化为高维空间中的线性分类问题。

支持向量机方法是建立在统计学习理论的 VC 维理论和结构风险最小原理基础上的，根据有限的样本信息在模型的复杂性（即对特定训练样本的学习精度）和学习能力（即无错误地识别任意样本的能力）之间寻求最佳折中，以期获得最好的推广能力。

我们通常希望分类的过程是一个机器学习的过程。这些数据点是 n 维实空间中的点。我们希望能够把这些点通过一个 $n-1$ 维的超平面分开。通常这个被称为线性分类器。有很多分类器都符合这个要求。但是我们还希望找到分类最佳的平面，即使得属于两个不同类的数据点间隔最大的那个面，该面亦称为最大间隔超平面。如果我们能够找到这个面，那么这个分类器就称为最大间隔分类器。

支持向量机将向量映射到一个更高维的空间里，在这个空间里建有一个最大间隔超平面。在分开数据的超平面的两边建有两个互相平行的超平面。建立方向合适的分隔超平面使两个与之平行的超平面间的距离最大化。其假定为平行超平面间的距离或差距越大，分类器的总误差越小。在二维空间中，这个超平面就是一条直线，而在更高维空间中，它是一个超平面。SVM 的目标是找到这个超平面，使距离超平面最近的训练样本点（支持向量）到超平面的距离尽可能远，这个距离被称为间隔（Margin）。

所谓支持向量是指那些在间隔区边缘的训练样本点。它们对于定义超平面和间隔至关重要。在训练过程中，SVM 主要关注这些支持向量，而其他样本点对于模型的影响较小。

支持向量机的优点是：

1）支持向量机算法可以解决小样本情况下的机器学习问题，简化了通常的分类和回归等问题。

2）由于采用核函数方法克服了维数灾难和非线性可分的问题，所以向高维空间映射时没有增加计算的复杂性。换句话说，由于支持向量计算法的最终决策函数只由少数的支持向量所确定，所以计算的复杂性取决于支持向量的数目，而不是样本空间的维数。

3）支持向量机算法利用松弛变量可以允许一些点到分类平面的距离不满足原先要求，从而避免这些点对模型学习的影响。

其缺点则是：

1）支持向量机算法对大规模训练样本难以实施。这是因为支持向量机算法借助二次规划求解支持向量，这其中会涉及 m 阶矩阵的计算，所以矩阵阶数很大时将耗费大量的机器内存和运算时间。

2）经典的支持向量机算法只给出了二分类的算法，而在数据挖掘的实际应用中，一般要解决多分类问题，但支持向量机对多分类问题解决效果并不理想。

3）SVM 算法效果与核函数的选择关系很大，往往需要尝试多种核函数，即使选择了效果比较好的高斯核函数，也要调参选择恰当的 γ 参数。另外就是现在常用的 SVM 理论都是使用固定惩罚系数 C，但正负样本的两种错误造成的损失是不一样的。

6.1.4　贝叶斯模型

说到贝叶斯模型，即使不是搞数据分析的人应该也有所耳闻，因为它的应用范围实在是太广了，大数据、机器学习、数据挖掘、数据分析等领域几乎都能够找到贝叶斯模型的影子，甚至在金融投资、日常生活中我们都会用到，但是很少有人真正理解这个模型。

那么到底什么是贝叶斯模型呢？

在介绍贝叶斯模型之前，我们先看一个经典的贝叶斯数据挖掘案例：

例题 6.2 假设你在一家购房机构上班，今天有 8 个客户来跟你进行了购房沟通，最终你将这 8 个客户的信息录入了系统之中（表 6.2）。此时又有一个客户走了进来，经过交流你得到了这个客户的信息（表 6.3）。

表 6.2　贝叶斯数据挖掘案例

用户 ID	年龄/岁	性别	收入/万元	婚姻状况	是否买房
1	27	男	15	否	否
2	47	女	30	是	是
3	32	男	12	否	否
4	24	男	45	否	是
5	45	男	30	是	否
6	56	男	32	是	是
7	31	男	15	否	否
8	23	女	30w	是	否

表 6.3　新客户的数据

年龄/岁	性别	收入/万元	婚姻状况
34	女	31	否

试判断这位客户会不会买你的房子呢？

如果你没有接触过贝叶斯理论，你就会想，原来的 8 个客户只有 3 个买房了，5 个没有买房，那么新来的这个客户买房的意愿应该也只有 3/8。

这代表了传统的频率主义理论，就跟抛硬币一样，抛了 100 次，50 次都是正面，那么就可以得出硬币正面朝上的概率永远是 50%，这个数值是固定不变的。例子中的 8 个客户就相当于 8 次重复试验，其结果基本上代表了之后所有重复试验的结果，也就是之后所有客户买房的概率基本都是 3/8。

但此时你又觉得似乎有些不对，不同的客户有着不同的条件，其买房概率是不相同的，怎么能用一个趋向结果代表所有的客户呢？

这就是贝叶斯理论的思想，简单地讲，就是要在已知条件的前提下，先设定一个假设，然后通过先验试验来更新这个概率，每个不同的试验都会带来不同的概率，这就是贝叶斯公式

$$P(A_i \mid B) = \frac{P(A_i)P(B \mid A_i)}{\sum_{j=1}^{n} P(A_j)P(B \mid A_j)} \tag{6.25}$$

解　下面我们利用贝叶斯公式来解决上面的问题。

先找出"年龄""性别""收入""婚姻状况"这四个维度中买房和不买房的概率:

(1) 年龄。

$P(b_1|a_1)$:年龄在 30~40 岁买房的概率是 1/3 $P(b_1|a_2)$;年龄在 30~40 岁没买房的概率是 2/5。

(2) 收入。

$P(b_2|a_1)$:收入介于 20 万~40 万元买房的概率是 2/3 $P(b_2|a_2)$;收入介于 20 万~40 万元没买房的概率是 2/5。

(3) 婚姻状况。

$P(b_3|a_1)$:未婚买房的概率是 1/3 $P(b_3|a_2)$;未婚没买房的概率是 3/5。

(4) 性别。

$P(b_4|a_1)$:女性买房的概率是 1/3 $P(b_4|a_2)$;女性没买房的概率是 1/5。

然后将所有的数据代入贝叶斯公式中整合,可得

新用户买房的统计概率为:

$$P(b|a_1)P(a_1) = 0.33 \times 0.66 \times 0.33 \times 0.33 \times 3/8 = 0.008\ 9 \tag{6.26}$$

新用户不会买房的统计概率为:

$$P(b|a_2)P(a_2) = 0.4 \times 0.4 \times 0.6 \times 0.2 \times 5/8 = 0.012 \tag{6.27}$$

所以可以得出结论:新用户不买房的概率更大一些。

6.1.4.1　先验与后验

经典的概率论对小样本事件并不能进行准确的评估,若想得到相对准确的结论往往需要大量的现场实验;而贝叶斯理论能较好地解决这一问题,利用已有的先验信息,可以得到分析对象准确的后验分布,贝叶斯模型是用参数来描述的,并且用概率分布描述这些参数的不确定性。

贝叶斯分析的思路由证据的积累来推测一个事物发生的概率,它告诉我们当我们要预测一个事物首先要根据已有的经验和知识推断一个先验概率,然后在新证据不断积累的情况下调整这个概率。通过积累证据来得到一个事件发生概率的整个过程我们称为贝叶斯分析。

这里先验与后验到底具体指什么呢?

我们直接举个例子来说明:

今天早上我喝了一杯凉水,那么中午我会不会拉肚子?

这里可以看出"拉肚子"是一种事实结果,而造成拉肚子的影响因素假设只有喝凉水,那么这个问题实际上是要求出在"喝凉水"条件下"拉肚子"的概率,也就是求:

$$P(拉肚子|喝凉水)——先验事件当中的条件概率 \tag{6.28}$$

通俗地说,先验事件就是由因求果,先验概率也就是根据以往经验和分析得到的概率,最典型的代表就是抛硬币,抛一个硬币求其正面的概率,就是已经知道了"硬币正反面概率都是 0.5"的条件,求出"硬币是正面"的"结果"的概率。

而后验事件则是由果求因,也就是依据得到"结果"信息所计算出的最有可能是哪种事件引起的,用上面这个例子就是:

中午我拉了肚子,那么我早上喝了一杯凉水的概率是多大?

换言之,"拉肚子"是结果,我在已经知道结果的前提下,求"喝凉水"的原因的概率,也就是:

$$P(\text{喝凉水} \mid \text{拉肚子})\text{——后验概率} \qquad (6.29)$$

而先验与后验的基础都是条件概率。

很多人可能会疑问，我们求后验概率和先验概率的意义是什么呢？

因为传统频率主义是无法解决实际问题的，换言之，抛硬币问题只存在于理论中，实际生活中某个事件的发生条件或结果一定是复杂的，不可能是抛个硬币就能解释的。

而实际问题一般是由多个条件组成的复杂事件，那么什么是复杂事件呢？

比如拉肚子这个事件，可能是早上喝凉水造成的，也可能是喝过期酸奶造成的，还可能是昨晚吃火锅造成的，等等，这就是复杂事件。

而如果我们已经知道了引起拉肚子的所有条件，且这些条件都是相互独立且互斥的，那么想要求出拉肚子的概率，就可以将这个复杂事件拆分成几个条件概率。

比如假设引起拉肚子的条件只可能是喝凉水或者喝酸奶，且这两个条件不可能同时发生，那么我们就可以利用条件概率计算最终的拉肚子事件概率：

$$P(\text{拉肚子}) = P(\text{喝凉水且拉肚子}) + P(\text{喝酸奶且拉肚子})$$
$$= P(\text{喝凉水}) \times P(\text{拉肚子} \mid \text{喝凉水}) + P(\text{喝酸奶}) \times P(\text{拉肚子} \mid \text{喝酸奶})$$

这就是全概率公式。全概率公式是用来计算复杂事件的概率，用公式表示就是：

$$P(B) = \sum_{i-1}^{n} P(A_i)P(B \mid A_i) \qquad (6.30)$$

而如果我们想要计算复杂事件的简单条件概率，就要用到贝叶斯概率，比如中午我拉了肚子，那么我早上喝了一杯凉水的概率是多大？根据条件概率和全概率公式可以得到：

$$P(\text{喝凉水} \mid \text{拉肚子}) = P(\text{喝凉水且拉肚子}) / P(\text{拉肚子})$$
$$= P(\text{喝凉水}) \times P(\text{拉肚子} \mid \text{喝凉水}) / P(\text{拉肚子})$$
$$= P(\text{喝凉水}) \times P(\text{拉肚子} \mid \text{喝凉水}) / P(\text{喝凉水}) \times P(\text{拉肚子} \mid \text{喝凉水}) + P(\text{喝酸奶}) \times P(\text{拉肚子} \mid \text{喝酸奶})$$

用公式表示就是式（6.25）。这就是贝叶斯公式的推导过程，其核心思想是当你不能准确知悉一个事物的本质时，你可以依靠与事物特定本质相关的事件出现的多少去判断其本质属性的概率。

如果你看到一个人总是做一些好事，则那个人多半会是一个好人。用数学语言表达就是：支持某项属性的事件发生得越多，则该属性成立的可能性就越大。

6.1.4.2　贝叶斯模型的流程

贝叶斯的工作流程可以分为三个阶段进行，分别是准备阶段、分类器训练阶段和应用阶段。

1. 准备阶段

这个阶段的任务是为朴素贝叶斯分类做必要的准备，主要工作是根据具体情况确定特征属性，并对每个特征属性进行适当划分，去除高度相关性的属性，然后由人工对一部分待分类项进行分类，形成训练样本集合。

这一阶段的输入是所有待分类数据，输出是特征属性和训练样本（相当于上述例题中那 8 个客户的信息，这个步骤是需要人工进行整合的）。

2. 分类器训练阶段

这个阶段的任务就是生成分类器，主要工作是计算每个类别在训练样本中的出现频率及每个特征属性划分对每个类别的条件概率估计并记录结果。其输入是特征属性和训练样本，输出是分类器。

这一阶段是机械性阶段，根据前面讨论的公式可以由程序自动计算完成。

3. 应用阶段

这个阶段的任务是使用分类器对待分类项进行分类，其输入是分类器和待分类项，输出是待分类项与类别的映射关系。

这一阶段也是机械性阶段，可由程序完成。

6.1.4.3　贝叶斯模型的优缺点

贝叶斯模型的优点是：

1）贝叶斯模型发源于古典数学理论，有稳定的分类效率。

2）对缺失数据不太敏感，算法也比较简单，常用于文本分类。

3）分类准确度高，速度快。

4）对小规模的数据表现很好，能处理多分类任务，适合增量式训练，当数据量超出内存时，可以一批批地去增量训练。

贝叶斯模型的缺点则是：

1）对训练数据的依赖性很强，如果训练数据误差较大，那么预测出来的效果就会不佳。

2）在实际中，属性个数比较多或者属性之间相关性较大时，分类效果不好。

3）需要知道先验概率，且先验概率很多时候是基于假设或者已有的训练数据所得，这在某些时候可能会因为假设先验概率的原因出现分类决策上的错误。

6.1.5　集成学习

6.1.5.1　概述

在训练模型时我们总是希望能得到一个准确、稳定的模型，但在解决实际问题时，训练的结果通常不是这么理想，有时只能得到多个有偏向性的模型。而通过计算概率可以得到一个结论，若是存在多个近似于相互独立的模型，则将这些模型联合到一起，其性能会比单个模型的性能好很多。比如对分类问题来说，如果一个模型经过训练其预测结果的准确率为55%，这样的模型只能说是中等水平，但是如果有 100 个这样的模型，则大多数模型的分类结果正确的概率可以增加到82%。集成学习就是利用某种策略将多个表现一般的模型联合起来，以期得到一个性能更加优良的预测模型。其潜在思想是：对于分类问题，虽然一个模型得到了错误的分类结果，但有其他模型能够修正这个错误；对于回归问题，一个模型的预测结果误差较大，但其他模型的预测结果能够平衡这个误差。

集成学习（Ensemble Learning）通过构建并结合多个机器学习器来完成学习任务，它并不是一种单独的机器学习算法。集成学习也被称为多分类器系统（Multi-classifier System），往往被视为一种元算法（Meta-algorithm）。

在集成学习中，先对个体学习器（如决策树算法、BP 神经网络算法等）进行训练，再通过某种集成策略将它们结合起来。若集成中只包含一种个体学习器，那么这样的集成就是同质集成，其个体学习器也被称为基学习器（Base Learner）。集成也可以包含不同类型的个体学习器，例如同时包含决策树和神经网络，这样的集成被称为异质集成，此时个体学习器被称为组件学习器或直接称为个体学习器。

同质集成学习中，按照个体学习器之间是否存在依赖关系可以分为两类。

1）Boosting系列算法：个体学习器之间存在强依赖关系，需要串行生成（即先训练完一个，再根据它的表现训练下一个）。

2）Bagging系列算法、随机森林算法：个体学习器之间不存在强依赖关系，可以并行生成。

另外，还有Stacking算法，类似于Bagging系列算法，其个体学习器之间是相互独立的，但它多了一步：在生成若干不同的且独立的基学习器之后，还要通过元学习器（Meta–learner）将基学习器的输出组合起来进行训练，以得到最终的预测结果。而Bagging系列算法是通过平均法或投票法的方式将基学习器结合。

集成学习的优点包括：

1）可以提高模型的准确性和稳定性，尤其是在处理复杂数据和任务时。

2）可以减少过拟合和欠拟合的风险，提高泛化能力。

3）可以通过组合多个模型的预测结果来降低误差率，提高模型的鲁棒性。

缺点则是：

1）计算成本较高，需要训练和组合多个模型。

2）集成学习的结果难以解释，不利于模型的可解释性。

3）集成学习需要大量的数据和计算资源，对于小规模数据集和计算能力较弱的设备来说不太适用。

4）集成学习需要合适的基模型，如果基模型的质量较差，集成学习的效果也会受到影响。

5）集成学习需要处理好不同基模型之间的相关性和差异性，否则可能会导致模型的性能下降。

6）集成学习需要进行复杂的调参和选择合适的组合策略，否则可能会导致模型的性能下降。

6.1.5.2 Boosting系列算法

Boosting系列算法（图6.5）类似于人类的学习方法，例如，我们在学习某个知识时，一开始掌握得并不牢固，但可以通过后续的查漏补缺来加深记忆。

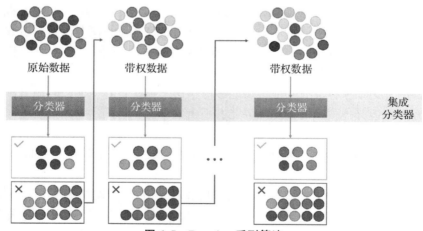

图6.5 Boosting系列算法

Boosting系列算法先从初始训练集训练出一个基学习器，再根据其表现来对训练样本分布进行调整，即更新训练样本的权重，使得先前基学习器做错的训练样本在训练下一个基学习器时得到更多关注；如此重复进行，直至基学习器数目达到事先指定的值 T，最终将这 T 个基学习器进行加权结合，各个学习器的权重在训练过程中决定。

Boosting 系列算法中最常见的算法包括 AdaBoost 算法（Adaptive Boosting，自适应增强），GBDT 算法（Gradient Boost Decision Tree，梯度提升决策树），XGBoost 算法（eXtreme Gradient Boosting，极限梯度提升）。

AdaBoost 算法首先对样本权重进行初始化，随后基于当前样本分布从数据集中训练出分类器。再根据分类器的误差确定下一轮的样本权重，并更新样本分布。

而 GBDT 是对 AdaBoost 进行推广，通过梯度下降法计算负梯度来改进模型，所以可以使用更多种类的目标函数。GBDT 算法使用 CART 回归树作为基学习器，它的每一次迭代都是在上一轮分类器的基础上继续训练，去拟合上一轮分类器的预测结果与真实值之间的差值。损失函数可以选择平方损失函数、0 – 1 损失函数、对数损失函数等，如果选择平方损失函数，那么分类器预测结果与真实值之间的差值即常说的残差。

XGBoost 是梯度提升决策树算法的高效实现，但它与 GBDT 算法有很多不同之处（做了很多优化）。GBDT 只支持 CART 树作为基学习器，而 XGBoost 还支持其他的弱学习器，如线性分类器。在算法的优化方式上，GBDT 的损失函数只对误差部分做负梯度（一阶泰勒）展开，而 XGBoost 的损失函数对误差部分做二阶泰勒展开，同时使用一阶二阶导数，更加准确。

而且，XGBoost 在处理含有缺失值的特征时，通过枚举所有缺失值在当前节点是进入左子树还是右子树来决定缺失值的处理方式（选择增益最大的方式）。XGBoost 在代价函数中还引入了 L1 和 L2 正则化项，可以防止过拟合，泛化能力更强。除此之外，还可以通过 Shrinkage 降低模型优化的速度，逐步逼近最优模型，避免过拟合。

6.1.5.3　Bagging 系列算法

之前提到过，想得到泛化性能强的集成，集成中的个体学习器应尽可能相互独立，但在现实任务中无法做到。不过可以用另一种方式来实现：将训练数据集采样获得若干个不同的子数据集，再分别训练出一个基学习器。如此一来，由于训练数据不同，获得的基学习器也会具有较大的差异。但还要注意，若子数据集的规模太小，基学习器可能不足以进行有效学习，所以我们可考虑使用相互有交叠的采样子集。

Bagging（Bootstrap Aggregating）算法（图 6.6）中使用自助采样法（Bootstrap Sample）对数据集进行采样。即在给定训练集中进行有放回的均匀抽样，每选中一个样本后再将其放回初始数据集，使得下次采样时该样本仍有可能被选中。经过若干次随机采样操作后有的样本会在采样集里多次出现，而有的则可能从未出现。在对所有基学习器的预测输出进行结合时，Bagging 算法通常对分类任务使用简单投票法，对回归任务使用简单平均法。

Bagging 算法最典型的代表就是随机森林，随机指随机地对数据进行采样、随机地从所有属性中抽取一个子集；森林指底层的决策树并行运行。

随机森林（Random Forest，RF）在以决策树为基学习器构建 Bagging 集成的基础上，进一步在决策树的训练过程中引入随机属性选择。具体来说，传统决策树在选择划分属性时是在当前节点的属性集合（假定有 d 个属性）中选择一个最优属性。而在 RF 中，对基决策树

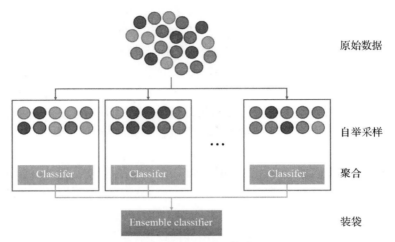

原始数据

自举采样

聚合

装袋

图 6.6　Bagging 算法

的每个节点，先从该节点的属性集合中随机选择一个包含 k 个属性的子集，然后从这个子集中选择一个最优属性用于划分。当 $k = d$ 时，RF 算法中的基决策树构建与传统决策树相同；当 $k = 1$，则是完全随机选择 1 个属性用于划分。一般推荐 $k = \log_2 d$。

RF 算法在很多现实任务中展现出强大的性能，虽然它只是对 Bagging 做了一点小改动——在 Bagging 基学习器通过样本扰动获得"多样性"的基础上，还通过属性扰动提升个体学习器之间的差异性。当随机森林只存在少量基学习器时，往往性能较差，但随着基学习器个数增加，RF 算法的性能逐渐提升。

6.1.5.4　Stacking 算法

在前面提到过，集成学习中将多个基学习器结合的方式可以基于简单平均或投票的方法，但通常鲁棒性较差。当训练数据很多时，一种更为强大的结合策略是使用"学习法"，即通过另一个学习器来进行结合。Stacking 是学习法的典型代表，其个体学习器被称为初级学习器，而用于结合的学习器称为次级学习器或元学习器（Meta – learner）。

在训练阶段，次级学习器的训练集是利用初级学习器产生的（若直接用初级学习器的训练集容易过拟合）。一般是通过使用交叉验证或留一法，用初级学习器训练过程中未使用的样本来产生次级学习器的训练样本。

6.1.6　聚类

6.1.6.1　概述

聚类（Clustering）是按照某个特定标准（如距离）把一个数据集分割成不同的类或簇，使得同一个簇内的数据对象的相似性尽可能大，同时不在同一个簇中的数据对象的差异性也尽可能大。也即聚类后同一类的数据尽可能聚集到一起，不同类数据尽量分离。

"物以类聚，人以群分"，在自然科学和社会科学中，存在着大量的分类问题。聚类分析又称为群分析，它是研究（样品或指标）分类问题的一种统计分析方法。聚类分析起源于分类学，但是聚类不等于分类。

具体来说，聚类和分类的差别在于：

1）聚类（Clustering）：是指把相似的数据划分到一起，具体划分的时候并不关心这一类的标签，目标就是把相似的数据聚合到一起，聚类是一种无监督学习（Unsupervised Learning）方法。

2）分类（Classification）：是把不同的数据划分开，其过程是通过训练数据集获得一个分类器，再通过分类器去预测未知数据，分类是一种监督学习（Supervised Learning）方法。

可见，聚类与分类的不同在于，聚类所要求划分的类是未知的。

6.1.6.2　相似性度量

一般说来，聚类性能好坏的度量标准就是：类内相似度高，类间相似度低。可见，如何去衡量相似性非常重要。

相似性度量，即综合评定两个事物之间相近程度的一种度量。两个事物越接近，它们的相似性度量也就越大，而两个事物越疏远，它们的相似性度量也就越小。相似性度量的方法种类繁多，一般根据实际问题进行选用。通常我们会选择计算样本特征之间的距离，基础的和改进的度量方法有很多种，可以单独或组合用于不同的情形之下。

设 Ω 是所有样本点的集合，距离 $d(x, y)$ 是 $\Omega \times \Omega \rightarrow R^+$ 的一个函数，满足条件：

正定性：$d(x, y) \geqslant 0$，$x, y \in \Omega$；$d(x, y) = 0$，当且仅当 $x = y$；

对称性：$d(x, y) = d(y, x)$，$x, y \in \Omega$；

三角不等式：$d(x, y) \leqslant d(x, z) + d(z, y)$，$x, y, z \in \Omega$。

常用的距离衡量方式有：

1. 欧氏距离（Euclidean Distance）

> **定义 6.3（欧氏距离）**
>
> 欧氏距离（也称欧几里得度量）是最简单也最常见的一种距离衡量方式，如图 6.7 所示，指在 m 维空间中两个点之间的真实距离，或者向量的自然长度（即该点到原点的距离）。

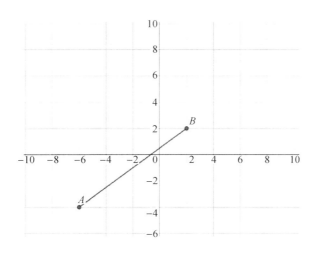

图 6.7　欧氏距离

设 $A = (x_1, x_2, \cdots, x_n)$，$B = (y_1, y_2, \cdots, y_n)$，是空间中两点，则 A 到 B 的欧氏距离的计算方式为

$$d(A,B) = \sqrt{\sum_{i=1}^{n}(x_i - y_i)^2} \qquad (6.31)$$

在数据完整（无维度数据缺失）的情况下，若要计算欧氏距离，需要维度间的衡量单位是一致的，否则需要标准化处理。它适用于基于连续变量的数据，如图像和音频处理等领域。欧氏距离的值越小，则说明两个点越相似。

2. 曼哈顿距离（Manhattan Distance）

在曼哈顿街区要从一个十字路口开车到另一个十字路口，驾驶距离显然不是两点间的直线距离。这个实际驾驶距离就是"曼哈顿距离"。曼哈顿距离也被称为"城市街区距离"（City Block Distance），如图6.8所示。

图6.8　曼哈顿距离的背景

定义6.4（曼哈顿距离）

曼哈顿距离（图6.9）是指在欧几里得空间的固定直角坐标系上两点所形成的线段对轴产生的投影的距离总和。

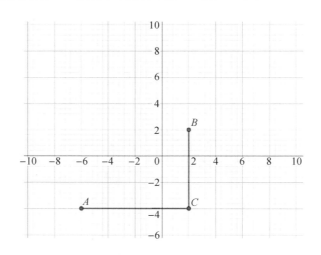

图6.9　曼哈顿距离

设 $A = (x_1, x_2, \cdots, x_n)$，$B = (y_1, y_2, \cdots, y_n)$，是空间中两点，则 A 到 B 的曼哈顿距离的计算方式为：

$$d(A,B) = \sum_{i-1}^{n} |x_i - y_i| \tag{6.32}$$

在数据完整（无维度数据缺失）的情况下，需要先将空间划分成网格，然后以网格为单位来进行度量，允许 4 个方向。它适用于在图像处理和物流领域等需要计算两点之间实际行进距离的场景。

3. 切比雪夫距离（Chebyshev Distance）

国际象棋中，国王可以直行、横行、斜行，所以国王走一步可以移动到相邻 8 个方格中的任意一个。国王从格子 (x_1, y_1) 走到格子 (x_2, y_2) 最少需要多少步？这个距离就叫切比雪夫距离（图 6.10）。

> **定义 6.5（切比雪夫距离）**
>
> 切比雪夫距离（图 6.11）是向量空间中的一种度量，两个点之间的距离定义为其各坐标数值差的最大值。

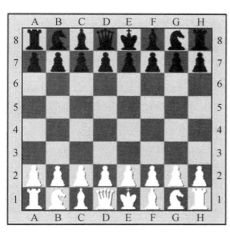

图 6.10　切比雪夫距离的来源

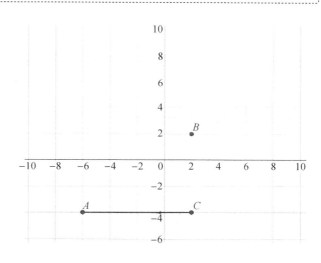

图 6.11　切比雪夫距离

设 $A = (x_1, x_2, \cdots, x_n)$，$B = (y_1, y_2, \cdots, y_n)$，是空间中两点，则 A 到 B 的切比雪夫距离的计算方式为：

$$d(A,B) = \max_i |x_i - y_i| \tag{6.33}$$

计算切比雪夫距离，需要将空间划分成网格，然后以网格为单位来进行度量，允许 8 个方向。

4. 闵可夫斯基距离（Minkowski Distance）

闵可夫斯基距离（图 6.12）是欧氏空间中的一种测度，被看作欧氏距离和曼哈顿距离的一种推广。

设 $A = (x_1, x_2, \cdots, x_n)$，$B = (y_1, y_2, \cdots, y_n)$，是空间中两点，则 A 到 B 的闵可夫斯基距离的计算方式为：

$$d(A,B) = \sqrt[p]{\sum_{i=1}^{n} |x_i - y_i|^p} \tag{6.34}$$

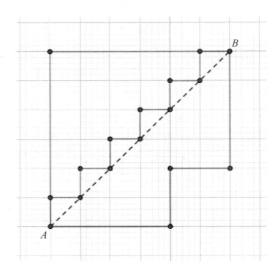

图 6.12　闵可夫斯基距离

其实，闵可夫斯基距离不是一种距离，而是一组距离的定义，是对多个距离度量公式的概括性的表述。比如当 $p=1$ 时，就是曼哈顿距离；当 $p=2$ 时，就是欧氏距离；当 $p\to\infty$ 时，就是切比雪夫距离。

5. 汉明距离（Hamming Distance）

在信息论中，两个等长字符串之间的汉明距离是两个字符串对应位置的不同字符的个数（图 6.13）。

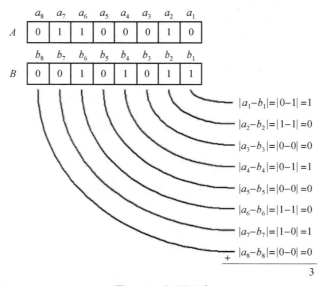

图 6.13　汉明距离

设 $A=\{x_1, x_2, \cdots, x_n\}$，$B=\{y_1, y_2, \cdots, y_n\}$，则字符串 A 和 B 的汉明距离的计算方式为：

$$d(A,B) = \sum_{i-1}^{n} x_i \oplus y_i \tag{6.35}$$

汉明距离的适用场景为信息编码（为了增强容错性，应使编码间的最小汉明距离尽可能大），常用于数据压缩和信息编码等领域。

6. 余弦相似度（Cosine Similarity）

余弦相似度（图6.14），又称为余弦相似性，是通过计算两个向量的夹角余弦值来评估它们的相似度。

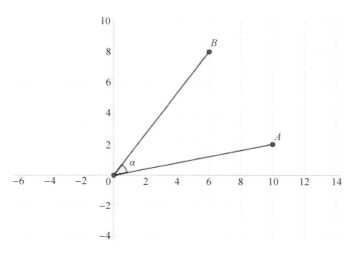

图6.14　余弦相似度

设 $A = (x_1, x_2, \cdots, x_n)$，$B = (y_1, y_2, \cdots, y_n)$，是空间中两点，假设 O 为原点，则向量 $\overrightarrow{OA}$ 到 $\overrightarrow{OB}$ 的余弦相似度的计算方式为：

$$\cos(\overrightarrow{OA}, \overrightarrow{OB}) = \frac{\sum\limits_{i-1}^{n} x_i y_i}{\sqrt{\sum\limits_{i-1}^{n} x_i^{2}} \sqrt{\sum\limits_{i-1}^{n} y_i^{2}}} \tag{6.36}$$

余弦相似度一般用于衡量两个向量方向的差异。它适用于基于离散变量的数据，如文本分类和推荐系统等领域。余弦相似度的值越大，则说明两个向量越相似。

7. 皮尔森相关系数（Pearson Correlation Coefficient）

皮尔森相关系数（图6.15）用于度量两个变量（随机变量 X 与 Y）之间的线性相关程度，相关系数的取值范围是 $[-1, 1]$。相关系数的绝对值越大，则表明 X 与 Y 相关度越高。当 X 与 Y 线性相关时，相关系数取值为 1（正线性相关）或 -1（负线性相关）。

设 $A = \{x_1, x_2, \cdots, x_n\}$，$B = \{y_1, y_2, \cdots, y_n\}$，则 A 和 B 的皮尔森相关系数的计算方式为

$$P(A,B) = \frac{\sum\limits_{i-1}^{n} (x_i - \bar{x})(y_i - \bar{y})}{\sqrt{\sum\limits_{i-1}^{n} (x_i - \bar{x})^{2} \sum\limits_{i-1}^{n} (y_i - \bar{y})^{2}}} \tag{6.37}$$

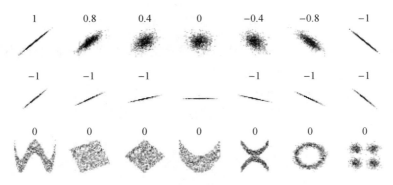

图 6.15　皮尔森相关系数

皮尔森相关系数用于计算两个连续变量之间线性相关程度的度量方式。反映两个变量是正相关还是负相关。

8. 杰卡德距离（Jaccard Distance）

杰卡德距离（图6.16）用于比较有限样本集之间的相似性与差异性。

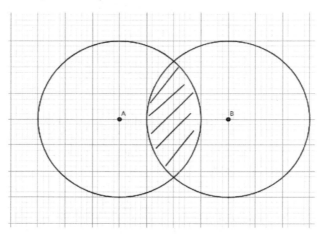

图 6.16　杰卡德距离

对于两个集合 A 和 B，杰卡德相似系数计算公式：

$$J(A,B) = \frac{|A \cap B|}{|A \cup B|}$$ (6.38)

因此，杰卡德距离计算公式为：

$$J_\delta(A,B) = 1 - J(A,B) = \frac{|A \cup B| - |A \cap B|}{|A \cup B|}$$ (6.39)

杰卡德距离一般适用于比较文本相似度，用于文本查重与去重；或用于计算对象间距离，用于数据聚类或衡量两个集合的区分度等。它适用于基于二元变量的数据，如文本分类和网络分析等领域。杰卡德相似系数的值越大，则说明两个集合越相似。

6.1.6.3 聚类方法的分类

传统的聚类分析计算方法主要有如下几种：

1. 划分方法（Partitioning Methods）

给定一个有 N 个元组或者纪录的数据集，分裂法将构造 K 个分组，每个分组就代表一个聚类，$K < N$。而且这 K 个分组满足下列条件：①每个分组至少包含一个数据纪录；②每个数据纪录属于且仅属于一个分组（注意：这个要求在某些模糊聚类算法中可以放宽）。

对于给定的 K，算法首先给出一个初始的分组方法，以后通过反复迭代的方法改变分组，使得每一次改进之后的分组方案都较前一次好，而所谓好的标准就是：同一分组中的记录越近越好，而不同分组中的记录越远越好。使用这个基本思想的算法有：K – means 算法、K – medoids 算法、CLARANS 算法。

大部分划分方法是基于距离的。给定要构建的分区数 K，划分方法首先创建一个初始化划分。然后，它采用一种迭代的重定位技术，通过把对象从一个组移动到另一个组来进行划分。一个好的划分的一般准则是：同一个簇中的对象尽可能相互接近或相关，而不同的簇中的对象尽可能远离或不同。还有许多评判划分质量的其他准则。传统的划分方法可以扩展到子空间聚类，而不是搜索整个数据空间。当存在很多属性并且数据稀疏时，这是有用的。为了达到全局最优，基于划分的聚类可能需要穷举所有可能的划分，计算量极大。实际上，大多数应用都采用了流行的启发式方法，如 K – 均值和 K – 中心算法，渐近地提高聚类质量，逼近局部最优解。这些启发式聚类方法很适合发现中小规模的数据库中的球状簇。为了发现具有复杂形状的簇和对超大型数据集进行聚类，需要进一步扩展基于划分的方法。

2. *层次方法*（Hierarchical Methods）

这种方法对给定的数据集进行层次式的分解，直到某种条件满足为止。具体又可分为"自底向上"和"自顶向下"两种方案。例如，在"自底向上"方案中，初始时每一个数据记录都组成一个单独的组，在接下来的迭代中，它把那些相互邻近的组合并成一个组，直到所有的记录组成一个分组或者某个条件满足为止。代表算法有：BIRCH 算法、CURE 算法、CHAMELEON 算法等。

层次聚类方法可以是基于距离的或基于密度或连通性的。层次聚类方法的一些扩展也考虑了子空间聚类。层次方法的缺陷在于，一旦一个步骤（合并或分裂）完成，它就不能被撤销。这个严格规定是有用的，因为不用担心不同选择的组合数目，它将产生较小的计算开销。然而这种技术不能更正错误的决定。已经提出了一些提高层次聚类质量的方法。

3. *基于密度的方法*（Density – based Methods）

基于密度的方法与其他方法的一个根本区别是：它不是基于各种各样的距离，而是基于密度。这样就能克服基于距离的算法只能发现"类圆形"的聚类的缺点。这个方法的指导思想就是，只要一个区域中的点的密度大过某个阈值，就把它加到与之相近的聚类中去。代表算法有：DBSCAN 算法、OPTICS 算法、DENCLUE 算法等。

4. *基于网格的方法*（Grid – based Methods）

这种方法首先将数据空间划分成为有限个单元（Cell）的网格结构，所有的处理都是以单个的单元为对象的。这么处理的一个突出的优点就是处理速度很快，通常这是与目标数据库中记录的个数无关的，它只与把数据空间分为多少个单元有关。代表算法有：STING 算法、CLIQUE 算法、WAVE – CLUSTER 算法。

很多空间数据挖掘问题，使用网格通常都是一种有效的方法。因此，基于网格的方法可以和其他聚类方法集成。

5. 基于模型的方法（Model – based Methods）

基于模型的方法给每一个聚类假定一个模型，然后去寻找能够很好地满足这个模型的数据集。这样一个模型可能是数据点在空间中的密度分布函数或者其他。它的一个潜在的假定就是：目标数据集是由一系列的概率分布决定的。通常有两种尝试方向：统计的方案和神经网络的方案。

当然聚类方法还有传递闭包法、布尔矩阵法、直接聚类法、相关性分析聚类、基于统计的聚类方法等。

下面重点介绍 K – means 聚类算法。

6.1.6.4 K – means 聚类算法

K – means 聚类算法的工作原理：在算法进入工作流程前，需要手动设定好划分的聚类数 K，然后将原始数据集 $X = x_1, x_2, \cdots, x_n$ 中的数据项根据距离远近划分为 K 个聚类 $C_i(i = 1, 2, \cdots, k)$，并且通过该方法划分出的聚类应当满足：每个聚类至少需要存在一个原始数据项；每一个数据项属于且仅属于唯一一个数据聚类。经过 K – means 聚类算法划分形成的各个数据聚类之间，属于同一个数据聚类的数据项之间数值存在高度相似性，不同簇之间的数据项数值差异程度比较大。

K – means 聚类算法的大概执行流程：开始需要从 n 个原始数据对象中随机挑选 K 个数据对象，再将这 K 个对象作为聚类算法起始阶段的 K 个聚类中心，之后一一计算原始数据集中除聚类中心剩余的数据项与各个聚类中心的距离，然后按照从小到大的原则排序，并将每个数据项划分到距离最近的聚类中心所代表的数据聚类中。最后需要重新计算新形成的数据聚类的聚类中心，如若新形成的聚类中心与上一代的聚类中心不一致，则意味着算法未收敛，需要以新的聚类中心为基准重复执行以上步骤，直到新产生的聚类中心与上一代聚类中心一致为止。此时认为 K – means 聚类算法已经收敛，算法执行流程结束。K – means 聚类算法的执行示例图如图 6.17 所示。

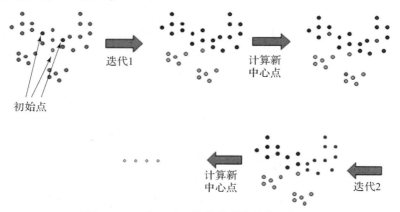

图 6.17 K – means 聚类算法的执行示例图

K – means 聚类算法的执行步骤如下：

步骤一：从 n 个原始数据项中随机挑选 K 个数据项作为起始的 K 个聚类中心点。

步骤二：计算数据集中的除聚类中心的剩余数据项与所挑选的 K 个聚类中心（C_1, $C_2, \cdots, C_k$）的距离，按照从小到大的原则将距离排序，之后把数据项划分到距离最近的聚类中心所代表的数据聚类中，将数据集进行一次聚类。

步骤三：当数据集中的每个数据项都得到了唯一的聚类划分后，重新计算新形成的数据聚类的聚类中心，并将这些聚类中心替换成新的聚类中心。

步骤四：将新得到的 K 个聚类中心与上一代的聚类中心进行对比，若两者不是完全一致，则跳转执行步骤二；若新得到的聚类中心与上一代的聚类中心相同，则接着执行步骤五。

步骤五：输出聚类中心和聚类划分结果。

K – means 聚类算法的优势：

1）K – means 聚类算法的时间复杂度为 $O(n)$，接近线性，因此算法的执行效率优异，处理规模比较大的数据集相较来说比较得心应手。

2）K – means 聚类算法具有良好的鲁棒性，不仅可以用来解决数值类型的数据集，在面对图像、文本等类型的数据集时也有较好的效果；并且当待处理的数据集数值差异程度比较大时，该算法带来的效果将十分突出。

3）K – means 聚类算法在执行过程中，当数据项全部划分进唯一对应的数据聚类后，都会重新计算新形成的数据聚类的聚类中心，如若新旧聚类中心不一致，则会重新划分聚类，直到聚类中心收敛为止。通过这种迭代的方法，不仅可以避免算法带来的偶然性划分，还可以使划分结果更真实可靠；并且随着样本数据集的缩小，聚类效果也会越来越优异。

4）K – means 聚类算法没有过多地约束聚类的范围定义，处理多个数据集合时，只要相互间独立就能够同时处理。在处理的过程中也没有限制数据集间的信息，这一点非常便于在实际过程中操作。

K – means 聚类算法因为上述优点而备受关注，但在聚类划分的过程也存在一定的问题，并且这些缺陷将直接影响其在实际生产中的使用，其主要缺陷如下：

1）K – means 聚类算法的关键参数——聚类个数 K 需要在算法运行前拟定好，但是单次设定的 K 值大部分情况下并不是该数据集下的最优聚类数，因为在通常情况下，该数据集下的最优 K 值是不可得知的，但是 K 值的大小将直接决定数据集的聚类效果的优劣，如果预先设定的 K 值大于最优聚类数，则会形成多个较小的数据聚类，并且每个数据聚类含有的数据项比较稀疏，降低了数据聚类之间的关联，同时聚类之间的差异将会变得不明显，导致界限模糊；相反，若 K 值拟定得太小，则会形成数目较少的大的数据聚类，每个聚类会包含较多的数据项，因此抑制了每个数据项的独特性，降低了数据聚类中的数据相似性。综上，如何拟定一个优异的 K 值将是 K – means 聚类算法能否取得良好的聚类效果的开端，同时也是该算法研究中的一个重要问题。

2）K – means 聚类算法容易陷入局部最优解。K – means 聚类算法执行流程最开始的阶段，就是随机挑选 K 个数据项作为初始 K 个聚类中心点，这种随机是完全随机，没有规则限制，因此挑选的结果随机性很大，给算法带来了不稳定性。因为每次选取的 K 个初始聚类中心不会完全重复，所以每次收敛后的聚类结果也不相同，因此该算法容易造成局部最优解的情况。综上，如何挑选初始 K 个聚类中心成为 K – means 聚类算法亟待解决的问题。

3）K – means 聚类算法是通过几何关系——数据间距离的远近来判断数据项之间数值的相似程度，却忽视了数据项中各个属性值相互的特点。所以通过 K – means 聚类算法对缺失值进行填补时，预估出来的数值与真实值相差甚远，进而导致填补后的数据项分布受到限制。

4）K-means 聚类算法的效率问题受到算法迭代次数的影响。每当新计算出的聚类中心与前一代不一致时，都需要以新的聚类中心为基准，重新进行聚类划分，直到收敛为止。这是一个不断迭代的过程，虽说算法的时间复杂度近乎呈现线性关系，但是当数据规模庞大时，迭代次数也会呈现几何式增长，造成算法的执行效率大打折扣。

6.2 人工神经网络

6.2.1 概述

人工神经网络（Artificial Neural Network，ANN），是一种模仿生物神经网络的结构和功能的计算模型，用于对函数进行估计或近似。神经网络的运算是由大量的人工神经元联结进行的。它能学习外界信息，并在此基础上改变内部结构，是一种强大的自适应系统。神经网络是由大量的处理单元经过一系列的探索通过合适的方式建立的网络，具有高度的非线性映射能力、记忆联想能力、自适应和自组织能力等，能够进行复杂的逻辑操作。

神经网络已经广泛应用于科学和技术领域，应用于各种化学、物理学和生物学领域。一般而言，神经网络可以以基本相同的方式处理非常多样的数据，例如，生物对象分类、化学动力学数据，甚至临床参数。神经网络代表先进的计算方法，利用不同类型的输入数据，这些输入数据在样本数据中提前训练好，以产生临床相关的输出，例如，生物医学对象的特定病理学或分类的概率。

典型的神经网络主要由结构、激励函数、学习规则三个部分组成。结构是指神经网络的架构，指定了网络中的变量和它们相互之间的拓扑关系。激励函数是指神经网络模型中的一个规则，来定义神经元如何根据其他神经元的活动来改变自己的激励值。一般激励函数依赖网络中的权重。学习规则指定了网络中的权重如何随着模型训练时间推进而调整。一般情况下，学习规则依赖于神经元的激励值。它也可能依赖于监督者提供的目标值和当前权重的值。例如，用于识别图像的一个神经网络，输入神经元会被输入图像的数据所激发。在激励值被加权并通过一个函数后，这些神经元的激励值被传递到其他神经元。这个过程不断重复，直到输出神经元被激发。最后，输出神经元的激励值决定了识别出来的是哪一类的图像。

神经网络解决的这些问题都是很难被传统基于规则的编程所解决的，它是训练出针对问题的规则，并用该规则求解问题，并且可以解决与之类似的问题。

6.2.2 感知机模型

6.2.2.1 引子

回想一下，在现实生活中，我们是怎么对事物进行分类的？首先，我们需要对这个事物进行观察，我们需要知道它的形状、颜色、大小、触感、温度等不同的特征，在对这个事物的特征有足够多的认知的时候，就可以对其进行分类了。

当然，现实中我们几乎感觉不到这个过程，因为大脑的运算速度非常快，当我们看到一个苹果的时候，我们立刻就知道这是一个苹果，而不是一个西瓜，但事实上依然走过了上述的过程。

更符合感知机模型的例子是，如果只是由另一个人给你转述这个水果的特征，那你就会对这个判断的过程有一个清晰的实感了。

比如他人告诉你这是一个圆形的水果，你可能会认为它是一个樱桃，或者苹果，或者西瓜，这是因为我们对它的特征的了解还不够，接着又告诉你这是一个红色的水果，现在我们知道它不是西瓜了，但还不能判断是樱桃还是苹果，最后，他又让你用手感受了一下大小，现在我们能够确定是苹果了。

但在上面的例子中，我们候选的分类中有太多的水果，但现在要学习的感知机，只能将一个事物分成两类，颇为极端。

这有些像童话中的简单却极端的想法，认为这个世界只有好人与坏人，只有黑与白，只有正面与反面，感知机就是这样一个思想简单却极端的童话，它只能对一个事物进行两个类别的分类。

6.2.2.2　模型定义

感知机于 1957 年由 Rosenblatt 提出，是神经网络与支持向量机算法的基础，事实上，感知机可以看作单层神经网络，也是支持向量机的基础。感知机是二类分类的线性分类模型，属于监督学习，输入为特征向量，输出为实例类别，通常取 +1 和 -1 二值。感知机通过学习获得一个分离超平面，用以划分训练数据。

假设输入空间（特征空间）是 $X \subseteq R^n$，输出空间是 $Y \subseteq \{+1, -1\}$。输入 $x \in X$ 表示实例的特征向量，对应于输入空间（特征空间）的点；输出 $y \in Y$ 表示实例的类别。由输入空间到输出空间的函数如下：

$$f(x) = \mathrm{sign}(w \cdot x + b) \tag{6.40}$$

这个函数就被称为感知机。其中 w 和 b 为感知机模型参数，$w \in R^n$ 叫作权值或权值向量，$b \in R$ 叫作偏置（Bias），sign 是符号函数：

$$\mathrm{sign}(x) = \begin{cases} +1, & x \geq 0 \\ -1, & x < 0 \end{cases} \tag{6.41}$$

感知机是一种线性分类模型，属于判别模型。线性方程 $w \cdot x + b = 0$ 对应于特征空间 R^n 中的一个超平面 S，其中 w 是超平面的法向量，b 是超平面的截距。这个超平面将特征空间划分为两个部分，位于两部分的点（特征向量）分别被分为正负两类。因此超平面 S 称为分离超平面，如图 6.18 所示。

感知机的学习过程，就是通过训练数据集 $T = \{(x_1, y_1), (x_2, y_2), \cdots, (x_N, y_N)\}$，其中 $x_i \in X = R^n$，$y_i \in Y = \{+1, -1\}$，$i = 1$, 2，$\cdots$，N 得到感知机模型，求得模型参数 w 和 b 的过程，从而实现对新输入实例的类型输出。

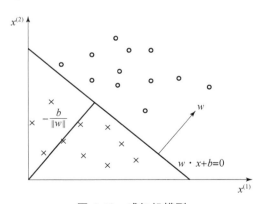

图 6.18　感知机模型

6.2.2.3　感知机学习策略

1. 数据集的线性可分性

给定一个数据集 $T = \{(x_1, y_1), (x_2, y_2), \cdots, (x_N, y_N)\}$，其中 $x_i \in X = R^n$，$y_i \in Y =$

$\{+1，-1\}$，$i=1，2，\cdots，N$。如果存在某个超平面 S，表示为 $w \cdot x + b = 0$，能够将数据集的正实例点和负实例点完全正确地划分到超平面的两侧，即对所有 $y_i = +1$ 的实例 i，有 $w_i \cdot x_i + b \geqslant 0$，对所有 $y_i = -1$ 的实例 i，有 $w_i \cdot x_i + b < 0$，则称数据集 T 为线性可分数据集，否则称数据集 T 为线性不可分的。很显然，感知器只能处理数据集线性可分的情况。

2. 感知机损失函数

假设数据集是线性可分的，感知机学习的目的是将数据集的正负实例完全正确地划分开，因此其损失函数很容易想到使用误分类点的总数，但是这样的损失函数不是 w、b 的连续可导函数，不方便优化，因此我们选择误分类点到超平面的总距离，作为损失函数，为此，首先写出输入空间 R^n 中任一点 x_0 到超平面 S 的距离：

$$\frac{1}{\| w \|} | w \cdot x_0 + b | \tag{6.42}$$

其次，对于误分类的数据 $(x_i，y_i)$ 来说，有下式：

$$-y_i(w \cdot x_i + b) > 0 \tag{6.43}$$

成立。这是因为当 $w \cdot x_i + b > 0$ 时，对于误分类点有 $y_i = -1$，而当 $w \cdot x_i + b < 0$ 时，对于误分类点有 $y_i = +1$，因此误分类点 x_i 到超平面 S 的距离是：

$$-\frac{1}{\| w \|} y_i(w \cdot x_i + b) \tag{6.44}$$

于是这一步成功将距离中的绝对值去掉，方便后续求导计算。这样，假设超平面 S 的误分类点集合为 M，那么所有误分类点到超平面 S 的总距离为：

$$-\frac{1}{\| w \|} \sum_{x_i \in M} y_i(w \cdot x_i + b) \tag{6.45}$$

不考虑 $\frac{1}{\| w \|}$，就得到了感知机学习的损失函数。

因此，若给定一个数据集 $T = \{(x_1，y_1)，(x_2，y_2)，\cdots，(x_N，y_N)\}$，其中 $x_i \in X = R^n$，$y_i \in Y = \{+1，-1\}$，$i=1，2，\cdots，N$，感知机 $\text{sign}(w \cdot x + b)$ 学习的损失函数定义为：

$$L(w,b) = -\sum_{x_i \in M} y_i(w \cdot x_i + b) \tag{6.46}$$

式中，M 为误分类点的集合，这个损失函数就是感知机学习的经验风险函数。

显然，损失函数 $L(w，b)$ 是非负的。如果没有误分类点，损失函数值是 0，而且误分类点越少，误分类点离超平面越近，损失函数值就越小。一个特定的样本点的损失函数：在误分类时是参数 w，b 的线性函数，在正确分类时是 0，因此给定训练数据集 T，损失函数 $L(w,b)$ 是 w、b 的连续可导函数。

3. 感知机学习算法

感知机学习算法是对以下最优化问题的解法，即给定一个数据集 $T = \{(x_1，y_1)，(x_2，y_2)，\cdots，(x_N，y_N)\}$，其中 $x_i \in X = R^n$，$y_i \in Y = \{+1，-1\}$，$i=1，2，\cdots，N$，求参数 w，b，使其为以下损失函数极小化问题的解：

$$\min_{w,b} L(w,b) = -\sum_{x_i \in M} y_i(w \cdot x_i + b) \tag{6.47}$$

式中，M 为误分类点的集合。一般可以用梯度下降法求解 w、b。

损失函数 $L(w, b)$ 的梯度可以表示为：

$$\nabla_w L(w, b) = -\sum_{x_i \in M} y_i x_i \tag{6.48}$$

$$\nabla_b L(w, b) = -\sum_{x_i \in M} y_i$$

若我们随机选取一个误分类点 (x_i, y_i)，可对 w、b 进行更新：

$$w \leftarrow w + \eta y_i x_i \tag{6.49}$$

$$b \leftarrow b + \eta y_i$$

式中，$\eta(0 < \eta \geqslant 1)$ 为步长，在统计学习中又称为学习率，这样通过迭代可以期待损失函数 $L(w, b)$ 不断减小，直到为 0。综上所述，得到以下算法：

输入：训练数据集 $T = \{(x_1, y_1), (x_2, y_2), \cdots, (x_N, y_N)\}$，其中 $x_i \in X = R^n$，$y_i \in Y = \{+1, -1\}$，$i = 1, 2, \cdots, N$，学习率 η $(0 < \eta \geqslant 1)$。

输出：w、b，感知机模型 $f(x) = \text{sign}(w \cdot x + b)$。

步骤：

1）选取初始值 w_0，b_0；

2）在训练集中选取数据 (x_i, y_i)；

3）如果 $y_i(w \cdot x_i + b) \geqslant 0$，则执行式（6.49）；

4）转至步骤 2），直至训练集中没有误分类点。

下面我们来看如何从几何上来理解这个过程。其实训练的过程就相当于当一个实例点被误分类时，即位于分离超平面的错误一侧时，则调整 w，b 的值，使得超平面往误分类点的一侧移动，以减少该误分类点与超平面间的距离，直至超平面越过该误分类点使其被正确分类。

若令向量 $w^* = (w, b)$，$x^* = (x, 1)$，则原始的方程可以表示为：

$$\begin{aligned} f(x) &= \text{sign}(w \cdot x + b) \\ &= \text{sign}(w^* \cdot x^*) \end{aligned} \tag{6.50}$$

对于误分类点，训练的过程就相当于调整参数 w^* 的过程，使得超平面往误分类点方向移动，直至超平面越过该误分类点使其被正确分类，如图 6.19 所示。

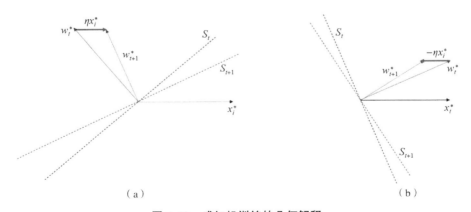

（a）　　　　　　　　　　　　　　　（b）

图 6.19　感知机训练的几何解释

（a）正实例被误分类；（b）负实例被误分类

对于正实例被误分类的点，此时 $y_i^* = +1$，但 $w_t^* \cdot x_i^* < 0$，此时我们可以通过 $w_t^* + \eta x_i^*$ 的方式更新 w_t^*，即 $w_{t+1}^* = w_t^* + \eta x_i^*$，通过这样的更新，超平面由 S_t 变化至 S_{t+1}，很明显 S_{t+1} 距离点 x_i^* 更近了，经过多次更新，即可使超平面越过点 x_i^*，使其被正确分类。

对于负实例被误分类的点，此时 $y_i^* = -1$，但 $w_t^* \cdot x_i^* \geqslant 0$，此时我们可以通过 $w_t^* - \eta x_i^*$ 的方式更新 w_t^*，即 $w_{t+1}^* = w_t^* - \eta x_i^*$，通过这样的更新，超平面由 S_t 变化至 S_{t+1}，很明显 S_{t+1} 距离点 x_i^* 更近了，经过多次更新，即可使超平面越过点 x_i^*，使其被正确分类。

结合图形分析，我们可以发现，在误分类点对 w_t^* 进行更新时，有：

$$w_{t+1}^* = \begin{cases} w_t^* + \eta x_i^*, & y_i^* = +1 \\ w_t^* - \eta x_i^*, & y_i^* = -1 \end{cases} \tag{6.51}$$

可以把上式合并，得到：

$$w_{t+1}^* = w_t^* + \eta y_i^* x_i^* \tag{6.52}$$

即：

$$(w_{t+1}, b_{t+1}) = (w_t, b_t) + \eta y_i^* (x_i, 1) \tag{6.53}$$

可以看出来：

$$w_{t+1} = w_t + \eta y_i x_i \\ b_{t+1} = b_t + \eta y_i \tag{6.54}$$

6.2.3　误差逆传播算法

6.2.3.1　概述

误差逆传播算法（Back Propagation，BP）是一种与最优化方法（如梯度下降法）结合使用的，用来训练人工神经网络的常见方法。该方法对网络中所有权重计算损失函数的梯度。这个梯度会反馈给最优化方法，用来更新权值以最小化损失函数。

它通常被认为是一种监督学习方法，因为反向传播需要根据输入值期望得到的已知输出，来计算损失函数的梯度，进而更新权值。但是它也可以应用在无监督网络中。它可以使用链式法则对网络的每层迭代计算梯度，因此，每个节点（神经元）的激励函数必须是可微的。

BP 算法主要是由激励传播、权重更新两个过程循环迭代构成，直到网络的输出满足一定条件才停止。

激励传播包括两个阶段：

1）前向传播阶段：将输入数据送入网络以获得激励响应，即计算每层的预估值；

2）反向传播阶段：将激励响应同对应的目标输出求差，获得隐层与输出层的响应误差。

权重更新的过程则是指：将输入激励和响应误差相乘，获得权重的梯度；将这个梯度乘上一个学习率，并取反后加到权重上。

因为梯度是指向误差扩大的方向，而我们是想要往权重减小的方向，所以更新权重的时候需要对其取反。

6.2.3.2　链式法则

理解 Back Propagation 所需要的基础就是求导时的链式法则。

假设 $y = g(x)$，$z = f(y)$，那么 $z = h(x)$，$h = f \circ g$。

我们知道 $\dfrac{\mathrm{d}y}{\mathrm{d}x} = g'(x)$，$\dfrac{\mathrm{d}z}{\mathrm{d}y} = f'(y)$，那么如何求 z 对 x 的导数 $\dfrac{\mathrm{d}z}{\mathrm{d}x}$ 呢？这个时候链式法则就出场了。

根据微积分的知识 $h'(x) = \dfrac{\mathrm{d}z}{\mathrm{d}x} = \dfrac{\mathrm{d}z}{\mathrm{d}y} \cdot \dfrac{\mathrm{d}y}{\mathrm{d}x}$。即复合函数的求导可以使用乘法法则，也称为链式法则。

对于多变量也是适用的。比如 $x = g(s)$，$y = h(s)$，$z = k(x, y)$，那么，我们有：

$$\frac{\mathrm{d}z}{\mathrm{d}s} = \frac{\partial z}{\partial x} \cdot \frac{\mathrm{d}x}{\mathrm{d}s} + \frac{\partial z}{\partial y} \cdot \frac{\mathrm{d}y}{\mathrm{d}s} \tag{6.55}$$

6.2.3.3　推导过程

1）神经元结构：

首先看下 BP 神经元的结构（图 6.20），每个神经元由两个部分组成：

（1）权重与输入：即图中的 $e = x_1 w_1 + x_2 w_2$，是输入值和权重系数乘积的和。

（2）激活函数：非线性函数 $\varphi(net_j)$，j 表示第 j 个神经元，对应上图的 $f(e)$。

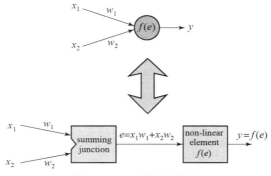

图 6.20　BP 神经元结构

每个神经元的输出则为 $o_j = \varphi(net_j) = \varphi\left(\sum_{i-1}^{n} w_{ji} o_i\right)$，其中 w_{ji} 表示神经元 i 和 j 之间的权值，这里神经元 i 是 j 的前一层，o_i 则是前一层神经元的输出。

2）误差函数：在 BP 算法中，误差函数为 $E = \dfrac{1}{2}(t - y)^2$，$t$ 是目标输出，y 是神经元的实际输出。

3）前向传播过程：以一个简单的 BP 三层神经网络来举例，如图 6.21 所示。

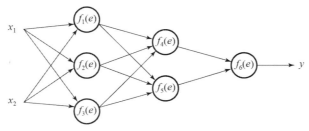

图 6.21　BP 三层神经网络示例

网络的输入是 x_1，x_2，前向传播由输入逐层递进。先是由输入传播到第一层（图 6.22）；

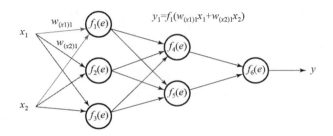

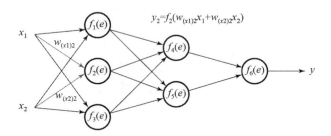

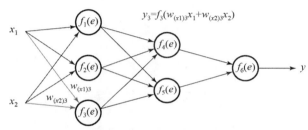

图 6.22　BP 神经网络前向传播过程第一层的计算

然后由第一层推进到第二层（图 6.23）：

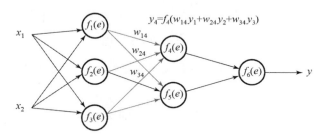

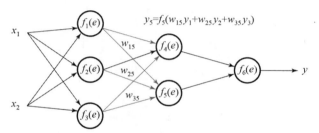

图 6.23　BP 神经网络前向传播过程第二层的计算

最终完成输出的计算（图 6.24）：

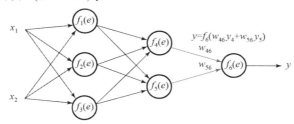

图 6.24　BP 神经网络前向传播过程输出层的计算

4）误差计算到这里为止，神经网络的前向传播已经完成，最后输出的 y 就是本次前向传播神经网络计算出来的结果（预测结果），但这个预测结果不一定是正确的，要和真实的标签 z 相比较，计算预测结果和真实标签的误差 δ：

$$\delta_j = \frac{\partial E}{\partial o_j} \frac{\partial o_j}{\partial \mathrm{net}_j} \tag{6.56}$$

对于输出层神经元，有：

$$\delta_j = (o_j - t_j)\varphi'(\mathrm{net}_j) \tag{6.57}$$

而对于非输出层神经元，则有：

$$\delta_j = \Big(\sum_{l \in L} \delta_l w_{lj}\Big)\varphi'(\mathrm{net}_j) \tag{6.58}$$

具体到上面的这个例子，先计算输出的误差，如图 6.25 所示。

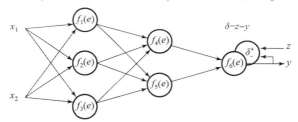

图 6.25　BP 神经网络输出误差计算

然后逐层往后计算每层神经元的误差，先是第二层神经元（图 6.26）。

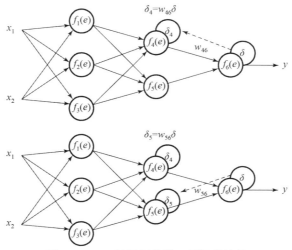

图 6.26　BP 神经网络第二层误差计算

由第二层传递到第一层神经元（图 6.27）。

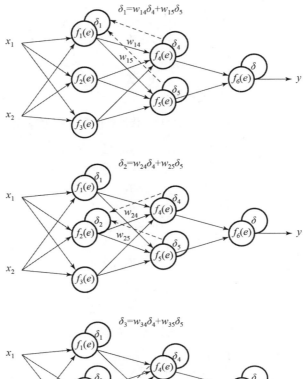

图 6.27　BP 神经网络第一层误差计算

5）反向传播修改权重：下面开始利用反向传播的误差，计算各个神经元（权重）的导数，开始反向传播修改权重。新的权重为 $w'_{ji} = w_{ji} + \eta \delta_j o_i$。

首先对第一层神经元的权重进行修改（图 6.28）。

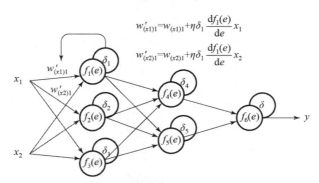

图 6.28　BP 神经网络第一层权重修改

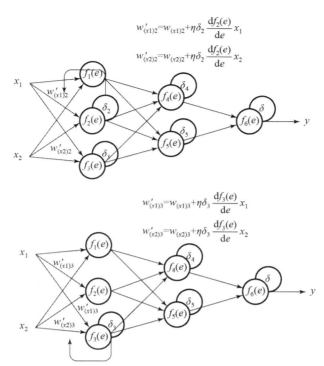

$$w'_{(x1)2} = w_{(x1)2} + \eta\delta_2 \frac{\mathrm{d}f_2(e)}{\mathrm{d}e} x_1$$

$$w'_{(x2)2} = w_{(x2)2} + \eta\delta_2 \frac{\mathrm{d}f_2(e)}{\mathrm{d}e} x_2$$

$$w'_{(x1)3} = w_{(x1)3} + \eta\delta_3 \frac{\mathrm{d}f_3(e)}{\mathrm{d}e} x_1$$

$$w'_{(x2)3} = w_{(x2)3} + \eta\delta_3 \frac{\mathrm{d}f_3(e)}{\mathrm{d}e} x_2$$

图 6.28　BP 神经网络第一层权重修改（续）

其次对第二层权重进行修改（图 6.29）。

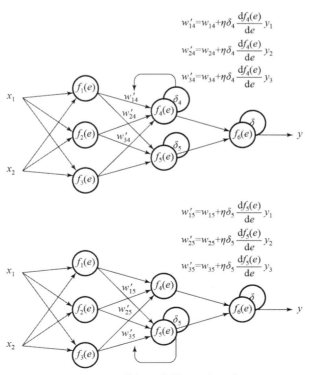

$$w'_{14} = w_{14} + \eta\delta_4 \frac{\mathrm{d}f_4(e)}{\mathrm{d}e} y_1$$

$$w'_{24} = w_{24} + \eta\delta_4 \frac{\mathrm{d}f_4(e)}{\mathrm{d}e} y_2$$

$$w'_{34} = w_{34} + \eta\delta_4 \frac{\mathrm{d}f_4(e)}{\mathrm{d}e} y_3$$

$$w'_{15} = w_{15} + \eta\delta_5 \frac{\mathrm{d}f_5(e)}{\mathrm{d}e} y_1$$

$$w'_{25} = w_{25} + \eta\delta_5 \frac{\mathrm{d}f_5(e)}{\mathrm{d}e} y_2$$

$$w'_{35} = w_{35} + \eta\delta_5 \frac{\mathrm{d}f_5(e)}{\mathrm{d}e} y_3$$

图 6.29　BP 神经网络第二层权重修改

最后完成输出层权重修改（图 6.30）。

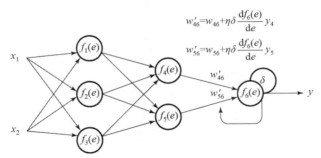

图 6.30　BP 神经网络输出层权重修改

到此为止，整个网络的前向、反向传播和权重更新已经完成。

6.3　深度学习

6.3.1　卷积神经网络

6.3.1.1　概述

卷积神经网络（Convolutional Neural Networks，CNN）是一种常见的深度学习算法，广泛应用于计算机视觉领域中的图像处理任务。与传统的神经网络相比，卷积神经网络模型在处理图像等复杂数据时具有更好的表现，同时能够自动学习具有多层次的特征表示。

卷积神经网络主要由卷积层、池化层和全连接层三个部分组成。其中，卷积层用于从原始输入数据中提取特征，其将输入层数据分为若干核大小的空间块，并通过卷积运算提取空间信息。如图 6.31 所示，卷积运算使用可学习的卷积核对输入层数据进行卷积，得到卷积后特征图。池化层通常紧随卷积层之后，用于降低特征图的空间分辨率，从而减少参数数量和计算复杂度。常见的池化方式包括最大池化和平均池化。全连接层用于将卷积层和池化层提取的特征连接起来，进行最终的分类或回归预测。

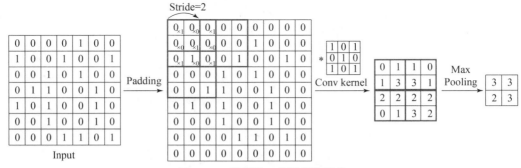

图 6.31　常见的二维卷积和池化

最大池化和平均池化是卷积神经网络中常见的一种降采样（Down Sampling）运算，用于通过减少特征图的空间尺寸来减少参数数量和计算复杂度。

最大池化是在输入的特征图中，将每个不重叠的子区域的最大值取出，作为池化后输出的特征图的对应位置的值。具体地，我们可以将输入的特征图划分为若干个大小相同、不重叠的子区域，并在每个子区域中取最大值作为输出的特征图对应位置的值。最大池化可以保留一部分重要特征，例如对边缘、纹理等信息具有很好的敏感性。

平均池化是在输入的特征图中，将每个不重叠的子区域中的所有元素的平均值取出，作为池化后输出的特征图的对应位置的值。与最大池化相比，平均池化更加平滑，可以使输出的特征图的值更为稳定，减少细节信息的损失，同时可以减少噪声和过拟合等影响因素。

最大池化和平均池化都可以在网络的不同层级中被使用，可以根据任务需要灵活使用。在具体的应用中，通常需要根据实际情况来选择不同的池化方式，以获得更好的性能。

卷积神经网络模型的训练通常采用反向传播算法，以最小化损失函数为目标，更新权重和偏置参数。同时，为了避免过拟合现象，卷积神经网络模型针对训练数据进行了一系列优化技术，如随机失活、数据增强和批量归一化等。总体而言，卷积神经网络模型无须手动提取图像特征，能够自动学习和提取特征，这是其优于传统图像处理方法的关键所在。同时，卷积神经网络模型泛化性能强，适用于各种不同领域的图像任务，在图像分类、目标检测、图像分割等方面具有广泛的应用前景。

6.3.1.2　AlexNet

AlexNet 是一种经典的卷积神经网络模型，是迄今为止深度学习算法中的重要里程碑，标志着深度学习在计算机视觉领域的应用进入了一个新的阶段。

如图 6.32 所示，AlexNet 的网络结构主要由 5 个卷积层、池化层、随机失活层和 3 个全连接层组成。其中，卷积层和池化层用于提取图像的特征，随机失活层可以防止模型过拟合，全连接层用于进行分类。AlexNet 引入了一些先进的技术来提高模型的识别准确率，包括 ReLU 激活函数、局部响应归一化、随机失活层等。其中 ReLU 激活函数取代了传统的 Sigmoid 激活函数，解决了梯度消失问题；局部响应归一化计算同一特征图中的不同位置对应元素的幅值差的平方和，是为了增加特征的鲁棒性，但这个算子在后来的研究中并没有被广泛采用；随机失活层可以减少神经元间的依赖，从而防止过拟合。

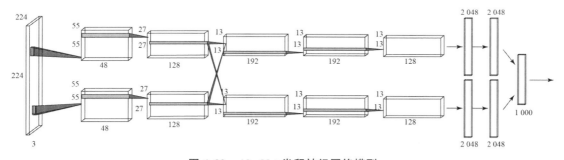

图 6.32　AlexNet 卷积神经网络模型

AlexNet 是一个非常成功的卷积神经网络模型，被广泛应用于计算机视觉领域的各种应用。它的成功主要源于深度卷积网络的引入和先进的训练技巧，如显卡并行训练、数据增强等方法使得卷积神经网络的训练更加高效。同时，AlexNet 的表现也标志着深度学习的全面崛起，并推动了卷积神经网络领域的进一步发展。

6.3.1.3　GoogleNet

GoogleNet 是一个经典的卷积神经网络模型，其特点是拥有非常深的网络结构，但参数数量小于其他类似深度模型，同时具有较高的计算速度和精度。

GoogleNet 的网络结构采用了 Inception 模块（图 6.33）来提取图像的特征，每个 Inception 模块有多个分支，让网络可以学习多种不同的特征并进行融合。

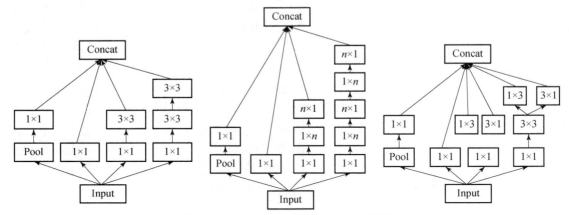

图 6.33　GoogleNet 的 Inception V2 模块

具体地，每个 Inception 模块由四个并行的卷积层构成，包括一个 1×1 卷积层、一个 3×3 卷积层、一个 5×5 卷积层和一个 3×3 池化层，然后将这些分支的输出沿着深度方向合并。

除了 Inception 模块之外，GoogleNet 还采用了多个辅助分类器来辅助模型的训练和提高性能。这些分类器位于网络的中间层，并在这些层的输出上分别进行分类。同时，GoogLeNet 采用了 Batch Normalization 技术和 Dropout 技术来加速网络的训练和防止过拟合。

值得一提的是，GoogleNet 中的 1×1 卷积层是一种有效地减少参数数量的方法。通过 1×1 卷积层可以在不丢失信息的情况下降低特征图的深度，减少特征图的通道数，从而减少计算量。

GoogleNet 的成功启示了深度网络特征提取方法的变化，以及模型要具备更强大的特征提取能力才能获得更高的性能，并大大推动了卷积神经网络的发展。

6.3.1.4　MobileNet

MobileNet v1 是一种轻量级卷积神经网络模型，专门用于移动和嵌入式设备上的图像分类、目标检测等任务。MobileNet v1 的主要特点是模型参数小、延迟低，同时具有较高的准确率。

MobileNet v1 的网络结构（图 6.34）主要由深度可分离卷积层和普通卷积层组成。

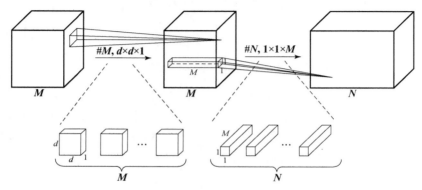

图 6.34　MobileNet v1 的网络结构图

深度可分离卷积层是 MobileNet v1 的核心，它采用了分离卷积的思想，即将常规卷积层中的卷积核分成两部分，一个是深度卷积核，用于在每个通道内计算空间滤波器输出；另一个是逐通道卷积核，用于将深度卷积核的输出值线性组合到不同的通道中。这种分离的方式既能够有效地减少参数数量，又能够保持较高的准确率。

MobileNet v1 同时采用了批量标准化技术（Batch Normalization）来加速训练和防止过拟合。该技术在每层都引入了一个标准化操作，将样本的均值和标准差进行缩放和平移，以使输入数据更容易训练。

此外，MobileNet v1 还采用了线性激活函数和全局平均池化等技术，进一步减少了模型的计算量和参数数量。

MobileNet v1 能够在保证较高精度的同时大大减少模型的参数数量和计算代价，非常适合移动设备等低资源场景下的应用。其成功启示了轻量级卷积神经网络的发展方向，引领了相关领域的研究和实践。

6.3.2　循环神经网络

6.3.2.1　概述

循环神经网络（Recurrent Neural Networks，RNN）是一种用于处理序列数据的神经网络，它可以接受任意长度的输入序列，并通过内部的循环连接来处理序列中的每个元素。RNN 的出现是为了解决传统神经网络无法处理时序数据的问题，因为传统神经网络的输入和输出都是独立的，无法考虑上下文信息。

循环神经网络专门用来处理序列数据，可以扩展到长序列和变长序列的数据上。循环神经网络通常在小批数据上进行操作，而数据中的每一个样本可以具有不同的序列长度。此外，序列的时间步不一定是实际时间的先后，也可以仅表示序列数据的位置，因此，循环神经网络也可以处理空间数据，比如图像。而处理时间数据时，网络能够观测到当前时刻之前的所有数据。

循环神经网络的基本思想是在网络中引入循环结构，使得网络可以保存之前的信息，并将其传递到下一步的计算中。通过这种方式，RNN 可以处理具有时序性质的数据，例如语音、文本和视频等序列数据。RNN 的一个重要特点是它可以处理变长的输入序列，这使得它在处理自然语言处理、语音识别、机器翻译等领域中非常有用。

循环神经网络通过内部的记忆状态单元，来保留之前的历史信息，在输入当前数据后进行状态的更新。样本数据为 $x^{(1)}$，$\cdots$，$x^{(t)}$，在每个数据输入后，网络将根据输入 $x^{(t)}$ 和当前记忆状态 $h^{(t-1)}$ 进行结合，得到新的序列记忆状态 $h^{(t)}$：

$$h^{(t)} = f(h^{(t-1)}, x^{(t)}; \theta) \tag{6.59}$$

于是新的状态包含了截止时刻 t 的所有序列信息，其中 θ 是循环神经网络模型的训练参数。

图 6.35 展示了循环神经网络展开的结构，以及具体的不同计算阶段的参数。左侧是未展开的循环神经网络结构，在每次循环中使用相同的参数。右侧是展开之后的情况，每个重复的模块共享相同的参数，在每个时间节点只与当前隐层状态和输入数据相关联。其中，U，W，V 是权重矩阵参数。其隐层状态更新公式如下：

$$h^{(t)} = f_1(Ux^{(t)} + Wh^{(t-1)}) \tag{6.60}$$

输出状态的公式为：

$$o^{(t)} = f_2(Vh^{(t)}) \qquad (6.61)$$

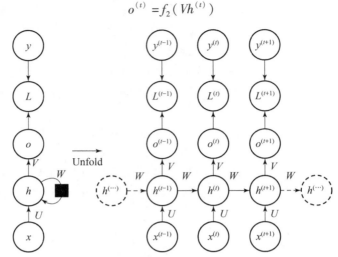

图 6.35　循环神经网络展开的结构计算示意图

y 为预测目标，L 是损失函数。所以该图对应的任务中，每个序列数据都对应着一个序列输出，可用于词性标注等问题。而部分任务中，只使用循环神经网络最后时刻的输出，作为之前整个序列的表示，而且不论序列长度如何都可以获得固定大小的表示。

在每次循环计算的过程中，网络的参数都是共享的，因此这样的计算过程有两个优点：

1）学习到的模型输入都具有相同大小，而与输入序列的长度无关。因为每次循环的操作中，只是从一个状态转移到新的状态，而不是在变长的序列状态上操作。

2）每个时间步的转移函数参数相同。

基础的循环神经网络结构虽然能够实现记忆的功能，但仍存在着很多问题。随着输入序列长度的增加，循环神经网络每个单元嵌套计算的次数也会随之不断增加。在使用常用的梯度下降方法时，随着循环次数增加，梯度的大小便会出现不稳定的变化，这就可能会出现梯度消失或者爆炸。所以基础的循环神经网络难以记忆长时间以前的信息，无法处理长序列数据的任务，而很多问题具有长期依赖的属性。

RNN 的应用非常广泛，其中最有代表性的是自然语言处理领域，例如情感分析、文本分类、语言模型、机器翻译等任务。另外，RNN 也被广泛应用于语音识别、股票预测、动作识别等领域。除了基本的 RNN，还有很多基于 RNN 的变体，例如长短时记忆网络（LSTM）和门控循环单元（GRU），它们都是为了解决 RNN 在长序列数据中存在的梯度消失和梯度爆炸的问题。

6.3.2.2　长短期记忆网络

长短期记忆网络（Long Short - Term Memory，LSTM），是一种改进的 RNN（Recurrent Neural Network）架构，解决了传统 RNN 无法处理长距离依赖的问题。LSTM 可以处理单个数据，还可以处理数据序列。常见的 LSTM 单元由遗忘门、输入门、细胞和输出门组成。LSTM 和 RNN 一样具有重复神经网络模块的链式的形式，它解决了在长时间序列下传统 RNN 会出现梯度消失或者梯度爆炸的问题。

LSTM 在处理序列数据中的应用非常广泛，其中最为重要的是语言建模和机器翻译。在语言建模任务中, LSTM 可以通过前面的词汇预测下一个词汇出现的概率分布。在机器翻译任务中, LSTM 可以将源语言句子编码为一个固定长度的向量, 然后将其解码成目标语言的句子。此外, LSTM 还可以应用于图像标注、视频分析、音频识别和时间序列预测等任务中。

和 RNN 一样, LSTM 有若干循环结构, 其结构如图 6.36 所示。

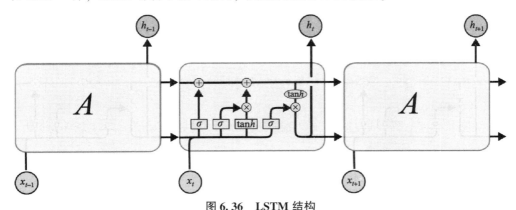

图 6.36　LSTM 结构

1. 遗忘门

LSTM 中的第一步决定从上一个细胞状态中丢弃什么信息, 这一操作通过遗忘门（图 6.37）完成。遗忘门读取前一个 LSTM 单元的输出 h_{t-1} 和当前输入 x_t, 然后通过 Sigmoid 层输出 $0 \sim 1$ 的数值（0 即完全舍弃, 1 即完全保留）作用到上一个细胞状态 C_{t-1} 中。遗忘门输出 f_t 的计算公式如下式所示:

$$f_t = \sigma(w_f \times [h_{t-1}, x_t] + b_f) \tag{6.62}$$

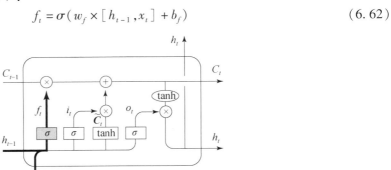

图 6.37　遗忘门

2. 输入门

LSTM 中的第二步决定增加什么信息到细胞状态中, 这一操作通过输入门和一个 tanh 层完成。输入门（图 6.38）会读取前一个 LSTM 单元的输出 h_{t-1} 和当前输入 x_t, 并通过 Sigmoid 层输出 $0 \sim 1$ 的数值。tanh 层读取同样的内容创建候选向量 $\tilde{C}_t$。输入门输出 i_t 和 tanh 层输出 $\tilde{C}_t$ 的计算公式如下所示:

$$i_t = \sigma(W_i \times [h_{t-1}, x_t] + b_i) \tag{6.63}$$

$$\tilde{C}_t = \tanh(W_C \times [h_{t-1}, x_t] + b_C) \tag{6.64}$$

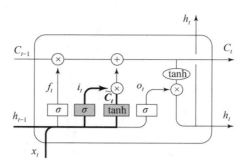

图 6.38　输入门

3. 更新细胞状态

旧的细胞状态 C_{t-1} 需要通过遗忘门、输入门和 tanh 层更新为 C_t。具体更新步骤为：C_{t-1} 与遗忘门输出 f_t 相乘，再加上输入门输出 i_t 和 tanh 层输出 $\tilde{C}_t$ 相乘的结果，便得到新的细胞状态 C_t（图 6.39）。更新细胞状态 C_t 的计算公式如下式所示：

$$C_t = f_t \times C_{t-1} + i_t * \tilde{C}_t \tag{6.65}$$

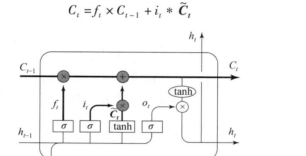

图 6.39　更新细胞状态

4. 输出门

LSTM 最后会基于细胞状态决定输出什么值。这一操作通过输出门和一个 tanh 层完成。输出门会读取前一个 LSTM 单元的输出 h_{t-1} 和当前输入 x_t，并通过 Sigmoid 层输出 $0 \sim 1$ 的数值。tanh 层读取当前细胞状态 C_t，并与输出门的结果相乘输出（图 6.40）。输出部分 h_t 的计算公式如式（6.66）和式（6.67）所示：

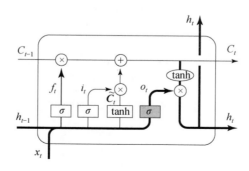

图 6.40　输出门

$$o_t = \sigma\left(w_o \times \left[h_{t-1}, x_t\right] + b_o\right) \tag{6.66}$$

$$h_t = o_t \times \tanh(C_t) \tag{6.67}$$

LSTM 的训练方法一般包括如下步骤：

1）前向传播（Forward Propagation）：将输入序列经过 LSTM 的各个门控单元，计算得到输出值。

2）计算损失函数（Compute Loss）：将 LSTM 的输出值和实际标签值进行比较，计算损失函数，通常使用交叉熵损失函数。

3）反向传播（Backward Propagation）：根据损失函数对 LSTM 的参数进行求导，计算出每个参数对损失函数的影响程度，并通过链式法则将梯度传递回每个门控单元。

4）参数更新（Update Parameters）：根据梯度下降法，按照一定步长调整每个参数的取值，使得损失函数最小化。

重复以上步骤，直到达到最小化损失函数的目标。在实际应用中，通常会采用一些优化算法，如随机梯度下降（SGD）、Adagrad、Adam 等来加速参数更新的过程，并提高模型的收敛速度和准确度。

需要注意的是，在 LSTM 的训练过程中，由于存在大量的门控单元和非线性激活函数，会产生梯度消失和梯度爆炸等问题，这会导致训练效果不佳。为了解决这些问题，常用的方法包括裁剪梯度、梯度加权平均、残差连接等。

LSTM（Long Short - Term Memory）和 RNN（Recurrent Neural Network）都是用来处理时间序列数据的网络结构。但是它们有一些重要的区别：

1）RNN 在处理长时间依赖性问题时会出现梯度消失/爆炸问题，这是因为它在每层之间都有相同的权重矩阵，而随着时间序列长度增加，这些权重矩阵的乘积会不断地增大或缩小；而 LSTM 的记忆细胞和门控机制就是为了解决这个问题而设计的。

2）LSTM 结构中的门控机制，可以更好地控制信息的流动，有效地避免了无关信息的干扰和梯度消失问题；而 RNN 则缺乏这样的机制，信息的流动不够灵活。

3）LSTM 更适用于处理长时间依赖性问题，因为其能够有效地保存和更新历史信息；而 RNN 更适于处理短时间依赖性问题。

总之 LSTM 结构比 RNN 更加灵活，能够更好地处理长时间依赖性问题，但同时它也带来了更复杂的结构和更多的参数需要训练，这可能带来较大的计算代价。另外，LSTM 也不能解决所有问题，在一些场景下 RNN 仍然是个不错的选择。在选择使用 LSTM 还是 RNN 时，需要根据具体的应用场景和问题来权衡选择。

6.3.2.3　门控循环单元

门控循环单元（Gated Recurrent Unit，GRU）是另一种类型的循环单元，它相对于长短期记忆网络只保持了一个内部状态，而且少了一组门控单元，因此参数也减少了，但在多种具有长期依赖属性的任务上测试获得了与长短期记忆网络相当的效果（图 6.41）。

门控循环单元能够让每个循环单元动态地捕捉到不同时间尺度上的序列依赖关系。类似于长短期记忆网络，门控循环单元通过门控机制来控制单元内部的信息流动，但是没有单独的记忆单元。GRU 把内部状态向量和输出向量合并，统一为状态向量，门控数量也减少到 2 个：复位门（Reset Gate）和更新门（Update Gate）。

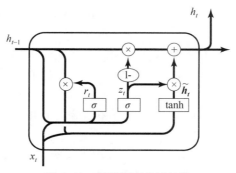

图 6.41　门控循环单元结构

下面进行详细介绍。

1. 复位门

复位门用于控制上一个时间戳的状态 h_{t-1} 进入 GRU 的量。门控向量 $\boldsymbol{g}_r$ 由当前时间戳输入 x_t 和上一时间戳状态 h_{t-1} 变换得到，关系如下：

$$g_r = \sigma\big(W_r[h_{t-1}, x_t] + b_r\big) \tag{6.68}$$

式中，W_r 和 b_r 为复位门的参数，由反向传播算法自动优化；σ 为激活函数，一般使用 Sigmoid 函数。门控向量 $\boldsymbol{g}_r$ 只控制状态 h_{t-1}，而不会控制输入 x_t：

$$\tilde{h}_t = \tanh\big(W_h[\boldsymbol{g}_r h_{t-1}, x_t] + b_h\big) \tag{6.69}$$

当 $\boldsymbol{g}_r = 0$ 时，新输入 $\tilde{h}_t$ 全部来自输入 x_t，不接受 h_{t-1}。此时相当于复位 h_{t-1}。当 $\boldsymbol{g}_r = 1$ 时，h_{t-1} 和输入 x_t 共同产生新输入 $\tilde{h}_t$，如图 6.42 所示。

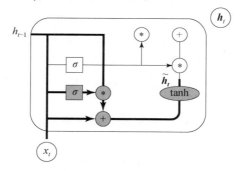

图 6.42　复位门结构

2. 更新门

更新门用于控制上一时间戳状态 h_{t-1} 和新输入 $\tilde{h}_t$ 对新状态向量 $\boldsymbol{h}_t$ 的影响程度。更新门控向量 $\boldsymbol{g}_z$ 由下列公式得到：

$$\boldsymbol{g}_z = \sigma\big(W_z[h_{t-1}, x_t] + b_z\big) \tag{6.70}$$

式中，W_z 和 b_z 为更新门的参数，由反向传播算法自动优化；σ 为激活函数，一般使用 Sigmoid 函数。$\boldsymbol{g}_z$ 用于控制新输入 $\tilde{h}_t$ 信号，$1 - \boldsymbol{g}_z$ 用于控制状态 h_{t-1} 信号：

$$\boldsymbol{h}_t = (1 - \boldsymbol{g}_z)h_{t-1} + \boldsymbol{g}_z \tilde{h}_t \tag{6.71}$$

可以看到，$\tilde{h}_t$ 和 h_{t-1} 对 $\boldsymbol{h}_t$ 的更新量处于相互竞争、此消彼长的状态。当更新门 $\boldsymbol{g}_z = 0$ 时，$\boldsymbol{h}_t$ 全部来自上一时间戳状态 h_{t-1}；当更新门 $\boldsymbol{g}_z = 1$ 时，$\boldsymbol{h}_t$ 全部来自新输入 $\tilde{h}_t$，更新门结构如图 6.43 所示。

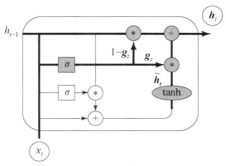

图 6.43　更新门结构

6.3.3　Transformer 与注意力机制

6.3.3.1　概述

在 Transformer 之前，大多数最先进的自然语言处理系统依赖循环神经网络。例如使用循环神经网络去解决序列到序列的问题，如机器翻译等。在处理扩展序列时，这些模型有一个明显的缺点：当向序列中引入其他元素时，它们保存初始组件信息的能力就会丧失。编码器的每一步都有一个隐藏的状态，它通常与最近的一个输入词相联系。因此，如果解码器只访问编码器的最新隐藏状态，它就会失去关于序列的早期成分的信息。

为了解决这个问题，研究人员引入了注意力机制。传统的循环神经网络只关注编码器的最后一个状态。注意力机制编译了整个序列中所有先前编码器状态的加权和，解码器在解码过程中查看编码器的所有状态，获得关于输入序列中每个元素的信息，从而为输出的每个元素确定特定输入元素的优先级。这样，通过在每个阶段关注正确的输入元素，可以学习预测下一个输出元素。

然而这种策略仍然有很大的局限性：每个序列都必须单独处理。每个序列必须单独处理。为了处理第 t 个步骤，编码器和解码器都必须等待前 $t-1$ 个步骤的完成。正因为如此，处理大的数据集需要很长的时间，而且要耗费大量的计算能力。

在这样的背景下，Transformer 横空出世。Transformer 是一种基于自注意力机制的神经网络模型，具有强大的序列建模能力，于 2017 年被提出并在机器翻译任务上取得了显著的性能提升。相较于传统的循环神经网络和卷积神经网络，Transformer 具有更好的序列建模能力和并行化能力，成为自然语言处理领域的重要模型之一。

Transformer 的核心思想是将输入序列中的每个位置都编码成一个向量，并利用自注意力机制和编码器 – 解码器注意力机制进行序列信息的交互和更新。自注意力机制使得模型能够更好地理解不同位置之间的关系，而编码器 – 解码器注意力机制则使得模型能够在翻译任务中将源语言序列和目标语言序列之间的信息进行交互和转换。

6.3.3.2　编码器与解码器

与早期的 Seq2seq 模型一样，原始的 Transformer 模型使用了编码器 – 解码器架构。编码器由编码层组成，接收输入并将其编码为固定长度的向量。解码器由解码层组成，接收该向量并将其解码为输出序列。编码器和解码器联合训练，以最小化条件对数似然。一旦训练完毕，编码器 – 解码器就可以根据给定的输入序列生成输出，或者可以对一对输入/输出序列进行评分。

具体来说，编码器的任务是将输入序列转换为隐藏表示，每个时间步的隐藏状态可以表示输入序列在该时间步上的语义信息。具体来说，编码器接收一个输入序列 x_1，x_2，$\cdots$，x_n 并将其转换为一组隐藏状态 h_1，h_2，$\cdots$，h_n。其中，输入序列的每个元素 x_i 会被转换为一个向量 e_i，表示该元素在向量空间中的表示。然后，每个向量 e_i 会乘以一个位置编码向量，以表明该元素在序列中的位置信息。接下来，每个位置编码向量与 e_i 相加，得到了序列中每个位置的输入向量。

在得到输入向量之后，编码器通过多层编码层对输入进行编码。每个编码层都有两个子层：一个多头注意力层和一个简单的前馈网络。每个子层都有残差连接和层归一化。编码器在经过若干层编码层之后，会得到一组隐藏状态 h_1，h_2，$\cdots$，h_n，其中每个隐藏状态 h_i 表示输入序列在该位置的语义信息。

解码器的解码层与编码层有很多类似的组件。解码层和编码层之间的主要区别有两点。首先解码层共接收两个输入，一个输入来自前一个解码层，一个输入来自编码器输出的特征。此外，解码层有三个子层：一个前馈神经网络层和两个多头注意力层，其中一个多头注意力层附带了掩码。解码器中最终线性层生成的向量的大小，等于原始输入文本的单词数量。向量的每个单元都会得到一个分数，Softmax 函数用于将这些分数转换为概率，表明每个单词出现在输出中的概率。Transformer 编码器结构如图 6.44 所示。

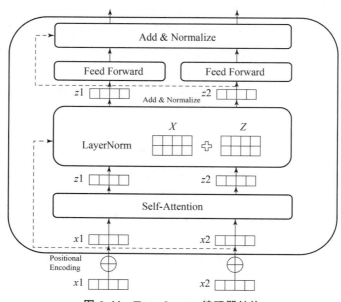

图 6.44　Transformer 编码器结构

6.3.3.3　自注意力机制

Transformer 的自注意力机制是其设计的核心特点之一。自注意力机制使得模型能够更好地理解序列中不同位置之间的关系，有效地捕捉不同位置之间的依赖关系，提高模型的性能，从而实现更好的序列建模和表示学习。

自注意力机制通过将每个位置的信息进行比较和聚合，从而实现全局关注和信息交互。具体来说，在 Transformer 中，每个位置的信息都被表示为一个向量，称为"查询向量"。同时将每个位置的信息表示为"键向量"和"值向量"。这些向量可以通过简单的线性变换得到。例如，可以采用线性变换的方式将输入向量 x 映射到查询向量 q、键向量 k 和值向量 v。

自注意力机制需要计算每个查询向量和其他位置的键向量之间的相似度，从而实现关注不同位置之间的依赖关系。具体来说，可以采用点积的方式来计算相似度，即将查询向量 q 和键向量 k 进行点积运算，然后除以一个数值调整因子 $\sqrt{d_k}$，其中 d_k 是键向量的维度。Transformer 自注意力机制计算流程如图 6.45 所示。

计算相似度的点积计算可以由下式表示：

$$\text{Attention}(\boldsymbol{q},\boldsymbol{k},\boldsymbol{v}) = \text{Softmax}\left(\frac{\boldsymbol{q}\boldsymbol{k}^{\mathrm{T}}}{\sqrt{d_k}}\right)\boldsymbol{v} \tag{6.72}$$

点积计算中的 Softmax 函数用于将相似度计算结果转化为一个概率分布，表示每个位置对查询向量的重要程度。具体来说，对于给定的查询向量 $\boldsymbol{q}_i$ 和键向量 $\boldsymbol{k}_j$，我们可以将它们的相似度计算结果除以所有位置的相似度计算结果的和，从而得到其对应的注意力权重 w_{ij}，如下式所示：

$$w_{ij} = \frac{\exp(\boldsymbol{q}_i\boldsymbol{k}_j/\sqrt{d_k})}{\sum_k \exp(\boldsymbol{q}_i\boldsymbol{k}_k/\sqrt{d_k})} \tag{6.73}$$

接着，我们可以将注意力权重 w_{ij} 和每个位置的值向量 $\boldsymbol{v}_j$ 进行加权平均，从而得到新的表示向量 $\boldsymbol{z}_i$，如下式所示：

$$\boldsymbol{z}_i = \sum_j w_{ij}\boldsymbol{v}_j \tag{6.74}$$

该过程可以表示为一个矩阵乘法和一个 Softmax 函数，可以高效地进行并行计算。

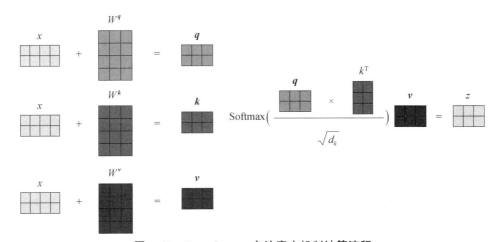

图 6.45　Transformer 自注意力机制计算流程

最近几年，自注意力机制在深度学习领域的研究和应用发展迅速。除了 Transformer 之外，还有一些其他的模型，如 Non-local Neural Networks 和 Generative Query Network 等，都利用了自注意力机制来建模不同位置之间的依赖关系。这些模型在图像和视频领域的应用取得了很好的效果，为人工智能的发展提供了强有力的支持。

6.4　强化学习

强化学习（Reinforcement Learning，RL）是一种机器学习方法，它旨在让智能体（Agent）通过与环境的交互来学习如何做出最优决策（图6.46）。

在强化学习中，智能体需要在不断尝试和错误的过程中，通过最大化累积奖励信号来学习如何选择行动。

强化学习通常包括以下几个要素：状态、行动、奖励和策略。状态是指智能体所处的环境状态；行动是指智能体可以采取的操作；奖励是指智能体根据其行动获得的反馈信号；策略是指智能体如何选择行动以最大化累积奖励。在强化学习中，智能体通过与环境交互来收集经验数据，并使用这些数据来更新其策略。

强化学习是从动物学习、参数扰动自适应控制等理论发展而来，其基本原理是：

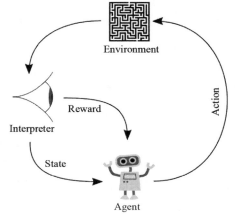

图 6.46　强化学习

如果 Agent 的某个行为策略导致环境正的奖赏（强化信号），那么 Agent 以后产生这个行为策略的趋势便会加强。Agent 的目标是在每个离散状态发现最优策略以使期望的折扣奖赏和最大。

强化学习把学习看作试探评价过程，Agent 选择一个动作用于环境，环境接受该动作后状态发生变化，同时产生一个强化信号（奖或惩）反馈给 Agent，Agent 根据强化信号和环境当前状态再选择下一个动作，选择的原则是使受到正强化（奖）的概率增大。选择的动作不仅影响立即强化值，而且影响环境下一时刻的状态及最终的强化值。

强化学习不同于连接主义学习中的监督学习，主要表现在强化信号上，强化学习中由环境提供的强化信号是 Agent 对所产生动作的好坏做一种评价（通常为标量信号），而不是告诉 Agent 如何去产生正确的动作。由于外部环境提供了很少的信息，Agent 必须靠自身的经历进行学习。通过这种方式，Agent 在行动—评价的环境中获得知识，改进行动方案以适应环境。

强化学习系统学习的目标是动态地调整参数，以达到强化信号最大。若已知 r/A 梯度信息，则可直接可以使用监督学习算法。因为强化信号 r 与 Agent 产生的动作 A 没有明确的函数形式描述，所以梯度信息 r/A 无法得到。因此，在强化学习系统中，需要某种随机单元，使用这种随机单元，Agent 在可能动作空间中进行搜索并发现正确的动作。

强化学习已被广泛应用于许多领域，例如游戏、机器人控制、自然语言处理等。它具有很强的适应性和泛化能力，并且可以处理复杂的非线性问题。然而，强化学习也面临着许多挑战，例如样本效率、探索与利用平衡等问题。因此，研究人员正在不断探索新的算法和技术来改进强化学习算法的性能和稳定性。

常用的强化学习算法包括 Q‑learning、SARSA（State‑Action‑Reward‑State‑Action）、Actor‑Critic 等。这些算法通常使用价值函数或策略函数来表示智能体的决策过程，并使用梯度下降等优化方法来更新参数。下面分别予以介绍。

6.4.1 Q-learning

Q-learning 是一种基于强化学习的算法，被广泛应用于各种机器学习和人工智能任务中。它的作用是通过学习从不同状态到不同行动的预期价值，以更新从先前状态采取行动的策略。在强化学习中，一个代理可以从环境中观察到状态，并采取行动，然后根据所采取的行动获取奖励或惩罚。Q 值（或 Q 函数）是在特定状态下采取某一行动的预期回报值。因此，Q-learning 的目标是找到最佳的 Q 值来最大化最终的奖励。

Q-learning 算法的核心是一个称为 Q 表的矩阵，其中每个元素表示在给定状态和行动下的预期回报。在开始时，Q 表中所有的 Q 值都被初始化为 0，然后代理在每个时间步中观察状态，并采取具有最大 Q 值的行动。当代理收到奖励或惩罚时，它使用 Q-learning 更新 Q 表中的 Q 值。更新的方程式如下：

$$Q(s,a) \leftarrow Q(s,a) + \alpha(r + \gamma * \max(Q(s',a')) - Q(s,a)) \tag{6.75}$$

式中，α 表示学习速率；r 表示即时奖励；γ 表示折扣因子，表示将来的奖励被折扣的程度；$\max(Q(s',a'))$ 表示在下一个状态中的所有行为中选择带来最大 Q 值的行为。该方程式的核心思想是，在每个时间步中更新 Q 值，以使代理能够在不断学习后优化策略。Q-learning 算法可以通过迭代地与环境进行互动来学习最优策略，并最大化未来的累积奖励。该算法的流程如下：

> 1）初始化 Q 表。
> 2）代理对初始状态进行观察。
> 3）代理使用 Q 表选择行动。
> 4）代理从环境中接收到即时奖励，并进入下一个状态。
> 5）使用 Q-learning 更新 Q 表中的 Q 值。

在实践中，Q-learning 算法的效率大大取决于 Q 表的大小和学习速率。过大的 Q 表会增加学习时间，并且可能会导致对噪声数据的过度拟合；较高的学习速率可能会导致快速收敛，但也可能导致策略不稳定。因此，选择适当的 Q 表大小和学习速率非常重要。

6.4.2 SARSA

SARSA 也是一种基于强化学习的算法，它与 Q-learning 非常相似，但在学习更新中采用了不同的方法。

SARSA 算法的基本思想是通过学习从状态—行动对到下一个状态—行动对的预期价值来更新策略。与 Q-learning 不同的是，SARSA 算法在更新 Q 值时考虑了即时奖励和下一个状态下采取的行动，它在每个时间步中采用的是当前策略下的行动，并考虑了这个行动的即时奖励和下一个状态下采取的行动。SARSA 算法的更新方程如下：

$$Q(s,a) \leftarrow Q(s,a) + \alpha(r + \gamma Q(s',a') - Q(s,a)) \tag{6.76}$$

式中，s 是当前状态；a 是当前行动；r 是即时奖励；s' 是下一个状态；a' 是下一个行动；α 表示学习速率；γ 表示折扣因子。

与 Q-learning 算法不同，SARSA 算法是基于当前策略下的行动更新 Q 值，因此 SARSA 算法可以更好地控制随机性，并可以应对实时策略中出现的问题。Q-learning 算法是基于最大化策略更新的，所以无法很好地避免策略随机性。在实践中，SARSA 算法的效率关键取决于学习速率和折扣因子的选择。通常，较高的学习速率可以加快算法的学习速度，但可能会导致策略不稳定，较低的学习速率可以收敛到更稳定和可靠的策略。折扣因子也可以影响算法学习以及策略的稳定性。

与 Q – learning 算法相似，SARSA 算法也可以与环境进行交互，并通过实时调整策略和学习更新 Q 值来学习最优策略。SARSA 算法的流程如下：

1）初始化 Q 表。
2）代理对初始状态进行观察。
3）代理使用 SARSA 算法根据当前策略选择行动。
4）代理从环境中接收即时奖励，并观察下一个状态以及下一个行动。
5）使用 SARSA 算法更新 Q 表中的 Q 值。
6）重复上述步骤，直到任务结束或达到一定的时间步数。

6. 4. 3　Actor – Critic

Actor – Critic 也是一种强化学习算法，它融合了值函数（Critic）和策略函数（Actor）的元素，以实现高效、稳定的强化学习。在 Actor – Critic 算法中，Critic 学习如何评估一个状态的价值，Actor 学习如何在特定状态下采取最佳的行为。

Actor – Critic 算法有两个重要的组件：Actor 和 Critic。Actors 学习行为策略，即在给定状态条件下采取行动的方案，而 Critic 学习价值函数，即在给定状态条件下采取行动的总预期价值。在每个时间步中，Actor 根据当前状态做出行动，并在环境中接收奖励以及新状态。然后，Critic 使用新状态和 Actor 选择的行动计算奖励的价值，Actor 根据 Critic 的预测更新策略。这个过程使用梯度下降进行优化，可以最大化整个系统的累积奖励。Actor – Critic 算法的更新方程式如下：

$$\text{Critic}: V(S) \leftarrow V(S) + \alpha(r + \gamma V(S') - V(S))$$
$$\text{Actor}: \theta \leftarrow \theta + \beta \text{Adv}(s,a) \times \nabla \ln \pi(a \mid s) \tag{6.77}$$

式中，$V(S)$ 表示给定状态 S 的价值函数；θ 表示策略函数的参数；$\pi(a \mid s)$ 表示在状态 s 下采取行为 a 的概率；α 和 γ 是由 Critic 控制的学习速率和折扣因子；r 表示即时奖励；S 表示状态；a 表示选择的行为；$\text{Adv}(s, a)$ 表示将 Critic 的预测价值减去真实的奖励，该值用于计算 Actor 的梯度，以更新 Actor 的策略。Actor – Critic 算法流程如下：

1）初始化 Actor 和 Critic 的参数。
2）代理对初始状态进行观察。
3）Actor 根据当前策略选择行动。
4）环境返回即时奖励，并进入下一个状态。
5）Critic 更新价值函数。
6）计算 Advantage 并更新 Actor 的参数。
7）重复上述步骤，直到任务结束或达到一定的时间步数。

Actor – Critic 算法的优点在于可以较好地应对多种杂乱和不确定性，特别是在探索和高维空间的场景中更为有效。此外，Actor – Critic 也容易进行在线学习，不需要大量离线数据。然而，其实现和优化较为复杂，需要精心调整 Critic 和 Actor 的参数，以平衡算法的速度和稳定性。

第 7 章
智能辅助的数据运用新模式

7.1 关联分析

7.1.1 啤酒与尿布——商品的关联性分析

7.1.1.1 案例详析

"啤酒与尿布"（图 7.1）的故事可以说是营销界的经典段子。这个故事产生于 20 世纪 90 年代的美国沃尔玛超市，沃尔玛超市的管理人员在分析销售数据时发现了一个令人难以理解的现象：在某些特定的情况下，啤酒与尿布两件看上去毫无关系的商品会经常出现在同一个购物篮中，而且，啤酒与尿布在周末的时候销量明显会高于平时。这种独特的销售现象引起了管理人员的注意。他们经过后续调查发现，这种现象出现在年轻的父亲身上。

图 7.1　啤酒与尿布

管理人员对这个现象进行了分析，原来在美国有婴儿的家庭中，一般是母亲在家中照看婴儿，年轻的父亲前去超市购买尿布。每当周末来临，年轻的父亲们下班回家路上，被要求去购买尿布。当他们在购买尿布的同时，往往会顺便为自己购买啤酒，以方便自己周末消遣。这样就出现了啤酒与尿布这两件看上去毫不相干的商品经常会出现在同一个购物篮的现象。

如果这些年轻的父亲在卖场只能买到两件商品之一，则他很有可能会放弃购物而到另一家商店，直到可以一次同时买到啤酒与尿布为止。

沃尔玛发现了这一独特的现象后，便开始在卖场尝试将啤酒与尿布摆放在相同的区域，让年轻的父亲可以同时找到这两件商品，并很快地完成购物。而沃尔玛超市也因可以让这些客户一次购买两件商品，而不是一件，从而获得了很好的商品销售收入，这就是"啤酒与尿布"故事的由来。

那么，为什么"啤酒与尿布"的故事会产生在沃尔玛的卖场中呢？

原因来自两个方面：

第一，沃尔玛先进的计算机技术。它是"啤酒与尿布"故事产生的强大后盾。零售业目前使用的很多新技术都是沃尔玛率先"尝鲜"的，比如沃尔玛最早在门店尝试计算机记账，最早在门店收款台尝试使用外形丑陋、俗称"牛眼"的条码扫描器进行收款等。"前人栽树，后人乘凉"，目前运用于门店管理的很多技术手段都是沃尔玛做了"第一个吃螃蟹"的，后人只不过坐享其成而已。由于沃尔玛具备先进的技术手段，"啤酒与尿布"的故事在沃尔玛发生就一点也不奇怪了。

第二，沃尔玛运用了大数据的分析方法，强调通过对数据的分析来指导卖场管理。沃尔玛创始人老沃尔顿说过一句话"Retail is Detail"（零售就是细节）。也就是说，要善于分析数据，善于理解数据，从细节入手，通过对数字、记录等的分析，来找出其中的模式和规律，辅助理解客户的购买行为，从而提升卖场效率。这正是数据科学的研究理念：从一些人们往往容易忽略的细节中去发现真正有用的信息。

7.1.1.2 购物篮分析法

购物篮分析（Market Basket Analysis），即通过对顾客在超级市场内付款时，购物篮内所装的商品的登记结算记录的分析，来研究顾客的购买行为。通过购物篮分析挖掘出来的信息可以指导交叉销售和追加销售、商品促销、顾客忠诚度管理、库存管理和折扣计划。购物篮分析法，曾经是沃尔玛秘而不宣的独门武器。

按照所关注的内容不同，可以将购物篮分析法分为两大类：美式购物篮分析法和日式购物篮分析法。美式购物篮分析法的代表是美国的沃尔玛（图7.2），而日式购物篮分析法的代表则是日本的7-11便利店（图7.3）。

图 7.2　美式购物篮分析法的代表——沃尔玛

图 7.3　日式购物篮分析法的代表——7 – 11 便利店

这两种方法虽然同属购物篮分析法，但所关注的研究内容各有侧重：

1）美式购物篮分析法。这种类型的卖场一般面积巨大，通常都有上万平方米，商品种类繁多，大多在 10 万种以上。不同种类的商品陈列区域之间可能相差几十米，甚至可能是"楼上、楼下"的陈列关系。如果是对该卖场的商品摆放位置不熟悉的顾客，要找到所需要的多种类型的商品，可能需要大量时间，而且有很大难度。所以就要考虑将一些有关联的商品放置在一起，方便顾客购物，同时减少每个顾客购物的平均所需时间。

但是，如此众多的商品、如此繁多的关系，很难通过人工方式去找出不同区域商品之间的关联关系，并将这些关联关系用于商品关联陈列、促销等具体工作中，因此，需要利用购物篮分析法完成。

美式购物篮分析法的重点是分析购物篮内商品之间的关联关系。这种方法适合于类似沃尔玛这样的大卖场，用于找出不同陈列区域商品之间的关系。英国的 Tesco 连锁超市、Safeway 连锁超市也都是运用这种购物篮分析法的高手。

2）日式购物篮分析法。日式购物篮分析法以 7 – 11 便利店为代表。7 – 11 便利店营业面积都很小，一般只有 100 ~ 250 m²，商品品种 3 000 ~ 10 000 种。站在门店里任何一个角落，所有的商品转个身就全看见了——所以找出商品关联关系不是重点。

当然，7 – 11 便利店这类相关陈列的故事也是有的，比如荞麦冷面与纳豆、鱼肉香肠与面包、酸奶与盒饭等，但是毕竟起不到主要作用。日式购物篮分析法的研究重点是分析所有影响商品销售的关联因素，比如天气、温度、时间、事件、客户群体等对店内商品销售的影响。

相比于沃尔玛，7 – 11 便利店更关注的是：

（1）气温由 28 ℃上升到 30 ℃，对碳酸类饮料、凉面的销售量会有什么影响？

（2）下雨的时候，关东煮的销售量会有什么变化？

（3）盒饭加酸奶、盒饭加罐装啤酒都针对什么样的客户群体？他们什么时间到门店买这些商品？

7 – 11 便利店会设置专门的气象部门，而且会要求门店每天 5 次将门店内外的温度、湿度上传总部，供总部与商品销售进行对比分析。

日式购物篮分析法对于所有影响商品销售的关联因素研究得非常透彻，因此，日本才会有碳酸饮料指数、空调指数、冰激凌指数。

不论是美式购物篮分析法，还是日式购物篮分析法，有几个关键因素都是需要注意的：

一是选择正确的品项。谁都知道三文鱼和芥末之间有关联关系，所以在研究购物篮时，没有必要再把它们作为研究的对象。这是已知的事实，应该把研究的重点放在那些未知的物品联系上。

二是正确理解和识别相关关系背后的含义。通过数据分析，发现了相关关系后，还需要去做调查研究，弄清楚这些相关关系背后的原因。只有清楚了原因，才能采取正确的方法去运用这些相关关系。

三是实际技术的支持。比如所选择的品项越多，计算所耗费的资源与时间越久（呈现指数递增），此时必须运用一些技术可以降低资源与时间的损耗。

7.1.1.3　美式购物篮分析法——商品间相关性分析

商品间相关性分析是美式购物篮分析法研究的重点。那么，如何才能从浩如烟海又杂乱无章的销售数据中，发现类似于啤酒和尿布这类商品销售之间的联系呢？这就需要用到数据挖掘技术。

所谓数据挖掘（Data Mining），就是从数据库的大量数据中揭示出隐含的、先前未知的并有潜在价值的信息的非平凡过程。数据挖掘是目前人工智能和数据库领域研究的热点问题。

数据挖掘是一种决策支持过程，它主要基于人工智能、机器学习、模式识别、统计学、数据库、可视化技术等，高度自动化地分析企业的数据，做出归纳性的推理，从中挖掘出潜在的模式，帮助决策者调整市场策略，减少风险，从而做出正确的决策。

数据挖掘是通过分析每个数据，从大量数据中寻找其规律的技术，主要有数据准备、规律寻找和规律表示三个步骤。数据准备是从相关的数据源中选取所需的数据，并整合成用于数据挖掘的数据集；规律寻找是用某种方法将数据集所含的规律找出来；规律表示是尽可能以用户可理解的方式（如可视化）将找出的规律表示出来。

数据挖掘的任务有关联分析、聚类分析、分类分析、异常分析、特异群组分析和演变分析等。

在进行商品间的相关性分析时，有三个关键性指标必须重视：支持度（Support）、置信度（Confidence）、提高度（Lift）。在进行研究时，以支持度、置信度作为主要商品相关性分析指标，而以提高度指标来强化说明关联关系。

1. 支持度

支持度，就是支持某一事件发生的概率，即表示商品 A 和商品 B 同时出现在购物篮中的概率（商品 A 和商品 B 同时出现这一事件的概率）。

即如果考虑商品 A 对商品 B 的支持度，则支持度 S（A→B）的计算方式为：

$$S(\text{A}\rightarrow\text{B}) = \frac{N(\text{A\&B})}{N} \tag{7.1}$$

式中，N 代表总的事件个数，而 N（A&B）代表购物篮中同时出现商品 A 和商品 B 的事件次数。

如果 S 值很低，那么代表所研究的规则普遍性一般，应用层次太低。举例来说，比如啤酒与尿布同时出现在购物篮中的概率是 20%，则称啤酒与尿布的支持度是 20%。

从支持度的计算公式中可以看出，如果啤酒与尿布同时出现在购物篮中的概率是 20%，则啤酒对尿布的支持度是 20%，而尿布对啤酒的支持度也是 20%。

回想之前"啤酒与尿布"的故事，是否可以认为"啤酒与尿布"等同于"尿布与啤酒"的故事呢？

在回答这个问题之前，先来考虑一下出现"啤酒与尿布"的故事背后的原因。故事中，年轻的父亲去超市的目的是购买尿布。在买到尿布的前提下，才会考虑购买啤酒。因此在购买尿布的父亲中有 35% 购买了啤酒，不代表购买了啤酒的父亲有 35% 购买了尿布。这是两类不同的消费行为，商品之间的因果关系也会不同，因此这个故事不能反过来讲。

而当单纯计算支持度时，是没法体现这种不同的，所以在计算商品之间的支持度时，需要反过来计算进行验证，看看两个商品之间的相关性具有多少的可信度，从而寻找商品之间的因果关系。

表 7.1 中显示了某超市购物篮分析的结果，从中也可以看出，买了商品 A 的顾客又购买了商品 B 的百分比是不等同于买了商品 B 的顾客又购买了商品 A 的百分比的。所以，还需要计算置信度，来验证相关关系。

表 7.1　商品间相关性

商品名称	鸡蛋/%	金丝猴豆干上汤鸡汁 30 g/%	中号袋/%	特价商品/%	精粉馒头/%	400 g 盐/%
鸡蛋	无	13	12.7	12.0	9.6	9
金丝猴豆干上汤鸡汁 30 g	40	无	12.7	12.7	25.5	9.1
中号袋	28	9.3	无	9.3	12	4
特价商品	25.6	9.0	9.0	无	18	7.7
精粉馒头	35.6	8.9	20	31.1	无	6.7
400 g 盐	42.9	14.3	8.6	17.1	2.9	无

2. 置信度

置信度，指的是特定个体对特定命题真实性相信的程度，也就是特定命题令人信服的水平。举例来说，这就是指顾客在一次购物中，购买了商品 A 的同时，又购买了商品 B 的概率。这其实是一个条件概率的问题，即在商品 A 出现的情况下商品 B 同时出现在购物篮中的可能性。

如果考虑商品 A 对商品 B 的置信度，则置信度 $C(A \rightarrow B)$ 的计算方式为：

$$C(A \rightarrow B) = \frac{N(A\&B)}{N(A)} \tag{7.2}$$

式中，$N(A\&B)$ 代表购物篮中同时出现商品 A 和商品 B 的事件次数；$N(A)$ 代表购物篮中出现商品 A 的事件次数。

根据式（7.1），可以推出，商品 A 对商品 A 本身的支持度为：

$$S(A) = \frac{N(A)}{N} \tag{7.3}$$

于是，可以推出：

$$C(A \to B) = \frac{N(A\&B)}{N(A)} = \frac{N(A\&B)}{N} \Big/ \frac{N(A)}{N} = \frac{S(A \to B)}{S(A)} \tag{7.4}$$

从置信度的定义可以看出 $C(A \to B)$ 不等同于 $C(B \to A)$，因而可以利用置信度来区分两种商品之间的对等相关关系。

如果商品 A 对商品 B 的置信度水平高，那么代表了购买了商品 A 的顾客会再购买商品 B 这种特定事件出现的可能性就很高。

而在做商品相关性分析时，希望得到的规则是同时具有很高的支持度和置信度的规则。如果支持度高，但是置信度低，那么这个规则令人信服的程度就会下降；如果反过来，那么意味着这个规则产生的普遍性不高，但是置信水平还可以。

3. 提高度

提高度是对支持度和置信度进行全面衡量和补充的一项指标，它表征了商品之间的亲密关系，也可称为兴趣度。它实际反映了商品 A 的出现对于商品 B 被购买的影响程度。

当考虑商品 A 对商品 B 的提高度时，提高度 $L(A \to B)$ 的计算方式为：

$$L(A \to B) = \frac{C(A \to B)}{S(B)} \tag{7.5}$$

商品 B 对自身的支持度为：

$$S(B) = \frac{N(B)}{N} \tag{7.6}$$

将式（7.1）、式（7.4）、式（7.6）代入式（7.5），可得：

$$L(A \to B) = \frac{S(A \to B)}{S(A)} \Big/ S(B) = \frac{\dfrac{N(A\&B)}{N}}{\dfrac{N(A)}{N}} \Big/ \frac{N(B)}{N} \tag{7.7}$$

整理得到：

$$L(A \to B) = \frac{\dfrac{N(A\&B)}{N}}{\dfrac{N(A)}{N} \cdot \dfrac{N(B)}{N}} = \frac{P(A\&B)}{P(A) \cdot P(B)} \tag{7.8}$$

式中，$P(A\&B)$ 代表了商品 A 和商品 B 同时出现在购物篮中的概率，而 $P(A)$ 代表了商品 A 出现在购物篮中的概率，$P(B)$ 代表了商品 B 出现在购物篮中的概率。

由式（7.8）可以看出，若商品 A 对商品 B 的提高率等于 1，表明商品 A 和商品 B 同时出现在购物篮中的概率等同于商品 A 出现在购物篮中的概率乘以商品 B 出现在购物篮中的概率。根据概率学相关知识可知，在这种情况下，商品 A 和商品 B 出现在购物篮中的行为是完全无关的。即所有顾客对于商品 A 和商品 B 的购买行为是完全独立的。

而当商品 A 对商品 B 的提高率大于 1 时，表明商品 A 和商品 B 的购买行为之间是正向关联的，数值越大，表明其关联性越强。

若商品 A 对商品 B 的提高率小于 1，则代表商品 A 和商品 B 的购买行为之间是互斥关系，即对商品 A 的购买会减弱购买商品 B 的意愿。

例题 7.1　若某购物篮记录为：

消费者 1：啤酒、蛋糕、薯条、阿司匹林。

消费者 2：尿布、婴儿乳液、葡萄汁、婴儿食品、牛奶。

消费者 3：雪碧、薯条、牛奶。

消费者 4：啤酒、牛奶、冰激凌、薯条。

消费者 5：雪碧、咖啡、牛奶、面包、啤酒。

消费者 6：啤酒、薯条。

请计算：

（1）$S(啤酒 \rightarrow 薯条)$。

（2）$S(牛奶 \rightarrow 雪碧)$。

（3）$C(啤酒 \rightarrow 薯条)$。

（4）$L(啤酒 \rightarrow 薯条)$。

解　（1）计算啤酒对薯条的支持度：

$$S(啤酒 \rightarrow 薯条) = \frac{N(啤酒 \, \& \, 薯条)}{N} = \frac{3}{6} = \frac{1}{2} \tag{7.9}$$

（2）计算牛奶对雪碧的支持度：

$$S(牛奶 \rightarrow 雪碧) = \frac{N(牛奶 \, \& \, 雪碧)}{N} = \frac{2}{6} = \frac{1}{3} \tag{7.10}$$

（3）计算啤酒对薯条的置信度：

$$C(啤酒 \rightarrow 薯条) = \frac{N(啤酒 \, \& \, 薯条)}{N(啤酒)} = \frac{3}{4} \tag{7.11}$$

（4）计算啤酒对薯条的提高度，先计算薯条对薯条的支持度：

$$S(薯条) = \frac{N(薯条)}{N} = \frac{4}{6} = \frac{2}{3} \tag{7.12}$$

再计算啤酒对薯条的提高度：

$$L(啤酒 \rightarrow 薯条) = \frac{C(啤酒 \rightarrow 薯条)}{S(薯条)} = \frac{3/4}{2/3} = \frac{9}{8} > 1 \tag{7.13}$$

啤酒对薯条的提高度大于 1，由此可见购买啤酒的行为对于购买薯条的行为是有促进作用的。

4. 商品相关性的运用

通过对支持度、置信度和提高度的计算，可以发现商品之间的相关性。而了解了某些商品的相关性后，就可以合理地运用。比如交叉陈列，即把互相正关联的商品放置在一起，这样可以方便顾客购物，节约顾客的购物时间，并且可以通过心理暗示的方式提升关联购买率。或者将互相关联的商品直接捆绑销售，从而提升销售额。

这里列举几个典型的案例：

1）皮蛋、豆腐和青豆。某超市，通过商品相关性分析，发现皮蛋、豆腐和青豆出现在同一个购物篮的比例很高，即这三者之间存在关联关系。通过进一步调查，发现该超市所属区域中有许多饭店。这些饭店经常到这家超市购买这三样商品来制作"皮蛋豆腐"。而饭店往往是在客户点菜后，才匆忙到超市购买皮蛋、豆腐和青豆。由于超市很近，买完东西后再回去给客户做菜也不耽误。为了让这些饭店购物更方便，该超市将这三样商品直接陈列在一起。一个月后，对这三样商品进行关联分析发现，三种商品陈列在一起后，极大地缩短了顾客寻找商品的时间，三种商品的销售额分别上升了 5%、8%、3%，商品关联度也进一步增加。

2）菠菜和丘比酱。这是一个发生在日本零售业的案例。日本某商店将一种拌色拉用的丘比酱放在菠菜旁边销售。原来一星期只能销售 658 把的菠菜，关联陈列后销售量增加至 1 650 把，增长了 151%。而丘比酱也从原来的一星期只销售 19 瓶增加到了 300 瓶，增长了 1 478.9%。之所以会出现如此的效果，是因为在日本，菠菜一般都是作为色拉主菜食用的。该商店将菠菜和丘比酱放在一起关联陈列之后，当顾客忙碌了一天下班后进入商店时，心里正嘀咕着"今天晚饭吃什么"，一看到摆在货架上的菠菜和丘比酱，就会突然有了想法，"行了，菠菜色拉，就是它了"。于是，两个商品的销售业绩均得到大幅提升。这个例子和超市里会在冷冻柜台上面摆放饺子醋是一个道理，是在暗示客户买速冻饺子的时候，别忘了带点醋回家。

5. 互斥关联关系的运用

商品之间的互斥关系也是有用处的。例如，有的商店在摆放鞋油的货架上，一口气陈列 30 ~ 40 种鞋油，而这些鞋油使用方法相同、价格相近，只是形状不同而已。其实，通过商品相关性分析可知，这些鞋油其实是存在互斥关联关系的。像这样陈列互斥的鞋油，会造成货架的浪费，同时过多的商品选择反而会造成客户无所适从，无法做出购买决定，客户会干脆放弃购物。因此，比较合理的方案是在一个货架上不应出现五种以上的互斥商品，这样，既满足了客户的购买需求，也使货架资源的使用得以优化。

7.1.1.4　日式购物篮分析法——外界因素的影响分析

日式购物篮分析法的研究重点在于找出外界各种因素对商品销售情况的影响。这其实也是一种相关性分析，只是分析的对象不同而已。

通过日式购物篮分析法，找出外界因素对购物行为的影响后，可以配合形成心理暗示来提示购买，或者根据外界因素来确定上架物品摆放情况、比例、位置。

比如德国啤酒的"啤酒—气温指数"——根据研究发现，夏季气温每上升 1 ℃，就会增加 230 万瓶的啤酒销量；日本空调指数——研究者发现夏季 30 ℃以上的天气多一天，空调销量即增加 4 万台；我国台湾七五三感冒指数——研究表明，在一天中如果最高温度、最低温度相差 7 ℃，昨天和今天温度相差 5 ℃，且湿度差大于 30% 的话，感冒的人会增加，商家就要考虑把感冒药、温度计和口罩之类的商品上架。

再如，面包房即使不烤面包了，也要在烤箱里烤上点东西，把烘烤面包的香味散发出去，勾起客户食欲，客户的双腿会不由自主地走到面包柜台。同样，烤鸡味道也是一种极其诱人的食品诱导味道，因此在很多卖场中一定要架上烤炉，现场烤鸡，并且一定要让味道散发出来。

例题 7.2　根据有关购物心理学研究表明，人们认为一双女士拖鞋在 6 元以下比较便宜，而在 20 元以上就比较贵。请问，你会怎么安排拖鞋价格分布区间？

解　这里提供一个真实案例供参考。

对某购物场所的女士拖鞋品类的调查发现，共有 27 个单品。

其中最低价格为 5.9 元，比 6 元的价格稍低，并且在这个低价位上提供两个单品，让客户可以有所选择。另外，该购物场所有 22 种女士拖鞋价格在 19.9 元以下，就是为了不突破 20 元的高价心理价。同时，为了提升女士拖鞋品类的销售业绩，又在 24.9 元的价位提供了 4 个单品，最后在 39.9 元的价位提供了一个单品，用于反衬 24.9 元的女士拖鞋价格不高，避免突破客户的心理价位。

7.1.1.5　对购物的一些思考

根据购物篮分析法，我们来探讨一下，什么样的商品是好商品呢？

究竟该用什么指标来衡量商品的好坏呢？销量高？毛利高？周转快？

让我们来看几个例子：

- 第一种商品：啤酒，销售量很好，毛利率很低，一瓶赚 2 角，每天卖 100 箱才赚 480 元。
- 第二种商品：葡萄酒，毛利率很高，30%，卖一瓶赚 150 元，周转很慢，只有中秋、春节才会卖上一两瓶，并且商场进货占用大量资金。
- 第三种商品：某碳酸饮料，周转率很高，3 天周转一次，占货架面积大，库存占用空间高，因而管理费用高。

从你的理解来看，这三种商品哪种算是好商品呢？

也许不太好确定，那我们再来看一个例子：

- 有一种豆制品，毛利很低，甚至经常出现负毛利销售，给商店带来了利润方面的损失，照理说应该尽快淘汰出局。但是，淘汰之后发现很多老客户在门店里看不到了。

那这种豆制品应该算是好商品还是坏商品呢？

- 某超市有一些黄油、奶酪商品销售状况不好，剔除后却发现门店少了一些高端客户，葡萄酒的销量也在下降。

这些商品又该如何评判呢？

购物篮分析法给我们的启示就是，需要全局考虑、全盘思索，大家好才是真的好！

 笔记

购物篮大于商品：以购物篮为中心的顾客经营模式，商品排名只能体现商品自身的表现，而购物篮可以体现客户的购买行为及消费需求，关注购物篮可以使门店随时掌握客户的消费动向，从而使门店始终与客户保持一致。

7.1.1.6　思维启示

1. 启示一：不要只见树木，而不见森林

沃尔玛的"啤酒和尿布"故事并不是偶然产生的，它提示了在大数据时代，一定要更多地去从更为全面的角度去看问题，要看到事物之间的联系。

比如如果在沃尔玛，每个人都只关注自己的"一亩三分地"，卖啤酒的只管闷头卖啤酒，卖尿布的只管闷头卖尿布，每个柜台只关心自己的商品是否能进入客户手中的购物篮。卖啤酒的不关心购物篮中的尿布，卖尿布的也漠视购物篮中的啤酒，只要别漏了自己柜台的东西就行了。如果只是这样人人自扫门前雪，那么长期下去，商店的整体效益肯定不会好。而反观沃尔玛的卖场管理体系，购物篮是主要的管理对象，而不仅是商品。

沃尔玛认为商品销售量的冲刺只是短期行为，而零售企业的生命力则取决于购物篮。一个小小的购物篮不仅体现了客户的真实消费需求和购物行为，而且每个购物篮里都蕴藏着太多的客户信息。零售业的宗旨是服务客户，沃尔玛认为商店的管理核心应该是以购物篮为中心的顾客经营模式，商品排名只能体现商品自身的表现，而购物篮可以体现出客户的购买行为及消费需求，关注购物篮可以使门店随时掌握客户的消费动向，从而使门店始终与客户保持一致。也就是这种纵观全局的思维方式，让沃尔玛发现了啤酒与尿布之间的关系，从而引发了后面的故事。

2. 启示二：注重相关关系的研究

"啤酒与尿布"故事的依据是商品之间的相关性（也称为关联性），商品相关性是指商品在卖场中不是孤立的，不同商品在销售中会形成相互影响的关系（也称为关联关系），比如在"啤酒与尿布"故事中，尿布会影响啤酒的销量。在卖场中商品之间的关联关系比比皆是，比如咖啡的销量会影响到咖啡伴侣、方糖的销售量，牛奶的销量会影响面包的销售量等。

所谓事物之间的相关性是指当一个事物发生变化时，另一个事物也会发生变化。当事物之间的变化是相互抵消的，比如猪肉价格上涨与猪肉销量下降，称这种相关性是负相关；当事物之间的变化呈现同一个方向发展时（比如气温上升、冷饮销量也上升），称这种相关性是正相关。

有些事物的相关性显而易见，有些则不是那么明显。美国华尔街股票分析师将女性超短裙的长度与道琼斯股票指数建立了关联，超短裙的长度与股票指数成反比趋势，据说十分灵验，这就是相关性在生活中的种种体现。

商店中的关联性更是比比皆是，比如烟酒销售的关联关系：当门店附近有建筑工地时，低档烟、酒的销售就会上升；当附近有高档社区时，中华烟、葡萄酒的销售量就会上升。

商品相关性并不只是数据分析的事，更重要的是它反映了客户心理层面的因素，毕竟是人在提着购物篮，而不是猴子。

客户在购物时的心理行为是产生商品之间关联关系的最基本原因。人们在运用数据科学的相关手段时，就是从手头的数据来反向分析人心理因素的影响。在找到购物篮规律时，必须从客户消费心理层面解释这些关联关系，否则"啤酒与尿布"会永远停留在啤酒与尿布这两个商品身上，而没有任何的推广意义。要想详细地了解商品相关性形成的客户心理因素，则需要进行大量的客户消费行为观察，构建客户购物篮场景，才可使"啤酒与尿布"的故事发扬光大。

3. 启示三：深挖数据背后的含义

要想找到"啤酒与尿布"之间的关联关系，就要对客户手中的购物篮进行计算。我们将单个客户一次购买商品的总和（以收银台结账为准）称为一个购物篮。比如我们在超市收银台一次购买了5件商品：啤酒、卫生纸、熟食、果汁饮料、大米，就可以认为在这个购物篮中共有5件商品，在收款台交款时，这5件商品会集中体现在同一张收款小票中。因此，一个购物篮就是一张收款小票，购物小票就是购物篮分析的一个重要依据。

别小看这一张购物小票，它并不简单，上面实际上包含了三个层面的含义。

1）购买商品的客户："啤酒与尿布"实际上是讲述了特定客户群体（年轻父亲）的消费行为，如果忽略了这个特定的客户群体，"啤酒与尿布"的故事将会毫无意义。

2）购物篮中的商品：同时出现在一个购物篮中的啤酒和尿布包含了很多要素，比如这些啤酒与尿布同时出现是否具有规律性？啤酒和尿布的价格是多少？是否进行了促销？

3）购物篮的金额信息：购买啤酒和尿布的客户使用了什么样的支付方式（是现金、银行卡、会员储值卡，还是支票等）？

通常的超市里都有会员卡。通过会员卡分析 POS 机的消费数据，可以知道与每个特定会员相关的购买数据信息。比如，通过分析某人的会员卡，可以知道这样的事实：老张今天买了 2 瓶啤酒、1 包花生米、2 袋豆腐干；大前天老张买了 4 瓶啤酒、1 包开花豆、4 袋豆腐干。

可是一个 1 000 m² 的超市，像老张这样的客户一天可能有 1 000～2 000 个，这样的数据看上一天也不会有什么结果，除了知道老张喜欢喝上一口，喜欢用花生米、豆腐干下酒，其他的事情都不知道。

的确，了解一个又一个老张的喝酒习惯对门店而言是没有意义的。门店需要知道的是，门店有多少个老张？又有多少个与老张喝酒习惯不同的老李？将喝啤酒就花生米的老张与喝干白葡萄酒就腰果的老李分开，分成不同的客户群体，对门店而言才是有意义的。比如门店只要知道，在喜欢喝酒的 100 个客户里，有 30 个喝啤酒就花生米的老张，10 个喝干白葡萄酒就腰果的老李，另外有 20 个老王是喝黄酒就豆腐干，这就足够了。门店这时就可以知道，啤酒与花生米有关联关系，干白葡萄酒与腰果有关联关系，黄酒与豆腐干有关联关系，这些商品可以考虑一起促销，或者摆放在相近的位置进行陈列。

4. 启示四：数据分析不要停留于表面

先来看一个例子：某海滨城市超市周末上午会出现切片面包脱销的情况。于是超市管理人员想当然地认为，这是由于到海滨旅游的家庭买了面包给小孩当早餐。于是他们依据标准的购物篮分析法，开始丰富门店的切片面包品种，并提升其档次。另外，还参照交叉销售的模式，补充与切片面包具有相关性的果酱、火腿肠、黄油等商品。但是，这样的举措却没有给门店销售额带来提升。经过调查才发现，原来这个门店的切片面包是被前往海滨的钓鱼者买去，充当钓鱼饵料使用。于是，管理人员将门店的切片面包调整为低档、低价的切片面包，并且开始开发垂钓相关商品。

从这个例子中不难看出，发现现象后，一定要深挖本质，不应只停留于表面。只有清楚现象背后的原因，才能真正利用这个规律。

数据分析师发现了规律后，还需要做深入的调查研究，弄明白规律背后隐含的道理（图 7.4）。

图 7.4　研究数据不应只停留于表面

7.1.2 亚马逊——个性化推荐

7.1.2.1 案例详析

亚马逊是全球电子商务的创始者，是通过对数据的充分使用和挖掘而在商战中获胜的最佳代表，被誉为在线商城，尤其是个性化推荐的领袖。过去 10 年，该公司已投入了大量的金钱和智力来建成一套智能推荐系统，它会考虑历史浏览记录、过去的购买记录和其他购物者的记录——所有这些都是为了确保访问者能买东西。

据统计，亚马逊销售额的 1/3 来自它的个性化推荐系统（图 7.5）。亚马逊利用用户在亚马逊上的购买、浏览记录和行为历史，综合运用多种推荐算法：基于 item 相似和相关性、基于行为历史、基于协同过滤等，来实现个性化的推荐。

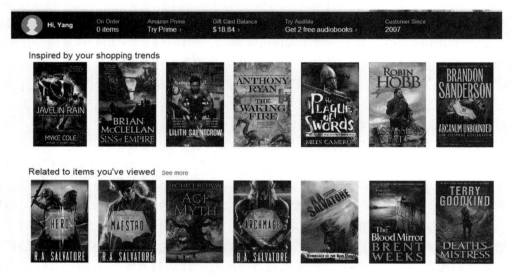

图 7.5　亚马逊的个性化推荐系统

1994 年杰夫·贝索斯创办了这家后来更名为亚马逊的电子商务公司。最初，亚马逊的推荐内容全由人工完成。他们聘请了一个由 20 人组成的书评团队，专门负责写书评、推荐新书，在亚马逊的网页上推荐有意思的新书。这个书评团队在那时对亚马逊书籍的销量有很大帮助。

但是，随着亚马逊网站上所售书籍的量越来越大，这种人工推荐方式的弊端不断显现：

1）需要投入大量人力、物力、时间，因为每本书籍都需要多个书评人来阅读，而阅读一本书也需要大量时间。

2）书评人有自己的偏好性，如何能够保证书评的恰当性、无偏差性、客观性？

3）大部分书评人年纪比较大，如何保证与潮流大众的契合程度？

4）书评的更新速度是一项非常重要的因素。

于是，亚马逊公司决定尝试更有创造性的做法，打算根据用户的习惯来为其推荐商品，即利用推荐算法来实现个性化推荐。

最初他们所采用的推荐算法是将不同用户进行比较，希望找到用户之间的关联，从而去推荐书籍。但是问题在于，面对庞大的数据，算法过于烦琐，结果也会差强人意。

亚马逊当时的技术人员格雷格·林登思考之后，想出了一个解决方法：其实没有必要将不同的用户进行比较，只需要找到产品之间的关联。运用这样的推荐方式可以提前分析出产品之间的关系，于是推荐速度非常快，适用于不同产品，甚至可以跨界推荐商品。

林登将书评家带来的销售量和推荐系统产生的营销业绩进行了比较，发现推荐系统带来的商品销量远远高于书评家，这个销量比较数据直接促成了亚马逊解散书评组，而由推荐系统取代他们来推荐更可能受用户欢迎的产品。

这种基于海量数据的推荐，也是大数据早期运用的一种重要形式。

7.1.2.2　亚马逊的推荐方式

亚马逊的大数据挖掘秘密简单来说有四步：

第一步，收集用户行为数据。

用户使用亚马逊网站上发生的所有行为都会被亚马逊记录，如搜索、浏览、打分、点评、购买、使用减价券和退货等。所收集的历史记录包括：他们购买了什么书籍，哪些书他们只浏览却没有购买，浏览了多久，哪些书是他们一起购买的，有了这些数据，亚马逊就能精准地判断出用户的购物喜好。根据这些数据，亚马逊勾画出每个用户的特征轮廓和需求，并以此为依据进行精准营销。

具体来说，亚马逊记录的用户行为数据包括：

1）访问日志：用户的访问行为，包括 IP、访问方式、地域、时间等。

2）点击日志：用户的点击行为。

3）会话日志：由点击日志生成的，可描述用户行为的日志形式，记录了用户的各种行为，如浏览、购买、点击、评分和评论等。

第二步，整合用户行为数据。

完成了用户行为的数据收集后，亚马逊会分析会话日志，从用户的行为来了解他们的喜好——看了什么书，买了什么书，收藏了什么书，为什么有些书看了却没买，或是等了一段时间才买。

还会鼓励用户参与投票、写书评（图 7.6）。这其实是一种主动性地暴露用户兴趣爱好的方式，可以透露用户的观点、倾向等，从而帮助亚马逊给用户打上"标签"。

第三步，个性化推荐营销服务。

接下来，就是利用推荐算法，通过对所获取到的用户行为数据的分析和理解，来实现个性化推荐服务。通过推荐服务，不仅可以提高用户购买的意愿，缩短购买的路径和时间，还可以在恰当的时机捕获用户的最佳购买冲动，降低传统营销方式对用户的无端骚扰。

第四步，统计用户反馈数据。

正如一个稳定的系统一般，推荐系统也需要一个反馈环节。亚马逊的个性化推荐包含两种方式：在线的推荐；线下的推荐，如邮件方式，或其他的线下推送方式。

那么对于在线推荐方式，需要收集的反馈行为数据包括：

1）用户会浏览推荐的书籍并直接购买。

2）用户也许会浏览，但不直接购买。

3）用户可能会直接反馈推荐效果（这不是我想要的）。

4）用户也许不会浏览。

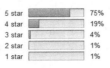

Customer Reviews

4.7 out of 5 stars ▾   526

5 star		75%
4 star		19%
3 star		4%
2 star		1%
1 star		1%

See all 526 customer reviews ›

Share your thoughts with other customers

Write a customer review

Top Customer Reviews

★★★★★ **probably the best Wax & Wayne book to date**
By Sneaky Burrito **TOP 100 REVIEWER** on January 26, 2016
Format: Hardcover

I have to admit, I was kind of down on Brandon Sanderson's work for awhile after reading the final book in the Mistborn trilogy (this was a few years back). I kept thinking, ugh, another new metal (or alloy). So I stayed away from the Wax & Wayne books for a long time. Then I got offered this book to review and I decided to give Sanderson's world another chance. I read Alloy of Law and Shadows of Self immediately before Bands of Mourning, and I actually enjoyed all three quite a bit. (So much that I jumped right in and read Words of Radiance immediately after -- I guess I needed more of a Sanderson fix.)

So that is one point in this book's favor. After reading all three of the current Wax & Wayne books in a row (this being the third), I wanted to jump into the next one. Only, it's not even written yet so I have to wait awhile. For what it's worth, this is definitely not going to work as a standalone. You need to read the previous two Wax & Wayne books (titles in the previous paragraph) and it pays to have some knowledge of the Mistborn trilogy as well (it doesn't have to be in-depth knowledge; I read those books probably more than five years ago and I remembered and/or was reminded of enough over the course of reading to understand what was going on.)

Anyway, like the other two Wax & Wayne books, this one was fairly short (I think just over 300 pages though I was reading it on Kindle so I'm not 100% sure) and very fast-paced. Definitely a quick read. And there weren't any slow parts. I think Sanderson's weakness is explaining background information; it can be painful to

图 7.6　鼓励用户参与投票、写书评等主观性活动

而对于线下推荐方式，需要收集的反馈行为数据包括：

1）用户是否打开了邮件。

2）用户是否单击了邮件中的链接浏览促销产品。

3）用户单击了之后是否会购买。

4）用户直接单击"以后别给我发邮件了"。

反馈的目的在于评估推荐的效果，并根据效果来调整和优化推荐算法。基于所收集的用户反馈行为的数据，亚马逊可以更好地提升其推荐算法的效率。

7.1.2.3　推荐算法

推荐算法出现的原因是多方面的：人们置身于一个数据爆炸的时代。相比于过去的信息匮乏，面对现阶段海量的信息数据，用户最头疼的是对海量信息的筛选和过滤。而一个具有良好用户体验的系统，会将海量信息进行筛选、过滤，将用户最关注、最感兴趣的信息展现在他们面前。这样可以大大提高系统工作的效率，同时也节省了用户筛选信息的时间。

搜索引擎的出现在一定程度上解决了信息和数据筛选的问题，但还远远不够。因为要使用搜索引擎，有一个前提条件，就是需要用户主动提供关键词来对海量信息进行筛选。但当用户无法准确描述自己的需求时，搜索引擎的筛选效果将大打折扣，而用户将自己的需求和意图转化成关键词的过程本身就是一个并不轻松的过程。况且很多时候，用户并不清楚自己需要寻找什么样的物品。这就需要推荐算法的帮助。

推荐系统（图 7.7）的任务就在于联系用户和信息，一方面帮助用户发现对自己有价值的信息；另一方面让信息能够展现在对它感兴趣的人群中，从而实现信息提供商与用户的双赢。

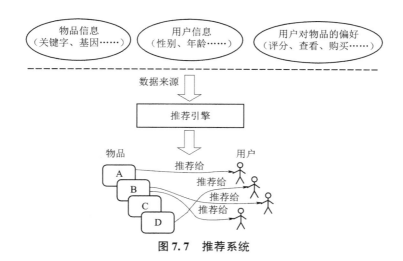

图 7.7　推荐系统

1. 基于人口统计学的推荐算法

这是最为简单的一种推荐算法，它只是简单地根据系统用户的基本信息发现用户的相关程度，然后将相似用户喜爱的其他物品推荐给当前用户。

首先会根据用户的属性建模，比如用户的年龄、性别、兴趣等信息。然后，根据这些特征计算用户间的相似度，再实现推荐。比如图 7.8 中，通过计算发现用户 A 和用户 C 比较相似，而用户 A 喜欢物品 A，因此会尝试把物品 A 推荐给用户 C。

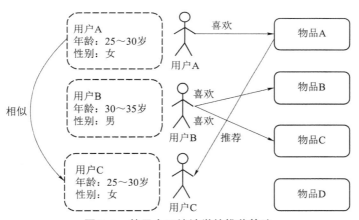

图 7.8　基于人口统计学的推荐算法

基于人口统计学的推荐算法的优势在于：不需要历史数据，没有冷启动问题；不依赖物品的属性，因此其他领域的问题都可无缝接入。但其不足之处在于，这种算法比较粗糙，效果很难令人满意，只适合简单的推荐。

2. 基于内容的推荐

基于内容的推荐（Content – based Recommendation）是信息过滤技术的延续与发展，它是建立在项目的内容信息上做出推荐的，而不需要依据用户对项目的评价意见，更多地需要用机器学习的方法从关于内容的特征描述的事例中得到用户的兴趣资料。

在基于内容的推荐系统中，项目或对象是通过相关特征的属性来定义的，系统基于用户评价对象的特征、学习用户的兴趣，考察用户资料与待预测项目的匹配程度。用户的资料模型取决于所用的学习方法，常用的有决策树、神经网络和基于向量的表示方法等。基于内容的用户资料需要有用户的历史数据，用户资料模型可能随着用户的偏好改变而发生变化。

基于内容的推荐与基于人口统计学的推荐有类似的地方，只不过系统评估的中心转到了物品本身，使用物品本身的相似度而不是用户的相似度来进行推荐。

首先要对物品的属性进行建模，图7.9用类型作为属性。在实际应用中，只根据类型做出判断显然过于粗糙，还需要考虑演员、导演等更多信息。通过相似度计算，发现电影A和电影C相似度较高，因为都属于爱情类，还会发现用户A喜欢电影A。由此得出结论：用户A很可能对电影C也感兴趣。于是将电影C推荐给用户A。

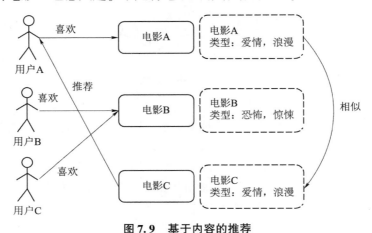

图7.9　基于内容的推荐

基于内容的推荐算法的优势在于：对用户兴趣可以很好地建模，并通过对物品属性维度的增加，获得更好的推荐精度。而不足之处就在于：①物品的属性有限，很难有效得到更多数据；②物品相似度的衡量标准只考虑到了物品本身，有一定的片面性；③需要用户的物品的历史数据，有冷启动的问题。

3. 基于协同过滤的推荐算法

基于协同过滤的推荐算法（Collaborative Filtering Recommendation）技术是推荐系统中应用最早和最为成功的技术之一。它一般采用最近邻技术，利用用户的历史喜好信息计算用户之间的距离，然后利用目标用户的最近邻居用户对商品评价的加权评价值来预测目标用户对特定商品的喜好程度，从而根据这一喜好程度来对目标用户进行推荐。

基于协同过滤的推荐算法最大优点是对推荐对象没有特殊的要求，能处理非结构化的复杂对象，如音乐、电影。

基于协同过滤的推荐算法是基于这样的假设：为一用户找到他真正感兴趣的内容的好方法是首先找到与此用户有相似兴趣的其他用户，然后将他们感兴趣的内容推荐给此用户。其基本思想非常易于理解，在日常生活中，人们往往会利用好朋友的推荐来进行一些选择。基于协同过滤的推荐算法正是把这一思想运用到电子商务推荐系统中来，基于其他用户对某一内容的评价来向目标用户进行推荐。

基于协同过滤的推荐系统可以说是从用户的角度来进行相应推荐的，而且是自动的，即用户获得的推荐是系统从购买模式或浏览行为等隐式获得的，不需要用户努力地找到适合自己兴趣的推荐信息，如填写一些调查表格等。

基于协同过滤的推荐算法具有如下优点：

1）能够过滤难以进行机器自动内容分析的信息，如艺术品、音乐等。

2）共享其他人的经验，避免了内容分析的不完全和不精确，并且能够基于一些复杂的、难以表述的概念（如信息质量、个人品位）进行过滤。

3）有推荐新信息的能力。可以发现内容上完全不相似的信息，用户对推荐信息的内容事先是预料不到的。这也是基于协同过滤的推荐算法和基于内容的推荐一个较大的差别，基于内容的推荐很多都是用户本来就熟悉的内容，而基于协同过滤的推荐可以发现用户潜在的但自己尚未发现的兴趣偏好。

4）能够有效地使用其他相似用户的反馈信息，减少用户的反馈量，加快个性化学习的速度。

虽然基于协同过滤的推荐算法作为一种典型的推荐技术有其相当的应用，但协同过滤仍有许多的问题需要解决。最典型的问题有稀疏问题（Sparsity）和可扩展问题（Scalability）。

4. 基于关联规则的推荐

基于关联规则的推荐（Association Rule - based Recommendation）是以关联规则为基础，把已购商品作为规则头，规则体为推荐对象。关联规则挖掘可以发现不同商品在销售过程中的相关性，在零售业中已经得到了成功的应用。

管理规则就是在一个交易数据库中统计购买了商品集 X 的交易中有多大比例的交易同时购买了商品集 Y，其直观的意义就是用户在购买某些商品的时候有多大倾向去购买另外一些商品。比如购买牛奶的同时很多人会购买面包。

算法的第一步关联规则的发现最为关键且最耗时，是算法的瓶颈，但可以离线进行。其次，商品名称的同义性问题也是关联规则的一个难点。

5. 基于效用的推荐

基于效用的推荐（Utility - based Recommendation）是建立在对用户使用项目的效用情况上计算的，其核心问题是怎样为每一个用户去创建一个效用函数，因此，用户资料模型很大程度上是由系统所采用的效用函数决定的。

基于效用推荐的好处是它能把非产品的属性，如提供商的可靠性（Vendor Reliability）和产品的可得性（Product Availability）等考虑到效用计算中。

6. 基于知识的推荐

基于知识的推荐（Knowledge - based Recommendation）在某种程度上可以看成是一种推理（Inference）技术，它不是建立在用户需要和偏好基础上推荐的。

基于知识的方法因它们所用的功能知识不同而有明显区别。效用知识（Functional Knowledge）是一种关于一个项目如何满足某一特定用户的知识，因此能解释需要和推荐的关系，所以用户资料可以是任何能支持推理的知识结构，它可以是用户已经规范化的查询，也可以是一个更详细的用户需要的表示。

7. 组合方式的推荐

由于各种推荐方法都有优缺点，所以在实际中，组合推荐（Hybrid Recommendation）经常被采用。研究和应用最多的是内容推荐和协同过滤推荐的组合。

最简单的做法就是分别用基于内容的方法和协同过滤推荐方法去产生一个推荐预测结果，然后用某方法组合其结果。尽管从理论上有很多种推荐组合方法，但在某一具体问题中并不见得都有效，组合推荐的一个最重要原则就是通过组合来避免或弥补各自推荐技术的弱点。

在组合方式上，有研究人员提出了七种组合思路：

1）加权（Weight）：加权多种推荐技术结果。

2）变换（Switch）：根据问题背景和实际情况或要求决定变换采用不同的推荐技术。

3）混合（Mixed）：同时采用多种推荐技术给出多种推荐结果，为用户提供参考。

4）特征组合（Feature Combination）：组合来自不同推荐数据源的特征被另一种推荐算法所采用。

5）层叠（Cascade）：先用一种推荐技术产生一种粗糙的推荐结果，另一种推荐技术在此推荐结果的基础上进一步做出更精确的推荐。

6）特征扩充（Feature Augmentation）：将一种技术产生附加的特征信息嵌入另一种推荐技术的特征输入中。

7）元级别（Meta – level）：用一种推荐方法产生的模型作为另一种推荐方法的输入。

7.1.3 潘多拉音乐组计划——标签系统的运用

7.1.3.1 案例详析

让我们先来看一组数据：8 000 万以上的注册用户，80 亿次以上的点击次数，用户月平均在线时长达 10 h 以上，并且新用户以每秒一人的速度疯狂增长，占据着全美前 20 大网络电台 50% 以上的市场份额（以时间计）。

它不是 Facebook 或 Twitter 成长过程中的一段缩影，这是一家名为"潘多拉"的网络电台。潘多拉媒体首次向 SEC 提交了 S – 1 文件（IPO 文件），正准备向华尔街打开它充满魔力的"潘多拉盒子"（图 7.10）。

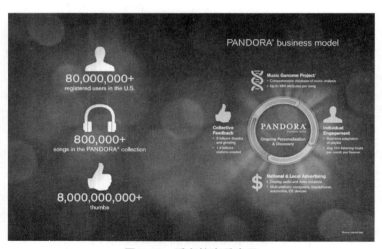

图 7.10　潘多拉音乐盒子

先来看看潘多拉音乐盒子的创办故事：在创立潘多拉网络电台之前，CEO 蒂姆·威斯特伦一直都是落魄的音乐人。20 世纪 90 年代末，他在帕洛阿尔托假日酒店的一场特约演出中倚着大屏幕电视机演奏钢琴，电视上正在播放美式橄榄球的最新战报。一位球迷走过来，问他能不能停下来，这样才能听清比分，威斯特伦回忆道："那位球迷能看到比分，但他还想亲耳听到。"那天晚上威斯特伦从酒店厨房领到免费汉堡之后，放弃了自己的演奏职业，开始考虑其他音乐行当，并在 2005 年推出潘多拉网络电台服务。

潘多拉电台在官网中这样解释取名潘多拉的寓意：潘多拉是宙斯用黏土做成的第一个女人，从希腊众神那儿得到了音乐等许多礼物，她出于好奇打开一个魔盒，从中释放出人世间的所有邪恶：贪婪、虚无、诽谤、嫉妒、痛苦，等等。潘多拉网络电台正是取其音乐和好奇心的双重寓意，通往音乐的发现之旅。

那潘多拉网络电台到底是如何吸引 8 000 万注册用户的音乐好奇心的呢？

简单地讲，潘多拉网络电台其实就是一个高度个性化的"私人电台"。潘多拉通过分析用户对所播放歌曲的反馈行为（喜欢或不喜欢）以及歌曲本身，随机推送基于用户习惯的音乐。潘多拉网络电台不设置音乐播放列表，不能播放用户选定歌曲，完全颠覆了传统的播放器模式。

潘多拉音乐盒子的用户模式。

第一步：用户在潘多拉音乐盒子网站注册，打开网页，网站上跳出一个简单精致的音乐盒子。

第二步：用户输入一首自己喜欢风格的歌曲或者某歌手的名字。例如，输入迈克·杰克逊的"Beat It"，然后单击潘多拉系统自动联想的第一个选项"Beat It by Michael Jackson"，于是便创建了一个名为"Beat It"的私人电台（图 7.11），"Beat It"电台主要向用户推送与"Beat It"风格类似的歌曲。

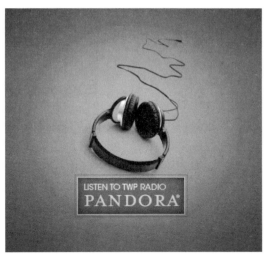

图 7.11　"Beat It"私人电台

第三步：与传统播放器不同，潘多拉电台并不是直接播放选择的歌曲"Beat It"，而是推送一首风格与"Beat It"十分相近的"The Way You Make Me Feel"（也可能是其他歌手的歌曲）。

第四步：通过互动，潘多拉系统会根据用户的操作行为重新计算并修正用户个人的音乐库，推送更加符合我们个人习惯的歌曲。例如，当潘多拉播放"The Way You Make Me Feel"时，如果我们单击喜欢（Thumbs - up），那么潘多拉将推送更多与"The Way You Make Me Feel"基因类似的音乐，而如果我们单击不喜欢（Thumbs - down），潘多拉将推送那些和它差距越来越大的音乐。

第五步：经过多次的相互反馈，潘多拉网络电台就会建立一个高度个性化的"私人电台"（图 7.12）。

图 7.12　私人定制的电台音乐

第六步：那如果厌倦了某种音乐风格怎么办？我们可以通过输入不同风格的歌曲新建另一个"私人电台"，潘多拉网络电台允许每名用户最多建立 100 个私人电台，然后潘多拉的系统将基于这首不同风格的歌曲重新进行推送。潘多拉网络电台在 S-1 文件中透露，公司总计拥有 14 亿个"私人电台"，平均每名注册用户拥有的"私人电台"达 17 个左右（图 7.13）

图 7.13　潘多拉电台 App

7.1.3.2　音乐基因组计划

潘多拉网络音乐电台之所以会如此成功，要归功于其背后的音乐基因组计划。潘多拉的 CEO 威斯特伦，在创立公司的最初专注于打造一款能够分析歌曲的音乐推荐引擎，最后这成了潘多拉网络电台为用户推送音乐的核心。

基因决定了我们和父母、亲戚的相近程度，也决定了我们的子女和我们的相近程度。而潘多拉的音乐基因组计划旨在将音乐分解成基本的基因片段。其背后的想法是，我们喜欢一段音乐是因为它的属性——为什么不利用音乐片段之间的相似性做一个音乐推荐系统呢？这种类型的推荐引擎属于物品推荐（Item Recommendation）。但是令人印象深刻的是，像一段音乐这样的物品，它的相似度需要通过它的"基因"构成来衡量。

据潘多拉网络电台在 IPO 文件中透露，公司的音乐基因组计划中收录了超过 80 万首经过单独分析的歌曲，这些歌曲来自 8 万名歌手。音乐基因组计划对收录的每首新歌依据其旋律、和声、配器、歌词等总计 480 项音乐属性进行分析归类，这样的工作基本上都由潘多拉网络电台的音乐分析师完成。只要潘多拉网络电台还能继续运转下去，音乐分析师的歌曲分析工作就不会停止，潘多拉网络电台是互联网中名副其实的劳动密集型企业。

那么让我们结合音乐基因组计划来看看潘多拉网络电台的工作原理：

第一步：当用户输入"Beat It"创建个性化电台时，潘多拉网络电台首先在其自己的音乐库中搜索到"Beat It"。

第二步：潘多拉系统运用基因组计划中的数据对它的旋律、和声、配器、歌词等属性进行分析，找出该歌曲在 480 项音乐属性上各自的特征。

第三步：通过某种算法在海量的音乐库中搜寻与其风格类似的歌曲，和音乐分析师分析歌曲一样，匹配过程中参照的音乐属性达 480 项。

第四步：推荐找到的歌曲，并记录用户对推荐结果的反馈。通过用户的"认可""拒绝"等判断来评估它推荐的曲目，从而根据不断地反馈推断出用户属于哪类听众、喜欢什么、不喜欢什么等，帮助优化之后的推荐。

用户在享受了潘多拉所提供的特色推荐的同时，他们的互动其实也在帮助潘多拉更好地改进推荐系统。

潘多拉网络电台的系统在匹配过程中完全不考虑歌手的知名度或者歌曲的流行程度，对所有的歌曲都一视同仁。它推送的歌曲非常符合听众的个性化需求，许多听众都能在潘多拉网络电台发现"失散多年"的老歌，或者发掘出默默无闻的歌手的作品。潘多拉网络电台推送的每一首歌都能激起听众的音乐好奇心。

7.1.3.3　标签的运用

潘多拉网络电台的独到之处在于它完全可以根据一首歌的本身属性探究音乐相似性背后的因素，而不需要了解用户的喜好就可以把用户黏住，真正实现了通过技术向用户智慧地推荐音乐的目的。这正是基因组计划工作的原理所在——将一个复杂的问题切割成对很多小的特性的描述，从而予以解决。

随着这种"基因"概念的普及，人们很自然地想到，可不可以把这种推荐方法应用于其他产品呢？比如图书、视频、电影、食物等。这时，"标签"就发挥了作用。

先来看一下目前的推荐算法的工作方式（图 7.14）。基本上可以把它们分为三种：

第一种方式是通过用户喜欢过的物品：可以给用户推荐与他喜欢过的物品相似的物品；

第二种方式是通过和用户兴趣相似的其他用户：可以给用户推荐那些和他们兴趣爱好相似的其他用户喜欢的物品；

第三种方式是通过一些特征（Feature）来联系用户：可以给用户推荐那些具有用户喜欢的特征的物品。

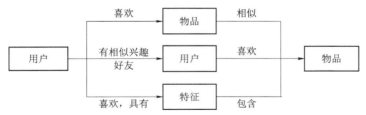

图 7.14　推荐算法的工作方式

让我们来关注第三种方式，这里所指的特征，有不同的表现方式，比如可以表现为物品的属性集合（比如对于图书，属性集合就包括了作者、出版社、主题和关键词等），也可以表现为隐语义向量（Latent Factor Vector）。而其中最重要的一种特征表现方式就是标签。

所谓的标签，我们可以理解为一种无层次化结构的、用来描述信息的关键词，它可以用来准确地描述物品的语义。

合理地运用好标签，可以帮助人们更好地刻画事物的特征，更好地了解相应的特性。

1. Delicious

Delicious 网站可以算是标签系统里的鼻祖，是目前网络上最大的书签类站点。它是一个帮助用户共享他们喜欢的网站链接的流行网站。

标签的作用就是可以让人们对某一条目进行标注，如添加词语以及短语。对于 Delicious 网站而言，所进行标注的条目就是书签。

Delicious 提供了一种简单共享网页的方法，它为无数互联网用户提供一种服务——对他们喜欢的网页书签进行分类。

如图 7.15 所示，每个网页下方都显示了相关联的标签名称，从而帮助之前没有浏览过这些网页的人们快速了解网页大致内容。

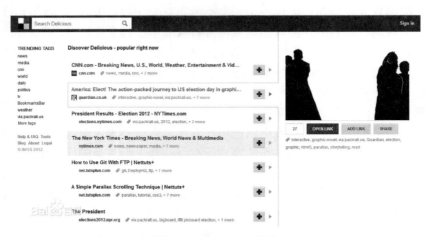

图 7.15　Delicious 网站

2. Lastfm

Lastfm 是 Audioscrobbler 音乐引擎设计团队的旗舰产品，以英国为总部的网络电台和音乐社区，有遍布 232 个国家超过 1 500 万的活跃听众。2007 年被 CBS Interactive 以 2.8 亿美元价格收购。它是世界上最大的社交音乐平台。音乐库里有超过 1 亿首歌曲曲目（其中 300 多万首可以收听）和超过 1 000 万的歌手。每个月，全世界 250 个国家 2 000 万人在这里寻找、收听、谈论自己喜欢的音乐。这个数字还在不断增长。

Lastfm 是一个音乐推荐服务，你通过注册账户和下载 The Scrobbler 软件开始使用 Lastfm 服务。The Scrobbler 根据播放过的曲目帮你发现更多音乐。它通过分析用户的听歌行为来预测用户对音乐的兴趣，从而给用户推荐个性化的音乐。

Lastfm 的 "Audioscrobb"（同步记录）基本上是一种 "懒人找新音乐" 的办法——你不需要做什么，只要在自己的计算机上安装一个客户端软件，此后每次在计算机、iPod 或者 iTunes 上播放一首音乐，这个软件都会忠实地记录下来，分析哪首歌曲播放的次数最多，然后自动向在 Lastfm 上的个人音乐主页添加元数据，推荐你可能喜欢的新音乐。你可以随意地听，也可以做一些简单的操作，表示你喜欢或者跳过、禁止这首音乐。这个私人电台还会深入你的音乐生活，将你与同样喜欢这些音乐的人连接起来，创建音乐小组，彼此分享和推荐好音乐。就像朋友之间互相比较唱片收藏，既然品味相似，那么他的唱片中必然有你喜爱而未曾听过的音乐。

图 7.16 中展示了在 Lastfm 网站上搜索 The Beatles 乐队的结果，可以看到，网站上展示了 The Beatles 乐队相关联的标签。也许人们并不了解 The Beatles 乐队，但是通过这些标签就能知道 The Beatles 乐队是活跃在 20 世纪 60 年代的英国的一组传统摇滚乐队。

classic rock · rock · 60s · the beatles · british · pop

The Beatles were an iconic rock group from Liverpool, England. They are frequently cited as the most commercially successful and critically acclaimed band in modern history, with innovative music, a cultural impact that helped define the 1960s and an enormous influence on music that is still felt today. Currently, The Beatles are one of the two musical acts to sell more than 1 billion records, with only Elvis Presley having been able to achieve the same feat. After conquering Europe... read more

Top Tracks

1　▶ ♡　Come Together　958,836
2　▶ ♡　Let It Be　942,111
3　▶ ♡　Yesterday　908,118
4　▶ ♡　Help!　879,858
5　▶ ♡　Here Comes the Sun　838,942

图 7.16　Lastfm 网站

3. CiteULike

作为一名科研人员或准科研人员，甚至是一名有志做点学问的研究生，不可避免地要阅读大量论文，很多时候这种工作是在网上完成的。那么你是否会有这样的烦恼：当你读完一篇论文时，发现它引用的另外一篇或多篇文献对你来说可能更有用，所以你想先把这个/这些引用保存下来，日后再读。这个工作耗费了大量的时间，复制粘贴，外部存储，建立目录，分类等，关键是还不能方便索引。如果考虑到做一项研究一共需要阅读的文献量的话，那么这个工作就变得不那么简单了。

CiteULike 是一个著名的论文书签网站。它允许研究人员提交或者收藏他们感兴趣的论文，并给论文打标签，从而帮助用户更好地发现和自己研究领域相关的优秀论文。这样，通过群体智能，让每个研究人员对自己了解的论文进行标记，从而帮助用户更好更快地发现自己感兴趣的论文。

就像图 7.17 所示，图中展示了 CiteULike 中一篇被用户打的标签最多的有关推荐系统评测的文章，可以发现，最多的两个标签是协同过滤（Collaborative – filtering）和评测（Evaluate），确实比较准确地反映了这篇论文的主要内容。

图 7.17　CiteULike

4. Hulu

在美国，Hulu 已是最受欢迎的视频网站之一。根据尼尔森的调查，Hulu 将 Google Video 挤出局成为全美排名第十的视频网站，其与合作网站的视频观众人数超过美国所有电视台网站的独立访客人数。

Hulu 引入了用户标签系统来让用户对电视剧和电影进行标记（图 7.18）。

Tags(94) [?]			Search with tags [ ] 🔍
Genre:	☑ medical(356)	☐ drama(299)	☐ mystery diagnosis(183) ☐ mystery(127)
Time:	☑ 2004(9)		
People:	☐ hugh laurie(200)	☐ greg house(120)	☐ omar epps(59) ☐ sherlock holmes(37)
Place:	☐ suburbia(2)		
Language:	☐ english(56)		
Awards:	☐ award show(19)		
Details:	☐ house(236)	☐ humor(158)	☐ diagnosis(139) ☑ diagnosis(139)
	☑ disease(84)	☐ human interaction(55)	☐ series(51) ☐ series(51)
			See All(94) Tags...

图 7.18　Hulu

图 7.18 展示了美剧《豪斯医生》的常用标签，可以看到，Hulu 对标签做了分类，并展示了每一类最热门的标签。从类型（Genre）看，《豪斯医生》是一部医学片（Medical Drama）；从时间看，这部剧开始于 2004 年；从人物看，这部美剧的主演是休·劳瑞，他在剧中饰演的人物是格雷·豪斯。

7.1.4　塔吉特——大数据营销

7.1.4.1　案例详析

美国第二大超市塔吉特（Target）是最早利用大数据的零售商，其拥有专业顾客数据分析模型，可通过对购买行为的精确分析，判断出早期怀孕人群的类别，然后先于同行精准地向他们营销商品。

2012 年，在美国发生了一件趣闻，一名男子闯入了他家附近的超市——塔吉特。"你们怎么能这样！"男人向店铺经理大吼道，"你们竟然给我 17 岁的女儿发婴儿尿片和童车的优惠券，她才 17 岁啊！"店铺经理不知道发生了什么，立刻向来者道歉，表明那肯定是个误会。

然而，经理没有意识到，公司正在运行一套大数据系统。一个月后，这个愤怒的父亲打来电话道歉，因为塔吉特发来的婴儿用品促销广告并不是误发，他的女儿的确怀孕了。塔吉特比这位父亲知道他女儿怀孕的时间足足早了一个月（图 7.19）。

图 7.19　塔吉特预测怀孕

问题就出在这里，超市怎么会知道这位 17 岁的女孩怀孕了呢？

孕妇对零售商来说是个含金量很高的顾客群体。但是孕妇一般会去专门的孕妇商店而不是在塔吉特购买孕期用品。人们一提起塔吉特，往往想到的都是清洁用品、袜子和卫生纸之类的日常生活用品，却忽视了塔吉特有孕妇需要的一切。那么塔吉特有什么办法可以把这部分细分顾客从孕妇产品专卖店的手里截留下来呢？

在美国出生记录是公开的，等孩子出生了，新生儿母亲就会被铺天盖地的产品优惠广告包围。那时再行动就晚了，必须赶在孕妇第二个妊娠期行动起来。如果能够赶在所有零售商之前知道哪位顾客怀孕了，塔吉特的市场营销部门就可以早早地给她们发出量身定制的孕妇优惠广告，早早圈定宝贵的顾客资源。

怀孕是很私密的信息，那如何能够准确地判断哪位顾客怀孕了呢？原来，塔吉特有一个迎婴聚会的登记表。他们对这些登记表里的顾客的消费数据进行建模分析，从中发现了许多非常有用的数据模式。比如许多孕妇从第二个妊娠期开始，便会购买许多大包装的无香味护手霜；在怀孕的最初 20 周，大量购买补充钙、镁、锌的善存片之类的保健品。

最后他们选出了 25 种典型商品的消费数据，构建了"怀孕预测指数"，通过这个指数，塔吉特能够在很小的误差范围内预测出顾客的怀孕情况，因此，塔吉特就能精确地把孕妇优惠广告寄发给顾客。塔吉特把孕妇用品的优惠广告夹杂在其他一大堆与怀孕不相关的商品优惠广告当中，这样顾客就不知道塔吉特判断出她怀孕了，塔吉特做到了没有干扰的销售。

结果，其孕期用品销售呈现了爆炸性的增长。2002—2010 年，塔吉特的销售额从 440 亿美元增长到了 670 亿美元。大数据的巨大威力轰动了全美。难以想象，许多孕妇在浑然不知的情况下成了塔吉特的忠实顾客，许多孕妇产品专卖店也在浑然不知中破产。

不仅如此，如果用户从他们的店铺中购买了婴儿用品，塔吉特在接下来的几年中会根据婴儿的生长周期情况定期给这些顾客推送相关产品，使这些顾客形成长期的忠诚度。

如果不是在拥有海量的用户交易数据基础上实施数据挖掘，塔吉特不可能做到如此精准的营销。

7.1.4.2　思维启示——数据应用已经渗入生活的方方面面

塔吉特这个案例为何给人如此强烈的印象？原因在于，数据的力量不仅让商家提升了自己的业绩，还让顾客心甘情愿为之买单。不仅如此，塔吉特的大数据分析技术还从孕妇这个细分顾客群开始向其他各种细分客户群推广。

塔吉特的大数据系统会给每一个顾客编一个 ID 号。刷信用卡、使用优惠券、填写调查问卷、邮寄退货单、打客服电话、开启广告邮件、访问官网，所有这一切行为都会记录进顾客的 ID 号。而且这个 ID 号还会对号入座地记录下人口统计信息：年龄、是否已婚、是否有子女、所住市区、住所离塔吉特的车程、薪水情况、最近是否搬过家、钱包里的信用卡情况、常访问的网址等。

塔吉特还可以从其他相关机构那里购买顾客的其他信息：种族、就业史、喜欢读的杂志、破产记录、婚姻史、购房记录、求学记录、阅读习惯等。在大数据分析部那里，这些看似无用的数据却可以爆发强劲的威力。

在商业领域，大数据就是像 Target 那样收集起来的关于消费者行为的海量相关数据。这些数据超越了传统的存储方式和数据库管理工具的功能范围，必须用到大数据存储、搜索、分析和可视化技术（比如云计算）才能挖掘出巨大商业价值。

实际上，诸如沃尔玛、Tesco（英国零售巨头）等巨头已从数据中获得了巨大的利益，也因此巩固了自己在业界的长盛不衰的地位。以 Tesco 为例，这家全球利润位居第二的零售商从其会员卡的用户购买记录中，充分了解到一个用户是什么"类别"的客人，如素食者、单身、有上学孩子的家庭等，并基于这些分类进行一系列的业务活动。比如通过邮件或信件寄给用户的促销可以变得十分个性化，店内的上架商品及促销也可以根据周围人群的喜好、消费的时段而更加有针对性，从而提高货品的流通。这样的做法为 Tesco 获得了丰厚的回报，仅在市场宣传一项，就能帮助 Tesco 每年节省 3.5 亿英镑的费用。

在互联网行业，大数据更是为电商、广告商们提供了丰厚的回报。雅虎于 2008 年年初便开始启用大数据技术，每天分析超过 200 PB 的数据，使雅虎的服务变得更人性化，更贴近用户。它与雅虎 IT 系统的方方面面进行协作，包括搜索、广告、用户体验和欺诈发现等。AOL 也设立了 300 节点的服务器集群，将在其下属系列网站（如 AOL. com、Huffington Post、MapQuest 等）中，将每天 500 TB 的用户浏览信息收集起来，分析和预测这些用户的行为，以便有针对性地为每个月 1.8 亿独立用户进行个性化广告服务。

对亚马逊而言，数据技术的应用更是为其成为一家"信息公司"、独占电商领域鳌头奠定了稳定的基础。为了更深入地了解每个用户，亚马逊不仅从每个用户的购买行为中获得信息，还将每个用户在其网站上的所有行为都记录了下来：每个页面的停留时间、用户是否查看 Review、每个搜索的关键词、每个浏览的商品等，在亚马逊 2012 年 11 月推出的 Kindle Fire 中，内嵌的 Silk 浏览器更是可以将用户的行为数据一一记录下来。这些数据的有效分析，使亚马逊对用户的购买行为和喜好有了全方位的了解，对于其货品种类、库存、仓储、物流及广告业务，都有着极大的效益回馈。

数据技术的应用不仅在零售和互联网行业获得极大回报，其带来的经济价值使各行业均为之"折腰"。在能源行业，Opower 使用数据来提高消费用电的效能，并取得了显著的成功。

作为一家提供 SaaS 服务（软件服务）的创新公司，Opower 与多家电力公司合作，分析美国家庭用电费用，并将之与周围的邻居用电情况进行对比，被服务的家庭每个月都会收到一份对比报告，显示自家用电在整个区域或全美类似家庭所处水平，以鼓励节约用电。Opower 的服务覆盖了美国几百万户居民家庭，预计每年为美国消费用电节省 5 亿美元。

7.2　趋势预测

7.2.1　"搜索＋比价"

什么是"搜索＋比价"？其实就是通过网站的搜索，来比较相同商品在不同售卖方的价格，从而选择通过哪种方式来购买商品或服务。它实质是搜索引擎的一种细分，即在网上购物领域的专业搜索引擎，其目的是为消费者展示多个 B2C 网站的商品价格、质量、信誉、服务等信息，以便进行比较。这是大数据与互联网金融相结合而催生的一种新的模式。而最典型的就是美国的 Farecast 和 Decide 网站。

7.2.1.1　Farecast 案例详析

目前在美国，很多人都知道利用大数据分析的结果是购买飞机票可以给自己省钱，而这要归功于美国著名计算机专家奥伦·埃齐奥尼的贡献。

2003 年，奥伦·埃齐奥尼准备乘坐从西雅图到洛杉矶的飞机去参加弟弟的婚礼。他知道飞机票越早预订越便宜，于是他在这个大喜日子来临之前的几个月，就在网上预订了一张去洛杉矶的机票。在飞机上，埃齐奥尼好奇地问邻座的乘客花了多少钱购买机票。当得知虽然那个人的机票比他买得更晚，但是票价却比他便宜得多时，他非常气愤。于是，他又询问了另外几个乘客，结果发现大家买的票居然都比他的便宜。

对大多数人来说，也许下了飞机，就忘记这件事情了。如果真是这样，Farecast 也就不会出现了。可是，当时埃齐奥尼已经是美国最有名的计算机专家之一了，从担任华盛顿大学人工智能项目的负责人开始，他就创立了许多非常典型的大数据公司，而那时候还没有人提出"大数据"这个概念。

1994 年，埃齐奥尼帮助创建了最早的互联网搜索引擎 Metacrawler，该引擎后来被 InfoSpace 公司收购。他联合创立了第一个大型比价网站 Netbot，后来把它卖给了 Excite 公司。

他创立的从文本中挖掘信息的公司 ClearForest 则被路透社收购了。在他眼中，世界就是一系列的大数据问题，而且他认为他有能力解决这些问题。

飞机着陆之后，埃齐奥尼下定决心，要利用大数据的相关技术，开发一个系统，用来推测当前网页上的机票价格是否合理。作为一种商品，同一架飞机上每个座位的价格本来不应该有差别。但实际上，价格却千差万别，其中缘由只有航空公司自己清楚。

埃齐奥尼表示，他不需要去解开机票价格差异的奥秘。他要做的仅仅是分析从一个旅游网站上搜集来的所有特定航线机票的销售价格，并确定票价与提前购买天数的关系，而后建立一个系统，预测当前的机票价格在未来一段时间内会上涨还是下降。

如果一张机票的平均价格呈下降趋势，系统就会帮助用户做出稍后再购票的明智选择。反过来，如果一张机票的平均价格呈上涨趋势，系统就会提醒用户立刻购买该机票。这个预测系统建立在 41 天内价格波动产生的 12 000 个价格样本基础之上，而这些信息都是从一个旅游网站上搜集来的。这个预测系统并不能说明原因，只能推测会发生什么。也就是说，它不知道是哪些因素导致了机票价格的波动。机票降价是因为很多没卖掉的座位、季节性因素，还是所谓的周六晚上不出门——它都不知道。这个系统只知道利用其他航班的数据来预测未来机票价格的走势。

这也正是数据科学的思维特点——不再拘泥于因果关系，而是注重相关关系。

而后，埃齐奥尼的这个项目逐渐发展成为一家得到了风险投资基金支持的科技创业公司，名为 Farecast。通过预测机票价格的走势以及增降幅度，Farecast 票价预测工具能帮助消费者抓住最佳购买时机，而在此之前还没有其他网站能让消费者获得这些信息（图 7.20）。

这个系统为了保障自身的透明度，会把对机票价格走势预测的可信度标示出来，供消费者参考。系统的运转需要海量数据的支持。为了提高预测的准确性，埃齐奥尼找到了一个行业机票预订数据库。有了这个数据库，系统进行预测时，预测的结果就可以基于美国商业航空产业中每一条航线上每一架飞机内的每一个座位一年内的综合票价记录而得出。

Farecast 网站的主页非常简洁明了，核心功能就是机票搜索和预测（Search Airfares&Get Predictions）。它的搜索功能，参考了其他超级搜索网站的界面优势，搜索结果的显示可以多方面的限定（Refine Results），比如价格、出发抵达时间、航空公司、飞行时间和飞行的一

图 7. 20　Farecast 票价预测

些细节（Flight Quality），而且每个搜索结果会告诉你还剩下几张票（相当于实用的 Fare Code Available Tool），搜索页面最下角会有此航线各个航空公司的市场占有率以及是否支持 Low Fare Guarantee（低价保证）、航空公司网上预订有何优惠等。另外，它的搜索结果都可以很方便地设置 Farecast Alert，通过 E－mail 告诉用户机票价格的变化。

当然，它的独门兵器就是提供未来 7 天机票的走势预测，价格变化多少，该预测的概率以及过去 3 个月这段行程的机票最低价格走势图，还会清楚地告诉用户目前的最低价格和之前平均价格的不同。通过这些信息，用户很容易决定是否立即购买。

点击机票预测的 Tip，用户可以看到它的详细解释。目前 Farecast 网站支持 70 多个北美城市，预测服务的条件是双程、经济舱、旅行时间 2～8 日、3 个月内的机票，这应该包括了大多数查询机票的情况了。

2013 年，Farecast 已经拥有惊人的约 2 000 亿条飞行数据记录。利用这种方法，Farecast 为消费者节省了一大笔钱。

2008 年，埃齐奥尼计划将这项技术应用到其他领域，比如宾馆预订、二手车购买等。只要这些领域内的产品差异不大，同时存在大幅的价格差和大量可运用的数据，就都可以应用这项技术。但是在他的计划实现之前，微软公司找上了他，并以 1. 1 亿美元的价格收购了 Farecast 公司。而后，这个系统被并入必应搜索引擎。

到 2012 年为止，Farecast 系统用了将近 10 万亿条价格记录来帮助预测美国国内航班的票价。Farecast 票价预测的准确度已经高达 75%，使用 Farecast 票价预测工具购买机票的旅客，平均每张机票可节省 50 美元。

Farecast 是大数据公司的一个缩影，也代表了当今世界发展的趋势。5 年或 10 年之前，奥伦·埃齐奥尼是无法成立这样的公司的。那时候他所需要的计算机处理能力和存储能力太昂贵了。虽然说技术上的突破是这一切得以发生的主要原因，但也有一些细微而重要的改变正在发生，特别是人们关于如何使用数据的理念。

7. 2. 1. 2　Decide 案例详析

埃齐奥尼和大数据搜索比价的故事还没有结束。2008 年，埃齐奥尼计划将这项技术应用到其他领域。他认为，只要这些领域内的产品差异不大，同时存在大幅的价格差和大量可运用的数据，就都可以应用这项技术。于是，他创办了 Decide.com 网站。

2013 年 3 月，总部位于美国西雅图（Seattle）的线上比价网站 Decide.com 宣布获得 800 万美元的 C 轮融资，主要投资者是 Vulcan Capital 和 Madrona Venture Group。目前，Decide.com 已经获得总计 1 700 万美元的融资。

Decide.com 提供一种"大数据"的比价服务，它能够抓取亚马逊、百思买等国外多家电商的网站商品数据，把这些数据整合后提供给消费者，方便消费者进行比价决策（图 7.21）。

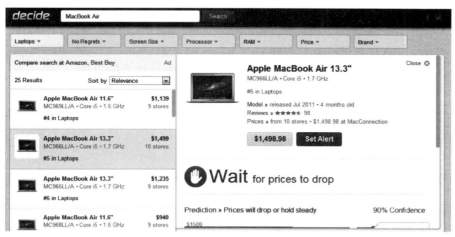

图 7.21　Decide 电商比价网站

Decide.com 使用大数据的方式对全网络 160 万件产品进行数据分析，对商品的价格趋势以及购买指标给出分析，使消费者能够及时购买到物美价廉的商品。目前 Decide.com 也推出了移动客户端，让消费者可以随时了解自己想购买商品的价格信息。

Decide.com 是 2011 年 6 月上线的。这家比价预测网站显然很早就意识到了"在互联网时代，固定价格已是过去式"这一点，如今，它已成为美国最为热门的购物风向标，每月用户访问量达数十万户，页面浏览量则超过 100 万次，并且仍在高速增长。Decide 的比价无远弗届（图 7.22）。

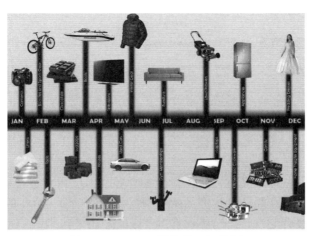

图 7.22　Decide 的比价无远弗届

电子产品的价格走势受太多因素影响，互不相同，无法类推，比如产品本身的因素，如外观、性能、使用舒适度、客户评价等；还有同一系列产品的更新换代；竞争产品的出现；商家促销活动等。

而 Decide. com 正是打算解决电子产品更新速度过快和市场价格变化过快这两个关键问题。

首先，Decide 搭建了一种"线性分析模式"，使用大数据的方式，将成千上万个电子产品加入了自己构建的数据库中，利用专有价格预测算法，通过综合考虑上亿条价格波动信息和超过 40 个不同的价格影响因素（包括新品发布周期、新闻报道、公司公告等），来对价格做出全面预测。

Decide 的综合数据来自数百万的评论和网络中的专家，不仅包括谷歌和必应购物引擎，同时也包括亚马逊、百思买、消费者报告、CNET 以及其他地方的数据。

其次，它还会在搜索结果中，展示出该款产品的全面更新时间线，以避免刚刚买了 iPhone 4s，iPhone 5 就上市了这样的烦恼。

Decide 在其"模型谱系"中记录了成百上千的电子产品，自动在技术博客和网站中搜寻新消息和传言，并应用先进的机器学习和文本挖掘算法来预测未来产品的发布（图 7.23）。

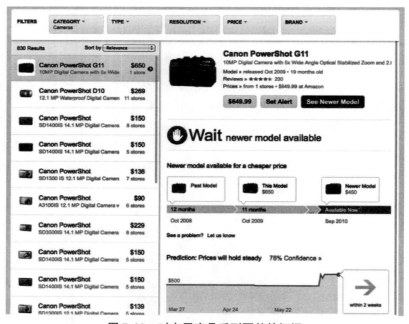

图 7.23　对电子产品系列更替的把握

更贴心的是，Decide 还会给出"信心指数"，使用户可以了解新品在未来一段时间内上市的可能性有多大。

最后，它还提供了一种产品打分系统，会参考多个用户和专家对某款产品的评价、这些评价发布的时间以及该款产品前几代产品的打分，给出一个 1～100 的分数，并根据打分结果将产品分成"我们爱死它""我们喜欢它""你最好还是选别的""千万别买它"四个等级，使一锤子买卖变得更容易（图 7.24）。

图 7.24　产品打分系统

通过 Decide 的数据分析，发现了很多以往人们想当然认为的观点是多么的错误。大部分人会在新一代产品出现后，去购买老一代产品，想当然地认为老一代的会降价了，其实不然。实际上，新商品出现后，在一个很短的时间内，老一代商品的价格反而会上升。随着在线销售厂商越来越多地使用自动化定价系统，Decide. com 的数据分析还可以识别非正常的、由算法导致的价格尖峰，并提醒消费者注意。

7.2.1.3　思维启示

1. 启示一：重要的是思维模式的运用

奥伦·埃齐奥尼刚开始开发机票价格预测系统 Farecast 时，他建立了一个数学模型，以反映票价和提前购买天数之间的关系，最初的预测只是基于 41 天之内的 12 000 个价格样本。

12 000 个价格样本绝对不符合大数据的 4 V 定义。但是，通过埃齐奥尼卓越的建模能力，人们可以初步窥见价格与日期之间的相关关系，随后再对系统"喂入"新的数据，不断优化模型，提高预测的准确性。

所以，Farecast 的启示在于，大数据的核心在于思维，而非数据或技术本身。

2. 启示二：数据的极致利用

Decide 希望通过解决两个问题——电子产品更新速度过快和市场价格变化过快，来给潜在购物者提供最好的购物时机建议，而这一切的背后是技术驱动下对数据的挖掘和极致利用。

面对纷繁的数据处理，Decide 以低门槛的操作体验和直观全面的结果展示，让一切简单化、便捷化和决断化。用户登录 Decide. com，只需在搜索框中输入自己具体想购买的电子产品，Decide. com 便会根据它自己专有的技术预测并给用户反馈是应当购买还是应当等一等的建议。

如果用户想要购买，则可继续点击进入他们选中的卖家进行购买。如果根据 Decide. com 给出的建议，用户暂时不想购买，那么他们则可以观看价格时间线，并给自己设定一个降价通知。

刚刚买了 iPhone 4s，iPhone 5 就上市了，这样的烦恼 Decide 也已经考虑到。在搜索结果中，Decide 会展示出该款产品的全面更新时间线，以免你还在旧产品上瞎逛，新品传言在这里也已经能找到。Decide 在其"模型谱系"中记录了成百上千的电子产品，自动在技术博客和网站中搜寻新消息和传言，并应用"先进的机器学习和文本挖掘算法"来预测未来产品的发布。更贴心的是，Decide 还会给出"信心指数"，使用户可以了解新品在未来一段时间内上市的可能性有多大。

7.2.2　Twitter 与股票量化分析

7.2.2.1　案例详析

对冲基金通过剖析社交网络 Twitter 的数据信息，可以预测股市的表现，这已经成为事实。

早在 2011 年，英国对冲基金（Derwent Capital Markets）便建立了一个规模为 4 000 万美元的对冲基金，利用 Twitter 来帮助公司投资。这个世界首家基于社交媒体的对冲基金会通过关注 Twitter 内容（Tweet），即时地感知市场情绪，然后再进行投资。

"很久以来，投资者都已经广泛地认可金融市场是由恐惧和贪婪所驱使的这一事实，但是我们此前从未拥有一种可以量化人们情感的技术或者数据。"Derwent Capital Markets 的创始人保罗·霍汀在其发给大西洋月刊的邮件中表示。他认为有了 Twitter，投资者终于有了一扇可以了解"恐惧世界"的窗。

老道的投资者为什么会放弃他们的专业知识转而相信 Twitter 来进行高达几百万美元的投资？来看一下该基金的运作方式。

如果 Twitter 可以预测公众情绪，而公众情绪可以预测股票市场，那么 Twitter 可以预测股市吗？

多年前，股票交易者就已开始通过了解人们的共同情绪来预测股价的走势。但是现在，专家们发现，Twitter 中的消息由于具有直接性的特点，因而可以更准确地测量人们的情绪。以前，人们以为股市的跌落会导致人们产生负面情绪，但是，现在看来事实正好相反。

位于英国伦敦中部梅菲尔的基金公司英国对冲基金的分析师，通过一套分析程序来评估人们的共同情绪是高兴、悲伤、焦虑，还是疲惫，从而确定他们的投资行为。因为他们相信，这样做能够预测到股市的涨跌行情。

这套分析程序原本是由印第安纳州大学信息和计算机系教授约翰·博伦设计的。它随机抽取 10% 的 Twitter 消息，然后利用两种方法整理数据：其一，比较正面评价和负面评价；其二，利用谷歌设计的程序确定人们的六种情绪：冷静、警觉、确信、活跃、友好和高兴。

在之前发布的一项研究中，博伦利用社交网站来预测纽约道琼斯指数的走势，结果准确率达到了 87.6%。"我们记录了在线社区的情绪，但是我们无法证实它是否能够做出准确预测。于是，我们观察道琼斯指数的变动，从而验证它们之间是否有某种联系。我们原以为如果股市下跌，人们在 Twitter 上的情绪将会表现得很低落。但是，我们后来意识到，事实正好相反——如果在线社区的情绪低落，股市就会出现下滑。这真是一个让人豁然开朗的时刻。这意味着，我们能够预测股市的变化，并让你在股市中获得更多的胜算。"他说。

那么具体怎么实施呢？

图 7.25 所示的浅色线条代表 Twitter 中"平静"指数；深色线条表示 3 天后的道琼斯指数变化。在这两条线段重合的部分，"平静"指数预测了 3 天后道琼斯指数的收盘指数。

两条线经常走势相近，这暗示出 Twitter 可以预测股市。但是此种预测同时也存在一些非常惊人的分歧。在 2008 年 10 月 13 日"银行援助计划"前后，Twitter 的"平静"指数处于全年的一个低位，但是股市却出现大涨。研究者解释称："'平静'指数与道琼斯指数在那一天的背离阐释了出乎意料的新闻——美联储的援助计划。"

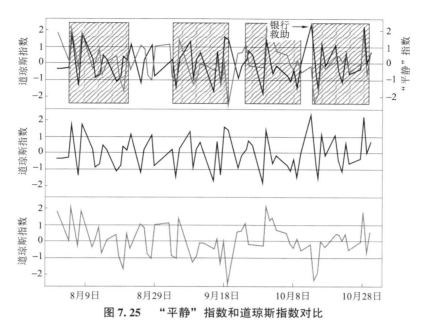

图 7.25 "平静"指数和道琼斯指数对比

换言之，Twitter 不可以预测未来的事件，但是它却可以预测今天的情绪会如何影响明天的股价变化，特别是在没有令人震惊的事件发生的情况下。

"利用 Twitter 来跟踪股市是不是学术观察，就像通过晴雨表来预测阴雨天和晴天一样，投资者在理论上可以依据民众广泛的情绪来预测股市走向、决定他们投资组合的动作。"保罗·霍汀表示。

"在我们看到这份学术报告之前，我们就已经决定建立一个量化的对冲基金。在我见到报告的一刹那，它坚定了我的想法，所以我约见了约翰·博伦教授——这份报告的作者之一。"保罗·霍汀称。

这个 4 000 万美元的对冲基金刚刚成立几天，便已经为投资客户设定了 15%～20% 的年回报率。

7.2.2.2 思维启示：数据可以预测趋势与规律

社交媒体数据反映的是人们的意图、情感、观点和需求，这些情感因素会决定人们在决策或者行动时所采取的方式、所选择的方法。反映到股市上，就是股票的涨跌，一般地讲，就是事物的运行规律。因此，通过正确地解读数据可以预测事物的运行规律。

但是，对从数据中分析出来的规律和现象的解读过程本身就是一个人加工数据的过程，带有强烈的主观色彩。常言道："一千个人，就有一千个哈姆雷特。"对事物的观测和解读本身也会反过来影响事物，从而影响判断。需要仔细地去研判。

7.2.3 疾病预测与预警

7.2.3.1 案例详析 1——谷歌流感趋势

1. 案例详析

在关乎群众生命安全的卫生医疗领域，数据科学也是大有用武之地的。借助科技之力，可以更好地监测医药效果和预测大规模疾病趋势。

"谷歌流感趋势"便是谷歌2008年推出，用于预警流感的即时网络服务。其发明者是谷歌公司的两名软件工程师杰瑞米·金斯伯格和马特·莫赫布。他们一致认为："谷歌搜索显示的数据分布模式非常有价值。"他们在关于这一项目的日志中写道："传统的流感监测系统要用一到两个星期来收集和发布监测数据，而谷歌搜索查询统计却是在很短的时间内自动完成的。通过我们每天的评估，流感趋势项目可以为流感的爆发提供一个早期预警系统。"

谷歌在美国的九个地区就这一观点做了测试，并且发现，它比联邦疾病控制和预防中心提前了7～14天准确预测了流感的爆发（图7.26）。

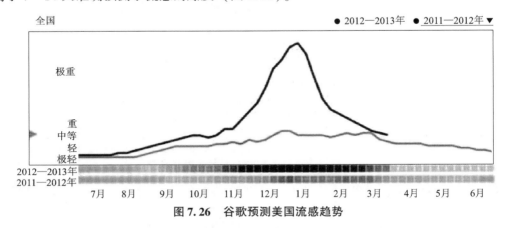

图 7.26　谷歌预测美国流感趋势

该系统根据对流感相关关键词搜索进行数据挖掘和分析，创建对应的流感图表和地图，目前可预测全球超过25个国家的流感趋势。而通过仔细研读2006年来俄罗斯、美国、澳大利亚等国的流感数据，其中透露出的一些规律颇值得深思。

根据"谷歌流感趋势"显示，位于北半球的俄罗斯、美国、加拿大等国爆发大规模流感的时间主要集中在12月至次年3月（即北半球的冬末初春时节）；而位于南半球的阿根廷、巴西及澳大利亚等国流感爆发的时间则主要集中在6—8月（即南半球的冬季）。这两个时段，恰好与每年候鸟因繁殖、越冬而南北迁徙的时间高度重叠。

除了时间点的重叠外，对比"谷歌流感趋势"地图和全球候鸟迁徙路线图会发现，疫情严重的地区与候鸟迁徙路线之间也有重叠情况。

与此同时，在全球8条候鸟迁徙路线里，经过我国的有3条，其中有1条是从阿拉斯加穿过西太平洋群岛，再经过我国东部沿海省份，而我国H7N9的主要疫区正是位于东部沿海的上海、浙江。

这一切似乎都在印证候鸟迁徙与禽流感病毒之间有不可切割的联系。我国国家首席兽医师于康震在接受媒体采访时表示，H7N9病毒来源不明、传播途径不清，但不排除病毒通过候鸟迁徙带入国内的可能。假如这一观点得到进一步论证，那么我们就能周期性地采取防范措施，以抑制大规模流感病毒的爆发。

那么，谷歌预测流感的思路是怎么得来的呢？

原来，谷歌发现一些搜索字词非常有助于了解流感疫情。谷歌流感趋势会根据所汇总的谷歌搜索数据，实时地对全球当前的流感疫情进行估测。

全球每星期会有数以百万计的用户在网上搜索健康信息。正如人们可以预料的，在流感季节，与流感有关的搜索会明显增多；到了过敏季节，与过敏有关的搜索会显著上升；而到了夏季，与晒伤有关的搜索又会大幅增加。所有这些现象均可通过谷歌搜索解析进行研究。

　　谷歌的研究人员发现，搜索流感相关主题的人数与实际患有流感症状的人数之间存在着密切的关系。在人们进行网络搜索的时候，它利用了人们在网上对他们的健康问题寻求帮助的心理来预测流感。通过追踪像"咳嗽""发烧"和"疼痛"这样的词汇，就能够准确地判断出流感在哪里扩散。

　　当然，并非每个搜索"流感"的人都真的患有流感，但当谷歌的研究人员将与流感有关的搜索查询汇总到一起时，便可以找到一种模式。他们将所统计的查询数量与传统流感监测系统的数据进行了对比，结果发现，许多搜索查询在流感季节确实会明显增多。而通过对这些搜索查询的出现次数进行统计，便可以估测出世界上不同国家和地区的流感传播情况。

　　图 7.27 显示了根据历史查询所得的美国的流感估测结果，以及这些结果与官方的流感监测数据的对比。从图中可以看出，根据与流感相关的谷歌搜索查询所得到的估测结果，与以往的流感疫情指示线非常接近。

　　与美国疾病控制和预防中心（CDC）通常需要花费数星期整理并发布流感疫情报告不同，谷歌的流感趋势报告每日更新。所以，在官方的健康组织发布健康趋势之前，搜索引擎就能利用网上的搜索查询内容来预测潜在流感的发生。

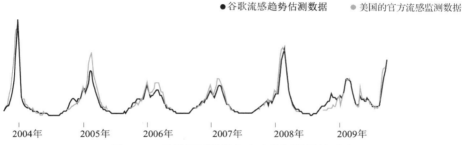

●谷歌流感趋势估测数据　　　　●美国的官方流感监测数据

2004年　　　2005年　　　2006年　　　2007年　　　2008年　　　2009年

图 7.27　谷歌预测数据与真实监测数据的对比

　　如今，"谷歌流感趋势"正逐渐受到美国官方健康组织的认可。美国疾病控制和预防中心正打算与谷歌合作推广该项目，提醒内科医生以及公共健康组织在流感爆发季的反应，减轻疾病的传播，甚至挽救生命。为了更好地防控流感，美国疾病预防控制中心（CDC）已经逐步使用大量的数据来监测疫情。过去几年，"谷歌流感趋势"也被证明表现卓越，预测结果与传统监测数据非常接近。警告发出得越早，预防和控制措施也就能越早到位，而这也能够预防流感的爆发。全球每年有 25 万～50 万人死于流感。而研究表明，30%～40% 的美国人习惯通过登录网络获取健康资讯。

　　其实，早在 2006 年谷歌公司推出的风靡全球的三维卫星地图软件"谷歌地球"就开始被人们拿来尝试预测流行病。2006 年 6 月，美国科学家就开始利用"谷歌地球"搜索特定区域，利用卫星图片形成虚拟三维地图的服务来帮助他们狙击禽流感。

　　2. 工作原理

　　第一，谷歌选用 2003—2008 年每周美国用户使用最频繁的 5 000 万个检索词，将这些检索词按"周"汇总数据，同时也按"州"来整理数据，并做归一化处理。

　　第二，计算如下的线性模型：

$$\text{logit}(P) = \beta_0 + \beta_1 \times \text{logit}(Q) + \epsilon \tag{7.14}$$

式中，P 代表疑似流感病人访问占总访问人群的比例；Q 表示时间序列前一步中与疑似流感相关的查询所占比例；β_0 为初始偏差值；β_1 是权重系数，而 ϵ 则是误差因子。

第三，逐个检查这 5 000 万检索词中的每一个，每周提交检索的次数与对应时间内美国疾病控制和预防中心发布的流感疑似病例比例波动之间的相关性（区分全国和 9 个不同区域），相关性最好的排在最前面。

第四，按照顺序选排在前列的若干个检索词（最终确定为 45 个）参与最后的建模。之所以选择前 45 个，是因为当所选用的检索次数多于 45 个时，准确率会快速下降（图 7.28）。

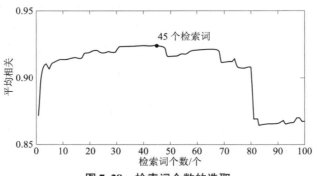

图 7.28　检索词个数的选取

第五，用这 45 个检索词在全部检索词中的占比作为解释变量，与流感疑似病例比例的周数据建立线性回归模型，确定线性模型中的各系数。

第六，利用训练好的模型来预估各州的流感趋势。

图 7.29 中给出了流感趋势预测的结果与实际情况之间的对比，可见谷歌的预测是比较准确的。

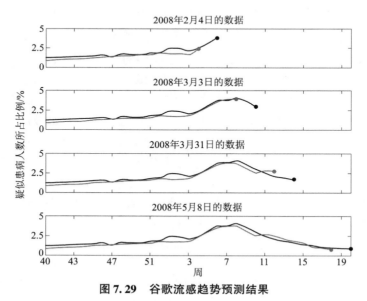

图 7.29　谷歌流感趋势预测结果

7.2.3.2　案例详析 2——百度疾病预测

百度作为搜索巨头，围绕数据而生。它对网页数据的获取、对网页内容的组织和解析，通过语义分析对搜索需求精准理解，进而从海量数据中找准结果，并提供精准的搜索引擎关键字广告的过程，实质上就是一个数据的获取、组织、分析和挖掘的过程。

除了网页外，百度还通过阿拉丁计划吸收第三方数据，通过业务手段与药监局等部门合作拿到封闭的数据。

百度还利用大数据完成移动互联网进化。核心攻关技术便是深度学习。基于大数据的机器学习将改善多媒体搜索效果和智能搜索，如语音搜索、视觉搜索和自然语言搜索。

百度发布了大数据引擎（图7.30），并将这一大数据引擎向外界开放，向外界提供大数据存储、分析及挖掘的技术能力。这是全球首个开放的大数据引擎。

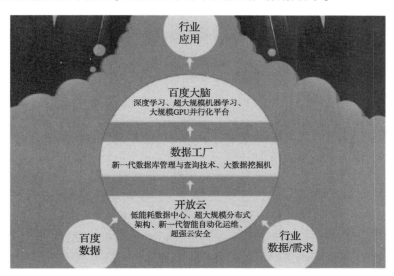

图 7.30　百度的大数据引擎

基于该大数据引擎，百度也推出了百度疾病预测这项服务。该功能基于大数据积累和智能分析，能够为用户提供流感、肝炎、肺结核和性病这四种传染病的趋势预测，帮助用户提早进行预防。百度疾病预测的预测范围也不仅仅局限于大城市，而是覆盖到了区县和商圈。在数据模型方面，其针对每个城市分别建模，扩大数据基础和精准性来保证预测的准确性。

对于流感，是将百度自身数据（比如搜索、微博、贴吧）与中国疾控中心（CDC）提供的流感监测数据结合建立预测模型。对比 CDC 提供的流感阳性率，绝对误差在1%以内的城市占比62%，在5%以内的城市占比89%。

其他三种疾病依靠百度搜索自身数据，用无监督学习模型来预测疾病热搜动态的时空变化，目前并没有预测准确率这样的数据可以提供。

"流行病的发生和传播有一定的规律性，与气温变化、环境指数、人口流动等因素密切相关。每天网民在百度搜索大量流行病相关信息，汇聚起来就有了统计规律，经过一段时间的积累，可以形成一个个预测模型，预测未来疾病的活跃指数。"对于预测原理，百度相关负责人如此阐释道。

相比于谷歌流感预测，百度疾病预测不是局限在大城市，而是覆盖到了区县，并基于地图的交互，让用户体验更方便。此外，百度疾病预测将病种从单一的流感扩展到"流感、肝炎、肺结核、性病"四种传染性疾病，最重要的是数据每周更新一次。"我们除了收集网友在网上查询相关症状的搜索数据之外，还将整合微博数据、百度知道的疾病相关提问的趋势，尽可能剔除数据干扰，保证预测的准确。"百度疾病预测产品负责人表示，"未来我们还打算尝试将各地天气变化、环境污染指数、各地疾病人群迁徙等数据特征进行整合分析。"

百度疾病预测已覆盖全国 331 个地级市，2 870 个区县。例如，用户选择"流感""安徽省"，就会得到一张安徽省地图，上面会根据不同城市人口的搜索数据显示大小和颜色不一的圆点，代表流感的活跃度。原点颜色越红越大，则表明该城市的流感活跃度越高。沿地图下方时间轴拖动鼠标，还可以查看过去 30 天和未来 7 天这个地区流感活跃度的动态展示，观看病情的传播路径。

对于北上广深等一线城市，百度疾病预测还将范围精确到了商圈，如西直门、五道口、北苑等。不仅如此，预测页面的右侧还将随着地理区域的变更展示出该地区的排名前 10 的热搜医院排行，这一排行主要来自当地网友搜索不同医院的热度，而这也为不少专门到某一城市看病的患者提供了一定就诊参考。

7.2.3.3 其他案例

谷歌的流感预测系统，是通过跟踪网络搜索的热词来对流感的趋势进行监控和预测的，同样，利用微博也可以来预测流感。

人们感冒时，上微博及时更新状态，告诉关心自己病情的亲友。或许这并不稀奇，但对于研究疾病的人员来说，却意义重大。美国亚特兰大疾病和预防中心的卡斯豪特教授便从 Facebook 中获得灵感，提出了用社交网络来追踪疾病的构想。

卡斯豪特认为疾控中心可能要花几个星期才能预测流行病的发展、传播趋势，而通过社交网络信息的分析，可以更快得到预测结果。这意味着，一条状态有可能帮助公共卫生部门更快地搜集疾病扩散信息，为其提供医疗帮助和健康服务。

日本国家信息研究所的研究员科利尔开发了疾病预警网站 BioCaster。该网站本身配备了各种文本挖掘算法，可以对各地区关于疾病传播的网络信息进行连续扫描，并具有高度的概念识别能力，从而过滤出信度较高的信息。在对抗甲型 H1N1 流感病毒和海地霍乱的战役中，BioCaster 大显身手，帮助疾病控制中心监视"敌情"。

人们还可以通过 Sickweather 这样的网站获得流行病信息。这个免费网站可以使用户根据疾病的 24 个不同的特征进行搜索，并将搜索结果显示在地图中（全球范围内均可搜索），传染病传播信息可以非常直观地得以展现，也可以直接在地图上添加自己的疾病信息，还可以链接 Facebook，查看好友圈中的疾病情况。

Sickweather 的创始人道奇在分析完 Facebook 和 Twitter 上的 1 700 万条状态和微博后指出，通过社交网络追踪，他快速地预测了美国境内疾病的传播情况。"我们的预测方法和传统方法完全不同。传统方法好比是查看日历，很慢；而我们的方法就好比是用多普勒雷达来扫描一样，非常快。"

7.2.3.4 思维启示

1. 启示一：大数据傲慢

2013 年 2 月，*Nature* 上出现文章，表示谷歌流感趋势预测的全国范围的流感样疾病占全国人口的比例近乎是实际值的 2 倍。

图 7.31 中显示，谷歌流感趋势在 2012—2013 年的流感流行季节里过高地估计了流感疫

情；在 2011—2012 年则有超过一半的时间过高地估计了流感疫情。从 2011 年 8 月 21 日到 2013 年 9 月 1 日，谷歌流感趋势在为期 108 周的时间里有 100 周的预测结果都偏高。

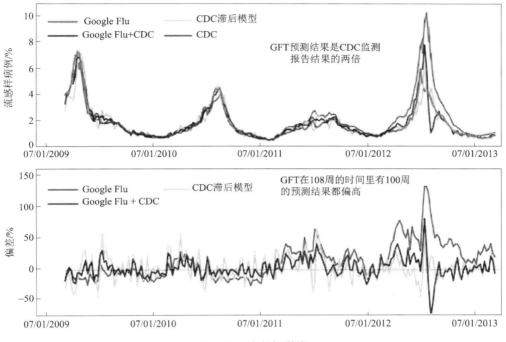

图 7.31　大数据傲慢

造成这种结果的原因有两个：

1）大数据傲慢。所谓大数据傲慢，是指认为利用大数据，则可以完全忽视和取代传统的数据收集方法。这种观点的最大问题在于，绝大多数大数据与经过严谨科学试验得到的数据之间存在很大的不同。所以，最好的办法，是将大数据得到的结果与传统方法获得的结果互相验证。

2）算法变化。谷歌搜索的算法调整非常频繁。媒体对于流感流行的报道会增加与流感相关的词汇的搜索次数，也会令谷歌增加相关搜索的推荐，从而令一些本身并不感冒的人也对流感产生了兴趣，进而把数据弄脏。而相关搜索的算法会对谷歌流感预测造成影响。例如，搜索"发烧"，相关搜索中会给出关键词"流感"，而搜索"咳嗽"则会给出"普通感冒"。搜索建议（Recommended Search）也会进一步增加某些热门词汇的搜索频率。这些方法本意是为了提升搜索效果，但是会反过来影响谷歌流感趋势预测的准确性。

到谷歌搜索"流感"的人可以分成两类：第一类是感冒患者；第二类是跟风搜索者（可能是因为媒体报道而对感冒话题感兴趣者）。显然第一类人的数据才是有用的。其搜索是内部产生的，独立于外界的。因此这些人的搜索模式应该与受到外界影响而进行搜索的人的模式不同。而正是第二类人的社会化搜索使谷歌流感趋势的预测失真。这正是因为谷歌流感趋势把搜索"流感"与得流感的相关性当成了因果关系所致。

这两个问题启示人们一定要对原始数据进行清洗，确定哪些是真正可用的。对于找到的规律也要证伪，明辨陷阱。

2. 启示二：大数据时代的科学伦理问题

不管是谷歌的流感预测系统，还是通过监控微博来预测疾病，都会带来一个问题，那就是人们的隐私问题。这也是大数据时代下，最重要的科技伦理问题。所谓科技伦理是指科技创新活动中人与社会、人与自然、人与人关系的思想与行为准则，它规定了科技工作者及其共同体应恪守的价值观念、社会责任和行为规范。研究者指出，科学伦理和科技工作者的社会责任事关整个社会的发展前途。

科技伦理规范是观念和道德的规范。它要规范什么呢？简单地说，就是从观念和道德层面上规范人们从事科技活动的行为准则，其核心问题是使之不损害人类的生存条件（环境）和生命健康，保障人类的切身利益，促进人类社会的可持续发展。

科技是推动社会发展的第一生产力，也是建设物质文明和精神文明的重要力量，承担着社会责任和道德责任。从这一点来说，在科技活动中遵守伦理规范是社会发展的需要，一切不符合伦理道德的科技活动必将遭到人们的异议、反对，会被送上道德法庭，甚至受到法律的制裁。

最典型的例子是，美国烟民控告几个大烟草公司获胜，烟草公司赔偿几十亿美元。这不仅是法律的胜利，也是科技伦理道德的胜利。吸烟对人体有害早就被医学研究证实，而烟草公司明知这一事实，却出于自身经济利益考虑，违背伦理道德，制造、销售香烟，造成不良后果。它们的行为理应受到经济上的惩罚和良心上的谴责。我国医学专家和经济专家也曾经算过一笔账：烟草业赚入的钱远抵不过烟民因吸烟损害而造成的医疗费用和间接经济损失。因此，无论从哪方面讲，对于这类有害的工业技术，限制甚至取消其发展也是社会发展和进步的需要。

科技伦理是在克隆技术产生和发展时提出的。当克隆人时，提供体细胞的人和克隆出来的人属于何种关系引发人们的争议。

不少人把科学技术比喻为双刃剑和"潘多拉魔盒"，这是很形象的。的确，科技这个"魔盒"里装了很多好东西，但有时候被拿出来进行了不正确的使用，未必产生好效果，相反还有可能出现负面影响。在科技史上，这样的例子太多了，炸药、原子能、化工技术、造纸技术、纺织技术、生物技术……在给人类创造财富和物质文明的同时，也带来了环境污染和生存条件的恶化等问题。这就提出了一个严肃的问题：在科技发展和科技活动中，必须重视伦理规范，以弘扬科技的正面效益，遏制其负面影响，更好地为人类造福。

如今处在互联网时代和大数据时代，互联网的精神就在于开放、分享、平等、合作。而开放必然导致数据的自然流动，从而引发对隐私问题的担忧。

大数据时代使数据的获取变得更为方便。但是，数据的可接近性并不会使其更加合乎伦理。

大数据为监测和预示人们的生活提供了极大的方便，然而个人隐私也随之暴露在无形的"第三只眼"之下。无论是电子商务、搜索引擎，还是微博等互联网服务商都对用户行为数据进行了挖掘和分析，以获得商业利益，这一过程不可避免地威胁到普通人的隐私。以往人们认为网络的匿名化可以避免个人信息的泄露，在大数据时代里，数据的交叉检验会使匿名化失效。许多数据在收集时并非具有目的性，但随着技术的快速进步，这些数据最终被开发出新的用途，而个人并不知情。不仅如此，运用大数据还可能预测并控制人类的潜在行为，在缺乏有效伦理机制下有可能造成对公平、自由、尊严等人性价值的践踏。

3. 启示三：大数据不是空中楼阁

谷歌在大数据方面走在了世界的前沿，继发布作为大数据算法起源的 MapReuce、Google File System、BigTable 等研究之后，又专注于研究面向大数据的网络搜索、图计算、在线可视化等技术，相继发布了 Caffeine、Pregel 和 Dremel。图 7.32 为谷歌的大数据布局。

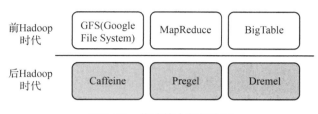

图 7.32　谷歌的大数据布局

Caffeine 是谷歌设计的新一代增量索引系统，它丢弃了 MapReduce，而将索引放置在由谷歌开发的分布式数据库 BigTable 上。使谷歌能够更迅速地添加新的链接（包括新闻报道以及博客文章等）到自身大规模的网站索引系统中，相比于以往的系统，新系统可提供"50% 新生"的搜索结果。

Pregel 是一个用于分布式图计算的计算框架，主要用于图遍历、最短路径、PageRank 计算等，主要用于绘制大量网上信息之间关系的"图形数据库"。

Dremel 采用列式存储，是一个交互式的数据分析系统，可跨越数千台服务器运行，允许"查询"大量的数据，可以以极快的速度处理网络规模的海量数据。

谷歌还拥有世界上最快、最强大、最高质量的数据中心。其中 8 个主要的数据中心分别位于美国南卡罗来纳州的伯克利郡、艾奥瓦州的康瑟尔布拉夫斯、乔治亚州的道格拉斯郡、俄克拉荷马州的梅斯郡、北卡罗来纳州的勒努瓦、俄勒冈州的达尔斯；另外 2 个在美国境外，分别是芬兰的哈米纳和比利时的圣吉斯兰。此外，谷歌公司还在中国香港和中国台湾，以及新加坡和智利建立了数据中心。

目前，谷歌提供的大数据分析智能应用包括客户情绪分析、交易风险（欺诈分析）、产品推荐、消息路由、诊断、客户流失预测、法律文案分类、电子邮件内容过滤、政治倾向预测、物种鉴定等多个方面。据称，大数据已经给谷歌每天带来 2 300 万美元的收入。

基于 Dremel 系统，谷歌推出其强大的数据分析软件和服务——BigQuery，它也是谷歌自己使用的互联网检索服务的一部分。谷歌已经开始销售在线数据分析服务，试图与市场上类似亚马逊网络服务（Amazon Web Services）这样的企业云计算服务竞争。这个服务，能帮助企业用户在数秒内完成万亿字节的扫描。

7.2.4　电影票房预测

7.2.4.1　案例详析

2013 年 6 月 7 日，谷歌发布一篇研究论文，称能够根据谷歌网页和 YouTube 搜索量，再加上其他辅助数据，以 94% 的准确率预测出好莱坞新电影首映第一个周末的票房。这听起来就像是天方夜谭。

这篇论文是《用谷歌搜索定量化分析电影的魔术》（*Quantifying Movie Magic with Google Search*），论文研究了人们搜索某部电影和看某部电影的支出的相关关系。

在一般人看来，某部电影，比如《钢铁侠》，如果搜索次数多（比如用"钢铁侠"作为关键词），看的人自然多，不过如果对详细控制数据进行分析，将会得出准确到令人吃惊的预估结果。

谷歌论文称，如果用谷歌和YouTube搜索量预估电影票房，准确率可以达到70%，这是一个大概估计。按照谷歌的说法，越多人搜索某一特定的电影，这部影片的周末票房就越高。

如果再加入其他数据，比如电影广告链接的点击次数、某部新片将会覆盖的屏幕数量，谷歌表示，预估周末首映票房的准确率可以达到92%。

不过银幕数量等信息显然只能在电影放映前一天获得。因此谷歌还考虑了另外一个指标——对电影片花的搜索量。这是因为票房成功的关键不只是取决于影片的搜索，和搜索广告的点击数量也有关系。"在首映前的7天时间里，如果一部电影和同类影片相比有超过25万次搜索请求，那么该片可能会多获得430万美元的周末首映票房。在搜索广告的点击数据方面，如果一部电影的付费广告点击次数比同类电影要多出2万次，则预计会带来多达750万美元的周末首映票房。"

除此之外，谷歌的这篇论文指出，YouTube搜索也是电影首映票房业绩的一个重要指标。

依该论文所说，电影市场推广从业者应该在电影上映一周前关注YouTube上面对该片的搜索情况，而不仅是上映前一两天。另外要注意的是，除非首映的宣传规模很大，否则在大多数情况下，去看电影的人通常并不知道电影院在上映什么。

谷歌还指出，在票房淡季，往往会收到诸如"新电影"或者"电影票"之类的搜索查询。

但是2012年的《饥饿游戏》和《黑骑士崛起》，电影观众更多地会搜索电影的片名。

综合上述数据，谷歌表示，在新电影上映的前四周，可以以94%的准确率预估出首周末票房数据。

有媒体甚至称，有了谷歌的"神奇"预测，好莱坞片商可以及时调整营销策略，比如让首映覆盖更多的影院银幕。当然，如果相信影片的实力，好莱坞片商也可以不必在意谷歌的预测。

而且谷歌还从中得出了另外一个规律：48%的电影观众是在购买电影票当天才决定看什么片子的。从这一点可以看出，影片推广应该在周末首映之后持续进行，而不仅是到首映时就结束了。

7.2.4.2 工作模式

那么谷歌是如何做到这一点的呢？

谷歌的票房预测模型是大数据分析技术在电影行业的一个重要应用。随着互联网的发展，人们越来越习惯于在网上搜索电影信息。据谷歌统计，2011—2012年，电影相关的搜索量增长了56%。谷歌发现，电影相关的搜索量与票房收入之间存在很强的关联性。

图7.33显示了2012年电影票房收入和电影的搜索量。其中，虚线是票房收入，实线是搜索量，横轴是月份，纵轴是数量。可以看到，两条曲线的起伏变化有着很强的相似性。

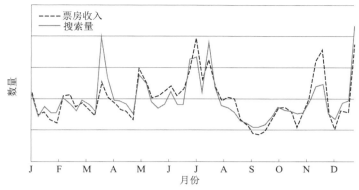

图 7.33　2012 年电影票房收入与电影搜索量的曲线

更进一步地，谷歌把电影的搜索分成了两类：

第一类：涉及电影名的搜索（Movie Title Search）；

第二类：不涉及电影名的搜索（Non‑title Film‑related Search）。这类搜索不包含具体的名字，而是一些更宽泛的关键词搜索，如"热门电影""爱情片""好莱坞电影"等。

图 7.34 显示了 2012 年票房收入与这两类搜索量之间的关系。横轴是月份，纵轴是数量。从图中可以看到，在大部分情况下，第一类搜索量超过第二类搜索量。但在电影淡季的时候（图中灰色椭圆区域，这时候票房收入较低），第一类搜索量会低于第二类搜索量。这符合常理，因为在淡季的时候知名度高的电影很少，人们往往用更宽泛的搜索来寻找想看的电影。

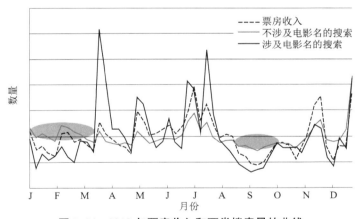

图 7.34　2012 年票房收入和两类搜索量的曲线

这一发现对电影的网络营销来说有一定的指导意义：在淡季的时候，电影公司可多购买相对宽泛的关键词的广告；而在旺季的时候，多购买涉及电影名的、更具体的关键词的广告。

上面的讨论表明用电影的搜索量来预测票房是有可能的。那么，如果单纯使用搜索量来预测首周票房收入，效果如何？通过对 2012 年上映的 99 部电影的研究，谷歌发现仅依靠搜索量来预测是不够的。谷歌尝试构建一个线性的模型，但只达到了 70% 的准确度（图7.35）。

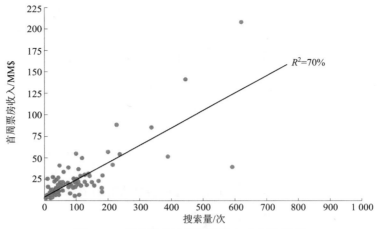

图 7.35　搜索量与首周票房收入之间的关系

在图 7.35 中，横轴是搜索量，纵轴是首周票房收入，灰色点对应某部电影的搜索量与首周票房收入。

为了构建更加精确的预测模型，谷歌最终采用了四类指标：

1）（电影放映前一周的）电影的搜索量。

2）（电影放映前一周的）电影广告的点击量。

3）上映影院数量。

4）同系列电影前几部的票房表现。

其中每类指标又包含了多项类内指标。

在获取到每部电影的这些指标后，谷歌构建了一个线性回归模型，来建立这些指标和票房收入的关系。线性回归模型，在大数据分析领域里算是最基本的模型之一，它认为票房收入与这些指标之间是简单的线性关系。

图 7.36 展示了模型的效果，其中横轴是搜索量，纵轴是首周票房收入，实心代表实际的票房收入，空心代表预测的票房收入。可以看到，预测的结果与实际的结果差异很小。

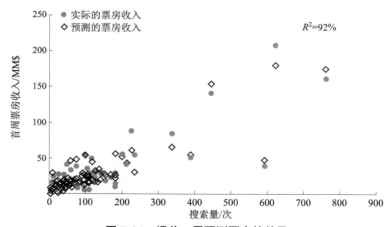

图 7.36　提前一周预测票房的效果

　　尽管提前一周预测可以达到 92% 的准确度，但这对于电影的营销来说，价值并不大，因为一周的时间往往很难调整营销策略，改善营销效果。因此，谷歌又进一步研究，使模型可以提前一个月预测首周票房。

　　实现提前一个月预测的关键在于：谷歌采用了一项新的指标——电影预告片的搜索量。谷歌发现，预告片的搜索量比起电影的直接搜索量而言，可以更好地预测首周票房表现。这一点不难理解，因为在电影放映前一个月的时候，人们往往更多地搜索预告片。

　　仅使用预告片的搜索量仍然不够，因此谷歌的模型最终采用了三类指标：

　　1）电影预告片的搜索量。

　　2）同系列电影前几部的票房表现。

　　3）档期的季节性特征。

　　其中每类指标又包含了多项类内指标。

　　在获取到每部电影的这些指标后，谷歌再次构建了一个线性回归模型，来建立这些指标和票房收入的关系。

　　图 7.37 展示了模型的效果，其中横轴是预告片搜索量，纵轴是首周票房收入，实心代表实际的票房收入，空心代表预测的票房收入。可以看到，预测结果与实际结果非常接近。

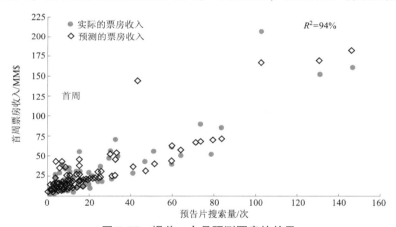

图 7.37　提前一个月预测票房的效果

7.2.4.3　思维启示：简单的就是最好的

　　谷歌采用的是数据分析中最简单的模型之一——线性回归模型。这对很多读者来说，多少有点意外。为什么谷歌用的模型如此简单？

　　首先，线性模型虽然简单，但已经达到了很高的准确度（94%）。简单且效果好，是人们在实际应用中一直追求的。

　　其次，简单的模型易于被人们理解和分析。大数据分析技术的优势正是能够从大量数据中挖掘出人们可以理解的规律，从而加深对行业的理解。正是因为谷歌使用了线性预测模型，所以它很容易对各项指标的影响做出分析。例如谷歌的报告中给出了这样的分析结论：距离电影上映一周的时候，如果一部影片比同类影片多获得 25 万次的搜索量，那么该片的首周票房就很可能比同类影片高出 430 万美元。若一部电影有搜索引擎广告，人们也可以通过其广告的点击量来推测票房表现——如果点击量超出同类电影 2 万，那该片首周票房将领先 750 万美元。

对于电影的营销来说，掌握各项指标对票房收入的影响，可以优化营销策略，降低营销成本。谷歌的报告中指出，用户一般会通过多达13个渠道来了解电影的信息。票房预测模型的出现无疑使营销策略的制定更加有效。

可见，在数据科学的运用中，最重要的是思维模式，找出数据的运用方式，找出一种最为合理的从数据中挖掘出所需信息的手段。

7.2.5 奥斯卡预测

7.2.5.1 案例详析

奥斯卡获奖名单一公布，兴奋的除了影迷们，恐怕还有微软亚洲研究院。他们的官微称，微软研究院"戴维德·罗斯柴尔德带领的团队通过对入围影片相关数据分析，预测出各项奥斯卡大奖的最终归属""除最佳导演外，其他各项奥斯卡大奖预测全部命中"。图7.38为戴维德·罗斯柴尔德。

微软研究院的戴维德·罗斯柴尔德博士是微软纽约研究院的一名经济学家，2002年本科毕业于美国布朗大学，2011年获沃顿商学院应用经济学博士学位。来看看罗斯柴尔德博士的英雄事迹：2012年，在美国总统大选中，准确预测了美国50个州和哥伦比亚特区共计51个选区中50个选区的选举结果，准确性高于98%；2013年，成功预测24个奥斯卡奖项中的19个；2014年，成功预测24个奥斯卡奖项中的21个。

图7.39为当年戴维德·罗斯柴尔德博士预测的奥斯卡获奖名单。

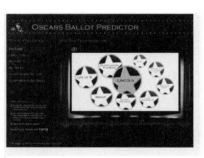

- **Best Picture:** *Argo*
- **Best Director:** Steven Spielberg (Rothschild, Brandwatch popular) / David O. Russell (Brandwatch critics)
- **Best Actor:** Daniel-Day Lewis
- **Best Actress:** Jennifer Lawrence (Rothschild, Brandwatch popular) / Jessica Chastain (Brandwatch critics)
- **Best Supporting Actor:** Tommy Lee Jones (Rothshild) / Christoph Waltz (Brandwatch popular) / Robert de Niro (Brandwatch critics)
- **Best Supporting Actress:** Anne Hathaway
- **Best Animated Film:** *Brave*
- **Best Original Song:** Adele's "Skyfall"

@微软亚洲研究院

图7.38 微软研究院的
戴维德·罗斯柴尔德

图7.39 戴维德·罗斯柴尔德博士
预测的奥斯卡获奖名单

罗斯柴尔德博士设立了一个名为 PredictWise 的网站（图7.40），专门预测各种政治、体育和娱乐事务。

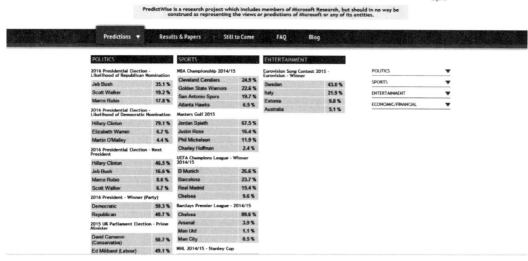

图 7.40　PredictWise 网站

戴维德在微软研究院的博客中介绍了他们是如何通过对数据的挖掘建立预测模型，来预测奥斯卡奖项的。

戴维德说："预测奥斯卡的方法同我预测其他东西的方法一致，包括政治。我关注最有效的数据，然后创建一个不受任何特别年份结果干扰的统计模型。所有模型都根据历史数据进行检测和校正，确保模型能够正确预测样本结果。这些模型能够预测未来，而不只是验证过去发生的结果。

"我关注四种不同类型的数据：投票数据、预测市场数据、基础数据和用户生成数据。

"对于大选来说，基础数据，比如说过去的选举结果、现任者和经济指数等，更为重要。在整个预测周期中，会通过基础数据建立一个基准，当预测市场数据和投票数据所含信息越来越丰富时，再把重点转向后者。预测 2012 年总统大选时，我运用了少量的用户生成数据，但是 XBOX LIVE 的数据对于进行大事件的实时分析非常关键。

"但是对奥斯卡的预测缺少投票数据，而且票房回报和电影评分等数据在统计学上并不是那么有效。所以我更多地把注意力放在预测市场数据上，再加入部分用户生成数据，这可以帮助我了解电影内部和不同类别之间的关联度，比如《林肯》会赢得多少个奖项。

"只要我关注一个新的领域，我就会去思考对于一项有意义的预测来说，有哪些关键的事情。

"首先，我会确定什么是最相关的预测。比如说，我会关注奥斯卡 24 个类别的可能的赢家，也会思考某部电影的获奖总数。

"其次，所有的预测会进行实时更新。从研究的角度看，了解从做出预测到最终结果之间所发生事件的价值很关键。对于奥斯卡来说，这些事件就是其他奖项（如金球奖等）的颁奖结果。

"最后，我会利用这个领域的历史数据来建立一个模型，然后不断更新以确保模型的准确度。我想强调的是，我们做的每件事都是针对独立领域的，来保证它能扩展到很多问题上。

"如果这项研究能推演出更有效率的预测模型，能应用到更多领域来解决更多问题，那么它对于微软、对于学术界以及这个世界来说都将有很大的价值。"

戴维德和他的团队开设了 PredictWise 网站，专门刊登对于各项重大事件的预测结果。他说，奥斯卡预测的难度非常大，因为它涉及 24 个类别（通常只有 6 个），而且随着奥斯卡之前其他奖项的不断颁出，整个结果会不断地产生变化。

为了解决这个问题，戴维德加大了动态数据在整个预测模型中的比重。

"实时预测是非常重要的。因为实时预测可以随时提供最新的预测结果，而动态数据的挖掘表明整个预测结果正在不断纳入新信息。此外，它可以提供一个更详细的追踪记录，来展示什么时候、为什么发生了变化，是哪个部分影响了最后的结果。"

以最佳影片奖的动态数据为例，热门电影《林肯》的胜率就在《逃离德黑兰》陆续获得多个奖项之后迅速滑坡——在奥斯卡提名刚公布的时候，《逃离德黑兰》仅有 8% 的可能性获奖，但是后期的奖项让它的获胜率迅速增长到 93%。

除了要考虑时间上的动态变化，还要注意数据之间的相互影响。戴维德的模型指出，最佳影片奖和最佳改编剧本奖之间有着强烈的相关性，所以《林肯》和《逃离德黑兰》在这两个奖项里波动趋向基本一致，只是幅度略有差异。《林肯》最初有 70% 的可能性获得最佳改编剧本奖，但在它获得最佳影片奖的可能性一路走低后，《逃离德黑兰》的得奖率反升到 57%。

为了更好地实现动态数据的挖掘，戴维德还和微软的 Office 部门一起合作，发布了一款名为 "Oscars Ballot Predictor" 的 Excel App，可以实时更新预测情况。

图 7.41 所示为微软的奥斯卡投票预测器，该 Excel 应用操作起来也很简单，从 PredictWise.com 下载并打开预测建模，单击一个提名按钮并记录您的投票，查看提名和预测 24 个奥斯卡大奖。

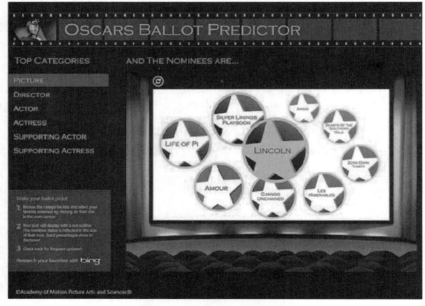

图 7.41　奥斯卡投票预测器

和戴维德更多地挖掘预测市场数据和基础数据不同，分析机构 Brandwatch 选择的是利用社交数据建立自己的预测模型。它从各大社交网络中找出演员、导演和电影被提及的次数，通过计算所获得的积极评价数来预测他们获奖的概率。而 Twitter 约占到了 Brandwatch 取样内容的 40%。

Brandwatch 的做法并不新鲜，但是与以往的数据分析有一点不同的是，它把专业人士的评论和普通大众的评论区分开来统计，而且只收集积极评价的数量。这里面就涉及两个变量：一个是提及次数，还有一个就是背后的态度。Brandwatch 认为，这样就可以确保滤掉一定的无效数据，比如大量关于海伦·亨特在红地毯上穿着的评价，就不会作为主要数据纳入统计中。

此外，因利用统计学成功预测上一年美国总统大选的纳特·席尔瓦，也给出了他自己的预测结果和模型，有兴趣的可以点击他在《纽约时报》的专栏。

7.2.5.2　思维启示：大数据可以做预测

大数据技术的主要功能是对未来事态的预测和对未知事物的想象。但与占卜不同的是，大数据技术使用的方法是通过海量数据的挖掘来发掘某种预后的迹象，而占卜使用的方法是基于原始生化思维的预测和想象。

大数据的占卜预判属性让人们相信在一行行的代码和庞大数据库的背后存在着有关人类行为模式的客观、普遍的有价值的见解，无论是消费者的支出规律、犯罪或恐怖主义行动、健康习惯，还是雇员的生产效率。

作为大数据分析的直接受益者，梦芭莎集团董事长佘晓成在广州举办的"2013 年腾讯智慧峰会"上，提出企业要打造自己的数据库，形成有价值的第一手数据。"大数据的导航作用使得我们在生产过程中能够及时地调整，我们做了以后，库存每季售罄率从 80% 提升到 95%，实行 30 天缺货销售，能把 30 天缺货控制在每天订单的 10% 左右，比以前有 3 倍的提升。"佘晓成说。

不过，对于腾讯来说，对数据的抓取及分析很有难度，其难点在于数据太过复杂。腾讯网络媒体事业群广告平台部总经理郑靖伟表示，大数据平台里面有太多复杂多样的数据，仅 QQ 就被不同类型的人使用，如何将这些人的数据进行分类归纳是一个非常棘手的问题。

对此，腾讯网络媒体事业群微博事业部总经理邢宏宇认为，未来智能化媒体的核心技术驱动，应该是大数据的技术。社交媒体的公开数据，可以通过信息交叉验证，以及内容之间的关联等方式，来产生更大的价值。

"微博上有一种体验叫'微热点'，当看到某一条微博讲香港大黄鸭的时候，你不知道是怎么回事，会有一个热点，点过去之后，通过我们挖掘的力量把事件的来龙去脉呈现出来，这样就降低了用户获取信息的成本。"邢宏宇说。据其介绍，新版腾讯微博利用后台大数据技术，将用户的微博信息进行整合、重组，将具有相同、相近信息的微博配以热门"标签"，用户通过进入标签，可浏览到一个清晰完整的关于此热门事件的发展脉络以及走向，对后期参与事件的讨论和互动产生积极的影响。

7.3 决策支持

7.3.1 《纸牌屋》——数据化决策

7.3.1.1 案例详析

如果说《纸牌屋》（图 7.42）这部剧在播放以前，它的出品方网络影视光盘租赁公司 Netflix 就已经知道它会火了，可能人们都不会相信，但事实上确实是如此。

图 7.42 纸牌屋

Netflix 是一家在线影片租赁提供商。公司能够提供超大数量的 DVD，而且能够让顾客快速方便地挑选影片，同时免费递送。Netflix 已经连续五次被评为顾客最满意的网站。可以通过 PC、TV、iPad 和 iPhone 收看电影、电视节目，可通过 Wii、Xbox360、PS3 等设备连接 TV。

当时，Netflix 不仅是全球最大的流媒体运营商，其订户数更是超越了"传统强队" HBO 电视网。有分析师称，Netflix 当时在美国拥有 2 920 万个用户，比 HBO 此前的预估高出了 50 万个。当时第一季度，Netflix 新增用户 305 万个，该季度用户观看的视频总时长超过 40 亿个小时。

Netflix 占到美国互联网下行流量的 38%，超过 YouTube、Amazon Video 和 iTunes 等互联网服务。Netflix 还指出，该公司将开始提供包月价格为 12 美元的家庭服务计划，允许用户同时观看四段视频。目前 Netflix 流媒体及 DVD 租赁业务的订阅费均为每日 7.99 美元，允许用户同时播放两段视频。

《纸牌屋》根据同名小说和英国同名迷你剧改编，讲述一个美国国会议员及其妻子在华盛顿高层"运作权力"的政治故事。该剧由《社交网络》导演大卫·芬奇执导导航集，并且作为该剧的执行制作人。同时加盟的还有《本杰明·巴顿奇事》的编剧艾瑞克·罗斯、制作人约书亚·达到以及史派西制作公司 Trigger Street Productions 的合伙人达纳·布努内蒂。

《纸牌屋》一经播出便火了，在美国等 40 多个国家成为最热门的在线剧集。Netflix 花 1

亿美元买下版权，请来大卫·芬奇和老戏骨凯文·史派西，首次进军原创剧集就一炮而红。

《纸牌屋》的出品方兼播放平台 Netflix 在一季度新增超过 300 万流媒体用户，第一季财报公布后股价狂飙 26%，达到每股 217 美元，较上年 8 月的低谷价格，累计涨幅超 3 倍。《纸牌屋》的成功，让全世界的文化产业界都意识到了大数据的力量。

7.3.1.2　数据如何支持决策？

在美国电视行业，没有什么是确定的。也许你找齐了金牌导演、实力派演员和时下流行的题材剧本，结果依然是失败的。在任一门生意中，能够预见未来都是可怕的，Netflix 在《纸牌屋》一战中可能已经接近这个水准。

资料显示，Netflix 在美国有 2 700 万个订阅用户，在全世界则有 3 300 万个，它比谁都清楚人们喜欢看什么样的电影和电视。有研究表明，每天的高峰时段网络下载量都是出自 Netflix 的流媒体服务，2012 年人们在网上看流媒体视频的时间比看实体 DVD 的时间还多。

用户每天在 Netflix 上产生 3 000 万个行为，比如暂停、回放或者快进时都会产生一个行为，Netflix 的订阅用户每天还会给出 400 万个评分，还会发出 300 万次搜索请求，询问剧集播放时间和设备。

这些看似枯燥的数据，记录了用户对视频内容的喜好和口味，而这正是《纸牌屋》走红的秘籍。

作为世界上最大的在线影片租赁服务商，Netflix 几乎比所有人都清楚人们喜欢看什么。它已经知道用户很喜欢 Fincher（《七宗罪》的导演），也知道史派西主演的影片表现都不错，还知道英剧版的《纸牌屋》很受欢迎，三者的交集表明，值得在这件事上赌一把。

《纸牌屋》的数据库包含了 3 000 万个用户的收视选择、400 万条评论、300 万次主题搜索。最终，拍什么、谁来拍、谁来演、怎么播，都由数千万观众的客观喜好统计决定。从受众洞察、受众定位、受众接触到受众转化，每步都由精准细致、高效经济的数据引导，从而实现大众创造的 C2B，即由用户需求决定生产。

可以说，《纸牌屋》的成功得益于 Netflix 海量的用户数据积累和分析。

7.3.1.3　思维启示

1. 启示一：大数据下更注重个性化

大数据技术的预判功能，说明一个拥有亿级用户的社交网络平台若能够通过对大数据的解构，为企业提供个性化、智能化的广告推送和服务推广服务，那么企业可以抢占更大的商业空间。

伴随着社交媒体的兴起，消费者对广告行为的依赖方式已经发生变化，传统的广告和营销手法其实很难奏效。"这个年代在做市场营销的如果不了解移动化的概念，很难去理解消费者，碎片化的消费场景已经让实体店发生变化了。"腾讯网络媒体事业群总裁、腾讯集团高级执行副总裁刘胜义如是表示。

对此，星巴克中国市场推广部副总裁韩梅蕊认为，社交媒体可以帮助企业与消费者进行良好的互动，也使整个营销变得更加精准。在韩梅蕊看来，星巴克没有可口可乐那么广泛的渠道，因此广告必须更加富有针对性，而社交媒体对大数据的解构可以解决这个问题。

因此，星巴克在线下已经有大量用户的情况下，并没有以增加新顾客为第一出发点来进行社会化营销，而是以维护老顾客为主，通过老顾客的口碑称颂来实现新顾客的增长。因为在消费者决策链中，由消费者自己驱动的营销变得越来越重要。

如今，消费者获取信息的渠道和范围已经大大增加。他们已经不再听任企业的摆布，而是追求更加个性化的产品和服务，并根据搜集来的各种信息做出判断、随时分享，将个人体验的影响扩大到更大范围的群体之中。

"尽管社交媒体让整个广告营销更加精准化，但也要根据产品和服务的特性来决定是否采取精准化营销。"郑靖伟向记者表示，一些快速消费品并不太适合精准化营销，户外、电视以及报刊等传统媒介对于快速消费品依旧有很强的吸引力。

值得注意的是，社交媒体对于大数据的解构会不可避免地带来隐私问题，用户在使用电子邮件、社交网络的时候，大概也会知道自己的信息将被记录下来，用户发表的言论或者分享的照片、视频类型，都决定着互联网运营商将向用户推荐什么样的资源和广告；当用户拿着智能手机到处跑的时候，手机厂商们早已通过定位系统把用户的全部信息收罗在自己的数据库里，利用这些信息来构建地图和交通信息等。

以前，这些记录几乎不会对普通人造成影响，因为它的数量如此巨大，除非刻意寻找，人们才会注意其中的某些信息。但是，随着大数据技术的不断进步，这一状况正在悄然发生改变。这也是"数"变时代下，企业和消费者都面临的挑战。

2. 启示二：大数据推动变革的产生

《纸牌屋》的最大特点，就是一下播放完了 13 集。这是一个巨大的变革，改变了以往美剧的习惯。为什么这样会获得成功呢？

根据 Netflix 官方公布的数据，3/4 的订阅者都会接受 Netflix 的观影推荐。这意味着，Netflix 不用一集一集地攒《纸牌屋》这一新剧的口碑，只需向标签为"喜爱凯文·史派西"或"喜爱政治剧"的观众推荐一下就行了。

Netflix 还通过"大数据"观测到另一流行趋势：越来越多的人不再像 30 年前那样，在固定晚上的固定时刻守在电视机前，等着收看电视剧的最新剧集，而是"攒"起来，直到整季剧情全部播放完毕之后，才选一个自己方便的时间段和地点，在方便的设备（多数是网络设备，如计算机、iPad）上一次性观看。"逐周更新的剧集发布模式很快就要变得不合时宜了，它是 20 世纪六七十年代电视节目直播时形成的产物，尽管后来电视剧都是提前制作好一季的内容，却仍然遵循每周一集的惯例，其实这不过是受当年条件所限。如今人们希望不受束缚，想看就看，想看多少就看多少。"《纸牌屋》编剧鲍尔·威利蒙说。

正是因为 Netflix 观测到了这一趋势，所以《纸牌屋》采取了这种播出方式，并获得了巨大的成功。

3. 启示三：大数据更要大运用

大数据是导航仪。基于抽样调查 + 人口学特征的"小样本模式"不再具有导航性，对于营销者来说，目标受众、目标客户是"谁"已经不重要，重要的是他的偏好特征和传播相关信息的时机——根据数据判断他在什么时候需要什么。相比传统收视率统计只抽取数千个样本，《纸牌屋》的数据库包含了 3 000 万用户的收视选择、400 万条评论、300 万次主题搜索。《纸牌屋》是通过对数千万观众的客观喜好进行统计，然后决定拍什么、由谁来拍、由谁来演和怎么插放。从受众洞察、受众定位、受众接触到受众转化，每一步都由精准细致、高效经济的数据引导，从而实现大众创造的 C2B，即由用户需求决定生产。

大数据更是显微镜，让人洞悉网络营销过程中每一个细微的状况，掌握传统数据手段无法洞察的业务细节。《纸牌屋》广受欢迎，当然不能说是完全由数据决定，但如果说好的内容、情节设计、创意等是其成功的必要条件的话，那么前期的数据分析就是其成功的充分条件。当明确用户群在哪里，他们喜欢什么，应该怎样传播等时，就必然会有适当的内容（经典剧＋导演演员组合）、适当的方式（13 集同时上线）、适当的受众（喜欢老版纸牌屋及同类剧的用户）出现。精准的用户群与用户行为，源于海量的数据资源。对中国企业而言，《纸牌屋》这一鼓舞人心的案例最大的启示，在于提醒人们应将营销活动中的每个细节数据收集起来，进行分析。

大数据也是纠错器，可以实时发现营销过程中存在的问题，及时调整策略，提高营销效率。网络营销中的数据积累、应用贯穿全程，使数据与业务形成不断循环、反哺。每一次营销，都将形成循环效果。通过定位用户群、分析用户内容偏好、分析用户行为偏好、建立受众分群模型、制定渠道和创意策略、试投放并收集数据、优化确定渠道和创意、正式投放并收集数据、实时调整投放策略、完成投放评估效果等，加之完整的数据应用过程，不断把控营销质量与效果，实现从效果监测转向效果预测，提升广告投入的效率。

大数据还是发动机。互联网不再只是媒体，更是用户不断转化的平台。相应地，营销由独立转为系统性工程，而数据在营销全程中扮演的角色也必然要由参考工具转向驱动发动机。数据驱动的精准营销引擎，将颠覆传统的营销决策模式及营销执行过程，给网络营销行业乃至互联网及传统行业带来革命性的冲击。国内的互联网行业，特别是腾讯、阿里巴巴、百度等领头企业更在其他业务层面搜集、挖掘数据，进行大数据应用的准备和尝试，使大数据向网络广告之外的领域渗透。2012 年"双十一"光棍节时，天猫平台应用底层数据帮助店家进行营销推广，对于电子商务界来说，这样的尝试，其意义或许并不亚于《纸牌屋》对影视视频业的冲击。

互联网已经像水、电一样普及，像《纸牌屋》一样从海量信息中挖掘出用户感兴趣的信息，并把这些信息推送给用户，将越来越成为生产、营销及社会、政务服务的常态。当然，对用户来说，大数据的价值也将逐渐显现。比如，网络上可获取的信息量爆炸性增长，而人们甄别选择信息的能力、注意力有限，这让人们很难从数万亿网页、数亿商品中迅速找到自己喜欢或需要的对象，也无法从海量的媒介或载体广告中获得有价值的信息。而当大数据也像水和电一样普遍存在、俯拾即是时，这些问题也将不再是问题。

7.3.2　大数据助力美国大选

7.3.2.1　案例详析

就在奥巴马成功击败对手罗姆尼，再次赢得美国总统选举的当天，《时代》杂志撰写了一篇文章，描述了奥巴马总统获胜背后的秘密——数据挖掘。以竞选工作组发言人本·拉波特的话来形容："奥巴马团队拥有'核代码'，数据是能够击败罗姆尼的最根本优势！"

的确，美国总统奥巴马的再次当选创造了奇迹：在他获胜前的 70 年时间里，没有一名美国总统能够在全国失业率高于 7.4% 的情况下连任成功；而他与对手罗姆尼的一系列"激战"也让整个竞选过程变得扑朔迷离。且不论谁在政治上更英明，单在如何获得更多选民支持以及如何让他们掏腰包这一点上，奥巴马团队绝对比罗姆尼团队更加聪明：奥巴马与罗姆尼均获得了近 10 亿美元筹款，而奥巴马网络筹款是罗姆尼的两倍；奥巴马在整个竞选过程中的花销不到 3 亿美元，而罗姆尼花了近 4 亿美元却仍然败选；奥巴马最终以 332 票赢得选举，高出罗姆尼近一百张投票，而在大选前一周的一项民意调查中显示，55% 的被调查选民都认为罗姆尼比奥巴马更具有未来视野！

这一串串的数字显然推翻了美国历史上总统选举的定律：谁筹的钱越多，谁胜出的可能性越大，谁花的钱多谁就会赢。奥巴马团队能取得颠覆性的胜利，是因为他们实现了三个最根本的目标：让更多的人掏更多的钱，让更多的选民投票给奥巴马，让更多的人参与进来。

这些都源于他们对选民的认知达到了"微观"层面：每个选民最有可能被什么因素说服？每个选民在什么情况下最有可能掏腰包？什么样的广告投放渠道能够最高效地获取目标选民？

通过这些分析，奥巴马团队制定了相应的策略，并赢得了大量草根阶层选民的支持和捐赠。一项民调显示，80％的美国选民认为奥巴马比罗姆尼让他们感觉更加重视自己。结果是，奥巴马团队筹得的第一个 1 亿美金中，98％是小于 250 美金的小额捐款，而罗姆尼团队在筹得相同数额捐款的情况下，这一比例仅为 31％。

7. 3. 2. 2　大数据提供微观智能

让这一切"微观智能"成为可能的是数据。正如竞选总指挥吉姆·梅西纳所说，在整个竞选活动中，没有数据做支撑的假设很少存在。奥巴马团队运用数据挖掘技术在美国政坛上取得的胜利，告诉了人们一个不争的事实：今天，已然进入了一个"微竞争"的时代，在激烈的市场竞争中，谁能够深入地了解他的每一个用户的个性化需求，谁就能在竞争中击败对手，获取胜利。

这一切始于 2008 年，当时奥巴马的支持者继承了民主党多年以来所创建的糟糕的孤岛式数据库。在赢得了大选后，奥巴马的团队抛弃了这些孤岛式数据库，并重新建立了新式数据库。新式数据库增加了大量来自 Web 追踪和社交媒体网站的新数据。

在经过了 18 个月的数据处理后，奥巴马的团队搞清楚了如何在先前海量的非结构化数据中找到不同的利用模式。他们知道应当以哪些区域为目标以及应当忽视哪些人，知道哪些信息能够吸引女性和少数民族选民，知道在哪里花钱效果更好。他们还知道依靠哪些人才有可能得到增强竞争力的捐款，以及如何发出呼吁。

奥巴马团队中的数据分析人员注意到，乔治·克鲁尼对于西海岸年龄在 40～49 岁的女性非常有吸引力，那么这个群体无疑最有希望通过捐钱获得一次和克鲁尼共进晚餐的机会，当然，还有克鲁尼支持的候选人——奥巴马。

奥巴马高级竞选助手们决定利用这一发现。他们试图寻找一位对女性群体有类似吸引力的东海岸的名人，以达到像克鲁尼筹款晚会那样筹集数百万美元的成绩。一名高级竞选顾问说："我们有大把选择，但最后决定的人选是莎拉·杰西卡·帕克。"于是下一场与奥巴马的晚宴在帕克家中举行。

对于普通公众来说，他们根本无法知道，选择帕克家举行筹款活动的主意是来自数据挖掘技术对同类支持者的发现：喜欢竞争、小型晚宴、名人。从一开始，竞选经理吉姆·梅西纳就承诺要进行一个完全不同的、由数据驱动的竞选，政治将是目标，但政治本身可能不再是方式。他在就职后称："我们将计量竞选活动的所有东西。"他雇用的分析部门的规模是 2008 年竞选时规模的 5 倍。芝加哥竞选总部还有一位名为拉伊德·加尼的"首席科学家"，他先前的数据分析曾使超市的打折活动取得最好效果。图 7.43 为大数据帮助大选。

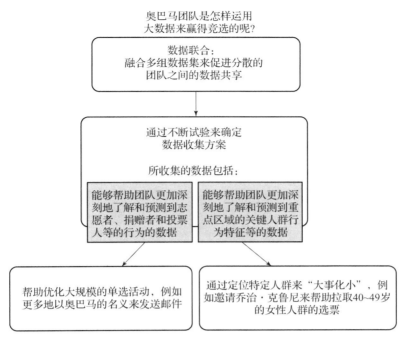

图 7.43　大数据帮助大选

不过，数十名数据分析者组成的团队具体如何工作是一个机密。当被问及相关的工作时，竞选发言人本·拉波特称："这是我们的核密码。"数据挖掘实验有很多神秘的代号，例如独角鲸，或是追梦人。这个团队甚至要与其他竞选工作人员分开工作，在竞选总部北端一个没有窗户的办公室里工作。"科学家们"在白宫向奥巴马和他的高级官员进行例行工作汇报。选举团队认为这是他们所拥有的对罗姆尼竞选团队的最大机制优势——数据。

在整个竞选中，奥巴马团队的广告费用花了不到 3 亿美元，而罗姆尼团队则花了近 4 亿美元却最终落败，这是因为奥巴马的数据团队对广告购买的决策，是经过缜密的数据分析之后才制定的。一名官员表示："我们可以通过复杂的建模来找到目标选民。例如，如果迈阿密戴德郡 35 岁以下的女性是我们的目标，那么这里有如何覆盖她们的方式。"因此，奥巴马竞选团队在一些非传统节目中购买了广告，例如 4 月 23 日的电视剧《混乱之子》《行尸走肉》和《23 号公寓的坏女孩》。芝加哥总部称，在电视平台上，2012 年的广告购买率较 2008 年提升了 14%。

在本次竞选中，奥巴马团队的投票动员绝不是千篇一律的，对于不同的用户，他们动员的渠道及采取的互动方式也不同。2013 年 8 月，奥巴马决定在社交新闻网站 Reddit 上回答问题，当时多名总统高级助理并不清楚此事。一名官员表示："我们为何将奥巴马放在 Reddit 上？因为我们发现很大一部分目标选民在 Reddit 上。"而在"摇摆州"的电话动员上，他们也发现，一个"摇摆州"志愿者打来电话的效果要优于一个"非摇摆州"（如加州）志愿者打来的电话。

此外，奥巴马团队还首次利用 Facebook 进行大规模的投票动员，这模仿了现场组织者挨家挨户敲门的方式。在竞选活动的最后几周，下载某一款应用的用户收到了多条消息，其中包含他们在"摇摆州"好友的照片。他们被告知，可以通过单击按钮，呼吁这些目标选民采取行动，例如进行投票注册、更早地投票，积极参与到投票中。奥巴马竞选团队发现，大约 1/5 收到 Facebook 请求的选民做出了响应，这在很大程度上是因为请求来自他们熟悉的人。

奥巴马的统计团队主管丹·瓦格纳建立了人口特性分析系统。这个系统里有所有奥巴马希望得到支持的选民的档案。他们根据每个人是否会投票、是否会投给奥巴马，为每个选民打分。根据这个系统，丹·瓦格纳不仅可以更准确地预测选民的投票行为，也知道如何通过各种方式改变他们的选择，对不同的人群使用不同的广告方式。比如，在亚拉巴马州的一个小镇就投放了 68 个广告，因为那个小镇的人群历来都把票投给共和党，但是选票数都非常接近。

罗姆尼的团队则依旧使用早期的统计方法，建立更宽泛的人口性格分析系统，围绕一些较大话题，比如奥巴马支持的太阳能公司 Solydra 的负面新闻。奥巴马团队的灵感来自互联网。当你在上网时，谷歌、Facebook 等网站一直在追踪你的上网行为，一些网络数据公司，比如 Apsalar、Flurry、Localytics 和 Sonamine 都是通过建立人口性格分析系统来分析用户。他们不仅希望得到用户上网行为的数据，还希望知道用怎样的方式去影响每位用户。通过庞大的数据，这些公司能够用惊人的高准确率计算出用户下一步会怎么做，比如他们知道一个25 岁男性要玩某个游戏多久才会进行第一次应用内消费，并会建议游戏公司让这名男性能够在这个时间段内对游戏保持新鲜感。

奥巴马团队用的是同样的原理，只是这一次不再针对移动应用用户，而是一个个选民。

他们通过大数据弄清楚每个选民的特点，并且计算出他们对各"推销方式"的接受程度，包括寄信、上门找选民聊天、社交网络、广告、电视辩论等。之后，他们会把这份数据分发给他的志愿者助选团成员，让他们分头行动。

佛罗里达一直是共和党和民主党竞争的主要州之一。而奥巴马团队的目标则是让 4 年前选过他的人再次选择他，并在此基础上，寻找新的支持者。比如在佛罗里达的杰克逊县，奥巴马在 2012 年获得了 7 342 票（35.1%），而 2008 年，支持者票数为 7 632 票（35%）。他希望把能够留住的人都留住。再根据选民行为去赢得更多用户。最终，奥巴马以 73 000 票的微弱优势赢得了佛罗里达州。

不仅如此，丹·瓦格纳建立的系统还准确地预测了最终的大选结果。这届大选中大数据第一次广泛用于拉选民的过程中。

看来，下一届大选，共和党也将会加入大数据分析团队，两党竞争会愈发激烈。

7.3.2.3 思维启示

1. 启示一：数据由人创造，反映人的行为和心理

奥巴马团队用了更少的竞选经费却获得了胜利，为什么？因为他们分析了数据，精确地将经费用到了正确的地方。这是数据分析所带来的效果。

在商业上，以数据分析为支撑的决策，让商家获得利润的例子也数不胜数。

Tesco 就是一个例子。作为全球利润第二多的零售商（仅次于沃尔玛），这家英国超级市场巨人从用户行为分析中获得了巨大的利益。从其会员卡的用户购买记录中，Tesco 可以了解一个用户是什么类别的客人，如素食者、单身、有上学孩子的家庭等。这样的分类可以帮助 Tesco 设计个性化的服务，比如通过邮件或信件寄给用户的促销单可以变得十分个性化，店内的上架商品及促销也可以根据周围人群的喜好、消费的时段而更加有针对性，从而

提高货品的流通。这样的做法为 Tesco 获得了丰厚的回报，仅在市场宣传一项，就能帮助 Tesco 每年节省 3.5 亿英镑的费用。

在零售业上，巨头沃尔玛也同样重视与其用户进行个性化互动。2012 年年底，沃尔玛在 Facebook 上发布了一个名叫 Shoppycat 的应用，这个应用的功能是帮助用户解除为朋友挑选生日礼物的烦恼。当用户将 Shoppycat 加入她/他的 Facebook 中时，应用程序将访问这个用户所有朋友的信息，如用户信息、行为、状态、喜好、关系圈等，通过对这些信息的分析挖掘，为每一个朋友的生日都推荐相应的礼物。

2. 启示二：数据挖掘之前一定要做好充足准备

首先，收集和整理数据是一个枯燥冗长的过程。奥巴马数据团队在竞选前两年就开始收集大量的信息，而他们做的第一件事就是将民主党所有各自独立零散的选民数据库汇总在一起。同样，当企业的数据分散在各地的服务器、各种文件、各种数据库中时，需将这些数据进行有效的集中存储和格式清理。

其次，做到精准是一个业务定制的过程，没有"一键安装式"的灵丹妙药。机器学习是数据挖掘中常用的方法，它的基本原理是让计算机从历史数据中"学习"其中的规律，并利用该规律对未来数据进行预测，这个过程也就是建模和预测的过程。因此，当用户数据因业务而异时，每一组数据中都会有自己独特的数据模型，这也就是与实际业务相定制的过程。比如，奥巴马的数据团队就会对每一个群体的选民都进行建模，进而预测他们的捐款行为方式（通过网络捐款，还是汇款）。

最后，模型需要根据实际情况进行动态调整。环境、喜好或其他因素常常会导致用户的行为规律发生一定的变化，使其产生的数据也随之变化，这些变化将会影响模型的精准性，因而，人们需要随时动态地去调整模型。奥巴马竞选的案例中，在关键的"摇摆州"俄亥俄州，数据分析团队获得了约 2.9 万人的投票倾向数据。这是一个包含 1% 选民的巨大样本，使他们可以准确了解每一类人群和每一个地区选民在任何时刻的态度。当第一次电视辩论结束后，选民的投票倾向发生改变。而数据分析团队可以立即知道什么样的选民改变了态度，什么样的选民仍坚持原来的投票选择。

7.3.3 "全球脉搏计划"——大数据助力民生决策

7.3.3.1 "全球脉搏计划"概述

"全球脉搏计划"（图 7.44）是联合国秘书长于 2009 年发起的一项倡议，旨在利用数字化数据、快速数据收集和分析方面的创新，帮助决策者实时了解危机如何影响弱势群体。作为一个创新实验室，其汇集了来自联合国内外的专业知识，旨在运用数据相关的创新方法和技术，来帮助决策者快速应对全球性危机，推动全球发展，包括：追踪全球发展趋势；保护世界上的弱势群体；强化全球性经济危机的应对能力。最终目的是为未来做出贡献，以便更早地获得更好的信息，使国际发展保持在正轨上，保护世界上最脆弱的人口，并加强对全球冲击的适应力。

图 7.44 全球脉搏计划

"全球脉搏计划"的关注点是全球民生与经济问题，以及异常情况的处理。采取的主要措施包括：

1）研究创新性的实时数据分析方法和技术，以便在早期发现全球发展过程中所萌发的隐患；

2）组建免费和开源技术工具集，分析实时数据和共享科学推理及假设；

3）建立一个统一的、全球性的 Pulse Lab 系统，总部建在纽约，在国家层面上引导"全球脉搏计划"的推进。

2012 年，联合国发布大数据政务白皮书《大数据促发展：挑战与机遇》，总结了各国政府如何利用大数据更好地服务和保护人民，指出大数据对于联合国和各国政府来说是一个历史性的机遇，还探讨了如何利用包括社交网络在内的大数据资源造福人类。

2013 年 8 月，据《纽约时报》报道，"全球脉搏计划"的总部——纽约市"Pulse Lab"已有研究人员 14 人，一个 10 人的实验室建在了印尼，还有一个 8 人的实验室在乌干达。

2014 年，联合国把如何利用大数据应对全球气候挑战作为气候峰会的重要议题

7.3.3.2 案例详析 1——利用社交媒体上的信号来预测印尼的食品价格

这个项目（图 7.45）探讨了推特数据如何被用来预测实时食品价格的走势。该项目构建了一个牛肉、鸡肉、洋葱和辣椒这四种食品的日价格指标的统计模型。当将模型预测的食品价格与官方食品价格进行比较时，发现这些数据密切相关（图 7.46），这表明接近实时的社交媒体信号可以近似模拟每日食品价格的统计数据。这项初步研究为进一步研究铺平了道路，即社交媒体分析如何通过提供一种更快、更经济、更有效的实时食品价格收集方式来补充传统的价格数据收集。

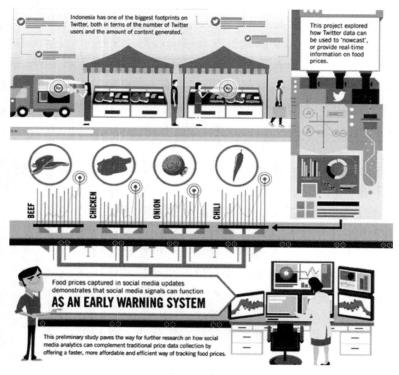

图 7.45 利用社交媒体上的信号来预测印尼的食品价格

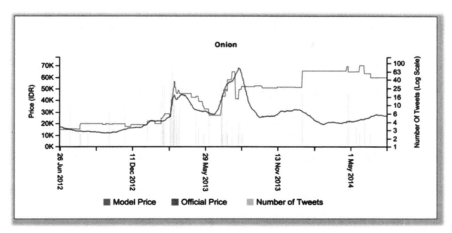

图 7.46　模型预测食品价格和真实食品价格的比较

该项目主要是基于以下假设，即食品价格的变化可以用推特上报告的价格来建模，特定商品的价格可以从前一天的价格推断出来。整个模型建模过程分为四个阶段：数据收集、数据细化、数据过滤、数据建模。

为了提取社交媒体上引用的价格，该项目使用了与四种食品相关的关键词和短语的分类来提取相关的公开推文，并进一步过滤了那些包含报价的推文。然后使用一个数字过滤器来确保推文价格变动不会过于离谱，例如不超过最大允许的每日价格变化百分比，并考虑每日推文数量和推特报告的价格与上次官方价格的差异。

该项目所构建的统计模型使用的数据包括：在推特上引用的前一天的食品价格；推文数量（更多的报价引用量会使这些报价更可信）；最大的每日价格变化率。

7.3.3.3　案例详析 2——通过社交媒体的滤镜来研究失业

研究如何透过对社交媒体和在线用户所产生的数据的分析，来发现和预测美国与爱尔兰的工作情况变化（图 7.47）。研究者们通过对相关数据的分析，确定了一些可以被用来指示人们工作情况变化的前向因素和后向因素。假设，如果通过对相关数据的分析，发现了比较明显的卖出大排量车购置小排量车，或是从疯狂购物到仅购置必须品，或是从开车出行到乘公交车出行的转换等现象，那么也许预示着解雇高峰可能即将到来。

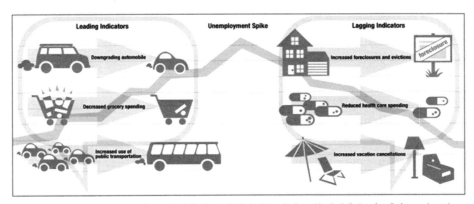

图 7.47　通过社交媒体的滤镜来研究失业

这个项目主要讨论了两个具体问题：在线对话能提供一个即将失业的早期指标吗？它们能否帮助政策制定者更好地理解当失业潮来临时，个人应对策略的类型和发生顺序？

该项目从来自美国和爱尔兰的博客、论坛和新闻中选择与工作相关的在线对话。然后，对于所有的文档，根据对话语气的定量分析来进行情绪评分——例如，快乐、抑郁或焦虑（图7.48）。项目将量化的情绪评分与失业率相关联，以发现预测失业率上升和下降的主要指标。

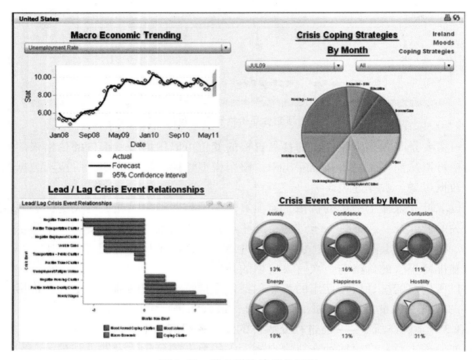

图7.48 社交媒体情绪分析器

例如，爱尔兰的大量对话被归类为显示出一种与失业率相关的提前三个月的困惑情绪。同样，有关住房和交通等其他问题的与失业有关的文件的数量也被量化，以便深入了解人群的应对机制。

与应对机制有关的大量文件也显示出与失业率的显著关系，这可能有助于了解处理失业问题的人群的反应。例如，在失业率飙升两个月后，美国关于住房损失的讨论增加了。

7.3.3.4 思维启示

1. 启示一：大数据可以变废为利

让我们先来关注一下全球脉搏计划里面使用了哪些数据。

全球脉搏计划研究的数据主要包含以下四个方面：

1）数据废弃物（Data Exhaust）。它是指在人们使用电子类服务（如手机、电子购物、网络搜索等）的过程中，非主动性收集的事务性数据，以及包括联合国在内的各种组织机构所收集的其他实时数据（诸如股票走势、学校出勤情况等）。这些数据可以用来构建成一个人类行为的感知网络。

2）在线信息（Online Information）。它是指网络上的数据内容，如新闻报道、社交媒体的互动、生老病死的记录、电子商务、工作招聘信息。这些数据考虑的是网络的使用情况，可构建成针对人类意图、情感、感知和想法的感知网络。

3）物理传感器数据（Physical Sensors）。它主要包括卫星图像或者是地貌改变的遥感图像、交通数据、光辐射数据、城市发展和布局改变数据等。这些数据侧重于从人类生活的外围去感知人类行为的改变。

4）群智数据（Citizen Reporting or Crowd - sourced Data）。它是指由市民主动产生或提交的数据，如通过手机端的调查、热线电话、用户产生的自定义地图等产生的数据。这部分数据主要用来做验证和反馈。

通过对这四类数据的整合和集成，可以从各个侧面去反映人类世界的情况，从而帮助联合国给全球把脉。

这些数据可能对于我们一般人来说会觉得没有太大价值，但是在全球脉搏计划的运用之下，就可以用来组成庞大的多方面的感知网络，来帮助更好地理解人类活动，实现变废为利。

2. 启示二：要善于运用大数据来造福人类

纽约实验室 2013 年还启动了另外一个项目（图 7.49），这个项目的分析目的是评估"每个妇女每个儿童运动"自 2010 年启动以来的影响，并确定在 Twitter 对话中，公众对与儿童和妇女（特别是母亲）健康有关的问题的认识是否有任何变化。该项目使用了 Crimson Hexagon 的分析工具 ForSight，来访问和分析 2009 年 9 月至 2013 年 7 月所有公开 Tweet 文章。该项目制定了相关关键词的分类，以确定与妇女和儿童健康有关的信息（例如，搜索诸如"产妇健康""母乳喂养""儿童接种"等关键词）。在搜索 Twitter 上出现的关键词后，他们训练了一个监视器来识别相关的 Tweet。随后对 1 400 万条关于妇女和儿童健康的推文进行了分析，以确定其尖峰、趋势以及与现实生活事件和运动的可能联系。

如图 7.49 所示，从他们的研究中发现在世界艾滋病日、母亲节、国际妇女节期间，甚至在千年发展目标首脑会议等关键时刻，Tweet 上相关的对话都出现了高潮。这表明宣传工作正在发挥作用，公众对这些问题保持着分享和关注。

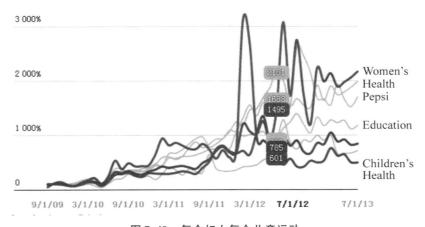

图 7.49　每个妇女每个儿童运动

从这个项目的研究中可以看出，只要善于运用大数据这个工作，就可以更好地帮助那些弱势群体，真正造福人类。

7.3.4 大数据助力医疗决策

7.3.4.1 案例详析——传染病早期预警

自从有人类开始，就有了传染病，人类的历史甚至可以说是一部传染病史，传染病对人类的历史进程产生着不可忽视的影响。一场传染病大流行的暴发，给人类社会带来的生命、财产损失甚至可能超过战争、自然灾害等突发事件。

在医疗水平不甚发达的年代，大规模流行的传染病被人们统称为瘟疫。鼠疫、天花、流感和霍乱在历史上不同时期都曾被称作瘟疫。

公元前5世纪，雅典大面积暴发瘟疫，约1/4的居民因此死亡，幸存的修昔底德在书中描述了这场瘟疫，成为人类历史上最早对瘟疫的较为详细的记载。致死率极高的鼠疫，每一次流行都对当地的人口、经济造成严重的影响，甚至能间接推动历史进程——公元6世纪地中海沿岸暴发查士丁尼瘟疫，拜占庭帝国因此减少了近一半的人口，对地中海沿岸和欧洲的历史进程影响巨大；14世纪黑死病肆虐整个欧洲，两千多万人因此丧命，同时期欧洲大陆上掀起文艺复兴运动。15—18世纪，欧洲船队开辟新航路，西班牙人踏上美洲陆地，进行贸易交换的同时也开始了细菌病毒的交换，带来的天花病毒导致约80%的原住民死亡。世界范围内的烈性传染病霍乱，主要通过粪—口传播，自19世纪初首次在印度暴发开始，至20世纪中期有过7次大流行，给世界各国带来不可估量的损失，所带来的影响甚至到今天还留有余威。"一战"期间，一场致命的流感传遍全球，致使全球2.7%的人口感染死亡，将近一半的死者是原本身体强健的青年人，这使主战国元气大伤，1918年"一战"结束。

而到21世纪的今天，流感、艾滋病、登革热、SARS、埃博拉等传染病仍在世界各地侵袭着人们的健康，甚至夺取人们的生命。2020年伊始，新冠病毒席卷全球，持续多年其阴影仍未散去，给世界各国带来难以估计的损失。

随着医学科技的进步，在各国人民的努力下，人类对传染病有了更多的了解和防治措施，但仍然无法彻底阻止其暴发。并且，因为全球经济一体化的快速发展，传染病暴发带来的影响也越发不可小觑，对各国乃至全世界公共卫生领域来说都是严峻的挑战。因此，传染病预测预警工作的研究和实践也显得越发重要和急迫。做好传染病预测预警工作可以帮助政府和人民在其发生大规模流行之前做好防范措施，尽可能地减少传染病暴发给国家和人民带来的损失。

传染病是医疗卫生领域的一个重大话题，由于其快速传播会对现实世界造成极大的困扰，所以除了在传染病暴发时采取适当的措施去抑制疾病的传播之外，在传染病威胁暴发之前预测得当并发出预警，更可以为政府卫生部门及早地采取应对措施提供重要依据，对疫苗和抗流感药物的数量做出合理的决定，降低发病率和死亡率，大大减少国民损失。

从2018年开始，为了构建"基于云服务的突发急性传染病大数据预警平台"，国家CDC开展了一系列针对突发急性传染病早期预警模型构建的工作。

他们联合了北京理工大学AETAS实验室的研究者们，选取了数种典型突发急性传染病，开展了相关的研究，成功构建了融合异构多源大数据的突发急性传染病早期预警模型。

1. 流行性感冒早期预警模型

流行性感冒与由鼻病毒造成的普通感冒不同，它产生于另一种极小的病毒，其一般被称为流感病毒。流感病毒是已知的变化最多的病毒，并且基本上具有嗜冷性，所以导致流感通常在寒冷的冬季暴发。在传播速度和传染性方面，流感比普通感冒都要更严重，患病者需要更长的时间来恢复健康。由于高死亡率和高发病率，流感成为全世界医疗健康人员最关注的问题之一。

当下，对于流感的快速反应与防范对全球来说仍然是一个巨大的挑战。1918 年暴发的"西班牙大流感"给世界多国造成了巨大灾难，最终导致了大约占当时全世界人口 1/3 的 5 亿人患病，其中 5 000 万人丧命。并且西班牙大流感对世界各国的经济发展和贸易往来产生了严重的影响。即使在没有大规模流行的年份，流感也让人们损失惨重。根据 WHO 的估计，每年流感会影响到全球 5% ~ 10% 的成人及 20% 以上的孩子。每年，有 25 万 ~ 50 万人被流感夺去性命。季节性流感对于免疫系统脆弱的人是最危险的，尤其是小孩和老人，因为他们的免疫系统最可能出纰漏。

预测流感的暴发非常重要，但同时也非常困难，因为与流感暴发相关的不确定性因素很多。众所周知，流感患病及传播与季节、地域、气象与环境、人口学因素与人类行为等方面密切相关，其中气象因素更是影响某地区流感发病的关键因素。

因此，北京理工大学的研究者们将多源大数据气象因素和某地区流感发病数据整合起来，利用机器学习算法挖掘气象因素对流感发病的影响和作用。传统的流行病监测系统依赖随后报告的确诊病例，这些病例距实际流行高峰至少有数天的延迟。而挖掘最低气温、上周平均气温、日累计辐射、最大风速、降水量、温差等气象因素的影响作用，将某个时间单位内的病例数与几个时间单位之前的气象因素相结合，考虑其滞后性和延迟性的影响，将是一项完全不同的尝试。

利用 CART、XGBoost 和 LightGBM 三种基于树模型的算法，他们成功地构建基于气象大数据的早期流感预测模型。利用可视化数据挖掘方法（图 7.50），还可对决策树模型的建模过程进行可视化，从树状结构图中得到分类规则，从而得到流感预警的气象条件阈值和最终的流感预警方案。

2. 戊肝早期预警模型

据世界卫生组织报道，全世界约有 1/3 的人口暴露在戊型肝炎病毒（Hepatitis E Virus，HEV）的威胁当中，存在患病风险。每年约 2 000 万人发生 HEV 感染，大约 330 万为急性病例。2015 年，全球由于感染 HEV 导致的死亡病例有 4.4 万人，占所有病毒性肝炎死亡病例的 3.3%。戊型肝炎在全球各个国家及地区都有发现，但在亚非的一些发展中国家更为常见，时有流行事件暴发，而在发达国家则以散发型病例为主。

我国是戊肝高发国家之一，多个省市都有过戊肝暴发流行事件，其中最大的一次流行是 1986 年 9 月起，新疆地区暴发的水型戊型肝炎，此次暴发波及 23 个区县，持续近两年，累计发病 119 280 例，死亡 707 例，对社会及个人造成不小的经济负担。进入 21 世纪以后，我国的戊肝发病率持续增长，2004—2017 年，我国的戊肝年报告病例数增加近一倍，涨幅过万，戊肝占各类病毒性肝炎的比例从 1.43% 增加到 2.26%。

戊肝是通过粪—口途径传播的肠道传染病。我国发生的戊肝暴发流行事件可分为食源性和水源性两大类，戊肝呈春季高发，每年 3 月为发病的高峰期，可以认为戊肝的发病与气候有一定的联系。气候变化会对一定地区内的天气和环境产生很多影响，包括水源和食物，因此，在气候变化下，食源性传染病的发病率可能会受到影响。

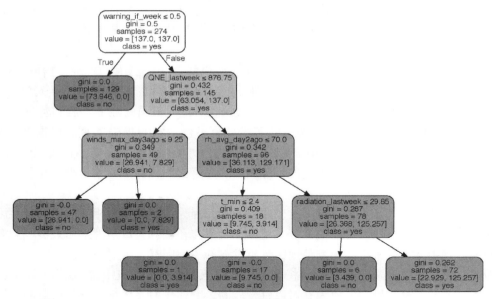

图 7.50　流感预警模型的可视化

传统的传染病预警工作通常采用基于经验的统计学方法，通过收集历史的传染病病例数据，使用统计模型对传染病的发病趋势进行研究。例如，移动百分位数法是将当前发病数与历史同期发病数对比，对于发病率不同的传染病，该方法的暴发预警效果存在较大的差异，这是因为传统预警方法大多没有考虑不同传染病的流行特点，只是单纯地使用移动百分位数法设置相应的百分位阈值进行暴发预警。针对戊肝的病种特点，北京理工大学的研究者们将戊型病毒性肝炎发病数据，结合人口、气象、水质等条件，利用集成学习方法，构建了基于多源大数据的戊肝发病情况预测预警模型，为戊肝预警工作提供了不同的思路。

该成果目前已经集成到了中国疾病预防控制中心的"基于云服务的突发急性传染病大数据预警平台"上。

7.3.4.2　思维启示——大数据让医学更为精准、更为个性化

让我们先来看看史蒂夫·乔布斯（Steve Jobs）（图 7.51），苹果的传奇首席执行官与癌症斗争的故事。

史蒂夫·乔布斯算是世界上最早对自己和体内癌细胞实行了完整的 DNA 测序的人。我们知道，任何一种药物的面世都会经历漫长的研制过程，其中一个环节就是药物人体试验。每个人的 DNA 都有差异，面世的抗癌药物通过了药物人体试验的验证，但严格来说，只能证明该药物对参与药物人体试验过程中的这些人的 DNA 来说是有效的。为此，在一般的癌症患者选择药物时，医生们总是希望被治疗的病人的 DNA 能尽可能地与参与药物人体试验中的患者的 DNA 相似，这样药物才能比较好地起作用。

然而，史蒂夫·乔布斯的这个案例的不同之处在于，他的医生团队可以根据他的特定基因组成来选择治疗方法。鉴于一种药物使用之后，癌细胞会慢慢形成抗药性，并自发变异以对抗该药物。每当一种治疗因癌细胞发生变异而失效时，医生就根据对当前癌细胞的 DNA 测序结果的分析有针对性地改用另一种药物。即通过对 DNA 数据和药物数据的分析对比，来辅助进行医疗决策。

尽管最后很遗憾，乔布斯没有赢得这场战争的胜利，但是通过这种大数据辅助医疗决策的方式，他比同类型癌症病人多争取了多年的生存时间。这个例子可以说是利用大数据来辅助医疗决策的一个开端。

2015 年 1 月，美国总统奥巴马在国情咨文中宣布，要开展一项名为"精准医学"的计划。

2015 年 3 月，中国科技部举办首届国家精准医疗战略专家会议，提出了中国的精准医疗计划，这一计划很可能纳入"十三五"重大科技专项，上升为国家战略。

2016 年 3 月和 10 月，科技部相继公布了 2016 年度和 2017 年度国家重点研发计划"精准医学研究"重点专项申报指南（图 7.52）。

图 7.51　苹果的传奇首席执行官史蒂夫·乔布斯

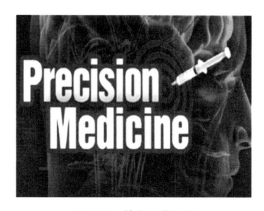

图 7.52　精准医学研究

所谓的精准医学，即是结合数据密集型研究方法，从人与人之间的 DNA 数据差异入手，结合病例、病理数据，发展个性化的、数据指导的医学决策方法。从经验医学到循证医学，再基于大数据手段来到精准医学，我们迎来的是一个全新的医学时代！

2016 年我国支持的重点研发计划中所支持的其中一项便是"适用于中国人的药物基因组学大数据平台与精准用药智能分析系统建设"，由北京大学牵头、北京理工大学等多家单位参与，主要研究目标就是基于对医学数据的分析，来构建我们黄种人的用药指南，围绕我国重大疾病传统药物存在无效治疗和严重不良反应的问题，建立精准用药研究体系和用药指南。

7.3.5　大数据辅助行车路线优化

快递司机一天中几乎有无数条路线可供选择。对 UPS 这样的巨头来说，更是如此。因此它利用大数据分析打造了一个名为 Orion 的导航系统，可以在约 3 s 内找出较佳路线（图 7.53）。

在任何一天中，UPS 的司机都有许多条快递线可以选择。或者换个说法——UPS 的司机在任何一天中，可以选择的快递路线的数目都是令人难以想象的。这可不是夸张。UPS 公司的司机一般每天要送 120～175 次货。在任何两个目的地之间，都可以选择多条路线。显然，司机和 UPS 想要找到其中最有效率的那条。不过如此一来，事情就变得复杂了。

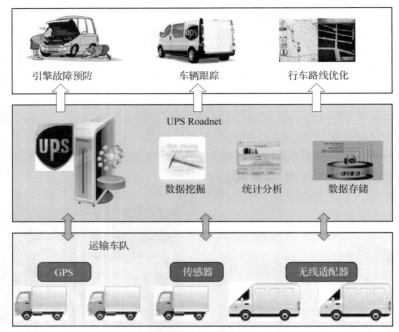

图 7.53　大数据辅助行车路线优化

为了解决这个问题，UPS 利用组合数学的算法得出，以上所述的情景中所有可能的线路的总数，是一个 199 位的数字。这一数字甚至大过了换算成纳秒单位的地球年龄。UPS 的流程管理高级总监杰克里维斯曾表示："这数字太大了，令人难以想象。你只能从分析学上得出一个概念。"虽然这对 UPS 而言，是一项庞大的挑战，但是他们也有很强烈的动力去实现路线最优化：因为如果每位司机每天少开一英里，公司便能省下 5 000 万美元。

UPS 所研发的这个名为 Orion 的系统，也就是道路优化与导航集成系统（On – Road Integrated Optimization and Navigation）的缩写，也是希腊神话中猎户座的名字。Orion 的算法诞生于 21 世纪初，并于 2009 年开始试运行。该系统的代码长达 1 000 页，可以分析每种实时路线的 20 万种可能性，并能在大约 3 s 内找出较佳路线。

UPS 已开始在公司全部的 5.5 万条北美快递线路上装配了这一系统。到 2013 年年底，Orion 系统让公司节省了 150 万 t 燃料，少排放了 1.4 万 t^3 的二氧化碳。

7.4　模式创新

7.4.1　大数据反恐

7.4.1.1　案例详析 1——美国"棱镜"计划

棱镜，是指用透明材料做成的多面体，光线通过它会发生分光或色散。但在 2013 年 6 月 6 日，这个词语被赋予了令人震惊的新含义：美国国家安全局和联邦调查局通过进入各大网络运营商的服务器，监控普通民众的电子邮件、聊天记录、视频及照片等秘密资料。这一项目被称为"棱镜"。在"棱镜"的倒映下，深藏在阴影之后的"黑客帝国"逐渐暴露在阳光中。图 7.54 所示为美国"棱镜门"风波。

2013 年 6 月，前中央情报局（CIA）职员爱德华·斯诺登将两份绝密资料交给英国《卫报》和美国《华盛顿邮报》，并告知媒体何时发表。按照设定的计划，2013 年 6 月 5 日，英国《卫报》先扔出了第一颗舆论炸弹：美国国家安全局有一项代号为"棱镜"的秘密项目，要求电信巨头威瑞森公司必须每天上交数百万用户的通话记录。

2013 年 6 月 6 日，美国《华盛顿邮报》披露称，2007—2013 年，美国国家安全局和联邦调查

图 7.54 美国"棱镜门"风波

局通过进入微软、谷歌、苹果、雅虎等九大网络巨头的服务器，监控美国公民的电子邮件、聊天记录、视频及照片等秘密资料。美国舆论随之哗然。

这项代号为"棱镜"的高度机密行动此前从未对外公开。《华盛顿邮报》获得的文件显示，美国总统的日常简报内容部分来源于此项目，该工具被称作获得此类信息的最全面方式。一份文件指出，"国家安全局的报告越来越依赖'棱镜'项目。该项目是其原始材料的主要来源"。

2013 年 6 月 5 日，《卫报》刊登的法院密令显示，从 2013 年 4 月 25 日至 2013 年 5 月 19 日，美国电信巨头威瑞森公司（Verizon）必须每日向美国国家安全局上交数百万用户的通话记录，涉及通话次数、通话时长、通话时间等内容，但不包括通话内容。

2013 年 6 月 6 日，美国《华盛顿邮报》又曝光政府机密文件，显示美国国家安全局和联邦调查局直接接入微软、谷歌、苹果、Facebook、雅虎等 9 家网络巨头的中心服务器，可以实时跟踪用户电邮、聊天记录、视频、音频、文件、照片等上网信息，全面监控特定目标及其联系人的一举一动（图 7.55）。

《纽约时报》指出，两大项目的曝光打开了一个非比寻常的窗口，使人们看到政府监控强度的增加，布什政府在"9·11"恐怖袭击事件之后开始采取监控举措。2002 年，在"9·11"事件后，前国家安全顾问约翰·波因德克斯特领导国防部整合现有政府的数据集，组建了一个用于筛选通信、犯罪、教育、金融、医疗和旅行等记录来识别可疑人的大数据库。奥巴马政府非常支持这种举措，其监控范围甚至还有所扩大。该报分析说，这种接连出现的大曝光还说明，由于信息泄露的相关事件引发众怒，很可能使知晓高级情报秘密的人员决定揭露真相。

根据报道，泄露的文件中描述"棱镜"计划能够对即时通信和既存资料进行深度的监听。许可监听的对象包括任何在美国以外地区使用参与计划公司服务的客户，或是任何与国外人士通信的美国公民。国家安全局在"棱镜"计划中可以获得的数据为电子邮件、视频和

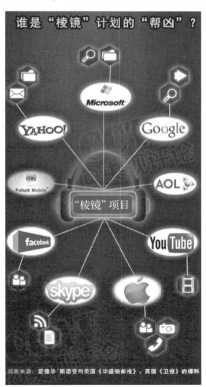

图 7.55 谁是"棱镜"计划的帮凶

语音交谈、影片、照片、VoIP交谈内容、档案传输、登入通知，以及社交网络细节。综合情报文件"总统每日简报"在2012年内于1 477个计划中使用了来自"棱镜"计划的资料。

根据斯诺登披露的文件，美国国家安全局可以接触到大量个人聊天日志、存储的数据、语音通信、文件传输、个人社交网络数据。美国政府证实，它确实要求美国公司威瑞森（Verizon）提供数百万私人电话记录，其中包括个人电话的时长、通话地点、通话双方的电话号码。

美国"棱镜"计划（图7.56）的正式名称为"US-984XN"，被列为美国最高机密。

"棱镜"计划自2007年实施以来，尽管规模经历了爆炸性增长，却从未对媒体和民众透露过一缕信息。

"棱镜"计划，实际上缘于美国政府2004年开始的"星风"（Stellarwind）监视计划。当时的

图7.56　美国"棱镜"计划

美国总统小布什等政府核心层通过一些司法程序手段，成功绕开了有关"公民隐私"等法律困境，将"星风"监视计划分拆成了由美国国家安全局执行的四个监视项目，除"棱镜"外，还包括"主干道""核子"和"码头"。

其中"棱镜"项目用于监视互联网，并从美国IT巨头的公司服务器上收集个人信息。"主干道"项目负责对通信网络上数以亿兆计的"元数据"进行存储和分析。在对电话和互联网监视的语义下，元数据主要指通话或通信的时间、地点、使用设备、参与者等，不包括电话或邮件等的内容。根据斯诺登向英国《卫报》提供的一份绝密美国法庭命令显示，美国国家安全局（NSA）通过美国国内最大的电信运营商威瑞森（Verizon）收集了数百万美国客户的电话记录，包括美国国内的电话和由国内打往外国的电话。威瑞森公司就是"主干道"项目的一个原始情报信息提供者。

"核子"项目通过拦截通话以及通话者所提及的地点，来实现日常的监控。"核子"项目负责截获电话通话者对话内容及关键词。

"码头"项目及其监控手段是NSA所实行的监控项目中最鲜为人知的一个，即使是那些参与其中的情报专家对项目整体也知之甚少。只知道"码头"项目应是对互联网上的"元数据"进行存储和分析。

据美媒估计，"码头"项目所获取的关于美国民众的信息可能远远超过其他三者。因为，"码头"项目所监控的电子邮件、网上聊天系统以及其他借助互联网交流的媒介使用频率在当下远胜于普通的电话或者手机。

7.4.1.2　案例详析2——加拿大的"棱镜门"

随着美国"棱镜门"事件的曝光，加拿大也有了连锁反应。

有媒体曝料称，早在2005年，加拿大国防部就开始秘密实施了一项类似于"棱镜"的情报窃取计划，这同样在加拿大国内引起轩然大波。不过加拿大国防部长公开表示，该计划收集的只是信息来源的"元数据"，并不会侵犯个人隐私。

加拿大《环球邮报》和加拿大通讯社日前依照《信息获取法》获取了一些文件，文件显示加拿大国防部长彼得·麦凯在2011年11月签署了七条法令，授权加拿大通信安全局实施一项秘密的电子窃听计划，窃取国内外的电话及网络通信。不过出于对国家安全的考虑，

这些文件中的一些内容已经被删除。这两家媒体报道称，这份授权法令是对原有内容的更新，而这一秘密窃听项目早在 2005 年加拿大自由党执政时就已经开始实施。只是在 2008 年，加拿大联邦监管机构发现这一计划可能导致对加拿大人隐私的不正当监控时，一度暂停了一年多的时间。不过报道也称，这一窃听计划并不直接读取窃取的信息内容，只是收集信息来源的"元数据"。

而英国《卫报》报道说，英国政府的通信监控部门与美国国家安全局、加拿大通信安全局合作密切，英国方面至少 3 年前就加入了"棱镜"计划。这样的报道也让人对加拿大是否参与"棱镜"计划打了个大大的问号。

就在美国"棱镜门"事件不断升级发酵之际，加拿大政府又被曝出秘密窃听计划，着实在加拿大国内引发了轩然大波。有媒体分析说，加拿大是美国的亲密盟友，而且在美国、加拿大、英国、澳大利亚和新西兰组成的情报分享网络"五只眼"中也扮演着重要的角色，美国存在着秘密情报监视，加拿大也很难逃脱干系。

消息一出，加拿大联邦隐私专员詹妮弗·斯托达特就表达了担忧，并表示将进行更多的调查。斯托达特专员的发言人哈钦森在一份电子邮件中透露，加拿大通信安全局有一个专门的监控机构，以通信安全局专员办公室的身份存在，他们计划对这一办公室进行质询，以获取更多的细节，他们需要了解该办公室计划和正在采取的行动。他还称联邦隐私办公室还将与世界各国的相关机构合作，共同调查美国"棱镜门"事件。

这一事件的当事人、加拿大国防部长麦凯在联邦议会下院遭到了议员的炮轰。不少问题都十分尖锐，例如"加拿大政府是否知道美国的'棱镜'计划也在收集加拿大人的个人信息""加拿大是否也在使用美国'棱镜'计划窃取的元数据"等。对不少问题，麦凯选择了回避，但他强调，加拿大通信安全局并没有读取收集来的信息内容，这一计划是直接针对来自加拿大国家外部的行为，例如，国外的威胁。加拿大法律明令规定，不允许窃取加拿大人的隐私，这一计划完全是在法律的严格监管下实施的。

7.4.1.3　思维启示

1. 启示一：数据就是"未来的新石油"

美国政府早已将大数据上升到了国家战略的高度，并认为大数据是国家的核心资源。

除了将大数据运用在反恐上，2009 年，美国奥巴马政府推出了 data. gov 网站（图 7.57）作为政府开放数据计划的部分举措。data. gov 开放了 37 万个数据集，并开放网站的 API 和源代码，提供了上千个数据应用。

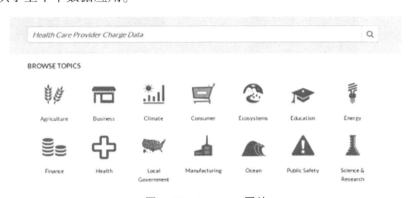

图 7.57　data. gov 网站

该网站的超过 4.45 万量数据集被用于保证一些网站和智能手机应用程序来跟踪从航班到产品召回再到特定区域内失业率的信息，这一行动激发了从肯尼亚到英国范围内的政府们相继推出类似举措。

2011 年，美国总统科技顾问委员会提出政策建议，指出大数据技术蕴含着重要的战略意义，联邦政府应当加大投资研发力度。

作为回应，2012 年 3 月，奥巴马政府宣布投资 2 亿美元拉动大数据相关产业的发展。从此，美国政府启动了"大数据研究与开发计划"，旨在提高从庞大而复杂的科学数据中提取知识的能力，从而加快科学与工程发现的步伐，以帮助解决包括医疗、能源、国防等在内的一些最紧迫的挑战。

目前，美国已把应对大数据技术革命带来的机遇和挑战，提高到国家战略层面，形成了全体动员格局。奥巴马政府指出，数据就是"未来的新石油"。一个国家拥有数据的规模、活性及解释运用的能力将成为综合国力的重要组成部分。未来，对数据的占有和控制甚至将成为陆权、海权、空权之外的另一种国家核心资产。

2. 启示二：大数据时代如何保护隐私安全

"棱镜门"事件的持续发酵，引发了更多的对于隐私安全的顾虑。大数据时代，隐私安全该如何维护呢？

隐私权是最基本也是最神圣的一种权利。但是在 Web 2.0 时代，面对如此众多的社交和共享应用，这一权利慢慢地被剥夺了。事实上，一些专家认为，这一权利已经丢失了。人们看到了一些严重的事实：无论是大众，还是个人都可以通过一系列的做法跟踪人们的行迹、习惯和选择。然而在大数据时代即将来临的今天，如何去保护自己的个人隐私安全，又是一个亟待解决的问题。

数据安全往往涉及很多隐私，数据被谁掌握，怎样能够保证安全，是一直困惑人们的问题，这一问题在大数据时代下再一次被放大。在信息爆炸的信息化社会，保护隐私安全不仅是大数据技术或者个人的单独行为，也是整个社会的行为。所有问题都不可能通过单一的技术手段解决，还要靠法律手段和道德建设来协助。现在很多数据涌来，一时间人们面临的数据非常多，这时候相关规则、立法甚至道德宣讲或者体系建立都要跟得上。工具没有好坏，看用在谁的手上。如果控制不好，就会泛滥。这要取决于人们的手段，取决于人们对建设的投入和关注。图 7.58 形象地描绘了大数据时代的个人隐私安全。

图 7.58　大数据时代的个人隐私安全

隐私的问题不是大数据时代带来的，在没有大数据的时候，人们就已经有很多隐私的问题。左邻右舍，正常来讲每个人回到家里希望把门关上，把窗帘拉上，大家不愿意分享。可是到了大数据时代，媒体发布多了，隐私也就很难保证了。

解决方法有两点：一个是技术手段；另一个是人们自身，如果不愿意自己的隐私被泄露，那么就尽量少发布这样的信息。当然有一些信息已经发布出去了，而且其中有一些不和谐因素，想要控制这些方面的问题就要通过立法实现。

大数据实际上应该作为一种工具，而并不应作为一种专为窃取隐私而发展形成的泄密途径。既然是工具，那关键看工具用在什么地方，掌握在谁手里。关键是看怎么利用这个东西，去做什么事情。当然，企业本身也必须考虑到，怎样保护用户的隐私，这一直都是在大数据应用过程中不断探索的一件事情。

在安全的前提下，实现数据共享，真正创造数据价值，这才是利用大数据真正的目的。

3. 启示三：大数据带来的伦理忧思

大数据带来的究竟是天堂还是地狱？美国"棱镜门"事件仿佛一记重重的耳光狠狠地打在了大数据的"脸上"——美国等进行的诸多"棱镜"项目实施的前提，正是大数据的存在。"棱镜门"事件引发了公众对于大数据的恐慌，人们害怕在大数据的洞察和检测下成为没有隐私的"透明人"。因此大数据作为一种基础设施，必须建立自己的规则，对掌握大数据的人要有所约束，以保证大数据用到了对的地方。

"科学预测"是对大数据的最大期望，作为大数据生产者的普通大众，在"被采集"数据和利用数据的过程中，隐私边界似乎尚不明晰。

大数据潮流扑面而来，几乎所有的互联网企业都在紧锣密鼓地抢夺资源，争分夺秒想要倾听大数据诉说的逻辑企图并将之转化为商业价值。

目前，广告营销是大数据应用最广泛的领域。比如在淘宝网搜索或购买了童装，再登录时，淘宝网就会推送各类童装，与购买或浏览过的衣服款式、价格都很相似，甚至在浏览新浪、腾讯、网易等门户网站时，内容页面的右侧也会出现一个小窗口，为你推送的仍然是价格、款式都类似的童装。不仅是淘宝、亚马逊、当当网、京东网，几乎所有的电子商务网站都在这么做。

被推送广告，是通过大数据预测的结果。电商网站通过消费者的购买记录、支付宝记录、浏览记录提炼出用户性别、年龄和爱好，然后对消费者进行广告推送营销。

电子产品日新月异，互联网无处不在，人们的一举一动产生的大量数据被记录在案。当企业对数据采集兴趣正酣时，越来越多的消费者却在担忧自己的隐私会在互联网这"第三只眼"的监视下"裸奔"，成为别人赚钱的筹码，而自己却丝毫未受益。

提高数据的精确性是企业的强烈需求，所以，企业在搜集在线数据的同时，也关注线下数据，并且需要对搜集到的信息做进一步的分析，在这个二次开发的过程中，用户的隐私存在失守危险。

在开发过程中，可以提炼出用户已婚还是未婚、是不是有孩子、在南方还是北方、从事什么职业等。比如淘宝网通过支付宝和淘宝数据，统计发现淘宝网上的活跃用户中有近2 000 万名大学生，但"大学生"这个标签是数据本身没有的，是通过用户收货地址挖掘、提取出来的。

阿里巴巴数据科学家杨滔坦陈："淘宝评测 65% 以上的移动应用，但同时也会抓取一些与评测功能无关的用户数据，甚至是涉及隐私的数据。"

如果大数据在商业领域的挖掘和应用只是边界不明晰，那么从"棱镜门"事件来看，在政治领域的应用可以说毫无边界可言。

传统的政治伦理是要保护个人隐私与自由，但大数据时代的到来与公共安全的需求，正在颠覆这一传统。

更加令人担忧的是，并不仅是美国在这样做，全球很多国家都有着类似的举动。因为不对称性的恐怖事件日益增多，国防部门掌握一定的隐私具有合理性需求。

尽管被提到"国防安全"的高度，但受众并不买账，全球各地涌现出大批斯诺登的支持者就足以证明一切。

这些国家进行的诸多"棱镜"项目实施的前提，正是大数据的存在，"棱镜门"事件引发了公众对大数据的恐慌，人们非常害怕在大数据的洞察和检测下成为一个没有隐私的"透明人"。

但无论人们怎样抵触和排斥，终究难以抵挡大数据时代到来的趋势。

可以预见，在不可逆转的大数据潮流下，没有任何一个国家能够置若罔闻，大数据时代的到来为一些国家提供了增强竞争力的机会，谁能在大数据中发现人类活动的规律、预测经济的波动，谁就将在信息时代严酷的竞争中处于优势地位。

不仅大数据的采集过程可能会侵犯用户的隐私，在使用过程中产生的伦理思辨更加难解。

大数据时代，自然规律能够被轻易地发现和预测，但是对于主观性更强、所思与所做常常大相径庭的人类行为，预测产生的价值究竟有多大？

《大数据时代》一书的作者维克托·迈尔·舍恩伯格有这样的担忧：大数据在欧美国家已经被应用到了警察这一行业，如果按照一个人过往的行为数据分析，预测他两年之后可能成为一个杀人犯，那么是放任自由还是现在就要给他贴上"杀人犯"的标签，开始对他进行监控或者直接投入监狱？没有人能够给出答案。

试想，如果通过数据分析出哪个姑娘最适合你但你却对她没有心动的感觉；你在下班的时候没有决定去哪里但数据预测却清楚地点出了你即将出现的目的地……人们面对这些预测的时候，是否会失去选择的权利？

由大数据产生的伦理争辩中，悲观派十分抵触将私人行为暴露在公众视野中，乐观派却认为人类行为就好比自然资源，本就应该无私地提供，企业、政府、医疗单位利用大数据革新服务和产品后，会以更大的优势反哺人类。

但是，无论是保守派还是开放派都必须承认，大数据作为一种基础设施，必须建立自己的规则，就好比公路上的汽车要遵守交通规则一样，如此才能保证大数据应用到对的地方。

只有将大数据用到对的地方，才能为人们带来更加欣喜的明天，造福人类生活。比如在医疗领域，它对人类基因组的分析和计算，使得攻克癌症看到了曙光。苹果公司已逝总裁乔布斯在接受胰腺癌治疗期间就运用了大数据，他说："要么我是第一个彻底战胜癌症的人，要么我是最后一个死于癌症的人。"

因此，大数据带来的究竟是天堂还是地狱，重点在于是否要对掌握大数据的人有所约束。

一方面要对数据使用者进行道德和法律上的约束；另一方面，还是要加强人们自身的保护意识。

7.4.2 利用大数据打击犯罪

7.4.2.1 "先知"系统

《少数派报告》是改编自菲利普·迪克的短篇小说《少数派报告》，由史蒂文·斯皮尔伯格执导，汤姆·克鲁斯、柯林·法瑞尔、萨曼莎·莫顿等主演的科幻悬疑电影（图 7.59）。

电影讲述了 2054 年的华盛顿特区，谋杀已经消失了。随着科技的发展，人类利用具有感知未来的超能力的人——"先知"，能侦查出人的犯罪企图，所以罪犯在犯罪之前，就已经被犯罪预防组织的警察逮捕并获刑。

这套"先知"系统并不只存在于科幻电影之中。

美国洛杉矶因警员比例过低，一直是全美犯罪率最高的地区之一。2012 年，该地警察局开始进行一项尝试，由加州大学人类学系与数学系联合组成的一个实验室，为该局提供了一套类似"先知"的计算器系统。

图 7.59　《少数派报告》

这套系统把洛杉矶市发案最高的福德希尔地区划分为几个区域，通过分析过去的 1 300 多万起案件，找到了发案与日期、天气、交通状况以及其他相关事件之间的某种关系，进而能够预测出哪个区域在未来数小时内可能发生案件。

那么这套系统参考的是什么规律呢？原来参考的是对地震的预测。

对地震的预测是非常困难的，不过，对余震的预测则要容易得多。这个系统参考的就是这个规律。那是怎么操作的呢？

原来，洛杉矶警察局把过去 80 年内的 130 万个犯罪记录输入由圣克拉拉大学助理教授乔治·默勒开发的余震预测模型。从数据显示，当某地发生犯罪案件后，不久之后附近发生犯罪案件的概率也很大。这一点很像地震后余震发生的模式。

当警察们把一部分过去的数据输入模型后，模型对犯罪的预测与历史数据也吻合得很好。

在测试期间，根据算法预测，某区域在一个 12 h 时间段内有可能有犯罪发生，在这个时间段，警察们被要求加大对该区域进行巡逻的密度，去发现犯罪或者犯罪线索。

但一开始，警察们并不愿意让算法指挥巡逻。然而，当他们在该区域确实发现了犯罪行为的时候，便对软件和算法认可了。

现在，洛杉矶警察局有一组专门的警员每天会驾驶着警车按照计算器发出的巡逻指令前往不同的区域。

尽管这些熟练的经验丰富的警员仍然不适应被二进制的代码指挥，但是在不增加警员的前提下，"先知"已经使该地区财产犯罪下降了 12%，盗窃案件下降了 26%。

7.4.2.2　犯罪数据分析和趋势预测系统

2013 年起，北京怀柔警方开始使用犯罪数据分析和趋势预测系统。这套系统收录了怀柔近 9 年来 1.6 万余件犯罪案件数据，通过由数学专家建立的多种预测模型，自动预测未来某段时间、某个区域可能发生犯罪的概率以及犯罪的种类，便可依此加强对重点地区警力投入，加强巡逻防范工作。

这套系统所遵循的理念是：每类案件都有着相应的犯罪时间规律。而这个预测系统能够以数轴方式预测出不同时间段发生犯罪的概率，包括具体的日、周、月、季度、半年度、年度以及自定义的时间周期，并随时补充近期发生犯罪的时间、地点等数据。

在指挥和情报系统进行会商之后，分局将系统预测可能发案的区域通报局属各单位，民警不再被动地围着案件转，而是主动出击，加强对预测案发地的巡逻防控。

例如，该预测系统出现了一个提示，泉河辖区北斜街盗窃案发生可能性较高。分局情报信息中心要求泉河派出所针对该区域加大巡逻防控工作。一天，泉河派出所民警巡逻至北斜街南口时，当场抓获一名盗窃汽车内财物的嫌疑人。

有了这套系统，民警从被动地围着案件转，转变为更有前瞻性地巡逻防控。2013年的1—5月，怀柔区接报110刑事和秩序类警情同比下降27.9%，其中抢劫案下降了近55%。

7.4.3 大数据与破案

《源代码》

说到数据科学，有一部电影是非常经典的，那就是《源代码》。这部影片由邓肯·琼斯执导，杰克·吉伦哈尔、维拉·法米加、米歇尔·莫娜汉等人联袂出演。影片于2011年4月1日在美国上映（图7.60）

"咚，咚""呼，呼"，急促的心跳声和喘息声震耳欲聋。一切都开始模糊，继而扭曲变形。

然后，一阵尖锐的火车汽笛声，将柯尔特·斯蒂文斯上尉（杰克·吉伦哈尔饰演）拉回了现实。窗外，是疾驰倒退的绿地。坐在他对面的女子（米歇尔·莫娜汉饰演）疑惑地看着走神的他，又继续着话题，柯尔特突然觉得头皮发麻。他不是这个女子口中的肖恩，也压根儿就不认识眼前这个叫作克里斯蒂娜的女子。他所记得的最后一件事情，是自己正在阿富汗执行飞行任务。

柯尔特意识到只有一种方法可以证明真相。他冲向洗手间，直愣愣地盯着里面的镜子，出现在镜子里的人，是一个身着呢子大衣、蓝色衬衫，眼中带着几分惊恐的中年男子。不是他自己，至少不是他印象中的自己。

还没等他惊魂落定，一股强大的爆炸气流袭来，整列列车在烈火中被炸成碎片。

图7.60 《源代码》海报

猛然睁开双眼，柯尔特惊疑地看着四周，他发现自己身处一个独立的空间里，穿着本就属于他的军服。

"欢迎回来，柯尔特上尉。"一个温和的女声在他耳畔响起。紧接着，是一个冷静的男声。

原来柯尔特被选中执行一项特殊任务，这个任务隶属于一个名叫"源代码"的政府实验项目。

在科学家的监控下，利用特殊仪器，柯尔特可以反复"穿越"到一名在列车爆炸案中遇害的死者身体里，但每次只能回到爆炸前最后的 8 min，也就是这一天清晨的 7 点 40 分。

理论上，"源代码"并不是时光机器，"回到"过去的柯尔特无法改变历史，也并不能阻止爆炸发生。大费周折让受过军方专业训练的柯尔特"身临其境"，是因为制造这起爆炸的凶手宣称将于 6 h 后在芝加哥市中心制造另一次更大规模的恐怖行动。为了避免上百万人丧生，柯尔特不得不争分夺秒，在"源代码"中一次次地"穿越"收集线索，在这爆炸前最后的"8 min"内寻找到元凶。

也就是说，在影片中，科学家们利用收集来的数据创造了一个虚拟的平行空间，他们利用数据模拟了空间和时间的运行，再把柯尔特上尉不断地送回到这个时空中，让他去找寻线索。当然，最后会发现，实际上并不是柯尔特上尉去了那个时空，去那里的也只是对他的脑电波进行的数据模拟。

这其实就是非常典型的数据密集型研究方法，利用大量数据模拟时空，然后进行数据的分析和寻找。这也可以算是一个早期的元宇宙例子。

7.4.4　大数据助力智慧城市建设

7.4.4.1　案例详析 1——纽约沙井盖维护

纽约每年会发生许多起因内部失火而造成的沙井盖（下水道检修口）爆炸。爆炸能使重达 300 lb（注：1 lb = 0.453 592 kg）的沙井盖冲上几层楼的高度（图 7.61）。

图 7.61　纽约沙井盖

为纽约提供电力支持的联合爱迪生电力公司每年都会对沙井盖进行常规检查和维修。但过去碰运气式的抽检无法彻底解决问题。2007 年联合爱迪生电力公司向哥伦比亚大学的统计学家求助，希望他们通过对一些历史数据的研究预测出可能会出现问题并且需要维修的沙井盖。如此一来既能排除隐患，又能维持检修的低成本。

在纽约，地下电缆足有 15 万 km 那么长，而曼哈顿有大约 51 000 个沙井盖和服务设施，其中很多设施都是在爱迪生那个时代建成的，而有 1/20 的电缆在 1930 年之前就铺好了。1880 年以来由会计人员或整修人员手动记录的数据都保存着，数量庞大而且杂乱。关于所有电缆的数据表格只能在地上拖动，靠人力无法举起。

负责这个项目的统计学家鲁丁和她的同事必须在工作中使用所有的数据，因为这成千上万个沙井盖中的某一个就是一个定时炸弹。

寻找因果关系的努力也是无用的，因为这样做需要上百年的时间，而且不一定找得对。

鲁丁决定找出数据间的相关关系，同时还得向联合爱迪生电力公司高层证明自己的方案是正确的。毕竟人们天生想通过找出原因来理解事物。鲁丁他们在整理数据后发现了大型沙井盖爆炸的106种预警情况。在布朗克斯的电网测试中，他们对2008年中期之前的数据都进行了分析，并利用这些数据对2009年会出现问题的沙井盖做了预测。效果非常好，在他们列出的前10%的高危沙井盖名单里，有44%发生了严重的事故。

最终研究人员发现电缆的使用年限和是否出现过问题是两个决定性因素。这样一来，联合爱迪生电力公司就可以基于此迅速进行沙井盖事故的可能性排序。也许这样的结果显得有些出乎人们的意料，但千万不要忘记一开始有106种预警情况。

各种因素相互交织的情况下决定优先修理成千上万个沙井盖中的哪一个绝非易事。若没有建立在全样本数据上的相关关系分析，是很难做出最终判断的。

7.4.4.2 案例详析2——欧盟的智慧城市建设

欧盟支持大数据建设的第一步是进行监管和推动公开，欧盟委员会于2012年1月提交的《通用数据保护条例》等规定，旨在以较低的费用和简捷的重复使用条件，更加便捷地使用和重新使用公共数据。

欧盟对大数据的应用侧重智慧城市的建设方面：将对智慧城市的评价分为六个方面——智慧经济、智慧治理、智慧生活、智慧人民、智慧环境、智慧移动性。欧洲许多国家和城市都走在了智慧城市建设的前沿。

1. 西班牙古老的港口城市桑坦德

在桑坦德（图7.62），成千上万的传感器不仅能帮助市民了解交通状况，还能自动为公园的绿化浇水，甚至控制街道两旁路灯的运作。在桑坦德市中心已经安装了近1万个传感器，覆盖面积约为6 km²。有些传感器安装在路灯、电线杆和建筑物墙壁上，但隐藏在灰色小盒子里，还有的传感器甚至被埋在停车场的沥青地面下。

图7.62 西班牙桑坦德

日复一日，这些传感器能收集到它们可以测量到的一切数据，包括光线、压力、温度、湿度，甚至车辆和行人的动作。每隔几分钟，它们就会把这些数据传输到整个城市的数据收集中心。每条公交路线的巴士都会向数据收集中心发送它所在的位置、里程数和行驶速度，以及它周边的环境，出租车和警车也不例外。甚至桑坦德的居民自己也可以选择成为"人体传感器"，他们需要做的仅仅是在带有 GPS 功能的手机上下载一个特殊的应用程序。

作为一个数字化城市，桑坦德的一切都被记录下来。一台中央计算机会将所获得的数据编译成一幅不断更新的图表。通过该系统，可以确切地知道哪个路段堵车、哪里的空气质量较差。噪声和臭氧的数据图可以显示该城市哪个地区的数据超过了欧盟的标准。如果某条街道因发生意外被封锁，数据收集中心可以实时观测到该事件对城市其他地方交通情况的影响。

传感器还具备帮助公园优化花草灌溉用水量的功能，不至于造成水资源浪费。此外，清洁工再也不必每天沿着街道查看每个垃圾箱，因为传感器会事先通知他们哪个垃圾箱需要清空。

假如有人在公交车站等车，希望知道下一班车何时到站，他只需要打开手机上的"城市脉搏"程序，将摄像头对准站牌，就可以得到所有经停该站的公交线路信息，以及巴士抵站的时间。

将手机摄像头对准音乐厅，就可以知道未来几天或几周内那里将上演的节目。在超市附近使用"城市脉搏"则可以知道店内的优惠打折活动。对游客来说，将手机摄像头对准市中心的喷泉，就可以获悉它的修建时间和建造者。

居民如果发现街道上出现坑洼，只需打开"城市脉搏"，然后对路上的坑洼拍一张照片，按发送键，就能将这份附带着完整 GPS 数据的路面损坏情况报告直接上传到市政厅。市政厅的计算机会把报告抄送给负责修路的技术部门和相关的行政部门。

2. 阿姆斯特丹智慧城市平台建设

在阿姆斯特丹智慧城市平台建设（图 7.63）的 6 个领域共有 266 个项目，分别涉及：

- 数字城市领域；
- 能源领域；
- 城市交通领域；
- 市民与生活领域；
- 循环经济领域；
- 治理与教育领域。

商业街的复合创新实验——气候街项目（Climate Street Project）：2009 年启动，旨在将阿姆斯特丹市中心的一条商业街 Climate Street 通过更新改造，变成一个展示智能产品和服务的生活实验室，以此探索如何让商业街节能减排。整个项目主要有两方面内容：①公共设施智能化更新；②为街道零售商提供智能化服务。

市区电动货车和智能分配系统——货车智能分配与运送项目（Cargohopper Project）：通过电动货车和智能分配系统，解决荷兰城市禁止大型柴油卡车驶入市区带来的运输问题。

基于循环经济理念的雨水酿造啤酒实验——雨水循环利用项目（Hemelswater Project）：收集降雨过后的雨水，将其运输至阿姆斯特丹市中心的酿酒厂，再通过一种特别的细菌过滤系统，将处理过的雨水和有机的大麦麦芽、小麦、啤酒花及酵母酿制成一款金色苦啤酒。目前这款啤酒已进入定期生产和销售流程，在阿姆斯特丹多家餐厅和酒馆中销售。

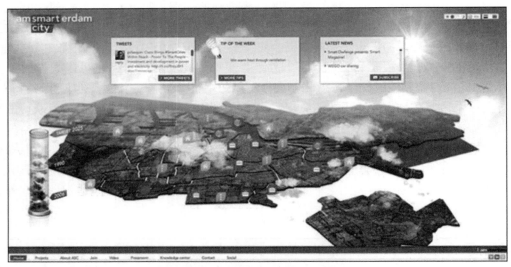

图 7.63　阿姆斯特丹智慧城市平台建设

7.4.5　大数据帮助寻根问祖

7.4.5.1　案例详析

奥巴马和影星布拉德·皮特是什么关系？答案是第九代表兄弟。他们共同的祖先名为埃文·希克曼，生于 1690 年。埃文的儿子小埃文是布拉德·皮特的第七代曾祖父；埃文的另一个儿子詹姆斯是奥巴马的第七代外曾祖父，属奥巴马母亲的家族。

该信息来自成立于 1983 年的"家谱网"（ancestry. com）。这家网站的业务就是基于庞大数据库，帮助人们寻根问祖（图 7.64）。

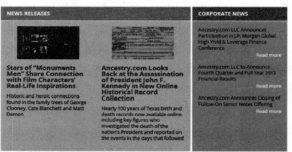

图 7.64　ancestry. com

就在 2012 年，家谱网将家谱业务做到了 3 亿美元。

ancestry 是"祖先""家世"的意思。顾名思义，这是一家做互联网寻根问祖服务的公司。

既然是帮助用户找祖宗，自然离不开庞大的基于家庭关系的资料数据库，而这也是家谱网最核心的竞争力所在。目前，它已拥有数十亿人的数据，这一数据还在持续不断地增加。基于这个数据库，家谱网可以帮助用户找到自己的祖先和远亲，甚至可以发现其与某个名人之间存在的亲戚关系。因为根据六度空间理论，一个人和任何一个陌生人之间所间隔的人不会超过 6 个。

通常家谱网的用户有两周的试用期，付费用户分为查看美国本土资料的用户和查找世界资料的用户，两者服务的价值也不同。其中，查看美国本土资料的用户，一年需要交纳 155.4 美元，而如果要查找全世界的资料，年费为 299 美元，相对美国居民的总体收入，这点钱简直微不足道。

付费用户不仅可以获得所有免费用户的服务，而且可以获得家族寻根的提醒服务。比如通过其庞大的数据库，帮助用户发现可能的祖先或者远亲。付费用户还可以通过社区服务寻找相关的人员，比如有相同研究兴趣的人，也许可能就是自己的远亲。网站为用户提供了信息传递的服务，因为在确定身份之前，双方可能并不一定愿意认识，网站能够起到信息沟通的中介作用。最后，付费用户还可以查阅和搜索很多珍贵的记录资料，这些记录资料有利于用户寻根，有利于用户完善个人的家族历史，并把家族历史传承下去。

另外，免费用户则可以建立、扩大和分享家庭树，还可以上传照片、文档以及家族故事，可以在线邀请其他朋友浏览，相当于免费建立个人家族历史谱系。这里，免费用户其实也在为网站做贡献，贡献了家族历史的数据，这样的数据为其他用户，尤其是付费用户的寻根提供了很好的基础。从这一点看，家谱网的模式对于所有用户价值的挖掘其实做到很深的层次了。图 7.65 为家谱网站帮助寻根问祖。

图 7.65　家谱网站帮助寻根问祖

到目前为止，家谱网还只是为用户提供寻根服务，毕竟它是靠这项服务起家的，但是手握如此庞大而又准确的数据库，就像守着一座金库一样，仍有可挖掘的商业空间。

比如这些梳理人际关系的个人数据对企业用户就价值千金。因为这些数据将使企业的宣传销售更有针对性，同时能更好地提供个性化服务。到时候，家谱网就能广开财源，在为个人用户提供付费服务的同时，还能获益于企业用户。

毫无疑问，喜欢钻研族谱的爱好者们乐于翻阅美国人口普查报告、出生证明以及其他一些由家谱网提供的亲属追溯信息。不过在向朋友或亲属展示人事档案时，细节的缺失往往令人们难以了解先人们的生活状态。

家谱网的技术服务人员意识到了这一点。目前他们正在全力汇总容量达 4 PB 的资源库，其内容包括官方人事档案、用户提交信息以及由计算机生成的定制摘要信息，三者共同构成了用户先人的可用资讯。

家谱网从"故事浏览"功能起步，与 1/10 使用者共享这些来自过往的信息。网站允许用户移动单一图像文档页面与编辑相关文档内容，旨在进一步提高新功能的互动特性。

故事浏览功能基于家谱网现有的成熟数据发掘工具，其中包括一部分手写记录内容。但有时候故事浏览只涉及一部分关键性信息，例如，姓名及居住地等。用户可以在查看手写记录时滚动至对应描述处，通过单击相关内容进一步了解尚未列出的资讯，例如，查询对象的职业。

家谱网正努力开发图文转换工具，借以将手写扫描图像转化为可供搜索的文本内容，并最终摆脱对手写记录的高度依赖。网站用这种方式添加了街道地址信息，并将把更多内容陆续加入进来。随着家谱网不断扩展其记录资源库，生活故事将得以充实，从而向用户展现出更加丰富多彩的历史世界。

为了能够根据多份文档中的大量信息汇总出搜索对象的生平摘要，家谱网决定与创建于 2010 年的 Narrative Science 公司合作，后者专门提供设备可读副本的相关技术。这项技术最早被用于打理体育赛事以及上市公司的盈利报告等信息，但目前 Narrative Science 已经越来越多地把这项技术用于个人资讯处理。

根据家谱网描述与背景服务小组首席开发者里德·麦格鲁的解释，家谱网刚刚与 Narrative Science 开展合作时，后者还只能生成大批量数据。"他们擅长生成大量财务报告，但这并不是我们公司的主要关注范畴，"麦克鲁表示，"因为一旦信息规模过于庞大，处理速度会变得相当缓慢。"然而就在短短几个月之后，Narrative Science 公司带来了新的应用编程接口，能够以更为精细的水平进行信息汇总。"通过对用户信息的逐一整理，他们的技术终于能够生成令人满意的生平回顾。"麦克鲁指出。

"家谱网深谙家谱信息服务供应的诀窍。该公司的各位编辑制定出标准化编辑或'规则'流程，用于指导数据转化为描述、描述转化为可供阅读的内容。"麦克鲁表示，"有哪些具体标准？举例来说，我们不会采用那些 10 岁以下即怀孕生子的信息。这类内容基本上属于输入失误。虽然偶尔也确实有此种情况发生，但其可能性非常低，因此一般会将其作为失误进行处理。"

故事浏览模式下的先人信息以图片与生平摘要为载体（且可以随意缩放），而非散乱的结构化文本。在图片旁边，家谱网还可以插入根据文档信息生成的资料简介。工程技术人员负责从资源库中提取信息，汇总成资料系统，进而显示在网站界面中。如果相关对象的记录信息过多，家谱网会根据编辑规则从中筛选特定内容，并将其整理成可供阅读的完整句段。

用户可以对浏览器中显示的文档简介进行编辑与保存，并最终与他人分享。

7.4.5.2　思维启示——没有金刚钻，别揽瓷器活
之所以能拥有这么庞大的数据库，完全是源于家谱网的不断积累，通过为用户提供建立

家庭树的家谱软件，再通过各种记录的资料充实数据库，以支持寻根活动。

比如在美国市场，家谱网就拥有 1790—2000 年的美国人口普查的数据，另外还有各种移民记录、军队服役记录，连旧报纸和杂志上的个人资料也不放过。而在其他市场，家谱网的工作同样用心，英国用户在家谱网上甚至可以追溯到 13 世纪剑桥大学的同学录。

当然，这些数据都不可能通过捷径来获得，需要把很多手写的记录录入计算机数据库中，其中包括一些字迹非常难以辨认的档案资料，这耗费了非常大的人力。仅是美国人口普查档案数据的录入就耗费了 6 年时间，共耗时达到 660 万 h。而英国人口普查档案数量也非常多，如果把这些档案打印成册并堆放起来，高度可达到著名摩天轮"伦敦眼"的 5 倍。

正是通过这样一砖一瓦慢慢添加的"土办法"，家谱网打造了一个旁人无法想象的庞大数据库，为整个寻根模式打下了基础。

虽然不像谷歌、Facebook 等大众型网站那么引人注目，但家谱网一年几亿美元的收入也让投资人心里很踏实。它在 2009 年的 IPO，目前市值 18 亿美元。

家谱网之所以成功，主要原因就在于它的庞大数据库很难被模仿或拷贝，并在此基础上建立了坚实的用户价值。如果谁想提供类似的服务，至少要想方设法获得多如牛毛的档案资料，这是一道坎；而要对档案资料进行数字化的处理，这又是一项庞大的工作；而要说服用户放弃家谱网转投其他网站，又是一道坎。对用户来说，即使做到了对档案的数字化工作，如果没有其他更好的寻根服务，用户也没有必要去别的网站。

家谱网首席技术官史葛·索伦森表示，最大的挑战并非创建并存储那些由用户生成的新数据与页面。存储资源的成本越来越低，而且这一趋势仍将保持下去；精确处理手写记录也不再是什么技术难题。索伦森告诉人们，大部分负责信息整理的工作人员都来自中国。

他说："汉字字库比英文体系的字母表庞大得多，因此工作人员能够很熟练地输入这些记录内容。"

真正的难点在于确保服务本身的高度可用性、为数以百万计的用户提供正确的文档与文本内容，并保证网站能在巨大的流量压力下保持正常运作。不过故事浏览功能的目标在于让更多使用者查看需要的内容，并最终注册为正式用户，因此这类难题的存在也正是网站人气高涨的证明。

7.4.6　基于医保大数据的精准医保基金监管

7.4.6.1　案例详析

医保基金监管是保障基金安全的关键"屏障"。然而传统人工监管方式，存在监管人员数据分析能力较弱、成本高、效率低、监管力量不足等问题。面对参与角色多、成员多、作案手法隐蔽的团伙骗保，往往监管更是显得十分被动，通常是通过群众举报来提供线索，需要花大量的时间和人力去定位潜在风险问题。

"十四五"规划明确提出全面建立智能监控制度，促进医保基金监管向大数据全方位、全流程、全环节智能监控转变。

腾讯为此提出了"基于医保大数据的精准医保基金监管解决方案"，依托腾讯天衍实验室领先的人工智能技术，基于医保大数据和医保知识图谱、不合理用药引擎、术语标准化引擎、医疗联邦学习等创新 AI 技术，在行业内首次提出针对医保基金的团伙骗保发现算法模型，以及线上支付事前拦截等方案。

　　该模型可以根据时间序列进行参保人之间的构图，利用图算法进行网络挖掘，找到密度不一的大大小小的关系网，主动发现人群异常点，从而快速获取不同类型的作案团伙集合。结合业务经验对数据进行智能分析，不仅可以形成团伙集合整体和个体画像，还可以通过多维度分析形成团伙序列，并对团伙行为进行一致性分析，提炼出新规则。

　　通过提炼的新规则和标签传播算法，进行团伙扩散，就可以找到更多的群体行为一致的参保人，从而识别出医保行为异常的重点人群，实现精准团伙发现，为有关部门全面监管、科学决策提供智能解决方案。

　　"基于医保大数据的精准医保基金监管解决方案"适配了全国统一信息平台的数据标准（基于国家医保信息平台的数据中台），便于在全国范围内各级部门灵活接入部署和推广。基于以上解决方案，腾讯成功发现了一个由 24 人组成的疑似骗保团伙，基于其行为特点，在同一家医院又发现了另外 56 名可疑人，由此整理出该团伙的关系图，并向相关部门举报，进入立案执法程序。

　　未来，方案的监管能力还将进一步通过医保微信融入门诊、药店、线上线下支付等更多监管场景，有望实现监管关口前移。团伙骗保的执法过程往往涉及多方，协调难度非常大，通过医保微信的内外连接能力，能够形成违法行为发现、沟通、堵截的闭环，达到快速预警、实时沟通、及时止损的监管目标，争取让"打击骗保"变为"防止骗保"。

　　随着国家医疗保障信息平台的上线，医保公共服务可通过医保业务线上化，为参保人提供便捷的医保查询与办理业务。然而，从长远发展看，要真正铺设一条从医保部门到普通患者的服务"高速公路"，路上还要配足"公共服务区"。医保服务的提供方，不仅有医保局，还应包含定点机构、基层经办等各级机构和部门，智慧医保要从医保业务线上化，升级为全面提升医保服务提供方服务能力。

　　在腾讯"智慧医保公服解决方案"中，基于微信、企业微信、政务微信强大的用户生态体系，借助医保微信打通了医保局、两定机构、参保单位、参保人的全场景连接，充分延展了医保信息化建设、智能化服务的想象空间，拓展医保服务的广度。

　　一方面，医保微信为医保局与机构间建立起信息与业务协同的"高速公路"。医保局不仅通过医保微信向定点机构进行精准高效安全的消息触达，通过线上培训提高机构的业务能力，实现医保业务的便捷开展以及经办下沉。另一方面，医保微信构建了线上医保服务矩阵，为参保人提供贴心、便捷、丰富的医保服务。线上医保支付结算、参保人缴费记录、消费明细查询、参保登记、异地就医备案、医缴费等各类医保业务，不断拓展医保业务的智慧便民应用场景。

　　局端、机构端、参保人端的三端联动协同服务新模式，为区域医疗一体化建设提供"连接"与"触达"支持。目前，医保微信平台已在济南市上线试运行，为济南市医保局及15 个区县医保局、全市 5 000 余家两定机构、600 余家长护机构、58 所驻济高校经办人员以及近 6 000 名社区医保经办员和网格员提供服务。医保局工作人员可以一键下发通知和拉起跨部门协调沟通会议，还能用手机"一张图看全市医保""一张图看全市两定机构"，以往定点机构信息传达效率低等痛点将成为历史。

　　目前，腾讯已参与国家局和 12 个省局建设，未来将继续面向行业合作伙伴开放技术和连接能力，为提升医保治理能力现代化建设"打好地基、修好电梯"，助力"智慧医保大厦"的完整建设。

7.4.6.2　思维启示——大数据需要大布局

腾讯在大数据领域，拥有社交数据、消费数据、游戏数据等，其中的社交数据，是腾讯自身最擅长的东西。它可以通过大数据分析得知你的社会关系、性格禀赋、兴趣爱好、隐私绯闻甚至生理周期和心理缺陷。

消费数据和游戏数据，其实两者之间的关系是互通的。因为腾讯的消费数据大多来源于游戏与增值服务。腾讯游戏的收入十分可观，游戏迷们愿意付出高昂的费用来购买虚拟道具，以此满足自己的虚荣心。

腾讯大数据的运用主要是为了完善自身，它了解用户的性格禀赋、兴趣爱好、隐私绯闻，甚至生理周期，通过这些数据分析得出结果预测，做出来的产品能不受欢迎吗？事实上腾讯游戏的开发，以及一些产品的改进，也正是基于这些数据进行的。

腾讯大数据平台（图 7.66）的核心模块包括四部分。

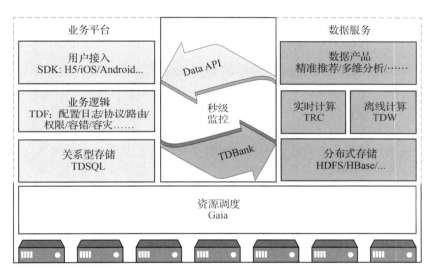

图 7.66　腾讯大数据平台

1）腾讯分布式数据仓库（Tencent Distributed Data Warehouse）：基于 Hadoop/Hive 进行深度定制，采用了 JobTracker 分散化、NameNode 分散化、NameNode 容灾、公平资源调度、差异化存储压缩等优化技术；支持百 PB 级数据的离线存储和计算，为业务提供海量、高效、稳定的大数据平台支撑和决策支持。目前，TDW 集群总设备 8 400 台，单集群最大规模 5 600 台，总存储数据超过 100 PB，日均计算量超过 5 PB，日均 Job 数达到 100 万个。

2）数据实时收集与分发平台（Tencent Data Bank）：负责从业务数据源端实时采集数据，进行预处理和分布式消息缓存后，按照消息订阅的方式，分发给后端的离线 TDW 系统和在线处理系统 TRC；具有灵活、低成本、高可靠性、低时延、可复用、快捷等优势。

3）腾讯实时计算平台（Tencent Real－time Computing）：基于 Storm 流式计算，采用了基于 Pig－Latin 的过程化语言扩展；专门为对时间延迟敏感的业务提供海量数据实时处理服务。通过海量数据的实时采集、实时计算，实时感知外界变化，从事件发生，到感知变化，到输出计算结果，整个过程在秒级完成。

4）统一资源调度平台（Gaia）：Gaia，希腊神话中的大地之神，是众神之母，取名寓意各种业务类型和计算框架都能植根于"大地"之上。

它能够让应用开发者像使用一台超级计算机一样使用整个集群，极大地简化了开发者的资源管理逻辑。Gaia 提供高并发任务调度和资源管理，能实现集群资源共享，具有很高的可伸缩性和可靠性，它不仅支持离线业务，还可以支持实时计算业务，甚至还支持在线服务业务。

腾讯在大数据方面的布局经历了漫长的积累，经过了"三级跳"式发展，始终遵循的原则，就是贴着业务而行。

（1）第一阶段：离线计算时代。

腾讯的大数据在 2008 年前后，突然遭遇了业务膨胀的巨大挑战，QQ、游戏、财付通等业务多头并进。特别是 QQ 农场异军突起，业务爆发式增长，把传统的数仓体系压垮。自建大数据平台，并且把业务从 Oracle 平滑迁移到新平台上，成为当时大数据团队的头号任务。

尽管当时还是 PC 互联网，各种数据指标和维度不如现在精细，但要知道，那时候腾讯已经有好些上十亿、上百亿量级的业务了，例如大家所熟知的 QZone（QQ 空间），迁移难度可想而知。

可以说，2009—2011 年是腾讯大数据的起步期。在这一阶段，腾讯开始转向构建以 Hadoop 为核心的离线计算体系，第一代大数据平台由此诞生，完成了从关系型数据库到自建大数据平台的全面迁移。

（2）第二阶段：实时计算时代。

管理层已经不再满足于之前按天汇报经营数据的模式，但那时候的腾讯，数据统计基本都是 $T+1$ 的，得等到晚上 12 点自动生成文件，再从业务组、业务部门、事业群一层层向上汇总，然后规整到 TEG 的数据平台部。这种按天的集中式数据传输，占用了不少带宽资源，成本和时效性都成问题。

与此同时，移动互联网逐渐接棒 PC 互联网，腾讯面临的内部需求和外部趋势，都说明了这一阶段的大数据任务关键词已经变成了"实时"。

因此，在 2011—2012 年，腾讯的大数据从离线计算逐渐切换至实时计算阶段，从 Hadoop 转向以 Spark、Storm 为核心进行流式计算，从之前的天、小时、分钟迈进到秒级、毫秒级的时代，开始支持在线分析和实时计算场景。

（3）第三阶段：智能化时代。

腾讯的发展之快，很快让业务部门在统计、监控和简单的模型计算之外，又有了新的想法：看数据不仅要"快速"，还得"非常聪明"。

"各个业务对数据的挖掘越来越深入，比如内部的广告、推荐业务，做用户画像、特征分析的需求，已经得不到满足了。"

因此这一阶段的腾讯大数据，主要完成了从数据分析到数据挖掘的转变，也就是"智能化"。

分布式机器学习引擎 Angel 和一站式 AI 开发平台智能钛 TI，都是在这一阶段被自主研发出来，专攻复杂计算场景，可进行大规模的数据训练，支撑内容推荐、广告推荐等 AI 应用场景。

目前，腾讯的大数据已经朝着第四代平台，即向一体化、智能、安全、云原生的方向演进。

第8章

数据驱动的人工智能新业态

8.1 "大"模型

8.1.1 概述

大模型是大规模语言模型（Large Language Model）的简称，指具有大规模参数和复杂计算结构的机器学习模型。这些模型通常由深度神经网络构建而成，拥有数十亿甚至数千亿个参数。大模型的设计目的是提高模型的表达能力和预测性能，能够处理更加复杂的任务和数据。大模型在各种领域都有广泛的应用，包括自然语言处理、计算机视觉、语音识别和推荐系统等。大模型通过训练海量数据来学习复杂的模式和特征，具有更强大的泛化能力，可以对未见过的数据做出准确的预测。

语言模型是一种人工智能模型，它采用统计方法来预测句子或文档中一系列单词出现的可能性，被训练成能理解和生成人类语言。"大"在"大语言模型"中的意思是指模型的参数量非常大。在早期，语言模型比较简单，所以参数比较少。这些模型在捕捉词语之间的距离依赖关系和生成连贯的有意义的文本方面存在局限性。像 GPT 这样的大模型具有上千亿的参数，与早期的语言模型相比，"大"了很多。大量的参数可以让这些模型能够捕捉到它们所训练的数据中更复杂的模式，从而使它们能够生成更准确的结果。

大模型的设计和训练旨在提供更强大、更准确的模型性能，以应对更复杂、更庞大的数据集或任务。大模型通常能够学习到更细微的模式和规律，具有更强的泛化能力和表达能力。这些模型需要大量的计算资源和存储空间来训练和存储，并且往往需要进行分布式计算和特殊的硬件加速技术。

当模型的训练数据和参数不断扩大，直到达到一定的临界规模后，其表现出了一些未能预测的、更复杂的能力和特性，模型能够从原始训练数据中自动学习并发现新的、更高层次的特征和模式，这种能力被称为"涌现能力"。

2017 年，Google 颠覆性地提出了基于自注意力机制的神经网络结构——Transformer 架构，奠定了大模型预训练算法架构的基础。

2018 年，OpenAI 和 Google 分别发布了 GPT－1 与 BERT 大模型，意味着预训练大模型成为自然语言处理领域的主流。在探索期，以 Transformer 为代表的全新神经网络架构，奠定了大模型的算法架构基础，使大模型技术的性能得到了显著提升。

2020 年，OpenAI 公司推出了 GPT－3，模型参数规模达到了 1 750 亿，成为当时最大的语言模型，并且在零样本学习任务上实现了巨大性能提升。随后，更多策略如基于人类反馈的强化学习（RHLF）、代码预训练、指令微调等开始出现，被用于进一步提高推理能力和任务泛化。

2022 年 11 月，搭载了 GPT3.5 的 ChatGPT 横空出世，凭借逼真的自然语言交互与多场景内容生成能力，迅速引爆互联网。

2023 年 3 月，最新发布的超大规模多模态预训练大模型——GPT-4，具备了多模态理解与多类型内容生成能力。在迅猛发展期，大数据、大算力和大算法完美结合，大幅提升了大模型的预训练和生成能力以及多模态多场景应用能力。如 ChatGPT 的巨大成功，就是在微软 Azure 强大的算力以及 wiki 等海量数据支持下，在 Transformer 架构基础上，坚持 GPT 模型及人类反馈的强化学习（RLHF）进行精调的策略下取得的。

2024 年 2 月 15 日，OpenAI 发布人工智能文生视频大模型——Sora。Sora 可以根据用户的文本提示创建最长 60 s 的逼真视频，该模型了解这些物体在物理世界中的存在方式，可以深度模拟真实物理世界，能生成具有多个角色、包含特定运动的复杂场景。Sora 对于需要制作视频的艺术家、电影制片人或学生带来无限可能，其是 OpenAI "教 AI 理解和模拟运动中的物理世界" 计划的其中一步，也标志着人工智能在理解真实世界场景并与之互动的能力方面实现飞跃。

按照输入数据类型的不同，大模型主要可以分为以下三大类：

1）语言大模型（NLP）：是指在自然语言处理（Natural Language Processing，NLP）领域中的一类大模型，通常用于处理文本数据和理解自然语言。这类大模型的主要特点是它们在大规模语料库上进行了训练，以学习自然语言的各种语法、语义和语境规则。例如，GPT 系列（OpenAI）、Bard（谷歌）、文心一言（百度）。

2）视觉大模型（CV）：是指在计算机视觉（Computer Vision，CV）领域中使用的大模型，通常用于图像处理和分析。这类模型通过在大规模图像数据上进行训练，可以实现各种视觉任务，如图像分类、目标检测、图像分割、姿态估计、人脸识别等。例如，VIT 系列（谷歌）、文心 UFO、华为盘古 CV、INTERN（商汤）。

3）多模态大模型：是指能够处理多种不同类型数据的大模型，例如文本、图像、音频等多模态数据。这类模型结合了 NLP 和 CV 的能力，以实现对多模态信息的综合理解和分析，从而能够更全面地理解和处理复杂的数据。例如，DingoDB 多模向量数据库（九章云极 DataCanvas）、DALL-E（OpenAI）、悟空画画（华为）、Midjourney。

按照应用领域的不同，大模型主要可以分为 L0、L1、L2 三个层级：

1）通用大模型 L0：是指可以在多个领域和任务上通用的大模型。它们利用大算力、使用海量的开放数据与具有巨量参数的深度学习算法，在大规模无标注数据上进行训练，以寻找特征并发现规律，进而形成可 "举一反三" 的强大泛化能力，可在不进行微调或少量微调的情况下完成多场景任务，相当于 AI 完成了 "通识教育"。

2）行业大模型 L1：是指那些针对特定行业或领域的大模型。它们通常使用行业相关的数据进行预训练或微调，以提高在该领域的性能和准确度，相当于 AI 成为 "行业专家"。

3）垂直大模型 L2：是指那些针对特定任务或场景的大模型。它们通常使用任务相关的数据进行预训练或微调，以提高在该任务上的性能和效果。

模型的泛化能力是指一个模型在面对新的、未见过的数据时，能够正确理解和预测这些数据的能力。在机器学习和人工智能领域，模型的泛化能力是评估模型性能的重要指标之一。

大模型一般采用给定预训练模型（Pre – trained Model），基于模型进行微调（Fine Tune）的方式来训练。相对于从头开始训练（Training a Model from Scatch），微调可以省去大量计算资源和计算时间，提高计算效率，甚至提高准确率。

模型微调的基本思想是使用少量带标签的数据对预训练模型进行再次训练，以适应特定任务。在这个过程中，模型的参数会根据新的数据分布进行调整。这种方法的好处在于，它利用了预训练模型的强大能力，同时还能够适应新的数据分布。因此，模型微调能够提高模型的泛化能力，减少过拟合现象。

常见的模型微调方法有：

1）Fine – tuning：这是最常用的微调方法。通过在预训练模型的最后一层添加一个新的分类层，然后根据新的数据集进行微调。

2）Feature Augmentation：这种方法通过向数据中添加一些人工特征来增强模型的性能。这些特征可以是手工设计的，也可以是通过自动特征生成技术的。

3）Transfer Learning：这种方法是使用在一个任务上训练过的模型作为新任务的起点，然后对模型的参数进行微调，以适应新的任务。

大模型是未来人工智能发展的重要方向和核心技术，未来，随着 AI 技术的不断进步和应用场景的不断拓展，大模型将在更多领域展现其巨大的潜力，为人类万花筒般的 AI 未来拓展无限可能性。

8.1.2　BERT

BERT 全称为 Bidirectional Encoder Representations from Transformers。它的基础结构仍然是 Transformer，并且仅有 Encoder 部分，因为它并不是生成式模型；BERT 是一种双向的 Transformer，这其实是由它的语言模型性质决定，它提出了一种掩码语言模型——MLM（Masked Language Model）。

BERT 旨在通过在上下文中共有的条件计算来预先训练来自无标号文本的深度双向表示。因此，经过预先训练的 BERT 模型只需一个额外的输出层就可以进行微调，从而为各种自然语言处理任务生成最新模型。BERT 的预训练是在包含整个维基百科的无标签号文本的大语料库中（足足有 25 亿字）和图书语料库（有 8 亿字）中进行的。在 BERT 成功的背后，有一半要归功于预训练。这是因为在一个大型文本语料库上训练一个模型时，模型开始获得对语言工作原理更深入的理解。这些知识是瑞士军刀，几乎对任何自然语言处理任务都有用。

8.1.2.1　起源发展

谷歌在 2017 年发表的论文 *Attention is All You Need* 中，针对序列问题，例如机器翻译、语言模型等，沿用 Encoder – Decoder 的经典思想，但是 Encoder 和 Decoder 不再是以往的 LSTM 或者门控神经网络，而是提出了一种 Transformer 的网络结构，在 WMT 2014 English – to – German Translation Task、WMT 2014 English – to – French Translation Task 都超过了当时最好的成绩。

后面，2018 年的 ELMo 和 OpenAI GPT 把预训练带入 NLP 领域。其中，ELMo 是

Feature - based 的形式，在大型语料上训练好一个 Bi - LSTM 模型，然后利用这个预训练语言模型提取的词向量作为额外特征，补充到 Down - stream 的具体序列模型中；而 OpenAI GPT 则是如今更为普遍的形式：Fine - tuning，Down - stream 的任务直接使用预训练的模型，加上少量的具体任务参数，进行微调。

接着，谷歌在 2018 年的论文 BERT：*Pre - training of Deep Bidirectional Transformers for Language Understanding* 中，继续沿用 Transformer 的结构，并且是 bidirectional Transformer，仅使用 Encoder 部分，并取名为 BERT（Bidirectional Encoder Representations from Transformers），彻底将 Transformer 和预训练推广开来，被许多人知晓，洗刷了许多 NLP 的数据集榜单。BERT 在机器阅读理解顶级水平测试 SQuAD1.1 中表现出惊人的成绩：全部两个衡量指标上全面超越人类，并且在 11 种不同 NLP 测试中创出 SOTA 表现，包括将 GLUE 基准推高至 80.4%（绝对改进 7.6%），MultiNLI 准确度达到 86.7%（绝对改进 5.6%），成为 NLP 发展史上的里程碑式的模型成就。

预训练可以认为是一种"自监督"的方式，不需要昂贵的标注数据，而是从数据自身中构建标签进行预训练。然后预训练模型在具体的下流任务，使用少量的标签数据进行微调，大大缓解了标注数据稀缺问题。而 Transformer 至今仍是 NLP 领域的强大基础结构，许多最为先进的模型都是基于其进行改造，甚至已经推广到 CV 领域，如 Vit。

在 Transformer 之前的序列任务模型一般是 RNN、LSTM、GRU 中的一种，它们的特点就是：每个时刻的输出是根据上一时刻隐藏层 State 和当前时刻的输入，由这样的方式来实现产生序列。那这样的特点就会导致无法并行计算，因为每次计算都需要等待上一时刻的计算完成。而且，每个时刻的输出只与上一时刻的输出和当前时刻的输入相关，这会导致两个问题：①对于长序列，这样一层一层地传递，前面时刻的信息到了后面基本就消失了；②对于文本问题，每个时刻的输出不仅与上一时刻相关，还可能与前 n 个时刻相关。以上两个问题也导致了循环神经网络难以学习相对位置较远的文本之间的关系。

而 Transformer 中大部分都是矩阵相乘，容易并行。其中的 Self - attention 机制则是所有上下文的交互，而不仅是与上一个时刻的交互；并且比 RNN&LSTM 有着更强的长距离建模能力。并且，BERT 中的双向 Transformer 真正实现了上下文的双向交互，而双向 LSTM 其实是由一个前向 LSTM 和一个后向 LSTM 组成。

8.1.2.2 BERT 的预训练

BERT 通过无须标注的数据预训练模型，提取语句的双向上下文特征，这种预训练模型再用于下游任务时，只需要微调就会获得极好的效果，因为它在无须标注的数据集中学习到了很多 NLP 的知识。预训练的主模型通过大量无须标注的文档训练得到参数，下游任务再进行微调，微调时主模型和下游任务模块两部分的参数一般都要调整，也可以冻结一部分，调整另一部分。

BERT 构建了两个预训练任务，分别是 Masked Language Model 和 Next Sentence Prediction。

1. Masked Language Model（MLM）

传统的语言模型的问题在于，传统的语言模型训练都是采用 Left - to - Right，或者 Left - to - Right + Right - to - Left 结合的方式，但这种单向方式或者拼接的方式提取特征的能力有限，没有同时利用到 Bidirectional 信息。为此 BERT 提出一个深度双向表达模型

（Deep Bidirectional Representation），即采用 MASK 任务来训练模型。

语言模型本身的定义是计算句子的概率。现有的语言模型如 ELMo 号称是双向 LM（BiLM），但是实际上是两个单向 RNN 构成的语言模型的拼接。前向 RNN 构成的语言模型计算时，当前词的概率只依赖前面出现词的概率。而后向 RNN 构成的语言模型计算时，当前词的概率只依赖后面出现的词的概率。

那么如何才能同时利用好前面词和后面词的概率呢？BERT 提出了 Masked Language Model，也就是随机去掉句子中的部分 Token，然后模型来预测被去掉的 Token 是什么。这样实际上已经不是传统的神经网络语言模型了，而是单纯作为分类问题，根据这个时刻的 Hidden State 来预测这个时刻的 Token 应该是什么，而不是预测下一个时刻的词的概率分布了。

这里的操作是随机 Mask 语料中 15% 的 Token，然后预测 Masked Token，那么 Masked Token 位置输出的 Final Hidden Vectors 喂给 Softmax 网络即可得到 Masked Token 的预测结果。这样操作存在一个问题，Fine – tuning 的时候没有［MASK］Token，因此存在 Pre – training 和 Fine – tuning 之间的 Mismatch，为了解决这个问题，采用了下面的策略：

首先在每一个训练序列中以 15% 的概率随机地选中某个 Token 位置用于预测，假如是第 i 个 Token 被选中，则会被替换成以下三个 Token 之一：

1）80% 的时候是［MASK］，如 my dog is hairy—— > my dog is［MASK］。

2）10% 的时候是随机的其他 Token，如 my dog is hairy—— > my dog is apple。

3）10% 的时候是原来的 Token（即保持不变），如 my dog is hairy—— > my dog is hairy。

这样存在另一个问题在于在训练过程中只有 15% 的 Token 被预测，正常的语言模型实际上是预测每个 Token 的，因此 Masked LM 相比正常 LM 会收敛得慢一些。

2. Next Sentence Prediction（NSP）

在 NLP 中有一类重要的问题，比如 QA（Quention – Answer）、NLI（Natural Language Inference），需要模型能够很好地理解两个句子之间的关系，从而需要在模型的训练中引入对应的任务。在 BERT 中引入的就是 Next Sentence Prediction 任务。采用的方式是输入句子对（A，B），模型来预测句子 B 是不是句子 A 的真实的下一句话。具体的做法是：在构造训练样本时，作为输入的两个句子 A 和 B，50 的概率句子 B 是真实来自句子 A 的下一句（Label 为 IsNext），而 50% 的概率句子 B 是从所有语料中的随机一个句子（Label 为 NotNext）。接下来把训练样例输入 BERT 模型中，用［CLS］对应的 C 信息去进行二分类的预测。

8.1.2.3 BERT 的输入

原本的 Transformer 是由 Encoder 和 Decoder 两部分组成，而 BERT 则仅仅有 Encoder 网络（图 8.1）。

BERT 模型的输入，包含三部分，由 Token Embeddings、Segment Embeddings 和 Position Embeddings 相加，如图 8.2 所示。

Token Embeddings 将各个词转换成固定维度的向量。在 BERT 中，每个词会被转换成 768 维的向量表示。在实际代码实现中，输入文本在送入 Token Embeddings 层之前要先进行 Tokenization 处理。此外，两个特殊的 Token 会被插入 Tokenization 的结果的开头（［CLS］）和结尾（［SEP］）。

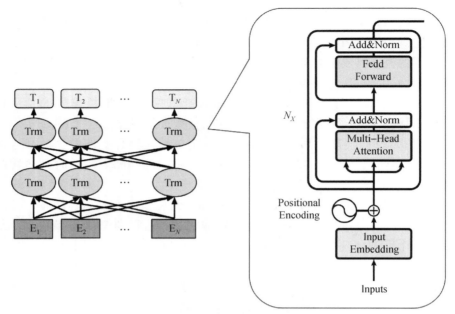

图 8.1 BERT 的结构

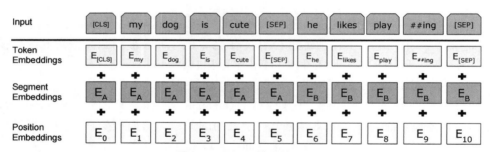

图 8.2 BERT 模型的输入

Segment Embeddings 用于区分一个 Token 属于句子对中的哪个句子。Segment Embeddings 层只有两种向量表示。前一个向量是把 0 赋给第一个句子中的各个 token，后一个向量是把 1 赋给第二个句子中的各个 Token。如果输入仅有一个句子，那么它的 Segment Embedding 就是全 0。

Position Embeddings 是位置编码张量。Transformers 无法编码输入的序列的顺序性，所以要在各个位置上学习一个向量表示来将序列顺序的信息编码进来。加入 Position Embeddings 会让 BERT 理解下面下面这种情况，"I think, therefore I am"，第一个 "I" 和第二个 "I" 应该有着不同的向量表示。

8.1.3 ChatGPT

8.1.3.1 概述

ChatGPT（图 8.3）是人工智能研究实验室 OpenAI 新推出的一种人工智能技术驱动的自然语言处理工具，使用了深度学习技术来模拟人类的语言生成和理解能力，可以用于自然语言处理、对话系统等多种应用。它会通过连接大量的语料库来训练模型，这些语料库包含了真实世界中的对话，使 ChatGPT 具备上知天文下知地理，还能根据聊天的上下文进行互动的能力，做到与真正人类几乎无异地在聊天场景中进行交流。

图 8.3　OpenAI 的 ChatGPT

ChatGPT 受到关注的重要原因是引入新技术——基于人类反馈的强化学习（Reinforcement Learning with Human Feedback，RLHF）。RLHF 解决了生成模型的一个核心问题，即如何让人工智能模型的产出和人类的常识、认知、需求、价值观保持一致。ChatGPT 是人工智能生成内容（AI - Generated Content，AIGC）技术进展的成果。该模型能够促进利用人工智能进行内容创作、提升内容生产效率与丰富度。

ChatGPT 基于自然语言处理技术和神经网络模型，可以学习和理解人类语言的语法和语义，并能够生成具有连贯性和逻辑性的自然语言文本，从而模拟人类对话的过程。ChatGPT 不单是聊天机器人，还能进行撰写邮件、视频脚本、文案、翻译、代码等任务。让马斯克为之动容暗叹"ChatGPT 好得吓人，我们离强大到危险的人工智能不远了"。

ChatGPT 还采用了注重道德水平的训练方式，按照预先设计的道德准则，对不怀好意的提问和请求"说不"。一旦发现用户给出的文字提示里面含有恶意，包括但不限于暴力、歧视、犯罪等意图，都会拒绝提供有效答案。

8.1.3.2　发展历程

ChatGPT 的发展背景可以追溯到 2015 年谷歌发布的神经网络机器翻译模型——神经网络机器翻译（NMT）。NMT 使用了深度学习技术，实现了从源语言到目标语言的端到端翻译。这项技术的成功为后来的 ChatGPT 等自然语言处理任务的研究奠定了基础。

ChatGPT 的核心技术 Transformer 模型则是由谷歌的 AI 研究科学家 Vaswani 等于 2017 年首次提出的。与传统的循环神经网络（RNN）和卷积神经网络（CNN）不同，Transformer 采用了自注意力机制（Self - attention）来对输入文本进行编码和解码，从而能够更好地捕捉文本之间的依赖关系。这一技术的提出使机器翻译等自然语言处理任务的研究进入了一个新的阶段。

在此背景下，OpenAI 研究团队在 2018 年推出了首个 GPT 模型（Generative Pre - trained Transformer），这是一个基于 Transformer 模型的预训练语言模型，能够学习海量的自然语言文本，并在此基础上生成自然语言文本。该模型的成功启示了后来的 ChatGPT 等模型的研究。

2022 年 12 月 ChatGPT 正式开放，引起了巨大的反响和轰动，迅速在社交媒体上走红，短短 5 天，注册用户数就超过 100 万。

2023 年 1 月末，ChatGPT 的月活用户已突破 1 亿，成为史上增长最快的消费者应用。

2023 年 2 月 2 日，OpenAI 发布 ChatGPT 试点订阅计划——ChatGPT Plus。ChatGPT Plus 将以每月 20 美元的价格提供，订阅者可获得比免费版本更稳定、更快的服务，及尝试新功能和优化的优先权。

2023 年 2 月 2 日，微软官方公告表示：旗下所有产品将全线整合 ChatGPT，除此前宣布的搜索引擎必应、Office 外，微软还将在云计算平台 Azure 中整合 ChatGPT，Azure 的 OpenAI 服务将允许开发者访问 AI 模型。

2023 年 2 月 3 日消息，IT 行业的领导者们担心，大名鼎鼎的人工智能聊天机器人 ChatGPT，已经被黑客们用于策划网络攻击。

黑莓（Black Berry）的一份报告调查了英国 500 名 IT 行业决策者对 ChatGPT 这项革命性技术的看法，发现超过 3/4（76%）的人认为，外国已经在针对其他国家的网络战争中使用 ChatGPT。近一半（48%）的人认为，2023 年，将会出现有人恶意使用 ChatGPT 而造成"成功"的网络攻击。

2023 年 2 月 7 日，微软宣布推出由 ChatGPT 支持的最新版本人工智能搜索引擎 Bing（必应）和 Edge 浏览器。微软 CEO 表示，"搜索引擎迎来了新时代"。8 日凌晨，在华盛顿雷德蒙德举行的新闻发布会上，微软宣布将 OpenAI 传闻已久的 GPT-4 模型集成到 Bing 及 Edge 浏览器中。

2023 年 2 月 16 日消息，微软在旗下必应搜索引擎和 Edge 浏览器中整合人工智能聊天机器人功能的举措成效初显，71% 的测试者认可人工智能优化后的必应搜索结果。

2023 年 3 月 15 日，OpenAI 正式推出 GPT-4。GPT-4 是多模态大模型，即支持图像和文本输入以及文本输出，拥有强大的识图能力，文字输入限制提升到了 2.5 万字。GPT-4 的特点在于，第一，它的训练数量更大；第二，支持多元的输出输入形式；第三，在专业领域的学习能力更强。

2023 年 3 月，谷歌宣布，ChatGPT——Bard 正式开启测试。

2023 年 3 月 24 日，OpenAI 宣布 ChatGPT 支持第三方插件，解除了其无法联网的限制。

2023 年 4 月 23 日消息，ChatGPT 聊天机器人可以根据用户的输入生成各种各样的文本，包括代码。但是，加拿大魁北克大学的四位研究人员发现，ChatGPT 生成的代码往往存在严重的安全问题，而且它不会主动提醒用户这些问题，只有在用户询问时才会承认自己的错误。

2023 年 5 月 16 日，《放射学》出版，加拿大科学家在杂志上刊登新论文称，最新版本的 ChatGPT 通过了美国放射学委员会的考试，突出了大型语言模型的潜力，但它也给出了一些错误答案，表明人们仍需对其提供的答案进行核查。

2023 年 9 月 25 日，OpenAI 官网宣布推出新版 ChatGPT，增加了语音输入和图像输入两项新功能。

8.1.3.3　隐忧

ChatGPT 已经在多个领域中得到了广泛的应用，如在线客服、智能教育、健康医疗等。例如，在在线客服中，ChatGPT 可以用于自动回答用户的问题；在智能教育中，ChatGPT 可以帮助学生得到更好的个性化学习体验；在健康医疗中，ChatGPT 可以帮助病人得到更准确的健康建议等。在这些领域中，ChatGPT 可以用于构建更智能的系统，从而提供更加个性化和高效的服务。

但是，ChatGPT 的使用上还有局限性，模型仍有优化空间。ChatGPT 模型的能力上限是由奖励模型决定，该模型需要巨量的语料来拟合真实世界，对标注员的工作量以及综合素质要求较高。ChatGPT 可能会出现创造不存在的知识，或者主观猜测提问者的意图等问题，模型的优化将是一个持续的过程。若 AI 技术迭代不及预期，NLP 模型优化受限，则相关产业发展进度会受到影响。此外，ChatGPT 盈利模式尚处于探索阶段，后续商业化落地进展有待观察。

此外，还有一些别的隐患也陆续涌现。

2023 年 2 月，媒体报道，欧盟负责内部市场的委员蒂埃里·布雷东日前就"聊天生成预训练转换器"发表评论说，这类人工智能技术可能为商业和民生带来巨大的机遇，但同时也伴随着风险，因此欧盟正在考虑设立规章制度，以规范其使用，确保向用户提供高质量、有价值的信息和数据。

多家学术期刊发表声明，完全禁止或严格限制使用 ChatGPT 等人工智能机器人撰写学术论文。

2023 年 3 月 23 日，据报道，ChatGPT 出现严重技术漏洞，用户在社交媒体上表示看到了其他人的历史搜索记录标题。ChatGPT 之父 Sam Altman 在访谈中表示，人工智能（AI）技术将重塑社会，他认为 AI 会带来危险。

2023 年 3 月 27 日，日本上智大学在其官网上发布了关于"ChatGPT 和其他 AI 聊天机器人"的评分政策。该政策规定，未经导师许可，不允许在任何作业中使用 ChatGPT 和其他 AI 聊天机器人生成的文本、程序源代码、计算结果等。如果发现使用了这些工具，将会采取严厉措施。

2023 年 3 月 31 日，意大利个人数据保护局宣布，从即日起禁止使用聊天机器人 ChatGPT，并限制开发这一平台的 OpenAI 公司处理意大利用户信息。同时个人数据保护局开始立案调查。一方面，个人数据保护局认为，3 月 20 日 ChatGPT 平台出现了用户对话数据和付款服务支付信息丢失的情况。而该平台却并没有就收集处理用户信息进行告知，且缺乏大量收集和存储个人信息的法律依据。另一方面，该机构还指责，尽管根据 OpenAI 的条款声称该服务面对 13 岁以上的用户，但他们并没有使用任何过滤机制来验证用户的年龄。当日晚些时候，OpenAI 表示已在意大利将 ChatGPT 下线。对于意大利个人数据保护局暂时禁止使用 ChatGPT 一事，OpenAI 回应称：其工作是"为了在训练 ChatGPT 等人工智能系统时减少个人数据，因为我们希望人工智能了解世界，而不是了解个人"。该公司表示愿与意大利个人数据保护局密切合作。

2023 年 4 月，据路透社报道，澳大利亚墨尔本西部赫本郡的市长布莱恩·胡德指控 OpenAI 旗下的 ChatGPT 对其进行诽谤，或将对该公司提起诉讼，因为该聊天机器人在回答问题时错误地声称他在一桩贿赂丑闻中有罪。一旦正式提起，这将是全球首例针对生成式 AI 的诽谤诉讼。

2023 年 4 月 4 日，综合多家媒体报道，自 3 月 11 日韩国三星电子允许部分半导体业务部门员工使用 ChatGPT 开始，在 20 天内便爆出了三起机密资料外泄事件。三起机密资料外泄事件中，其中两起与半导体设备有关，另一起与内部会议有关。2023 年 5 月，三星电子发现员工将敏感的代码上传到 ChatGPT 后，宣布禁止使用此类生成式人工智能工具，该技术在工作场所的广泛应用遭遇阻碍。

2023 年 4 月 10 日，中国支付清算协会表示，近期，ChatGPT 等工具引起各方广泛关注，已有部分企业员工使用 ChatGPT 等工具开展工作。但是，此类智能化工具已暴露出跨境数据泄露等风险。为有效应对风险、保护客户隐私、维护数据安全，提升支付清算行业的数据安全管理水平，根据《中华人民共和国网络安全法》《中华人民共和国数据安全法》等法律规定，中国支付清算协会向行业发出倡议，倡议支付行业从业人员谨慎使用 ChatGPT。

2023 年 4 月，法国国家信息与自由委员会（CNIL）接到有关 OpenAI 公司旗下聊天机器人 ChatGPT 的数份投诉，投诉认为 ChatGPT 违反《欧盟个人信息保护条例》（RGPD），涉嫌侵犯用户隐私、捏造不实信息。该委员会正在就接到的 ChatGPT 相关投诉展开调查。

2023 年 4 月 13 日，欧盟中央数据监管机构欧洲数据保护委员会（EDPB）表示，正在成立一个特别工作组，帮助欧盟各国应对广受欢迎的人工智能聊天机器人 ChatGPT，促进欧盟各国之间的合作，并就数据保护机构可能采取的执法行动交换信息。

2023 年 5 月，据美媒报道，苹果已限制在公司内使用 ChatGPT 和其他外部 AI 工具。

2023 年 5 月，据甘肃公安官微消息，平凉市公安局网安大队侦破一起利用 AI 人工智能技术炮制虚假不实信息的案件。这也是自 1 月 10 日《互联网信息服务深度合成管理规定》颁布实施后，甘肃省侦办的首例案件。

2023 年 6 月 22 日据共同社报道，日本文部科学省计划实施新的指导方针，指示小学、初中和高中禁止学生在考试中使用 ChatGPT 等生成式人工智能软件。

2023 年 10 月，安全软件 Avast 在官方博客上公开了其最新的发现：一种"恋爱骗局"。据介绍，不法分子会利用 ChatGPT 来创建虚假的约会、交友资料，它甚至可以绕过相关 App 的安全措施，并能完成点赞、回复潜在对象、创建"可信的"个人资料：从热情洋溢的诗人到阳光开朗的旅游爱好者都不在话下。

2023 年 11 月 27 日，维基百科创始人吉米·威尔士（Jimmy Wales）认为，OpenAI 开发的人工智能聊天机器人 ChatGPT 在写维基百科文章方面是一团糟。

2023 年 12 月 7 日，欧盟接近达成一项里程碑式法案，对 ChatGPT 和其他人工智能技术进行监管。

2023 年 12 月，杭州上城区网警成功侦破一起重大勒索病毒案件。据了解，犯罪团伙成员均具备网络安防相关资质，并在实施犯罪过程中利用 ChatGPT 优化木马程序。2023 年 11 月 20 日，某公司报案称其服务器遭勒索病毒攻击，导致系统无法正常运行，还被要求支付 2 万美元（约 14.3 万元人民币）赎金。

警方成立技术攻坚团队进行侦查并锁定 2 名犯罪嫌疑人。2023 年 11 月 30 日，在内蒙古自治区呼和浩特市抓获韩某和祁某，次日在北京抓获同案犯罪嫌疑人李某和郝某。该团伙的 4 名犯罪嫌疑人均有网络安防相关资质，并且都曾在大型网络科技公司工作过。

据犯罪嫌疑人供述，"他们分工编写勒索病毒版本""借助 ChatGPT 进行程序优化""开展漏洞扫描""渗透获取权限""植入勒索病毒"等犯罪事实已经全部被证实。

总之，ChatGPT 在多个领域中都有应用前景，它可以帮助人们更好地理解和使用人类语言，并为各种任务提供更高效、更个性化的解决方案。显然，随着人工智能技术的不断发展，ChatGPT 在未来的应用前景也将不断扩展和深化。未来的 ChatGPT 可能会更加智能和高效，从而为人们的生活和工作带来更多便利和创新。

ChatGPT 的发展，是新一轮的互联网革命，但是也会带来一些负面的影响。它的推广必然会导致一些工作被机器所取代，随之而来的将会是相关企业的破产、个人的失业，等等。我们要正视 ChatGPT 所带来的技术进步，也要慎重对待技术进步的过程中所出现的各种隐患和隐忧。一定要做好对于数据的保护和对于智能的监管，不然，科技的进步反而会带来极大的破坏性。

8.1.4 Sora

Sora 是美国人工智能研究公司 OpenAI 发布的人工智能文生视频大模型（但 OpenAI 并未单纯将其视为视频模型，而是作为"世界模拟器"）（图 8.4）。美国当地时间 2024 年 2 月 15 日，OpenAI 正式发布文生视频模型 Sora，并发布了 48 个文生视频案例和技术报告，正式入局视频生成领域。Sora 能够根据提示词生成 60 s 的连贯视频，"碾压"了行业目前大概只有平均"4 s"的视频生成长度。

图 8.4 OpenAI 的 Sora

Sora 这一名称源于日文"空"（そら），即天空之意，引申含义还有"自由"，以示其无限的创造潜力。其背后的技术是在 OpenAI 的文本到图像生成模型 DALL－E 基础上开发而成的。

Sora 可以根据用户的文本提示创建最长 60 s 的逼真视频，该模型了解这些物体在物理世界中的存在方式，可以深度模拟真实物理世界，能生成具有多个角色、包含特定运动的复杂场景。继承了 DALL－E 3 的画质和遵循指令能力，能理解用户在提示中提出的要求。

在官网上已经更新的 48 个视频实例中，Sora 能够准确呈现视频细节，还能深刻理解物体在现实世界中的存在状态，并生成具有丰富情感的角色。

例如，某个 Prompt（大语言模型的提示词）的描述是美丽、白雪皑皑的东京城市熙熙攘攘。镜头穿过熙熙攘攘的城市街道，跟随几个人享受美丽的雪天，在附近的摊位上购物。绚丽的樱花花瓣和雪花一起在风中飞舞。在 Sora 生成的视频里，镜头从俯视白雪覆盖的东京，慢慢推进到两个行人在街道上手牵手行走，街旁的樱花树和摊位的画面均细致呈现。

Sora 给需要制作视频的艺术家、电影制片人或学生带来无限可能，其是 OpenAI "教 AI 理解和模拟运动中的物理世界" 计划中的一步，也标志着人工智能在理解真实世界场景并与之互动的能力方面实现飞跃。

8.1.5　大模型的网络安全问题

当前，以大模型为代表的 AI 技术应用正在渗透至千行百业，成为推动各行各业转型升级的新引擎。然而，随着这些技术的应用日益广泛，大模型的安全性问题也日益凸显。

很多行业专家都强调了在利用大模型技术的同时，必须平衡其带来的便利与潜在的安全风险。

中国信通院华东分院院长廖运发提到，大模型的发展为网络安全带来了新的机遇，尤其是在内容安全、数据隐私保护、运行可靠性等方面。然而，大模型的安全性问题也不容忽视，包括基础设施安全、数据隐私泄露、运行稳定性等。

例如，大模型生成的内容可能涉及意识形态问题，需要进行网络备案和监管。此外，大模型的运行可靠性、稳定性和可解释性也是当前研究的重点。大模型在信息通信和安全领域的应用，需要重点关注基础设施的安全问题，以及数据隐私的保护。

上海交通大学网络安全学院的王士林教授也从学术角度分析了大模型与网络安全的关系，提出了大模型可能带来的新威胁，如内容安全问题、功能安全问题、数据安全和部署问题等。他强调，大模型的生成能力增强，使内容安全监测变得复杂，如何监测和评估生成内容的安全性，是当前研究的重点。

商汤集团信息安全委员会负责人吴友胜从安全从业者的角度，提出大模型在安全领域的积极影响，如大模型在提升安全自动化处理能力方面的积极作用。但在实际落地过程中，仍需面对数据规模、质量、标签化的要求，以及算力和算法的挑战。如黑客利用 AI 技术进行攻击的自动化等。

在不同的应用场景下，大模型在安全方面的关注点是不同的——在 2C 场景中，用户体验和隐私保护是核心，而在 2B 场景中，商业机密和数据安全则更为关键。

在 2B 场景中，需要特别关注标准适配问题，以及大模型本身可能引起的商业机密和客户数据利益问题。大模型在 2B 场景中的应用需要确保没有漏洞和恶意后门。大模型在 2B 场景端的部署通常是私有化的，这在一定程度上降低了安全风险。然而，大模型的二次开发过程可能会带来新的安全职责变化。

而在 2C 场景中，则需要关注用户隐私数据的合规处理。尤其是个人开发者和设计师，对知识产权的保护和平台的安全性有着迫切的需求。

大模型安全是一个多维度的问题，需要从技术、法规、标准等多个角度进行综合防控。在技术层面，需要开发更先进的监测和评估工具，以确保大模型的安全性。在法规和标准层面，需要制定相应的规范，指导大模型的安全开发和应用。未来，大模型安全将继续是网络安全领域的重要议题。

8.2　知识图谱

8.2.1　概述

知识表示在逻辑学和人工智能领域经历了漫长的发展历史。图形化知识表示的思想最早可以追溯到 1956 年 Richens 提出的语义网的概念，而符号逻辑知识则可以追溯到 1959 年提出的通用问题求解器。知识库在一开始出现的时候，先用在基于知识的系统中进行推理和问题求解，Mycin 是其中最著名的基于规则的医学诊断专家系统之一。后来，人类知识表示领域向着基于框架语言、基于规则和混合表示等方向发展，许多开放的知识库被发布，如WordNet、DBpedia、Freebase 等。1988 年 Stokman 和 Vries 提出了图结构知识的现代概念。这些前人的研究成果都为知识图谱的诞生打下了坚实的基础。

谷歌公司在 2012 年首次提出了一个新概念——知识图谱，它从根本上说是基于语义分析网络的一个综合知识库，旨在准确深入地描述各类概念、实体、事件及其之间相互的联系。知识图谱可以构造和形成一张巨大的二维语义知识网络结构图，其中节点代表了一个实体或一个概念，边则表示各个节点之间的基本属性或相互关系。

谷歌构建知识图谱的初衷是改善用户使用其搜索引擎时的搜索体验。随着人工智能技术发展日新月异，知识图谱在人工智能领域逐渐占据了一席之地。从 2013 年起，知识图谱开始在学术界不断被普及和使用，并在搜索引擎、问答系统、分析系统、金融、生物医药、个性化产品推荐等领域的应用中发挥重要作用。Web 3.0 提出的"知识之网"愿景，也因为知识图谱面对语料时的优异处理分析能力与其开放、包容和互联的特性，成为可能。

知识图谱的核心思想是用图显式地表示知识和数据，其研究涵盖了一系列被人们所熟知的跨学科技术，如知识表示和推理、信息检索和提取、数据挖掘和机器学习等。知识图谱的应用场景包括大规模的数据集成和管理，以及从各种数据源中提取洞察。

在知识图谱的应用场景中，与关系模型相比，使用基于图模型的知识抽象有以下两点重要优势：首先，图模型提供了简洁直观的抽象，节点之间的关系用边来反映，这与流调报告中的密切接触关系非常吻合；其次，图模型不需要开发人员在设计初期就确定数据存储及表征方式，尤其是在知识获取不完整的背景下，具有高度可扩展性。

知识图谱发展的历史渊源，可以追溯到更早的语义分析网络和专家系统。在人工智能技术发展过程中，专家系统起到了举足轻重的作用。专家系统近似于一个智能化的计算机程序系统，它内部含有大量的知识，这些知识来自不同的数据来源，通常是面向特定主题的专家的经验，经过挖掘和处理后存储在系统当中。这些知识都可以达到某个领域人类专家的水平。在此基础上，它充分地应用了人工智能技术和计算机科学技术，进行逻辑推理和判断，模拟出各种人类专家的决策过程，以便于解决那些复杂的、需要由人类专家自己去处理的问题。因此，专家系统本质上是一种模拟人类专家解决领域问题的计算机程序系统。

语义分析网络是一种能够根据语义信息进行逻辑决策和分析判断的综合智能信息网络，用来实现人与电脑之间的无障碍信息交流。在一个语义分析网络上连接的每台主机可以像人类一样，不仅能够理解单独的词语及其对应的基本概念，这些词语之间的逻辑关系也可以被充分的理解。语义分析网络中的计算机能利用自己的智能软件，在网络中众多杂乱的数据中找到所需要的信息，从而将一个个现存的独立的信息数据集合起来，扩充成一个巨大的数据库。

8.2.2 知识图谱构建技术

知识图谱本质是由一系列通过关系相互连接的实体及其属性构成的网络结构，一般用<实体，关系，实体>这种形式的三元组进行表示，它作为一种新兴类型的辅助数据源，能够用统一的形式描述现实世界中存在的事实、关系、概念等各种信息，慢慢成为一种人工智能必不可少的基础性资源，并在各种应用中发挥重大作用。

知识图谱从覆盖范围角度主要有以下两种：①领域知识图谱。在某个领域具有很强的专业性，非常注重知识表达的准确度，在其构建过程中往往有很多领域专家参与进来，提供重要的指导性意见。②开放域知识图谱，侧重知识的广度和全面性，其目标是将更多的实体和关系融合进来，构建复杂的关系网对数据进行分析，但准确性往往有所缺失。

知识图谱在构建的过程中涉及了很多不同方面的技术，主要包括知识建模、知识抽取、知识表示、知识融合、知识推理，等等。

构建知识图谱首先需要从互联网中获取结构化数据、半结构化数据或者非结构化数据作为构建知识图谱所需的源数据，之后进行知识建模，即本体库的构建，将知识实体抽象成概念和关系，进而规范知识图谱中知识的表示。其中，本体库关乎整个知识图谱的质量。知识图谱的构建方式在主流上被认为分为两种。第一种为自顶向下的构建方式，是指通过利用各大百科等知识源获取本体和模式信息，并将其加入知识库中。自顶向下依赖构建者对现有数据的理解和经验，采用人工方式手动构建本体，如著名的 DBpedia 就是采用这种方式构建的。第二种为自底向上的构建方式，在构建知识图谱的过程中使用一些科学技术手段，从大量公开的数据中直接提取资源。自底向上利用各种知识获取技术和统计机器学习技术自动学习本体之间的关系，并没有专家的参与，大多开放域知识图谱产品采用这种构建方式，如谷歌的 Knowledge Vault。这两种构建方式各有利弊，因此在实践中需要根据具体情况进行选择。知识图谱的构建方式也是知识工程领域的重要研究方向之一。

知识抽取是指从不同类型、不同结构的数据中获取知识，一般采用自动化或者半自动化的方式从数据中提取出实体、关系、属性等信息。

实体抽取也被称为实体识别。一般来说，实体可以分为命名实体和非命名实体。实体包括人名、地名、组织名等具有特定意义的命名实体，而非命名实体则是一些普通的概念，如"天气""交通"等。原始文本数据经过实体识别后就得到了一系列离散的实体。实体抽取已经成为知识图谱和自然语言处理的热点研究方向，目前大都采用统计学习方法完成此任务。

在知识图谱中，实体之间的关系是非常重要的。关系抽取是为了将各个实体联系起来，抽取其关联信息形成一个复杂的知识网，例如"A 是 B 的创始人""C 位于 D 的北面"等。关系抽取可以使用基于规则的方法，也可以使用机器学习等方法进行自动提取。提取出的关系和实体一起构成关系三元组（实体，关系，实体），关系三元组是知识图谱的核心。这些提取出的知识数据，一般选择使用图数据库来对其进行知识存储和知识展示。这时图数据库的查询效率要明显优于关系数据库，当知识数据存储量较大、查询的关系较为复杂时，图数据库的查询效率会比关系数据库高出几千倍乃至几万倍。因此，在构建知识图谱时，一般选择图数据库作为知识存储的介质。常用的图数据库有 RDF4j、Virtuoso、Neo4j、FlockDB、GraphDB 等。

属性提取一般指通过自然语言处理技术提取某些特定实体的属性信息。例如，针对某个国家，可以从百科网站或搜索引擎中得到其首都、国土面积、人口数量、建国日期等信息。知识图谱通过汇总这些信息，完成了对实体的属性补全。属性抽取是为了能够将知识图谱中实体的特性更好地表示出来，同时让实体对象更加丰满，目前进行属性抽取的方法主要有两种：第一种是利用数据挖掘技术来定位属性，如 SVM 算法；第二种是从半结构化数据中自动抽取出结构化的训练数据作为实体的属性信息，如知识图谱 YOGA 便是从 Wikipedia 和 WordNet 网站中自动抽取出属性名和属性值等信息并进行扩展得到的。

知识表示可以让知识图谱中的信息变为计算机可以识别的符号从而进行之后的计算、推理和应用。知识表示的方法有很多种，早期主要通过 RDF（Resource Sedcription Framework）框架进行表示，但其表达能力有限，且缺乏对具体事物的抽象能力，因此产生了 RDFS 和 OWL。要想查询和获取采用这些格式中的知识，需要用一种关系式数据库查询语言 SPARQL 来进行操作。随着研究的不断深入，目前知识表示的方法主要为分布式向量化表示。

进行知识抽取之后，我们可以得到大量的实体和关系。然而，这些实体和关系中还存在许多冗余和错误。知识融合的任务就是将同一实体或概念的多元信息融合起来，消除错误的信息碎片。某些实体可由不同的方式去表达，某个特定称谓也可对应于多个不同的实体。例如"李白"这个称谓可以同时对应三个实体：①唐代诗人李白；②流行歌手李荣浩的成名作品；③游戏王者荣耀当中的一个刺客英雄。知识融合主要包括两部分内容：实体链接和知识合并。实体链接是指对于从文本中提取得到的实体对象，将其链接到知识图谱中对应的正确实体对象的操作。首先得到之前实体提取中提取到的所有实体，这些实体均称为实体指称项。以这些实体指称项为基础，从知识图谱中选出一组候选实体，并计算候选实体与实体指称项之间的相似度。然后根据相似度计算结果，将实体指称项链接到正确的实体对象。

知识加工指知识数据在经过知识融合之后，还需要通过质量评估才能加入知识图谱中，以确保知识图谱内知识信息的高质量。

知识存储就是将知识图谱中的数据存储起来。对于数据量比较小、结构比较简单的知识图谱一般可以采用传统的关系数据库进行存储，但近年来随着图数据库的不断发展，越来越多的研究者和应用厂商采用如 Neo4j、JanusGraph 等图数据库来存储知识图谱中的数据，随之也产生了非关系型数据库的查询语言，如 Neo4j 的 Cypher 查询语言。

8.2.3 知识图谱的研究现状

微软是最早开始构建知识图谱的公司之一，其构建的知识图谱有 Satori 和 Probase。Google Knowledge Graph 于 2012 年被谷歌正式推出，现在其数据库中存在数以亿计的实体和关系。Google Knowledge Graph 收集了大量的知识数据，从而为用户提供更加丰富准确的搜索结果。Facebook 为了实现社交网络上的网络个体之间相互分享知识信息，利用知识图谱技术构建了兴趣图谱；并在 2013 年基于该图谱构建了社交图谱搜索工具 Graph Search。目前，Graph Search 已经逐步发展为全球范围内最大的社交知识图谱。

近几年，在中文信息处理和检索的相关研究中，中文知识图谱逐渐成为这一领域中重要的研究方向。越来越高的研究价值也吸引了大量的研究者投入其中，产出了不少知识图谱相关产品，带来了可观的商业价值。阿里云 DataGraph 团队与藏经阁团队联合打造了阿里云知识图谱开放平台 Datag；腾讯知识图谱 TKG 是一个集成图数据库、图计算引擎和图可视化分析的一站式平台；知乎知识图谱是知乎推出的知识图谱产品，它采用了大量的用户生成内容和社交网络数据，通过对问题、话题和用户之间的关系建模，为用户提供个性化的知识推荐和社交发现服务；百度的产品线中也广泛应用了知识图谱，其应用了知识图谱之后的产品的服务规模在之后的三年时间内增长约 160 倍。

与商业领域相比，学术界在知识图谱领域的研究也可谓硕果累累。在国内，由清华大学研发构建的 XLore 知识图谱，首次实现了跨语言的突破，填补了这一领域的空白。以开放知识网络为基础建立的"人立方、事立方、知立方"原型系统，也在学术界带来了不小的影响。这一系统由中科院计算技术研究所研发，带来了利用开放知识网络实现知识图谱的新思路。复旦大学研发并提出了 CN–DBpedia 百科知识图谱，该知识图谱的数据主要来自各种中文百科网站的非结构化文本数据，这些文本数据在经过数据清洗、知识融合、知识推理等过程后，被构建成了高质量的结构化数据。CN–DBpedia 目前为用户准备了一整套 API，供用户免费使用。它从 2015 年 12 月正式发布以来已经在各个人工智能相关领域提供了数亿次的 API 调用。北京理工大学 AETAS 实验室，结合 NLP 和知识图谱技术，实现了一个可以完成新冠疫情的自动化流调分析框架，可用于构建疫情传播链路图（图 8.5）。

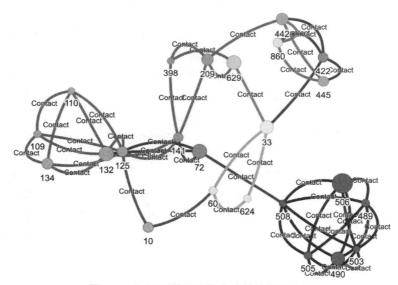

图 8.5　知识图谱用于构建疫情传播链路图

8.3　数据驱动的类脑智能

8.3.1　概述

近年来，随着大脑成像、脑机交互、生物传感、大数据处理等新技术不断涌现，脑科学与计算技术、人工智能、纳米材料、认知心理等学科的交叉融合，正酝酿着重大理论与技术突破，脑科学与类脑研究成为全球科技竞争的焦点。

脑科学被视为理解宇宙、自然与人类关系的"终极疆域",人类从未停止对人脑的探索,以及对其运行机制的模仿。人脑以极强的可塑性、通用性、自适应性、自组织性以及低能耗、高效率等,为人工智能技术的发展提供了启发和示范。类脑智能这一新兴学科得以诞生,被认为是后摩尔时代最具发展潜力的颠覆性领域之一。

类脑智能又称为类脑计算,20 世纪 80 年代末,美国科学家 Carver Mead 首次提出类脑计算的概念。类脑计算这一想法摆脱了传统的计算模式,模仿人类神经系统的工作原理,渴求开发出快速、可靠、低耗的运算技术。类脑智能是人工智能的终极目标,但研究类脑智能不可能复制人的大脑。类脑智能希望通过研究人类大脑的工作机理并模拟出一个和人类一样具有思考、学习能力的机器人。

类脑智能研究具有重大意义,借鉴人脑的信息处理方式,有助于打破冯·诺依曼体系结构束缚,有望引领人工智能从机器智能走向机增强智能,从专用智能走向通用智能。因此,目前世界各主要发达国家和地区都在积极推动类脑智能的发展。该领域全球重大项目密度逐年提升,如欧盟的"人类脑计划"、美国的"推进创新神经技术脑研究计划"以及我国的科技创新 2030——"脑科学与类脑研究重大项目"等,而且有谷歌、微软等国际商业机器公司等高科技公司的大力度投入。

类脑智能的研究目前主要聚焦在两方面:

第一,侧重在硬件材料方面寻求突破,通过开发神经形态的芯片(如类脑芯片)和其他介质,以生物电子学、神经形态工程等学科为基础,模拟生物神经元乃至整个大脑。韩力群表示,硬类脑走的道路就是"先追求形似,再考虑神似"。在一枚理想的类脑芯片当中,包含许多相当于神经元的处理器,这些处理器之间的通信系统相当于神经纤维,突触等结构可能也会被模拟。

第二,主要侧重让算法和模型能够模拟大脑的工作模式。虽然没有神经细胞、蛋白质等物质,但是计算机可以模仿大脑的信息加工机制,把现实中的物质形式化,从而在软件中模拟大脑。目前这方面的研究主要依托脉冲神经网络开展。

8.3.2　发展历史

早在"类脑"以一个正式的研究理念出现之前,相关的研究者们已经尝试从认知心理学的角度去解释人类的认知,建立人工的认知系统了。20 世纪末 21 世纪初,出现了 Soar 通用认知架构模型(通用 AI)、"符号主义"的 ACT－R(建模人类认知)、"连接主义"的 CLARION 以及"混合架构"的 LIDA。这些认知架构的共通之处是它们会事先对认知的模型与过程进行假设,然后基于这些假设实现诸如"记忆力""注意力""执行力"的认知目标。

2005 年 Blue Brain Project 开始具体实施,这项计划以模拟重建完整的鼠脑计算模型为目标,经过 10 年的深度探究,到 2015 年已经能较完整地完成特定脑区特定结构的计算模拟。但这项工作对发现和解释认知功能还存在一定的距离。到 2018 年此项计划仍在继续更新其研究成果。

2007 年 Sendhoff、Sporns 等在德国柏林组织召开的首届国际类脑智能(Brain－like Intelligence)研讨会构思设想了从基础的脑信息处理机制到未来的复杂人工智能系统的宏愿。这个时期还是类脑智能研究的初始萌芽阶段,所以会后的论文集中所探讨的问题还停留在类脑问题的描述、基本共识的定义与研究方向的摸索上。值得注意的是,论文集中多次提及的认知心理学、神经动力学以及生物解剖学的内容仍是现在类脑领域讨论和关注的核心。

20 世纪 10 年代，深度学习的兴起、智能化发展已经成为新科技革命的重心和国家战略的必争之地。人脑作为智能研究的最重要参考，各个国家和地区提出了自己的脑计划。2013—2014 年，美国、欧盟、日本都先后提出自己的脑计划。我国的脑计划布局也在此时期拉开帷幕。2015 年中国科学院自动化研究所成立类脑智能研究中心。同期，相关的类脑研究机构也在以清华、北大为首的各大高校中建立。经过相关专家学者的充分调研与论证后，2016 年国家将"脑科学与类脑研究"列为重点，多年来确定了"一体两翼"的发展战略。通过研究大脑认知原理来支撑类脑计算与脑科疾病的推进。2022 年，"美国脑计划2.0"在 *Cell* 见刊。脑科学领域的研究在这些计划的加成下不断涌现新的研究成果，人类对"认知"的理解也在逐步加深。

类脑智能是生物认知科学与机器搭载智能研究的学科交叉点，具备广阔的研究前景。二者相辅相成，互相促进。生物中出现的机制、结构可以在微观到宏观层次上深度指导类脑模型的拓扑与训练算法的完善；各种机器仿真对生物假说的验证也很有帮助。类脑智能将在二者的互相促进中呈现出螺旋上升的发展趋势。在这种体系下，冯·诺伊曼体系结构的计算机天然地无法与其适配。神经形态的芯片与类脑的体系架构以"人工通用智能"为解决目标或将成为一种新的计算范式。这种类脑芯片更契合 SNNs 的工作机制，有利于大幅提高 SNNs 的仿真速度。类脑处理芯片与 CPU、GPU 的不同点在于，它基于脉冲神经网络的神经元膜电位的需要可以直接用模拟电路表达。IBM 公司设计的脉冲神经形态芯片 TrueNorth、BrianScaleS 计划下诞生的 HICANN 芯片、海德堡大学 Furber 等主导开发的 SpiNNaker 芯片，还有英特尔的 Loihi 芯片，以及清华大学异构融合 ANN/SNN 的天机芯片，都是近些年类脑芯片研发取得的成果，所以类脑的研究不仅会全面进化当前的机器学习模式，甚至有可能推进机器硬件组织结构的创新与变革。

类脑的研究正在多尺度上影响和启发未来的人工智能。

微观层面：兴奋性以及抑制性的类脑神经元模型已经能很好地被利用来完成一些分类、驱动的判别型任务。无论是充分利用此类神经元自身的特性，还是结合一些深度学习的办法做迁移学习、映射转移等，此类神经元都能有效完成，体现了这类神经元较强的优化方法兼容性。在突触方面，基于时序依赖的突触可塑性（Spike – Timing Dependent Plasticity，STDP）提供了突触权值学习的方法，此类方法预设了较短时间内前后激发的神经元间的因果关系，并以此作为权值调节的方式。多项研究已经在多数生物实验中证实了这种机制在生物神经系统上的存在，也在一些前沿的论文中利用这种机制让网络具备了不错的表现。

介观层面：更少的神经资源可以被用来完成某个特定任务的学习，比如 MIT 团队曾利用 19 个仿生物的神经元（图 8.6）就完成了车在固定道路上的自动驾驶任务。这个工作完全启发于秀丽线虫的神经回路。在这个回路上，所有神经元都针对具体的任务有自己的"职责范围"，包括感知类神经元、协调类神经元、驱动类神经元等。它们之间的连接关系也是高效而巧妙的。研究还指出这些不同的神经元在接收同一输入时会表现出不同的敏感性。因此，在介观层面上观察神经回路或脑区时，神经元的内部会呈现出针对不同认知功能的分化，并且认知功能相似的神经元间更容易形成连接，组成集群。

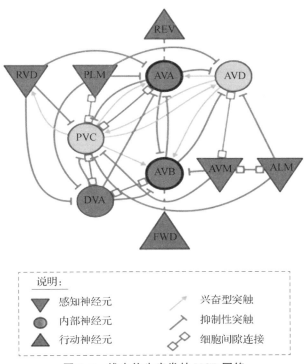

图 8.6　线虫仿生启发的 NCP 网络

宏观层面：各个脑区的协同使一些高级的认知能力，如记忆、推理、联想假设等得以实现。这种能力对于人工智能多模态学习的推动影响深远。

8.3.3　类脑芯片架构

8.3.3.1　起源

讲到类脑芯片的起源，就不得不提到一位大师卡弗·米德（Carver Mead）（图 8.7）。

图 8.7　Carver Mead

Carver Mead 是美国的一位科学家和工程师，生于 1934 年 5 月 1 日。他曾担任加利福尼亚理工学院（Caltech）的戈登和贝蒂·摩尔工程与应用科学名誉教授，在该校任教超过 40 年。他曾指导过 Caltech 的第一位女工程学毕业生黛博拉·钟（Deborah Chung）。他还指导过 Caltech 的第一位女电气工程学生路易丝·柯克布赖德（Louise Kirkbride）。作为一名教师，他的贡献包括与林恩·康威（Lynn Conway）合著经典教材《VLSI 系统导论》（1980年）。作为现代微电子学的先驱，他对半导体、数字芯片和硅编译器的发展和设计做出了贡献，这些技术构成了现代大规模集成芯片设计的基础。在 20 世纪 80 年代，他专注于人类神经学和生物学的电子建模，创造了"神经形态电子系统"。Mead 涉足创办了 20 多家公司。最近，他呼吁重新构想现代物理学，重新审视尼尔斯·玻尔、阿尔伯特·爱因斯坦等人在后来实验证据和仪器发展光下的理论辩论。

Mead 最开始的思考来源于对芯片功耗的考虑，相比于大脑的计算效率，现在的芯片 CMOS 技术有好几个数量级的差异。所以，他在思考能不能暂时放弃现有的芯片设计技术，去开拓一种和大脑很类似的芯片计算方式，达到大脑的极致功能。为了设计这个技术，Mead 认真分析了大脑和现在芯片数字系统两者的相同和差异之处。他发现这里面有一个核心问题：就是计算效率的这种巨大差异与系统的基本操作单元有关。

那什么是系统基本操作单元？神经元实际上是使用单个分子进行工作的。如果操纵单个分子在根本上比使用我们构建晶体管的连续物理学更有效。如果这个推测是真的，我们将没有希望使我们的硅技术能够与神经系统竞争。实际上，这个猜测是错误的。神经元使用通道的群体而不是单个通道来改变它们的导电性，这与晶体管使用电子的群体而不是单个电子的方式非常相似。

我们可以想象，晶体管将执行一个与突触操作大致相当的功能。在今天的技术中，将一个最小尺寸的晶体管的栅极从 0 充电到 1 大约需要 j 的能量。在未来 10 年，这个数字将达到约 $10^{-15}j$，这已经接近神经系统实现的效率范围。因此，Mead 得出结论：计算效率在神经系统和计算机之间的差异主要归因于系统中使用基本操作的方式，而不是个别基本操作单元的要求。

Mead 为了解决大脑和现在的芯片技术对功耗需求的巨大差距，1990 年首次在 *Proceedings of IEEE* 上提出了一个新的系统，这个系统的名字是神经形态电路（Neuromorphic Electroncis System），同时给出了具体的定义和特征：①系统的基本操作是基于物理现象的，每个都是基本物理原理的直接结果。它们不是我们习惯于构建计算机的操作。②但是基于这些基元，我们应该能够基于神经系统使用的组织原则构建整个新的类脑系统。而现在的芯片系统对物理现象的组织法则不够有效，导致了功耗的巨大差异。

神经形态芯片及系统的出发点，是借鉴大脑存储和计算相互依存的一体化特性，利用大规模可重构集成电路来模拟生物神经系统。

8.3.3.2　IBM：TrueNorth 芯片

IBM TrueNorth（图 8.8）芯片可谓是类脑芯片的开山鼻祖。它的背景是 DARPA SYNAPSE 计划下 10 年工作的成果，旨在提供一种非常密集、能效卓越的平台，能够支持各种认知应用。其关键组成部分是一个非常庞大的、拥有 540 万晶体管的 28 nm CMOS 芯片，内置 4 096 个神经元核心，每个核心包含 256 个神经元，每个神经元有 256 个突触输入。该芯片完全是数字的，并且是异

图 8.8　IBM TrueNorth 芯片互联图

步工作的，除了一个定义基本时间步长的 1 kHz 时钟。因此，硬件行为是确定性的，完全按照软件模型的预测进行，因此可以用于应用开发和实施学习算法。

TrueNorth 神经元核心的中心设计是一个 256 × 256 的交叉条（Cross Bar），它有选择地将输入的神经脉冲事件连接到输出神经元。交叉条的输入通过缓冲区耦合，这些缓冲区可以插入轴突延迟。交叉条开关是二进制的，尽管每个输入与四种突触"类型"之一相关联，每个神经元为每种类型的连接分配了一个在 −255 ~ +255 范围内的整数权重，以给每个连接赋予突触权重——与特定输入相关联的所有活动突触具有相同的类型，该类型由每个神经元独立映射到四个权重中的一个（图 8.9）。

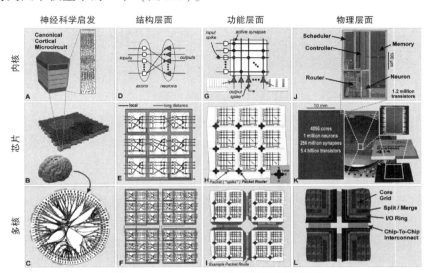

图 8.9　TrueNorth 芯片结构及设计原理

交叉条的输出与数字神经元模型相耦合，该模型实施了一种带有 23 个可配置参数的积分—射击算法，这些参数可以调整以产生一系列不同的行为。数字伪随机源用于通过调制突触连接、神经元阈值和神经元泄漏来生成随机行为。这种互联方式适合局部连接紧密、全局连接稀疏的神经网络。大规模远距离的数据通信网络实现在该架构上容易形成数据阻塞（图 8.10）。

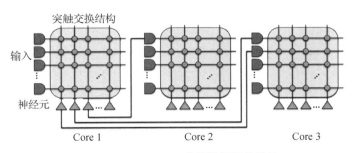

图 8.10　TrueNorth 芯片数据通信结构

8.3.3.3　Manchest University：SpiNNaker 系统

SpiNNaker 项目开发了一台大规模并行数字计算机（图 8.11），其通信基础设施的目标是模拟具有类似于生物大脑的实时连接的大规模尖峰神经网络。该项目是由 Steve Furber 发起。当前最大的 SpiNNaker 机器（作为欧盟旗舰人脑计划平台之一提供）包含 500 000 个处理器核心，目标是在未来一年将这个数字增加到 100 万核心。

图 8.11　SpiNNaker 系统

在许多方面，SpiNNaker 类似传统的超级计算机，但有以下显著区别：

1）SpiNNaker 中的处理器是小型整数核心，最初是为移动和嵌入式应用而设计的，而不是超级计算机设计者偏爱的高端"大"核心。

2）SpiNNaker 中的大脑启发式通信结构被优化用于发送大量非常小的数据包（通常每个包传递一个神经脉冲）到许多目的地，遵循静态配置的多播路径，而超级计算机通常使用大的点对点数据包，并采用动态路由。

这些差异意味着 SpiNNaker 不应被视为一台通用计算机，而应被看作一台专用的神经计算机，尽管事实上它并不仅限于模拟神经网络，而且可能适用于具有大量相对简单的耦合进程、具有类似神经元通信属性的更广泛应用，例如，细胞自动机和有限元问题。或许将 SpiNNaker 描述为神经形态系统可能有些牵强，但其被包括在此处是有道理的，因为它的主要目的是模拟神经网络。

SpiNNaker 的设计基于两个主要考虑因素：

1）可扩展性：大脑，尤其是人脑，包含大量组件，对其进行建模在计算上非常具有挑战性。因此，任何希望接近人脑规模的系统都必须体现可扩展性的原则。

2）能效：由于系统规模较大，其能耗可能变得经济不划算。能效设计是一门整体学科，SpiNNaker 的设计贯穿始终受到这一目标的影响。

这些考虑因素导致了 SpiNNaker 的基本设计，它以一个小型塑料 300 引脚 BGA（球栅阵列）封装为基础，其中包含一个定制处理芯片和一个标准的 128 MB SDRAM 存储芯片。处理芯片采用 130 nm CMOS 技术设计，包含 18 个 ARM968 处理器核心，每个核心都由 32 KB 指令内存和 64 KB 数据内存、一个多播数据包路由器，以及各种支持组件组成。这里的原则是最小化经常访问数据必须移动的距离：代码和最常用的数据距离核心只有一两毫米，而不经常访问的数据位于距离核心约 1 cm 的 SDRAM 上。通过在所有核心完全负载时提供最大 1 W 的功耗，以及在计算负载较低时从这个水平降低功耗，实现了能效。通过设计封装，使得几乎任意大的二维表面都可以用这些封装铺瓦盖房，实现了可扩展性。

SpiNNaker 通信结构基于一个二维三角网格，每个节点由一个处理器层和一个内存层组成。路由器接受来自所有 18 个本地处理器核心和 6 个传入芯片间连接的数据包，然后使用关联查找表决定如何将数据包复制到其本地处理器的任何子集（或全部）和传出芯片间连接的任何子集（或全部）。结果是，单个脉冲可以通过任意树传播到机器内的任意数量目的地（图 8.12）。路由基于分组交换的事件表示，并且依赖特定神经元的连接是静态的，或者至多是缓慢变化的这一事实。每个神经元可以通过唯一的树进行路由，尽管在实践中，路由是基于神经元群体而不是单个神经元的，但每个路由表的受限尺寸使得在大多数情况下这种优化是必要的。

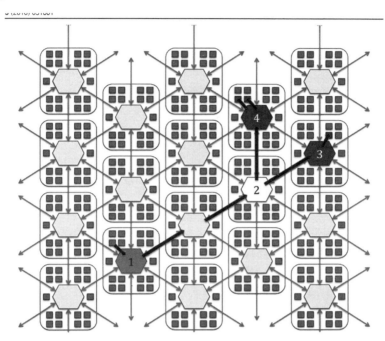

图 8.12　SpiNNaker 系统网络数据通信协议

可以看出，SpiNNaker 的这种通信方式的灵活度在某种程度上会更优于 TrueNorth，同时，由于其神经核是基于 ARM 架构的，所以其灵活性十分好。但是由于其软件配置和使用的复杂性，该系统目前使用率和普及率并不是很高。

8.3.3.4　Intel：Loihi 芯片

Loihi 是由英特尔实验室设计的神经形态研究测试芯片，采用了异步脉冲神经网络（SNN）来实现自适应的自修改的事件驱动细粒度并行计算，用于高效实现学习和推理。该芯片是一个包含 128 个神经形态核心的多核芯片，采用英特尔的 14 nm 工艺制造，具有独特的可编程微码学习引擎，用于芯片上的 SNN 训练。该芯片于 2018 年正式在俄勒冈州举办的神经启发计算元素（NICE）研讨会上展示。

芯片本身实现了一个包含 128 个神经形态核心的完全异步多核网格。它实现了一个脉冲神经网络（SNN），其中在任何给定时间，一个或多个实现的神经元可能通过有向链接（突触）向其邻居发送脉冲。所有神经元都有一个本地状态，具有自己的一套规则，影响其演变和脉冲生成的时机。相互作用完全是异步的、零星的，并且与网络上的任何其他神经元无关。Loihi 神经形态核心的一个独特特性是它们集成的学习引擎，通过可编程的微码学习规则实现了完全的芯片内学习。核间通信使用分组化消息进行，包括用于核管理和 x86 到 x86

消息的写入、读取请求和读取响应消息，脉冲消息以及屏障消息（用于同步）。

Loihi 2 最近也研发出来，它广义的基于事件的消息传递。Loihi 最初仅支持二进制值的脉冲消息。Loihi 2（图8.13）允许脉冲携带有整数值负载的消息，而几乎不会额外增加性能或能量成本。这种广义的脉冲消息支持基于事件的消息传递，保留了尖峰神经网络（SNNs）中令人满意的稀疏和时间编码的通信特性，同时还提供了更高的数值精度。

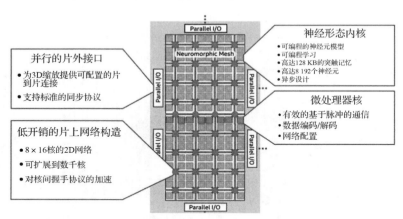

图 8.13　Loihi 2 代芯片架构

Loihi 2 相较于其前身引入了一系列增强：

1）更强大的神经元模型可编程性：Loihi 专为特定的 SNN 模型而设计。而 Loihi 2 在每个神经形态核心中使用可编程的流水线来实现其神经元模型，以支持常见的算术、比较和程序控制流指令。相较于 Loihi，Loihi 2 的可编程性大大扩展了其神经元模型的范围，而不损害性能或效率，从而使其能够应用于更丰富的用例和应用场景。

2）增强的学习能力：Loihi 主要支持其突触上的两因素学习规则，其中第三调制项来自非定位的"奖励"广播。Loihi 2 允许网络将定位的"第三因素"映射到特定的突触。这提供了对许多最新的受神经启发的学习算法的支持，包括误差反向传播算法的近似，这是深度学习的主要算法。Loihi 能够在概念验证演示中原型化这些算法，而 Loihi 2 将能够扩展这些示例，例如更快地学习新的手势，展示更广泛的手势运动范围。

3）多项容量优化以提高资源密度：Loihi 2 采用了 Intel 4 工艺的预生产版本，以满足在单个神经形态芯片内实现更大应用规模的需求。Loihi 2 还融入了许多体系结构优化，以压缩和最大化每个芯片的神经内存资源的效率。这些创新共同提高了 Intel 神经形态硅芯体系结构的整体资源密度，根据编程网络的性质，从 2 倍到超过 160 倍不等。

4）更快的电路速度：Loihi 2 的异步电路已经完全重新设计和优化，改进了从简单的神经元状态更新到突触操作再到脉冲生成的各个级别的流水线。这提供了处理速度的提升，从简单神经元状态更新的 2 倍到突触操作的 5 倍再到脉冲生成的 10 倍。Loihi 2 支持最小芯片宽时间步长低于 200 ns；它现在能够处理神经形态网络，速度比生物神经元快 5 000 倍。

5）界面改进：Loihi 2 提供比 Loihi 更多的标准芯片接口。这些接口更快且高纬度。Loihi 2芯片支持 4 倍更快的异步芯片间信号带宽，一个目标脉冲广播功能，在常见网络中可将芯片间带宽利用减少 10 倍或更多，以及每个芯片的 6 个可扩展端口的三维网状网络拓扑。Loihi 2 通过其新的以太网接口，以及新兴的基于事件的视觉（和其他）传感器设备，支持与更广泛范围的标准芯片的无胶合并。

6）借助这些增强功能，Loihi 2 现在支持一种称为 Sigma – Delta Neural Network（SDNN）的新型深度神经网络（DNN）实现，与 Loihi 上常用的速率编码脉冲神经网络方法相比，SDNN 在速度和效率上取得了显著的提升。SDNN 以一种稀疏、事件驱动的方式，在发生显著变化时通信，计算梯度激活值的方式与传统 DNN 相同。模拟表征显示，在 Loihi 2 上，相比于 Loihi 的速率编码 SNNs，在 DNN 推理工作负载方面，SDNN 可以在推理速度和能效两方面提高超过 10 倍。

8.3.4　脉冲神经网络

脉冲神经网络（Spiking Neural Network，SNN）被称为第三代人工神经网络，最早由 Maass 于 1997 年提出，其与现有常见的深度神经网络最大的区别在于其使用的神经元模型不是简单的求和神经元，而是拥有了更加复杂的神经动力学的仿生神经元。这种神经科学与人工智能的结合有利于提高人工智能模型的生物合理性和信息处理能力，可以借鉴真实大脑具有的自适应能力，包括自学习、自组织和自修复能力。所以脉冲神经网络会带来更加接近真实大脑能力的潜力。在神经元电动力学和突触传导信息的调控下，脉冲神经网络可以处理复杂的非线性时空信息，这使其成为新一代人工智能的重要模型基础。由于使用了更为复杂的神经元模型，脉冲神经网络的训练更加困难，此方向也是领域内研究的重点之一。

脉冲神经网络旨在使用更加有仿生特性的神经元模型。现有的深度神经网络的神经元模型可以简单视为：

$$Y_i = \sigma\left(\sum_j^{l-1} W_{ij}X_j\right) \tag{8.1}$$

式中，$\sigma()$ 为神经元激活函数，一般常用的有 ReLU() 和 Sigmoid() 函数，可以从上式看出这个模型是对生物学神经元的一个极度的简化。

在真实情况下，大脑拥有约 1 000 亿个神经元，这些神经元形态各异，但神经元一般包含树突（Dendrites）、胞体（Soma）、轴突（Axon）和突触（Synapse）这些结构。树突是神经元的一部分，它们的主要功能是接收其他神经元发出的脉冲并将这些信号传送至胞体。胞体是神经元的核心区域，负责进行新陈代谢活动，为神经元提供能量。每个神经元通常只有一条轴突，这是神经元向其他神经元或效应器输出脉冲的通道。突触是神经元之间进行信号传递的关键结构，连接着轴突和树突。当神经脉冲到达突触时，突触前膜会释放神经递质。这些神经递质会跨越突触间隙，与突触后膜上的受体结合。根据神经递质的种类，受体会改变神经元膜电位，使其升高或降低。神经元是神经系统中的独立单元，每个神经元都有自己的激发阈值。当膜电位达到这个阈值时，神经元会产生动作电位，即发出脉冲（图 8.14）。动作电位的电压远高于静息状态下的膜电位，这使得动作电位能在轴突上长距离传递，从而将信号传输给后续神经元。动作电位传递完毕后，神经元会进入不应期（Refractory Period）。在这段时间内，神经元对新的信号不敏感，不论接收到多少脉冲，都不会产生新的动作电位。这是神经元保护自己免受过度刺激的机制。不应期过后，神经元将恢复静息状态，再次准备好接收和传递信号。通过这种复杂的信号传递过程，神经元相互连接并组成神经网络，支持生物的思考、感知、运动和其他许多生理功能。这使得神经系统能够在不同层次上协同工作，从而实现生物们日常生活中的各种活动。

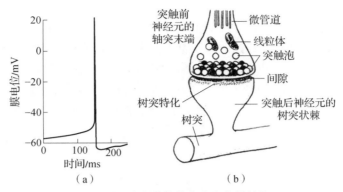

图 8.14　动作电位的产生和突触结构

（a）动作电位的产生；（b）突触结构

　　从上述内容可以看出，在真实大脑中神经元的行为非常丰富，如图 8.15 所示，这也造就了形态的多样性，神经元的大数量和多样性是大脑产生智能的关键因素。脉冲神经网络就是想尝试使用更仿生的神经元模型，以此获得更接近大脑智能的潜力。在简化的情况下，脉冲神经元模型可以视为：

$$V_i^l(t) = F(V_i^l(t-1), O_i^l(t-1), O^{l-1}(t-\Delta t))$$

$$O_i^l(t) = \sigma(V_i^l(t), V_{th})$$

$$\sigma(V_i^l(t), V_{th}) = \begin{cases} 1, & V_i^l(t) > V_{th} \\ 0, & \text{other} \end{cases}$$

(8.2)

式中，V 是神经元膜电位；$F(\ )$ 函数是神经元动力学方程；O 是神经元的脉冲输出；V_{th} 是神经元的激发阈值；Δt 是突触传递延时，可以看出脉冲神经网络可以通过使用不同的神经元的动力学方程获得很高的非线性能力和多样性，同时其传递的信息为二进制的脉冲信息，又极大简化了信息传递过程，获得了低能耗、异步计算等仿生优势。

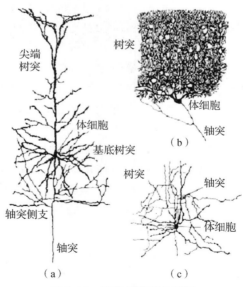

图 8.15　形态多变的神经元

8.3.4.1　脉冲神经元模型

随着神经科学的发展以及计算机科学的需要，神经元的数学模型越来越丰富与适用。下面介绍五种基本的神经元模型。

1. Hodgkin – Huxley（HH）模型

1952 年，著名生理学家 Alan Hodgkin 和 Andrew Huxley 共同发表了一项研究成果，提出了 HH 模型。在这项研究中，他们采用电压钳技术对大西洋枪乌贼的轴突进行了电刺激实验，并收集了大量实验数据。通过对这些数据进行拟合和抽象处理，他们最终构建了第一个精确的神经元数学模型。HH 模型详细地描述了神经元动作电位的产生和传导过程，并展示了神经元的一些重要特性，如激活、离子通道开放、失活以及动作电位等。这个模型被认为是最接近实际情况的神经元模型之一，因此在计算神经科学领域得到了广泛应用。从数学角度来看，HH 模型非常成功地表述了神经元生理活动中各种离子通道所起的关键作用。模型认为离子通道产生的电流、电导、膜电位以及时间之间存在微分方程关系，这些关系可以用以下神经元动力学公式的形式来表示：

$$I = C\frac{\mathrm{d}V}{\mathrm{d}t} + g_{\overline{\mathrm{Na}}} m^3 h(V - E_{\mathrm{Na}}) + g_{\overline{\mathrm{K}}} n^4 (V - E_{\mathrm{K}} + g_{\overline{L}} (V - E_L)) \tag{8.3}$$

式中，I 表示总电流，C 表示细胞膜电容，V 是膜电位，$g_{\overline{\mathrm{Na}}}$、$g_{\overline{\mathrm{K}}}$ 是钠离子通道和钾离子通道的最大电导，m 和 n 分别是它们的激活变量，h 是钠离子通道失活变量，E_{Na}、E_{K} 和 E_L 分别是钠离子通道、钾离子通道和漏电流逆转电势，$g_{\overline{L}}$ 是漏电导。但是上述模型虽然足够精确，但是其包含大量的微分计算，过于复杂，在大规模网络中使用所带来的计算资源开销非常大。

2. Integrate – And – Fire（IF）模型

Integrate – And – Fire（IF）模型是一个对神经元放电行为进行简化的模型，正如其名称"Integrate And Fire"所暗示的，它忽略了神经元上的各种离子通道。相反，该模型将神经元视为一个电容器，负责积累电流。当电流达到一定阈值时，神经元就会激发，其神经动力学公式如下：

$$\frac{\mathrm{d}V}{\mathrm{d}t} = \frac{1}{C}I(t) \tag{8.4}$$

式中，V 表示膜电位，C 表示细胞膜电容，$I(t)$ 表示 t 时刻输入的电流。IF 模型的简单性使其无法像 HH 模型那样精确地描述神经元的放电过程。然而，正因为它的简化特性，IF 模型可以作为一种高层次的抽象方法，帮助构建大型网络，现有的深度神经网络所用的神经元模型可以认为是 IF 模型进一步的简化。

3. Leaky Integrate and Fire（LIF）模型

IF 模型比较简单，但也丢失了很多生物学特性，比如不应期、膜电位泄压过程，所以出现了 LIF 模型。LIF 模型将神经元的动力学过程等价为一个电容和一个有限漏电电阻的电路系统，其中电阻的作用就是引入 Leaky（泄漏）过程，这修正了 IF 模型在静息状态下积累的膜电位不衰减的问题，所以 LIF 模型在时间维度的信息处理上优于 IF 模型，也更加仿生。其神经动力学方程描述如下式所示：

$$\tau_m \frac{\mathrm{d}V}{\mathrm{d}t} = -\left[V(t) - V_{\mathrm{rest}}\right] + RI(t) \tag{8.5}$$

式中，R 为有限的抗泄漏性电阻，τ_m 为膜时间常数，本质上电阻 R 和电容 C 的乘积得出，V 为膜电位，V_{rest} 为静息电位。此外，上述微分方程的响应形状其实和 ReLU 函数相似，同时在仿生特性和计算复杂度上取得了很好的平衡，所以 LIF 凭借运算简单的同时尽可能复现了真实神经元的活动，而大量应用在构建大型神经网络的研究中，是目前最流行的脉冲神经元模型之一。

4. SRM 模型

因为 LIF 模型的动力学方程中是微分形式，SRM 模型则可以将传统 LIF 微分模型换成一个关于输入、输出脉冲事件的函数，这样方便在现有深度学习框架下实现脉冲神经元。SRM 模型的一般形式可以写成：

$$V_i(t) = \eta_i(t - t^i) + \sum_{j \in \Gamma i} w_{ij} \sum_{t_j^{(f)} \in Fj} \epsilon(t - t_j^{(f)}) + \int_0^\infty \tilde{\epsilon}(s) I^e(t - s) \, ds \tag{8.6}$$

式中，第一项 $\eta_i(t - t^i)$ 描述一个标准的脉冲事件的电位变化，这里是自身神经元在发送脉冲后的变化，不是接受到的突触前神经元脉冲后的变化。第二项描述的是接受到突触前神经元脉冲的刺激后产生的电位上升，第三项是在不应期中受到的刺激对膜电位的影响。

5. Izhikevich 模型

为了平衡 HH 模型的复杂度以及 LIF 的计算简便性，Izhikevich 提出了一个中和的模型，其动力学方程如下：

$$C \frac{dV}{dt} = k(V - V_r)(V - V_t) - u + S$$

$$\frac{du}{dt} = a(b(V - V_r) - u) \tag{8.7}$$

式中，V 为膜电位，C 为电导，u 为恢复变量，S 是刺激，V_t 是瞬时阈值电位，V_r 为静息电位，a 为 u 的时间常数，用于膜电位缓慢恢复，b 是 u 对 V 的依赖程度参数。

在人工智能领域，为了更好地学习和利用硬件，针对上面五种模型还提出了不少改进模型。

8.3.4.2 学习算法

脉冲神经网络学习主要分为三个类型：

第一种是 ANN – to – SNN，即将已经训练好的深度神经网络直接转换成对应结构的脉冲神经网络，这种方法能让脉冲神经网络获得和深度学习网络接近的性能，但会让网络的时间步非常大，导致能耗很高，无法体现脉冲神经网络的优势。

第二种是使用误差逆传播算法直接训练脉冲神经网络，在这个方式中使用代理梯度来解决离散脉冲不可微的问题。这个方法可以获得接近现有最先进的深度神经网络的性能，但整个网络训练比较困难，容易陷入梯度爆炸或者梯度消失的问题。

第三种是使用类脑算法直接训练脉冲神经网络，一般是使用赫布法则的局部学习方法，例如 STDP 规则，这个方法最接近真实大脑的学习法则，也最能体现脉冲神经网络潜力，但是现有的方法在性能上和深度神经网络差距较大。

第一种方法无法很好地利用 SNN 的各种特性，如低稀疏度、低能耗等，因此这里只简单介绍后两种方法。

1. 误差逆传播算法在脉冲神经网络中的使用

由公式（8.2）描述的脉冲神经元的基本形式可以得出，误差逆传播算法在脉冲神经网络中应用主要有两个方面的问题：第一个问题是脉冲神经元的激发函数是一个阶跃函数，这导致其在激发函数处不可微，误差无法传递，第二个问题在于脉冲神经元的状态不仅依赖于空间维度信息，即其他神经元的输入，还依赖时间维度信息，即之前时间自身状态的影响，这导致其在求导时需要在时间维度展开。解决这两个问题常用的方法范式是 Spatio - Temporal Backpropagation（STBP）算法。针对第一个问题，在前向传播时还是保持脉冲神经元的特性，但在计算梯度的时候，使用一个可微的替代函数来替代不可微的激活函数来计算梯度，称这个梯度为代理梯度。针对第二个问题，可以使用类似 BPTT 算法思想在反向传播的过程中展开。通过这种设计便解决了误差逆传播无法在脉冲神经网络应用的问题，此方法为目前主流的解决方案。但误差逆传播算法并不是真实大脑中普遍存在的一种学习算法，所以尽管此方法在训练大型脉冲神经网络方面上取得了很好的结果，但仍然丢失了很多脉冲神经网络的仿生特性，例如异步计算和稀疏性，这也导致了无法完全释放脉冲神经网络的硬件优势。

2. 类脑算法在脉冲神经网络中的使用

还有另外一种算法使用更加仿生的方法来训练脉冲神经网络，其思想起源于赫布在1949 年做出的假设——"如果两个神经元之间总是在相近时间内激发，那么这两个神经元之间需要增长突触或者强化突触"，已经有大量实验证据证明，基于赫布理论的突触可塑性普遍存在于大脑之中。在此基础上可以将神经元的学习分为两个部分，突触的权重学习和突触结构学习。

突触的权重学习一般基于 STDP（Spike Timing Dependent Plasticity）规则，而突触的结构学习一般是基于赫布规则。

1）STDP 规则。STDP 规则可以看作赫布学习原则的一种特殊形式。具体而言，在某些情况下，当突触前神经元早于突触后神经元激活时，可以认为突触前神经元对突触后神经元的激活产生了积极影响。根据赫布学习原理，这种情况下突触强度会得到增强。然而，如果突触前神经元晚于突触后神经元激活，那么这条突触可能表现出与两侧神经元的活动相悖的效果，这可能意味着一个不利的学习过程，因此突触强度将减弱。研究发现，突触强度的改变量与突触前后神经元激活之间的时间差存在着非线性关系。

STDP 规则中突触权重变化和神经元激发时间间隔的关系如图 8.16 所示，随着时间差的变化，突触强度的改变速率并不是恒定的，而是受到时间差大小的影响。图中的 Δt 的大小代表突触前后神经元激发的时间间隔，符号则表示激发的时序，$\Delta t > 0$ 时表示突触前神经元先于突触后神经元激发，$\Delta t < 0$ 时则相反。

从图中可以看出在一定时间内突触前神经元的激发先于突触后神经元时会增加突触的权重，这是因为它们的激发之间可能存在因果关系；反之突触后神经元的激发先于突触前神经元时会降低突触的权重。同时 Δt 的绝对值越少说明两个神经元激发的时间间隔越短，因此两个神经元之前存在联系的可能性越大，权重变化的绝对值也越大，这一点和赫布规则的描述是一致的。STDP 规则的数学表示如下式所示：

$$\Delta w_{ji} = \begin{cases} A_+ \times e^{(t/\tau_+)}, & t > 0 \\ A_- \times e^{-(t/\tau_-)}, & t < 0 \end{cases} \tag{8.8}$$

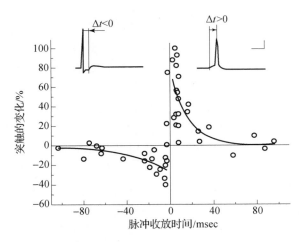

图 8.16　STDP 规则时间差和权重变化关系图

式中，A 为学习率。$t = t_{pre} - t_{post}$，代表突触前后神经元的激发时间间隔，需要注意的是该 t 与图 8.16 中的 Δt 符号相反。Δw_{ji} 表示神经元 j 和神经元 i 之间突触的权重变化。可以看出 $t < 0$ 时 $\Delta t > 0$，突触权重增加，神经元联系增强；相反 $t > 0$ 时 $\Delta t < 0$，突触权重降低，神经元联系减弱。

从应用角度看，STDP 已经成功应用在一些使用脉冲神经网络解决图片识别的问题上，在一些数据集上达到了和深度学习网络差不多的性能，并且有研究证明，STDP 规则的学习算法可以实现对任意模式的脉冲序列进行学习。

2）结构学习算法。科学界普遍认为真实大脑的记忆是一种结构化记忆，即记忆表征于大规模神经元之间的复杂的突触结构和突触强度中。所以除了突触权重学习外，突触结构的学习也很重要，这是大脑神经系统高度稀疏的基础，而这种稀疏性是大脑节能的基础之一。所以对于被大脑记忆的一个特征，其表征在一个神经元集合中，通过集合中神经元之间的连接模式和连接权重存储，如赫布理论所说，如果两个特征多次在很近的时间内重复一起出现，其对应的神经元集合也会在很近的时间内被多次激发，那么这两个神经元集合之间会生长出新的突触并加强现有突触，在这种效应积累后，这两个神经元集合将会建立合适的连接达到学习的目的。

这可以认为是智能推理和联想记忆的形成过程，当下次再遇到已经学习过的特征，其对应的神经元集合会做出响应，之后这个响应会引起和这个神经元集合相关的其他神经元集合响应，而其他神经元集合记忆着其他特征，以此类推，这个过程形成了一条推理链或联想链。

可以使用著名的巴甫洛夫实验（图 8.17）举例，在实验中，摇铃会引起狗脑中记忆铃声的神经元集合响应，进一步引起进食行为的神经元集合响应，最后引起唾液分泌的神经元集合响应，所以即使没有食物，狗在听到铃声后还是会分泌唾液。

这些类脑算法非常具有生物学特性和优势，也在脉冲神经网络上有一些成功应用，但通过上述描述可以看出，这种算法是一种局部学习算法，如何将最终的学习目标对齐到网络中每一处需要学习的地方仍是一个困难的事，这也就限制了这种算法的性能。

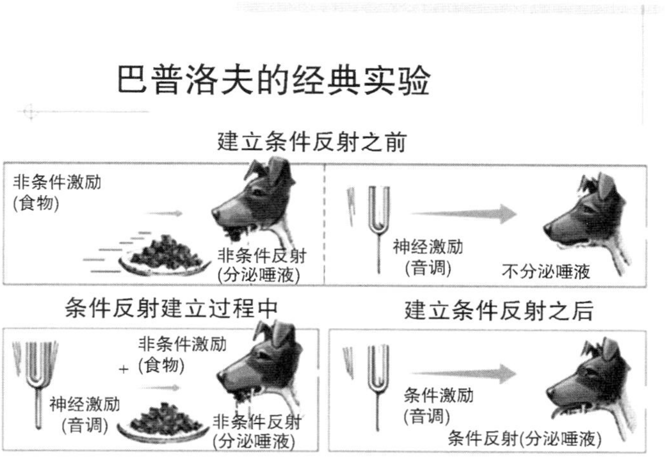

图 8.17　巴甫洛夫实验

8.3.5　展望未来

不过，"类脑智能"要想落地，在技术水平、数据治理、伦理安全监管方面还面临着诸多挑战。

一方面，相关研究仍处于起步阶段，研究范围有待扩大。类脑智能的研究涉及神经科学、信息科学、材料科学和机械学等多学科知识，需要整合多种前沿科学成果并进行深度融合。与此同时，当前，人类大脑的开发还不足 5%，神经元连接多样且富有变化，很难精确建模。

另一方面，随着各国脑计划持续实施，全球脑科学领域已经产生了海量的脑图谱、脑监测数据，如何高效、安全地利用这些数据成为该领域面临的重要挑战，由此产生对数据治理的需求。

此外，当计算机跨越人类与技术的界限，道德伦理问题随之而来。例如，"类脑器官"能否感知外部环境，能否产生意识、实现思考，以及细胞捐赠者具有哪些权利，等等。

目前，国际脑行动计划已发文呼吁加强脑科学的数据治理并提出建议。首先要制定国际数据治理原则；其次要开发数据治理相关的实用工具和指南；最后需要加强数据治理教育，提高认识。并强调，未来各国脑科学领域要进一步重视数据治理，并制定出全球统一、协调的数据治理原则和框架。

英国议会《脑机接口》报告指出，脑机接口领域面临的伦理挑战包括安全性、隐私保护、获取脑机接口产品的公平性、风险与收益评估、脑机接口参与的相关行为的权责问题等。未来，以脑机接口为代表的类脑智能产品的广泛应用，将带来更多的伦理安全问题。目前，各国已经采取了初步行动，包括开展神经伦理学研究，并加强相关概念的宣传。我国也于 2022 年发布了《关于加强科技伦理治理的意见》。可以预见，类脑智能伦理安全监管有望更加规范化，实现全球共识。

正如不少业内人士所言，时至今日，尽管类脑智能已经取得一些进展，但大脑作为人类智慧的集结，是已知的宇宙当中最复杂的产物，对大脑的研究也被称作自然科学的"终极疆域"。类脑智能作为模仿神经生理学和生理心理学机制、以计算建模为手段并通过软硬件协同实现的机器智能计算，距离实现人类打造像人脑一样的"机器脑"这样的梦想，还有充满挑战的路要走。

8.4　可解释的因果学习

数十年来，因果学习一直是人工智能领域中的一个至关重要的研究主题，涉及领域包括统计学、计算机科学、教育、公共政策和经济学。由于观察数据可用性高、预算需求低，从观测数据中估算因果效应已成为一个比较热门的研究方向，而相比之下，随机对照试验存在许多限制。

因果学习可分为因果发现和因果推断两部分。因果发现是一种从数据中推断出因果关系的方法，其试图确定某个因素是否会导致某个结果发生，或者两个因素是否存在因果关系。因果推断是一种评估因果关系强弱程度的方法，这种强弱程度被量化为因果效应。目前，在国内外，学者们提出了许多优秀的理论和算法，以指导因果发现和因果推断。

8.4.1　人工智能的可解释性

随着机器学习和深度学习技术的不断发展，人工智能已广泛应用于各个领域，并表现出了非常卓越的能力。传统的机器学习算法，如决策树、随机森林和线性回归等，虽然模型本身具有可解释性，但在处理大规模数据、建模效果、适应性和迁移性等方面不如深度学习模型。此外，传统的机器学习算法需要手动进行特征工程，算法的准确性非常依赖于特征工程的质量。因此，目前人工智能的研究方向更加倾向于深度学习，例如，OpenAI 发布的ChatGPT 已经证明了其非凡的能力，该模型甚至还通过了沃顿商学院工商管理硕士课程的期末考试，并获得了 B 档的成绩。

深度学习模型在解决各种领域的复杂问题方面取得了巨大的成功，从计算机视觉、语音和自然语言处理等应用领域到更核心的领域，如化学和物理学。然而，这些成功主要依赖于模型高度的非线性和调参技术。在现实应用中，尤其是在风险敏感的应用中，这些模型的一个关键瓶颈是"可解释性"问题。人们无法了解深度学习模型从数据中学习了哪些知识，以及为什么会做出这样的决策。这种黑盒模型也使错误结果的故障排除变得非常困难。此外，这些算法是在有限的数据集上训练的，这些数据通常与现实世界的数据不同。由于人为失误或数据集创建过程中引入了不合理的相关性，产生的训练集会对模型学习到的假设产生不利影响。如果完全把深度学习模型当作一个黑匣子，就无法知道模型是否真的学会了一个概念，或者模型的高精度可能只是一个偶然。因此，人们致力于更透彻地剖析深度学习模型，探明模型内部复杂的过程，从而进一步优化模型。

随着人工智能技术的不断发展，使用的模型也变得越来越复杂，从手工规则和启发式方法，到线性模型和决策树，再到深度模型甚至元学习模型。虽然这些新方法更加精确，但是其构建的人工智能系统变得错综复杂，模型的透明度也越来越低。这导致一般用户几乎无法理解其工作原理，进而限制了它们在对时间敏感、对可靠性及安全性要求高的领域中的应用。

不同的研究学者对人工智能的可解释性给出了不同的定义。例如，2015 年，美国国防部高级研究计划局（Defense Advanced Research Projects Agency，DARPA）制定了可解释人工智能（Explainable Artificial Intelligence，XAI）计划，其目标是使最终用户能够更好地理解和信任人工智能系统学习到的模型和决策。Miller 等认为，可解释性指的是人类能够理解模型为什么会做出这个决策，而不是另一个决策。而 Kim 等认为，可解释性是指人类能够持续预测模型下一个决策的程度。Doshi–Velez 等提出，可解释性是一种能够以可理解的方式向人类进行解释的能力。在 2022 年，我国也提出了"可解释、可通用的下一代人工智能方法"重大研究计划，旨在打破现有深度学习"黑箱算法"的现状，建立一套可适用于不同领域、不同场景的通用方法体系。

综合来看，目前人工智能可解释性研究可分为三类，下面对这三类研究进行阐述。

第一类研究是依赖模型的解释方法，其核心是通过对模型内部学习到的信息进行解释，包括传统的自解释模型和特定模型的解释方法。自解释模型包括线性回归、逻辑回归和决策树等。例如，在线性回归中，权重和偏差的表达式能够显示出每个特征对预测的影响大小以及正负相关性。DeepLIFT（Deep Learning Important FeaTures）是一种特定模型的解释方法，其通过将神经网络中的所有神经元对每个输入变量的贡献反向传播来分解特定输入的神经网络的预测。其工作原理是将实际输入上的神经元激活与"参考"输入上的神经元激活进行比较，并反向传播重要性信号，所有输入特征的贡献总和等于输出激活与其参考值的差值。使用与参考值的差异可以使信息即使在梯度为零的情况下也可以传播。

第二类研究是独立于模型的解释方法，它将解释过程与底层的机器学习模型分离。这个方法可以应用于任何模型，主要依赖分析特征输入和输出，而不是关注模型的内部细节（如权重或结构信息）。主要包括特征相关解释、基于样本的解释和代理模型解释。个体条件期望（Individual Condition Expectation，ICE）是一种特征相关解释方法，也是一种局部解释方法。其原理是：随机置换选定的特征变量的取值，保持其他变量不变，通过黑盒模型输出预测结果，然后绘制个体单一特征变量和预测值的关系图。Nauta 等提出了一种基于样本的解释方法。他们使用分类模型认为最重要的视觉特征的信息来增强原型，从而提高可解释性。具体来说，通过量化色调、形状、纹理的影响来帮助用户理解原型的含义，并且可以生成相应的全局和局部解释。该方法可以提高图像识别方法的可解释性，还能检查视觉上相似的原型是否具有相似的解释。LIME（Local Interpretable Model–Agnostic Explanations）是一种与模型无关的代理模型解释方法。它训练可解释的模型来近似单个预测，而不对整个模型进行解释。该方法的主要思想在于通过扰动输入观察模型的预测变化，在原始输入中训练一个线性模型来局部近似黑盒模型的预测，线性模型中系数较大的特征被认为对输入的预测很重要，从而实现局部解释。这种方法实现了使用白盒模型（可解释模型）来局部解释黑盒模型。

第三类研究是因果解释方法，其核心是基于因果关系，通过模拟实验或利用领域专家的知识来解释模型。Pearl 等将可解释性分为三个层次，并提出了每个层次上可以回答的特征问题：统计相关的解释、因果干预的解释和基于反事实的解释。他们指出，反事实解释是实现最高层次可解释性的方法，因为它包含了干预和关联问题。传统的解释方法关注的是统计相关的可解释性（第一层次），而因果解释方法建立在第二层次和第三层次上，它可以回答与因果干预和反事实可解释性相关的问题，帮助人们理解机器学习算法做出决策的真正原因，提高其性能，并防止它们在某些意外情况下失效。反事实解释是一种基于实例的因果解释方法，它并不明确回答模型为什么会做出这样的决策，而是关注"改变什么条件，模型的决策结果会发生改变"。Looveren 等提出使用原型来指导反事实生成的方法，该方法不仅加快了反事实搜索的过程，而且在图像和表格数据上都表现出良好的性能。

8.4.2　因果之梯

因果关系对人类感知和理解世界，采取行动以及理解自己起着核心作用。大约 20 年前，计算机科学家 Judea Pearl 通过发现和系统地研究"因果之梯"（Ladder of Causation）（图 8.18），在理解因果关系方面取得了突破，该框架着重说明了观察、做事和想象的独特作用。为了纪念这一具有里程碑意义的发现，人们将其命名为"Pearl 因果层次结构"（Pearl Causal Hierarchy，PCH）。

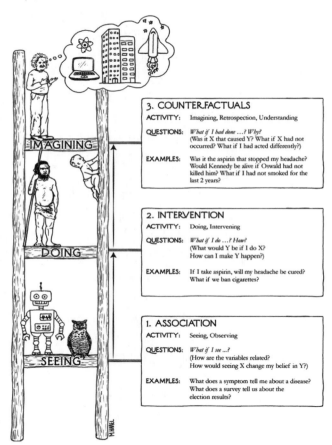

图 8.18　因果之梯

因果之梯是 Judea Pearl 提出的一种分类法（也称为框架），回答了"因果推理主体可以做什么"这一问题。该问题的另一种表述是——"相较于不具备因果模型的生物，拥有因果模型的生物能推算出什么前者推算不出的东西"。这种分类法的好处在于，绕过了关于因果论究竟为何物的漫长而徒劳的讨论，聚焦于具体的可回答的问题。因果之梯包括三个层级：关联（Association）、干预（Intervention）和反事实（Counterfactual）。分别对应逐级复杂的因果问题。

第一层级的梯子上站着的是机器人和动物，它们通过关联进行学习，能够做的就是基于被动观察来做出预测。Pearl 认为，目前为止我们的机器学习进展都还是在这一层级的，无论大家认为它有多么强大。在这个层级上，问题都是基于相关性的，比如："我的肺部有很多焦油沉积，我未来患肺癌的概率是多少？"

第二层级的梯子上站着的是原始人类和婴儿，他们学会了有意图地去使用工具，对周遭环境进行干预。而在这个层级上，就涉及对现实世界的干预，并预测干预结果，比如："我已经吸烟 3 年了，如果我现在戒烟，我还会患肺癌吗？"

第三层级的梯子上站着的是有较高智慧的人类，拥有反思的能力，能够在大脑中将真实的世界与虚构的世界进行对比。在这个层级，就是要构建一个虚拟世界，与现在进行对比，问题的答案就是对比的结果，比如："如果过去的 3 年我都没有吸烟，现在我还会患肺癌吗？"

8.4.2.1　第一层级：关联

处于第一层级的是关联，在这个层级中我们通过观察寻找规律，这种观察是被动的，不对世界做出干涉，而是通过我们观察到的世界对问题做出回答。一只猫头鹰观察到一只老鼠在活动，便开始推测老鼠下一刻可能出现的位置，这只猫头鹰所做的就是通过观察寻找规律。计算机围棋程序在研究了包含数百万围棋棋谱的数据库后，便可以计算出哪些走法胜算较高，它所做的也是通过观察寻找规律。如果观察到某一事件改变了观察到另一事件的可能性，我们便说这一事件与另一事件相关联。

因果之梯的第一层级要求我们基于被动观察做出预测，且都是基于相关性的，其典型问题是："如果我观察到……会怎样？"例如，"我的肺部有很多焦油沉积，我未来患肺癌的概率是多少？"再如，一家百货公司的销售经理可能会问："购买牙膏的顾客同时购买牙线的可能性有多大？"此类问题正是统计学的安身立命之本，统计学家主要通过收集和分析数据给出答案。在这个例子中，问题可以这样解答：首先采集所有顾客购物行为的数据，然后筛选出购买牙膏的顾客，计算他们当中购买牙线的人数比例。这个比例也称为"条件概率"，用于测算（针对大数据的）"买牙膏"和"买牙线"两种行为之间的关联程度。用符号表示可以写作 $P($牙线 $\mid$ 牙膏$)$，其中 P 代表概率，竖线意为"假设你观察到"。

为了缩小数据的体量，确定变量之间的关联，统计学家开发了很多复杂的方法。比如"相关分析"或"回归分析"，其具体操作是将一条直线拟合到数据点集中，然后确定这条直线的斜率。有些关联可能有明显的因果解释，有些可能没有。但无论如何，统计学本身并不能告诉我们，牙膏或牙线哪个是因，哪个是果。从销售经理的角度看，这件事也许并不重要——好的预测无须好的解释，就像猫头鹰不明白老鼠为何总是从点 A 跑到点 B，但这不改变它仍然是一个好猎手的事实。

Pearl 认为，目前为止人工智能进展都还是在第一层级的，无论大家认为它有多么强大。近些年来，我们好像每天都会听闻机器学习系统的新发展和新成果——无人驾驶汽车、语言识别系统，特别是近年来广受推崇的深度学习算法（或称深度神经网络）。深度学习的成果确实举世瞩目、令人惊叹。然而，它的成功主要告诉我们的是之前我们认为困难的问题或任务实际上并不难，而并没有解决真正的难题，这些难题仍在阻碍着类人智能机器的实现。其结果是，公众误以为"强人工智能"（像人一样思考的机器）的问世指日可待，甚至可能已经到来，而事实远非如此。纽约大学神经系统科学家盖里·马库斯在《纽约时报》上写道：人工智能领域"喷涌出大量的微发现"，这些发现也许是不错的新素材，但很遗憾，机器仍与类人认知相去甚远。加州大学洛杉矶分校计算机科学系的阿德南·达尔维奇也曾发表过一篇论文《是人类水平的智能还是动物般的能力?》，并在其中表明了自己的立场。即强人工智能这一目标是制造出拥有类人智能的机器，让它们能与人类交流并指导人类的探索方向。而深度学习只是让机器具备了高超的能力，而非智能。这种差异是巨大的，原因就在于后者缺少现实模型。

与30年前一样，当前的机器学习程序（包括那些应用深度神经网络的程序）几乎仍然完全是在关联模式下运行的。它们由一系列观察结果驱动，致力于拟合出一个函数，就像统计学家试图用点集拟合出一条直线一样。深度神经网络为拟合函数的复杂性增加了更多的层次，但其拟合过程仍然由原始数据驱动。被拟合的数据越来越多，拟合的精度不断提高，但该过程始终未能从"超进化加速"中获益。例如，如果无人驾驶汽车的程序设计者想让汽车在新情况下做出不同的反应，那么他就必须明确地在程序中添加这些新反应的描述代码。机器是不会自己弄明白手里拿着一瓶威士忌的行人可能对鸣笛做出的不同反应的。处于因果之梯最底层的任何运作系统都不可避免地缺乏这种灵活性和适应性。

8.4.2.2 第二层级：干预

因果之梯第二层级的一个典型问题是："如果我们把牙膏的价格翻倍，牙线的销售额将会怎么样?"提出及回答这类问题要求我们掌握一种脱离于数据的新知识，即干预。由图8.18也可看出，第二层级的梯子上站着的是原始人类和婴儿，他们学会了有意图地去使用工具，对周遭环境进行干预。换句话说就是，主体对现状的主动改变。

干预比关联更高级，因为它不仅涉及被动观察，还涉及主动改变现状。例如，观察到烟雾和主动制造烟雾，二者所表明的"某处着火"这件事的可能性是完全不同的。无论数据集有多大或者神经网络有多深，只要使用的是被动收集的数据，我们就无法回答有关干预的问题。从统计学中学到的任何方法都不足以让我们明确表述类似"如果价格翻倍将会发生什么"这样简单的问题，更别说回答它们了。认识到这一点让许多科学家挫败不已。

为什么不能仅通过观察来回答牙线的问题呢？为什么不直接进入存有历史购买信息的庞大数据库，看看在牙膏价格翻倍的情况下实际发生了什么呢？原因在于，在以往的情况中，涨价可能出于完全不同的原因，例如，产品供不应求，其他商店也不得不涨价等。但现在，人们并不关注行情如何，只想通过刻意干预为牙膏设定新价格，因而其带来的结果就可能与此前顾客在别处买不到便宜牙膏时的购买行为大相径庭。如果有历史行情数据，也许你可以做出更好的预测……但是问题在于，我们并不知道我们需要什么样的数据，我们不知道如何厘清数据中的各种关系。这些正是因果推断科学能帮助我们回答的。

预测干预结果的一种非常直接的方法是在严格控制的条件下进行实验。像Facebook这样的大数据公司深知实验的力量，它们在实践中不断地进行各种实验，比如考察页面上的商品排序不同或者给用户设置不同的付款期限（甚至不同的价格）会导致用户行为发生怎样的改变。

更为有趣并且即使在硅谷也鲜为人知的是，即便不进行实验，人们有时也能成功地预测干预的效果。例如，销售经理可以研发出一个包括市场条件在内的消费者行为模型。就算没能采集到所有因素的相关数据，他依然有可能利用充分的关键替代数据进行预测。一个足够强大的、准确的因果模型可以让我们利用第一层级（关联）的数据来回答第二层级（干预）的问题。没有因果模型，人们就不能从第一层级登上第二层级。这就是深度学习系统（只要它们只使用了第一层级的数据而没有利用因果模型）永远无法回答干预问题的原因：干预行动据其本意就是要打破机器训练的环境规则。

这些例子说明，因果关系之梯第二层级的典型问题就是："如果我们实施……行动，将会怎样？"也即如果我们改变环境会发生什么？我们把这样的问题记作 P（牙线 | do（牙膏）），它所对应的问题是：如果对牙膏另行定价，那么在某一价位销售牙线的概率是多少？第二层级中的另一个热门问题"怎么做？"与"如果我们实施……行动，将会怎样？"是同类问题。例如，销售经理可能会告诉我们，仓库里现在积压着太多的牙膏。他会问："我们怎样才能卖掉它们？"也就是我们应该给它们定个什么价？同样，这个问题也与干预行动有关，即在决定是否实际实施干预行动以及怎样实施干预行动之前，我们会尝试在心理层面演示这种干预行动。这就需要我们具备一个因果模型，结合数据进行预测。

在日常生活中，我们一直都在实施干预，尽管我们通常不会使用这种一本正经的说法来称呼它。例如，当我们服用阿司匹林试图治疗头痛时，我们就是在干预一个变量（人体内阿司匹林的量），以影响另一个变量（头痛的状态）。如果我们关于阿司匹林治愈头痛的因果知识是正确的，那么我们的"结果"变量的值将会从"头痛"变为"头不痛"。

8.4.2.3　第三层级：反事实

虽然关于干预的推理是因果关系之梯中的一个重要步骤，但它仍不能回答所有我们感兴趣的问题。我们可能想问，现在我的头已经不痛了，但这是为什么？是因为我吃了阿司匹林吗？是因为我吃的食物吗？是因为我听到的好消息吗？正是这些问题将我们带到因果之梯的最高层，即反事实层级。因为要回答这些问题，我们必须回到过去改变历史，问自己："假如我没有服用过阿司匹林，会发生什么？"世界上没有哪个实验可以撤销对一个已接受过治疗的人所进行的治疗，进而比较治疗与未治疗两种条件下的结果，所以我们必须引入一种全新的知识。

反事实与数据之间存在着一种特别棘手的关系，因为数据顾名思义就是事实。数据无法告诉我们在反事实或虚构的世界里会发生什么，在反事实世界里，观察到的事实被直截了当地否定了。然而，人类的思维却能可靠地、重复地进行这种寻求背后解释的推断。

人们可能会怀疑，对于"假如"（Would Haves）这种并不存在的世界和并未发生的事情，科学能否给出有效的陈述。科学确实能这么做，而且一直就是这么做的。举个例子，"在弹性限度内，假如加在这根弹簧上的砝码质量是原来的 2 倍，弹簧伸长的长度也会加倍"（胡克定律），像这样的物理定律就可以被看作反事实断言。当然，这一断言是从诸多研究者在数千个不同场合对数百根弹簧进行的实验中推导出来的，得到了大量试验性（第二层级）证据的支持。然而，一旦被奉为"定律"，物理学家就把它解释为一种函数关系，自此，这种函数关系就在假设中的砝码质量值下支配着某根特定的弹簧。所有这些不同的世界，其中砝码质量是 x lb，弹簧长度是 Lx in，都被视为客观可知且同时有效的，哪怕它们之中只有一个是真实存在的世界。

回到牙膏的例子，针对这个例子，最高层级的问题是："假如我们把牙膏的价格提高 1 倍，则之前买了牙膏的顾客仍然选择购买的概率是多少？"在这个问题中，我们所做的就是将真实的世界（在真实的世界，我们知道顾客以当前的价格购买了牙膏）和虚构的世界（在虚构的世界，牙膏价格是当前的 2 倍）进行对比。

因果模型可用于回答此类反事实问题，建构因果模型所带来的回报是巨大的：找出犯错的原因，我们之后就能采取正确的改进措施；找出一种疗法对某些人有效而对其他人无效的原因，我们就能据此开发出一种全新的疗法；"假如当时发生的事情与实际不同，那会怎样？"对这个问题的回答让我们得以从历史和他人的经验中获取经验教训，这是其他物种无法做到的。难怪古希腊哲学家德谟克利特（公元前 460—前 370）说："宁揭一因，胜为波斯王。"

因果关系之梯第三层级的典型问题是："假如我当时……会怎样？"和"为什么？"两者都涉及观察到的世界与反事实世界的比较。仅靠干预实验无法回答这样的问题。如果第一层级对应的是观察到的世界，第二层级对应的是一个可被观察的美好新世界，那么第三层级对应的就是一个无法被观察的世界（因为它与我们观察到的世界截然相反）。为了弥合第三层级与前两个层级之间的差距，我们需要构建一个基础性的解释因果过程的模型，这种模型有时被称为"理论"，甚至（在构建者极其自信的情况下）可以被称为"自然法则"。简言之，人们需要掌握一种理解力，建立一种理论，据此人们就可以预测在尚未经历甚至未曾设想过的情况下会发生什么——这显然是所有科学分支的圣杯。但因果推断的意义还要更为深远：在掌握了各种法则之后，人们就可以有选择地违背它们，以创造出与现实世界相对立的世界。由此，出现了结构因果模型（SCM），通过它，我们可以回答反事实问题。

例题 8.1 假设要将一个犯人进行枪决，需要经过下述流程：首先，需要法院发布处决犯人的命令。行刑队队长收到法院命令后，对士兵 A 和士兵 B 发布处决指令。士兵 A 或士兵 B 接到命令开枪。我们假设士兵 A 和士兵 B 只听队长的命令开枪，不会擅自开枪。此外，只要任一枪手开枪，犯人都会死亡。试从因果关系的三个层次来理解（图 8.19）。

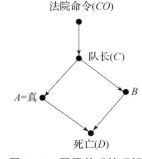

图 8.19 因果关系的理解

解

（1）关联。

在第一层级（"关联"），我们通过观察寻找规律。关联问题可以是"如果我们看到士兵 A 射击了，士兵 B 是否有射击"，答案显然是肯定的。根据因果图的逻辑规则判断，士兵 A 射击的唯一原因是接到了队长的执行指令，士兵 B 同样也会接收队长的指令并进行射击。这是可以直接从因果图判断出来的。

（2）干预。

第二层级（"干预"）涉及主动改变现状。干预问题可以是"如果士兵 A 决定按自己的意愿射击，而不等待队长的命令，犯人会不会死"。这个问题是无法根据逻辑规则判断的，因为因果图没有设置这一层逻辑关系。在这种情况下，我们需要删除指向该事件的所有箭头（图 8.20），即忽略导致该事件的所有因素，之后继续按照逻辑规则进行分析。显然，这样的干预（士兵 A 决定按自己的意愿射击）会导致犯人死亡。

需要注意的是，"看到士兵 A 射击"和"士兵 A 自行决定射击"，分别以这两个为前提来推断士兵 B 的行为，结论是不一样的。"看到士兵 A 射击"可以推理出队长发出指令，那么士兵 B 也

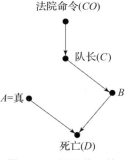

图 8.20 因果关系的理解——干预

射击了；"士兵 A 自行决定射击"那么队长极有可能没有发出指令，那么士兵 B 极有可能没有射击。这就是"观察到"（关联问题）和"实施干预"（干预问题）的区别。

（3）反事实。

第三层级（"反事实"）则是改变历史，是想象和反思。反事实问题可以是"现在犯人已身亡，但如果当时士兵 A 决定不开枪，犯人是否还活着"，这个问题构造了一个与现实世界相矛盾的虚构世界。在虚构世界中，士兵 A 没有射击，指向士兵 A 的箭头被去除，其他所有情况与现实世界一致，即法院下了判决，队长发出指令，士兵 B 听令射击。那么结论就是即使士兵 A 不开枪，犯人也会死亡。

可见，因果图能够教会计算机如何有选择地打破逻辑规则并解决问题。在掌握了因果法则后，我们就可以有选择地违背它们，以创造出与现实世界相对立的世界。这是仅凭数据做不到的，数据就是事实，它无法告诉我们在虚构世界里会发生什么，因此本书作者将当今的人工智能置于因果之梯的第一层"关联"。但想要制造出拥有类人智能的机器（"强人工智能"），让它们能与人类交流并指导人类的探索方向，则需要因果模型的加入。

8.4.3　因果发现

因果发现又名为因果结构学习，是机器学习和统计学的子领域，旨在识别观察数据集中变量之间的因果关系，确定哪些变量在导致或影响其他变量，并建立一个因果模型，用于观察干预措施的效果或变量的变化。

干预是指对某个个体或群体采取的行动。因果关系是指一个事件或现象（因）会导致或产生另一个事件或现象（果）的关系。其在揭示事物发生机制、指导干预行为等方面起着关键的作用，在日常生活中也非常常见。

例如，在研究一种能够治疗心脏病的药物时，研究人员可能会发现服用该药物的病人心脏病发作的频率有所降低。这便是因果发现，因为研究人员能够确定服用该药物与减少心脏病发作之间存在一种因果关系，也就是说该药物是有作用的。该作用的大小可以被量化为服用该药物对抑制心脏病发作的因果效应，而评估这种因果效应的过程便是因果推断。

随机对照试验是发现因果关系的传统方法。但是由于技术和道德方面的限制，大部分情况下，实验只能进行被动观察，而不能进行主动干预。例如，在研究吸烟对肺癌的影响中，不能要求随机选择的试验人员抽若干年的烟，这是违背道德的。但是，从观察数据中进行有效的因果发现不仅可以避免上述限制，还可以提供从因到果的函数模型。因此，目前的因果发现更侧重从观察数据中提取因果关系，围绕于此诞生了一系列因果发现算法。

8.4.3.1　因果图

因果关系演算法由两种语言组成：其一为因果图（Causal Diagram），用以表达人们已知的事物；其二为类似于代数的符号语言，用以表达人们想知道的事物。

因果图作为一种简洁而直观的表示因果关系的方法，正被越来越多的学者所采用。因果图是一种有向无环图（Directed Acyclic Graph，DAG），由节点和有向边构成，节点代表变量，有向边代表因果关系。如只包含一个连接的两节点网络：$A{\rightarrow}B$，表示 A 是 B 的因，B 是 A 的果。包含两个连接的三节点网络被称为接合（Junction），更为复杂的因果图由三种不同的接合构成：链式接合、叉式接合以及对撞接合。

1. 链式接合

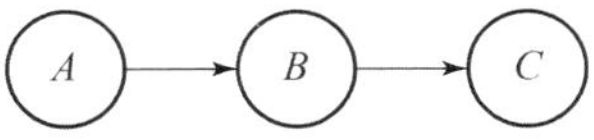

链式接合也被称为中介接合，其表现形式如图 8.21 所示。在链式结构中，人们常常视 B 为中介物，它将因果效应从 A 传

图 8.21　因果图中的链式
接合表现形式

递到 C。如药物 A 可以通过调节血压 B 以阻止疾病 C 的发生，而控制血压 B 会阻止传递这种因果效应，即 $A \perp\!\!\!\perp C \mid B$。

2. 叉式接合

在叉式接合中，B 通常被视为 A 和 C 的共因（Common Cause）或混杂因子（Confounder），其表现形式如图 8.22 所示。混杂因子被定义为任何使 $P(Y \mid do(X)) \neq P(Y \mid X)$ 的因素或变量，其中 $do(X)$ 表示干预变量 X。混杂因子会使 A 和 C 发生统计学上的关联，即便 A 和 C 之间没有直接的因果关系。如孩子的年龄 B 会影响鞋子的尺码 A，也会影响孩子的学习能力 C。穿大码鞋子的孩子往往学习能力更强，但这种关系是非因果的，给某个孩子穿大一码的鞋子并不会增强他的学习能力。相反，这两个变量的变化都可以通过第三个变量来解释，越年长的孩子穿的鞋码也大，他们的学习能力也越强。与链式接合相同，这种叉式接合在条件独立性上也可以表示为：$A \perp\!\!\!\perp C \mid B$。

3. 对撞接合

对撞接合形如字母 V，因此又被称为 V 接合，其表现形式如图 8.23 表示。

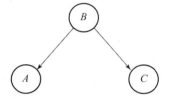

图8.22 因果图中的叉式接合表现形式

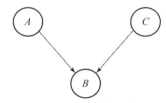

图8.23 因果图中的对撞接合表现形式

例如，才华 A 和美貌 C 都有助于演员的成功 B，其中 B 为对撞节点。在现实生活中，拥有才华并不等于拥有美貌，反之亦然，即才华与美貌是不相关的。但是如果控制演员的成功 B，才华 A 与美貌 C 便彼此相关了。当已知某位演员的外在形象不好，却非常成功时，人们会更倾向于他富有才华。与链式和叉式接合不同，对撞结合在条件独立性上表示为：$A \not\!\perp\!\!\!\perp C \mid B$。

上述三种接合结构揭示了变量之间的因果关系。在现实生活中所得到的因果图通常包含多个接合，因此难以清晰地判断条件独立性。下面介绍的 d – 分离将展示如何在一个复杂的因果图中判断条件独立性。

8.4.3.2　d – 分离

d – 分离（Directional Separation，d – separation）是贝叶斯网络理论中的一个概念，它是确定有向无环图独立性的一种方法。d – 分离可用于判断在给定一组观测变量的情况下，两个变量是否独立。在因果图中，路径由一系列节点组成，相邻节点间存在一条有向边，从它指向序列中的下一个节点。一条路径 p 会被一组节点集 Z 阻断，当且仅当：

1）p 中包含链式接合 $A \rightarrow B \rightarrow C$ 或者叉式接合 $A \leftarrow B \leftarrow C$，且节点 B 在节点集 Z 中；

2）p 中包含对撞接合 $A \rightarrow B \leftarrow C$，且对撞节点 B 及其子孙节点都不在 Z 中。

因此，如果节点集合 Z 阻断了两个节点 A 和 B 之间的所有路径，那么说明在节点集合 Z 的条件下，A 和 B 是 d – 分离的。

d – 分离有助于确定有向无环图中两个变量之间是否存在因果关系。若给定一组变量，其中两个变量是 d – 分离的，那么便可以推断出这些变量之间没有直接的因果关系。因此，d – 分离是因果图建模的一个强有力的工具，在机器学习、数据分析和决策过程中有许多应用。

8.4.3.3　基本假设

在构建因果图时，通常需要使用一些基本假设。这里将介绍三项这样的假设，包括因果充分性假设、因果马尔可夫假设和因果忠诚性假设：

1. 因果充分性假设

因果充分性假设（Causal Sufficiency Assumption）在因果学习中扮演着重要的角色。该假设指出，在给定的研究中测量的变量足以解释存在于关注的变量之间的任何因果关系，即数据集中不存在未被观测到的观察因子。例如，在研究吸烟与肺癌之间的关系时，基因是一个混杂因子，它可能影响试验对象对吸烟的偏好，也可能导致肺癌的发生。当基因无法被观察到时，该研究就不满足因果充分性假设。如果违反该假设，那么从观察到的数据中估计出的因果效应可能会出现偏倚。

为了做出有效的因果推断，研究人员需要确保测量了所有可能影响干预和结果之间关系的相关变量，以充分满足该假设。然而，在实践中往往难以确保满足因果充分性假设。在这种情况下，可以使用统计学技术如倾向性评分匹配等来解释潜在的混杂因子，并尽可能准确地估计因果效应。这些技术的目的在于减少潜在的偏倚，以提高因果推断的可靠性和有效性。

2. 因果马尔可夫假设

因果马尔可夫假设（Causal Markov Assumption）与条件独立的概念有关。给定一个有向无环图 G 以及所有节点的联合概率分布 P，如果图中的变量 X_i 和 X_j 被节点集合 Z 所 d – 分离，即 $X_i \perp\!\!\!\perp X_j \mid Z$，则称这个分布 P 满足关于图 G 的全局马尔可夫性。

因果马尔可夫假设提供了一种使用观察到的条件独立关系来识别系统因果结构的方法。例如，假设只有三个变量 A、B 和 C，如果观察到变量 A 和变量 C 在给定变量 B 的情况下是条件独立的，便可以推断出变量 A、B 和 C 构成了链式接合或叉式接合，其中变量 B 是变量 A 和 C 的中介值或共同原因。

3. 因果忠诚性假设

因果忠诚性假设（Causal Faithfulness Assumption）是因果学习中的另一个基本假设。其表达式如下：

$$(X \perp\!\!\!\perp_P Y \mid Z) \Rightarrow (X \perp\!\!\!\perp_G Y \mid Z) \tag{8.9}$$

根据因果忠诚性假设，如果两个变量在观察到的数据中是条件独立的，那么在真实的因果模型中，它们之间一定不存在直接的因果关系。同样，如果两个变量在观察到的数据中是相互依赖的，那么在真实的因果模型中，它们之间一定存在某种因果关系。因果忠诚性假设的重要性在于它允许研究人员使用观察到的条件独立关系得出关于系统因果结构的结论，而无须直接干预变量。然而，像所有假设一样，这个假设可能在某些情况下不成立，违反此假设可能导致不正确的因果推论。在实践中，研究人员使用统计检验，例如，d – 分离等来检验观察到的条件独立性是否与因果忠诚性假设一致。如果条件独立性不成立，可能表明需要修改因果模型或在分析中包括其他变量，以更准确地捕获因果关系。

8.4.4　因果推断

因果推断即评估因果效应的过程。因果推断需要基于因果发现的结果，即在已有因果图的基础上，评估一个变量对另一个变量的因果影响，这种影响的大小被称为因果效应。

准确评估因果效应非常重要，因为这可以让人们以严谨而有意义的方式理解干预或行动的影响。如果人们没有这种理解，就无法准确地决定哪些政策或干预是有效的、哪些是无效的。例如，研究人员需要分别评估出某几种药物对治愈疾病的因果效应，以便筛选出针对该疾病的最佳治疗药物。虽然评估因果效应可能很困难，但已有许多统计和实验方法可以帮助人们更好地理解干预和结果之间的关系。

目前，因果推断领域的模型主要分为两种：结构因果模型与潜在因果模型。下面将具体介绍因果推断中的基础理论以及两种因果模型。

8.4.4.1 基础理论

结构因果框架与潜在因果框架都涉及一些通用的背景知识与数学概念，这里将对这些知识与概念进行阐述。

1. 基础概念

对象（Unit）表示实验中的原子研究对象，如药物实验中的一位患者。

干预（Treatment）指对一个 Unit 采取的行动，如吃药这一动作。在结构因果模型中，也被称为 do 算子。

结果（Outcome）表示试验的结果，其在潜在因果模型中也被具化为潜在结果、观测结果与反事实结果。对于任何一个对象，任何一个干预都会存在一个潜在结果（Potential Outcome），若干预为 w，则在该干预下的潜在结果表示为：$Y(W=w)$。观测结果（Observed Outcome）即可观测到的结果，也称为真实结果，是潜在结果的一种实际表现，表示为 Y^F。相应地，对于一个样本来说，除了它真正被实施的干预以外，所有其他干预的潜在结果都是反事实结果（Counterfactual Outcome），表示为 Y^{CF}。

2. 因果效应

因果效应（Causal Effect），又称为干预效应（Treatment Effect），按照在试验组上划分的不同，可以分为四个层次。假设干预是二元的，接下来将给出在整个试验组、干预组、子组以及个体层面的因果效应。

在整个组层面，因果效应被定义为平均因果效应（Average Treatment Effect，ATE），其表达式如下：

$$\text{ATE} = E\big[Y(W=1) - Y(W=0)\big] \tag{8.10}$$

式中，$Y(W=1)$ 和 $Y(W=0)$ 分别为整个组的潜在干预结果和潜在控制结果。在干预组层面，因果效应被定义为干预组平均因果效应（Average Treatment Effect on Treated group，ATT），其表达式如下：

$$\text{ATT} = E\big[Y(W=1)\,|\,W=1\big] - E\big[Y(W=0)\,|\,W=0\big] \tag{8.11}$$

式中，$Y(W=1)\,|\,W=1$ 和 $Y(W=0)\,|\,W=0$ 分别为干预组中的潜在干预结果和潜在控制结果。

在子组层面，因果效应被定义为条件因果效应（Conditional Average Treatment Effect，CATE），其表达式如下：

$$\text{CATE} = E\big[Y(W=1)\,|\,X=x\big] - E\big[Y(W=0)\,|\,X=x\big] \tag{8.12}$$

式中，$Y(W=1)\,|\,X=x$ 和 $Y(W=0)\,|\,X=x$ 分别为子组 $X=x$ 中的潜在干预结果和潜在控制结果。

在个体层面，因果效应被定义为个体因果效应（Individual Treatment Effect，ITE），对于

某个单位 i 来说，其表达式如下：

$$ITE_i = Y_i(W=1) - Y_i(W=0) \qquad (8.13)$$

式中，$Y_i(W=1)$ 和 $Y_i(W=0)$ 分别为个体 i 的潜在干预结果和潜在控制结果。由于 ITE 代表的意义不充分，实验中通常使用 CATE 和 ATE 来表达干预的影响力。

上述对因果效应的阐述更偏向于潜在因果模型，在结构因果模型中，通常使用 do 算子来表示干预。不过无论是哪种模型，其表达式总体上与上述表达式相似。

8.4.4.2　结构因果模型

结构因果模型（Structure Causal Model，SCM）是一种基于图论的因果推断方法。Pearl 曾详细阐述了结构因果模型与潜在因果模型的等价性，前者更加直观，而后者更加精确。Pearl 提出了外部干预的概念，这种概念基于贝叶斯网络可以用来形式化地表达因果关系，并开创了从数据中发掘因果关系和数据产生机制的新方法。

作为一种广泛使用的数学语言，图论能以直观的方式描述事物间相互影响的关系。因果图便是图论在因果学习领域中最常用的应用之一。为了严格处理这些因果关系问题，Pearl 提出了一种利用图论工具来形式化表达存在于数据背后因果假设的方法：结构因果模型。

该模型可以描述现实世界中的关联特征及其相互作用。具体而言，结构因果模型描述了如何为感兴趣的变量赋值。因而可以利用它来解释感兴趣的变量与其他变量之间的因果关系。

结构因果模型由三元组 $<V, U, F>$ 表示。其中，V 是内生变量集合，由因果图的内部因素决定；内生变量至少是一个外生变量的后代节点，因此其值取决于其他变量。U 是外生变量集合，由模型的外部因素决定；外生变量不能是其他变量的子节点，独立于其他变量。$F = \{f_1, \cdots, f_n\}$ 是一组方程式，用于确定内生变量 V 的函数。V 可以表示为 U 和 V 中其他变量值的函数，其表达式如下：

$$v_i = f_i(v, u) \qquad (8.14)$$

所以，结构因果模型可以用下式表示：

$$V_i = f_i(Pa(V_i), U_i), i = 1, \cdots, p \qquad (8.15)$$

式中，$Pa(V_i)$ 为 V_i 的父节点。

8.4.4.3　潜在因果模型

在因果推断的理论体系中，潜在结果模型（Potential Outcome Framework）是最重要的理论模型之一。潜在结果模型由哈佛大学知名统计学者 Rubin 提出，因此该模型又称为 Rubin 的因果模型。潜在结果模型的核心是比较同一研究对象接受干预和不接受干预的效应。人们无法同时观测到干预和不干预的结果，因此对于接受干预的研究对象而言，不接受干预是一种反事实状态，对于不接受干预的研究对象，接受干预也是反事实状态。因此，潜在因果模型也被称为反事实模型。

作为一种因果推断的重要分析框架，潜在结果模型需要基于一些基本的假设和前提。若现实情况无法满足这些基本假设，潜在结果的结论就无法成立。下面将介绍潜在因果模型所需的三个假设：

1. 研究对象干预值稳定性假设

研究对象干预值稳定性假设（The Stable Unit Treatment Value Assumption，SUTVA）是许

多因果推理方法中所做的假设，包括随机对照试验和回归建模。其包含两层含义：第一，任意个体的潜在结果不受其他个体接受的策略所影响，即个体之间是独立的；第二，对每个样本，某个策略没有不同形式或版本来导致不同的潜在结果。

2. 可忽略性假设

可忽略性假设（Ignorability）指的是给定环境变量 X 后，干预分配以及干预会产生的潜在结果是独立的，如下式所示：

$$W \perp\!\!\!\perp Y(W=0), Y(W=1) \mid X \tag{8.16}$$

3. 正值假设

正值假设（Positivity）保证了每种干预的结果都会出现，不会存在不能预估的情况。如果对于某些协变量 X 的值，干预结果是确定的，那么就会存在无法观测的干预结果。在这种情况下无法客观评估干预效果。

8.4.5 因果学习的研究情况分析

近年来，因果学习的研究已经成为数据智能领域的一个重要组成部分。

因果发现最直接的应用便是在医学领域，这是因为在对疾病进行研究时，人们希望知道某种疾病的发病机理，了解造成它发生的原因，从而达到提前预防的目的。在疾病研究领域，国内外已有不少学者曾尝试使用因果学习的方式来分析疾病的发展历程。在疾病成因的研究过程中，有时候仅仅挖掘其中的因果关系是不足够的，还需要知道当某一变量发生变化时，对最终结果会有什么影响。这也是因果推断的研究内容，它在疾病领域也有着广泛的应用。当然，因果学习的应用领域绝不只是简单局限在医学领域。

1999 年，Subramani 试图找出婴儿一年内死亡中的因果关系，这也是因果学习在这一领域最初的探索。他通过贝叶斯网络框架表示模型变量之间的因果关系。尽管最终找出的因果关系都已经在临床上被发现了，但他的研究也为挖掘疾病中的因果关系提供了实现思路。

随着因果学习理论的不断完善和发展，医学领域的因果关系发现也越来越受到研究者们的重视。2020 年，Shen 等在因果发现算法中引入因果结构方程，并在阿尔茨海默病中应用了这一算法。因为阿尔茨海默病是一种复杂的进行性疾病，很难确定它的成因，所以他们试图通过因果发现算法找出其中的因果关系。他们对病人的各项检查指标和人口信息，比如年龄、性别等进行分析，构建了这些因素和疾病间的因果图。此外，他们还基于现有文献构建了一个黄金标准的因果结构，把通过算法挖掘出的因果结构与之对比，验证了此算法的有效性。Glenn N. Saxe 等对美国警官创伤性应激障碍的发病机制进行了探究。对于受到生命威胁的警官，研究者们收集了他们的个人相关信息，并通过因果发现算法以及在观测数据中引入先验知识的方式，构建了应激障碍和危险因素之间的因果图，最终找到了与疾病相关的直接原因和因果途径。

2020 年，DeepMind 的 Genewein 等提出了一种离散概率树模型，以表示变量间的因果关系。该树模型涵盖了完整的因果层次（关联、干预和反事实），具有更加干净的语义，天然符合 if... then... 规则。与因果贝叶斯网络相比，该模型可代表上下文特定的因果依赖关系。

2021 年，Rohekar 等提出了迭代因果发现算法。该算法依赖因果马尔可夫和可靠性假设，可恢复潜在因果图的等价类。该算法从一个完整的图开始，由单个迭代阶段组成，通过识别连接节点之间的条件独立性，逐步完善这个图。他们将条件集的大小与它在图上与测试节点的距离联系起来，并在后续迭代中增加这个值。因此，每次迭代都会细化之前迭代所恢复的图，并且这些迭代具有更小的条件集，这可以使算法更加稳定。Akbari 等提出了一种可以高效计算的递归约束方法来进行因果发现。该方法的关键思想是在每次迭代中标识和删除特定类型的变量。这样可以高效地递归学习结构，因为这种技术既减少了所需的条件独立测试的数量，又减小了条件集的大小。前者大大降低了计算复杂度，而后者产生了更可靠的条件独立测试。

2022 年，Sanchez 等以阿尔茨海默病为例，说明了因果机器学习在临床场景中的优势。他们讨论了因果机器学习在医疗保健和精准医疗中的应用，解释了如何利用因果关系来改善医疗决策，并对特定医疗领域从因果机器学习中受益的方面提出了见解。他们的研究还强调，在将因果机器学习应用于医疗问题时，需要处理高维和多模式数据，以及时间信息。Sun 等针对早产儿的支气管肺发育不良，提出了一种可解释的因果方法来进行预测，这种方法可以消除不相关的特征并捕获因果特征。他们将此方法命名为"基于语义工具变量的因果干预"。广泛的实验证明，该方法可以促进早期干预并为临床决策提供支持。Ikram 等基于因果发现分析微服务失败的根本原因。大多数云应用程序使用大量较小的子组件（称为微服务），这些组件以复杂图的形式相互交互。然而，当出现故障时，快速维护和调试这样的系统具有挑战性。他们所提出的方法的关键思想是：将服务失败视为对根本原因的干预，以快速检测它；只学习与根本原因相关的因果图的部分，从而避免进行大量代价高昂的条件独立性测试；分层探索图结构。

可见，因果发现和因果推断等技术可能是未来机器学习系统进化的一种强大数据挖掘武器。有效利用这种技术可以为机器学习系统的良性生态和实质增长做出贡献。例如，在推荐系统场景、视觉场景、人工智能制药场景中，利用因果学习能力可以为这些领域提供更深入的洞见。

第9章
数据 & 智能，赋能未来

9.1　智慧城市

9.1.1　概述

目前，智慧城市建设项目在全世界范围受到重视，这些项目把信息技术应用到社会基础设施中，以建设能够稳定供给能源并且绿色环保的城市为目标。在智慧城市建设项目中，有不少像中国天津的"环保城"、阿布扎比的"马斯达尔城"、韩国的"松岛新城"等很大规模的项目，因此智慧城市的庞大市场开始受到广泛关注。自2010年开始，各家信息技术企业也纷纷参与到智慧城市项目中。

智慧城市的建设是一个庞大数据的整合分析过程，本身也是一个城市建设的过程，涉及建筑、汽车、家电、信息技术和金融等各种行业。智慧城市的建设由于涉及方方面面，可以看成是数据科学中相关技术应用的集大成者。

9.1.1.1　智慧城市的定义

智慧城市是新一代信息技术支撑、知识社会下一代创新（创新2.0）环境下的城市形态（图9.1）。智慧城市基于物联网、云计算等新一代信息技术以及维基、社交网络、Fab Lab、

图9.1　智慧城市

Living Lab、综合集成法等工具和方法的应用，营造有利于创新涌现的生态。利用信息和通信技术（ICT），可以令城市生活更加智能化，使我们高效利用资源，促进成本和能源的节约，改进服务交付和生活质量，减少对环境的影响，支持创新和低碳经济。实现智慧技术高度集成、智慧产业高端发展、智慧服务高效便民、以人为本持续创新，完成从数字城市向智慧城市的跃升。

智慧城市是智慧地球的体现形式，是 Cyber-City、Digital-City、U-City 的延续，是创新2.0 时代的城市形态，也是城市信息化发展到更高阶段的必然产物。但就更深层次而言，智慧地球和智慧城市的理念反映了当代世界体系的一个根本矛盾，那就是一个新的、更小的、更平坦的世界与人们对这个世界的落后管理之间的矛盾，这个矛盾有待于用新的科学理念和高新技术去解决。此外，智慧城市建设将改变人们的生存环境，改变物与物之间、人与物之间的联系方式，也必将深刻地影响和改变人们的工作、生活、娱乐、社交等一切行为方式和运行模式。因此，本质上，智慧城市是一种发展城市的新思维，也是城市治理和社会发展的新模式、新形态。智慧化技术的应用必须与人的行为方式、经济增长方式、社会管理模式和运行机制乃至制度法律的变革和创新相结合。

在 IBM 的《智慧的城市在中国》白皮书中，基于新一代信息技术的应用，对智慧城市基本特征的界定是全面物联、充分整合、激励创新、协同运作四个方面。即智能传感设备将城市公共设施物联成网，物联网与互联网系统完全对接融合，政府、企业在智慧基础设施之上进行科技和业务的创新应用，城市的各个关键系统和参与者进行和谐、高效的协作。智慧城市不仅强调物联网、云计算等新一代信息技术的应用，更强调以人为本、协同、开放、用户参与的创新2.0，该白皮书中将智慧城市定义为新一代信息技术支撑、知识社会下一代创新（创新2.0）环境下的城市形态。智慧城市基于全面透彻的感知、宽带泛在的互联以及智能融合的应用，构建有利于创新涌现的制度环境，实现以用户创新、开放创新、大众创新、协同创新为特征的以人为本的可持续创新，塑造城市公共价值，并为生活在其中的每一位市民创造独特价值，实现城市与区域的可持续发展。因此，智慧城市的四个特征被总结为：全面透彻的感知、宽带泛在的互联、智能融合的应用以及以人为本的可持续创新。有学者认为，智慧城市应该体现在维也纳大学评价欧洲大中城市的六个指标，即智慧的经济、智慧的运输业、智慧的环境、智慧的居民、智慧的生活和智慧的管理六个方面。

智慧城市包含智慧技术、智慧产业、智慧（应用）项目、智慧服务、智慧治理、智慧人文、智慧生活等内容。对智慧城市建设而言，智慧技术的创新和应用是手段和驱动力，智慧产业和智慧（应用）项目是载体，智慧服务、智慧治理、智慧人文和智慧生活是目标。

具体来说，智慧（应用）项目体现在：智慧交通、智能电网、智慧物流、智慧医疗、智慧食品系统、智慧药品系统、智慧环保、智慧水资源管理、智慧气象、智慧企业、智慧银行、智慧政府、智慧家庭、智慧社区、智慧学校、智慧建筑、智慧楼宇、智慧油田、智慧农业等方面。

9.1.1.2　智慧城市产生背景

智慧城市经常与数字城市、感知城市、无线城市、智能城市、生态城市、低碳城市等区域发展概念相交叉，甚至与电子政务、智能交通、智能电网等行业信息化概念发生混杂。对智慧城市概念的解读也经常各有侧重，有的观点认为关键在于技术应用，有的观点认为关键在于网络建设，有的观点认为关键在于人的参与，有的观点认为关键在于智慧效果，一些城市信息化建设的先行城市则强调以人为本和可持续创新。总之，智慧不仅是智能。智慧城市绝不仅是智能城市的另外一种说法，或是信息技术的智能化应用，它还包括人的智慧参与、以人为本、可持续发展等内涵。综合这一理念的发展源流以及对世界范围内区域信息化实践的总结，强调智慧城市不仅是物联网、云计算等新一代信息技术的应用，更重要的是面向知识社会的创新2.0的方法论应用。

智慧城市通过物联网基础设施、云计算基础设施、地理空间基础设施等新一代信息技术以及维基、社交网络、Fab Lab、Living Lab、综合集成法、网动全媒体融合通信终端等工具和方法的应用，实现全面透彻的感知、宽带泛在的互联、智能融合的应用以及以用户创新、开放创新、大众创新、协同创新为特征的可持续创新。伴随网络帝国的崛起、移动技术的融合发展以及创新的民主化进程，知识社会环境下的智慧城市是继数字城市之后信息化城市发展的高级形态。

从技术发展的视角，智慧城市建设要求通过以移动技术为代表的数据科学、物联网、云计算等新一代信息技术应用实现全面感知、泛在互联、普适计算与融合应用。从社会发展的视角，智慧城市还要求通过社交网络、Fab Lab、Living Lab、综合集成法等工具和方法的应用，实现以用户创新、开放创新、大众创新、协同创新为特征的知识社会环境下的可持续创新，强调通过价值创造，以人为本，实现经济、社会、环境的全面可持续发展。

2010年，IBM正式提出了"智慧的城市"愿景，希望为世界和我国的城市发展贡献出一分力量。IBM经过研究认为，城市由关系到城市主要功能的不同类型的网络、基础设施和环境六个核心系统组成：组织（人）、业务/政务、交通、通信、水和能源。这些系统不是零散的，而是以一种协作的方式相互衔接。而城市本身，则是由这些系统所组成的宏观系统。

与此同时，国内不少公司也在"智慧地球"的启示下提出架构体系，如"智慧城市4+1体系"已在城市综合体智能化天津智慧和平区等智能化项目中得到应用。

智慧城市是充分利用数据科学技术为代表的各项信息技术，实现城市基础设施效率化、体系化的新型城市形态。目前，智慧城市的建设已经率先在能源、供水（包括自来水和下水道）、交通等领域开展。在能源领域，根据家庭的耗电量，推进可以改善供需效率的智能电网（下一代电网）建设；在自来水供应方面，正在推进以稳定供水为目的的资源管理和故障管理的自动化进程；在交通领域，建设以解决交通拥堵为目的的拥堵收费系统及拥堵预测系统。

目前，智慧城市能够如此受瞩目，一个重要的原因是社会环境的变化。发达国家人口老龄化导致了劳动人口及税收的减少，这就造成了在公共设备的管理和维护方面，很难投入与以往同样数量的人员及预算。对地方政府及公益机构来说，迫切需要在更少的资源条件下提供与以前同等质量的服务。

水务管理就是一个典型的例子。在美国，大部分水处理和自来水管道等设备信息以及故障信息没有实行一体化管理，因此，一旦发生漏水等故障，就需要花费一定的时间和人力进行修复，无法进行高效的管理。

而运用数据科学技术之后，城市的管理效率将会极大地提升。

在社会基础设施管理方面存在问题的不只是发达国家。在发展中国家，伴随着经济的高速增长，人口也迅速向城市涌入，但与之相应的供电、供水、供气等市政基础设施建设却远远没有跟上，因此，完善这些基础设施成为城市发展的当务之急（图9.2）。

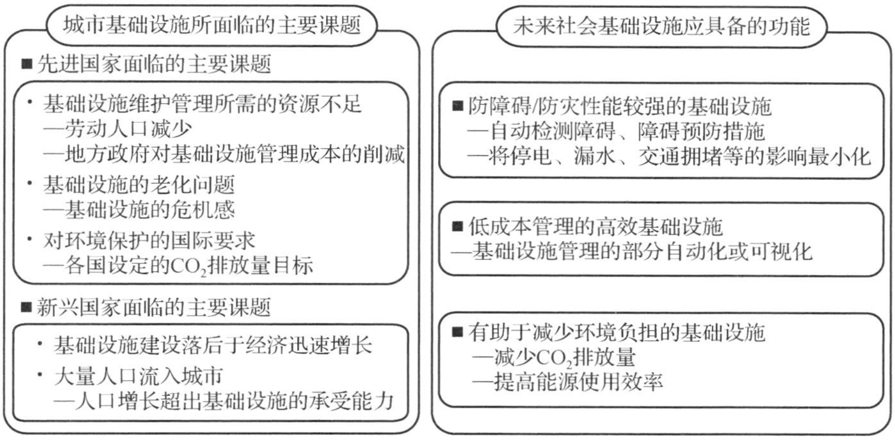

城市基础设施所面临的主要课题	未来社会基础设施应具备的功能
■ 先进国家面临的主要课题 · 基础设施维护管理所需的资源不足 　—劳动人口减少 　—地方政府对基础设施管理成本的削减 · 基础设施的老化问题 　—基础设施的危机感 · 对环境保护的国际要求 　—各国设定的CO_2排放量目标 ■ 新兴国家面临的主要课题 · 基础设施建设落后于经济迅速增长 · 大量人口流入城市 　—人口增长超出基础设施的承受能力	■ 防障碍/防灾性能较强的基础设施 　—自动检测障碍、障碍预防措施 　—将停电、漏水、交通拥堵等的影响最小化 ■ 低成本管理的高效基础设施 　—基础设施管理的部分自动化或可视化 ■ 有助于减少环境负担的基础设施 　—减少CO_2排放量 　—提高能源使用效率

图 9.2　城市建设所面临的社会基础设施问题

9.1.2　数据智能与智慧城市

在智慧城市的建设过程中，涉及建筑、汽车、家电、信息技术和金融等各种行业。其中信息技术承担着重要作用，尤其是数据科学部分。利用数据科学等信息技术可以实现基础设施故障的可视化以及基础设施管理自动化，这样，城市管理者就可以及早地发现并解决各类问题。目前，已有多家信息技术企业参与到智慧城市项目的建设计划中。

IBM 早在 2009 年就提出了"智慧地球"的概念，并开始提供智慧城市解决方案的服务。

同时，Cisco 也提出了"Smart + Connected Communities"理念，该理念将家庭、办公室、医院、学校等在网络上实现相互连接，从而提供更加贴近居民的服务内容。另外，Accenture 在 2010 年 3 月也发表了智能电网数据管理方案。

与以往不同的是，信息技术企业在智慧城市项目的建设过程中，积极地与房屋设备、电动车、空调、灯具等制造商协作，联合开拓出新的服务内容和应用市场。例如，Cisco Systems 公司为了在自己的 IP 平台上提供能源、交通、医疗等城市功能服务，主动与空调、灯具等房屋设备制造商进行合作。目前，已经有包括韩国仁川市的松岛新城、沙特阿拉伯的吉赞经济城等城市实现了"Smart + Connected Communities"理念，在这些城市的大厦内，已经成功应用了能源消耗优化等系统。可以说，智慧城市的建设离不开大数据与人工智能技术的综合运用。

9.1.2.1　智慧城市的基本特征与层次构成

智慧城市的基本特征与层次构成如图 9.3 所示。

智慧城市的基本特征可以概括为：

1）物联化：基于传感器的系统将可见性扩展到实际运输、公用事业、水资源和城市建筑中，提供以前无法利用（不可用或数据收集成本过高）的新的实时数据源。

2）互联化：事件处理软件从原始传感器输入流中导出和业务相关的事件，集成中间件可将这些数据带入所需情景中，实现对运营系统的实际行为的洞察。

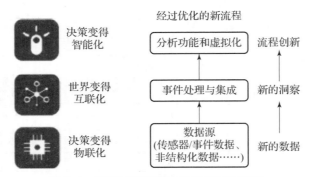

图 9.3 智慧城市的基本特征与层次构成

3）智能化：数学算法和统计工具针对系统集成的进一步拓展，利用可用数据提供对城市事件的更深入洞察。可执行结果预测、场景建模和模拟，帮助管理风险，并使决策过程更加充分。

图 9.4 中给出了一个基于此三个特征而构建的智慧城市组件示意图。根据三个基本特征大致可以将智慧城市的整体构建分为三层：

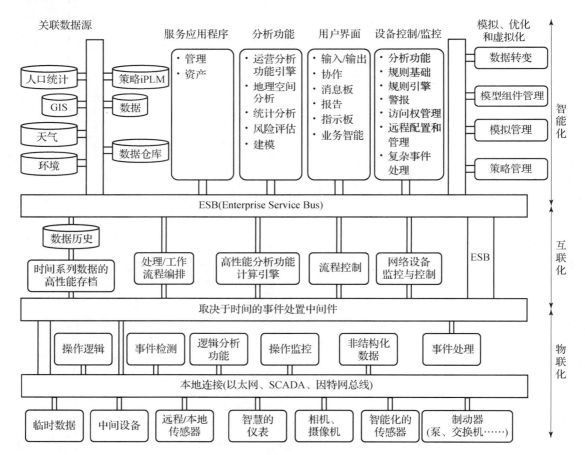

图 9.4 智慧城市组件示意图

1）物联化层：物联化层由传感器、制动器、可编程的逻辑控制器（PLC）和分布式智能传感器组成。这项技术以控制引擎为基础，且具有大量实体基础设施。目前，通过场地总线和其他接口实现控制器与感测器和制动器之间的通信。

物联化层可为达到特定目的而设计，例如，控制建筑物的环境或通过逻辑序列执行预定任务。要构建有效的业务智能（BI）和业务分析（BA）系统，最重要的是寻找可靠且精确的数据。由于该层十分复杂，应在行业控制性领域查询更多资源，获得更多信息。

物联化层的关键功能包括：

（1）数据捕获和控制：集成大量传感器和设备，能够收集和移动数据，执行本地命令，采取行动，运行分布式操作逻辑。

（2）管理分布式设备基础设施：能够管理设备和传感器，提供设备的远程配置和管理，能够监控和提供这些设备及其数据的安全性。

2）互联化层：控制系统在设计时具有特定任务。在一个城市中，可同时存在成百甚至上千个控制系统，每个系统执行各自的专门任务。例如，大部分红绿灯十字路口是以可编程的逻辑控制器（PLC）系统为基础的独立控制系统。

为了有效监控这个领域，需要聚集所有的单独系统，并在互联化层执行任务。互联化层将来自单独域控制系统和其他数据源的数据连接在一起，并将这些数据转化为与事件相关的信息。然后使用企业服务总线（ESB）将这些信息发送给智能化层，以做进一步的处理。有了 ESB，可将各种来源的数据传播给较高顺序的 BI 和 BA 系统。

因此，互联化层的关键功能包括：

（1）事件处理和服务：事件和流处理，数据识别、聚集和关联。

（2）数据建模和集成：针对域的信息模型，可互操作的信息框架，与现有数据的集成，联合数据的管理等。

（3）流程整合：扩展现有系统，启用新的业务流程，监控业务流程，为系统和人员提供信息。

3）智能化层：随着应用程序的发展，智能化层经历了很大变化，可以更好地利用互联化层所提供的信息。BI、BA、优化、事件管理和规则引擎应用程序等都有着重要的技术发展进步，这种进步使得分析数据和信息可视化的能力得到大提高。设计该层的关键在于理解城市需求和城市政策，为城市管理者提供工具和用户接口（以访问应用程序和数据）。

智能化层的关键功能包括：

（1）分析功能：针对域的分析应用程序，数学模型的应用程序，绩效指示板和关键绩效指标（KPI）。

（2）业务优化功能：用于实现优化的模型业务流程，优化技术的应用程序，优化资产使用情况并简化业务流程，改善操作逻辑和业务规则。

9.1.2.2 智慧城市建设中所应用的数据智能技术

在实现智慧城市的过程中，数据科学相关技术将起到至关重要的作用，可以细化为三个层面。

1. 数据信息的收集：利用传感网络收集数据信息

为了有效管理城市基础设施，需要掌握水资源及能源的供需状况，实时掌握交通拥堵状况等城市活动的运行情况。

反映城市活动实际运行的信息包括各家庭的用电量、汽车的位置信息、公共设备的运转情况等。在智慧城市建设中，需要在街道部署大量用于收集这些数据信息的传感器。

在收集数据信息的过程中，另一个起到关键作用的设备就是智能电表。所谓智能电表是指在家庭中安装的具有通信功能的电表。智能电表测出的耗电量数据通过3G网络或WiMAX等通信网传送到电力公司的服务器。如果智能电表的安装工作顺利，就可以实时掌握各家庭的耗电量数据。

2. 数据信息的整合：不同数据信息的整合和统一管理

通常，在对收集到的信息加以利用时，常会与其他系统收集的信息组合使用，如智能电表收集到的耗电量数据就可以与送/配电网设备的状态信息及收费系统的客户信息组合使用。

收集的数据分散在不同的系统中时，待处理的数据信息格式及数据项常出现不兼容的问题。因此，在利用这些数据信息时，就需要考虑各系统之间的数据集成问题及不同数据信息之间的兼容性处理。但如果让每个应用程序都具备这些功能，就会使应用程序变得庞大且低效。

针对这种情况，有必要在分析应用程序与收集信息的基础设备之间构建一个数据信息的整合平台。数据信息整合平台是集成各系统收集的数据，对数据项及数据格式进行标准化处理，对反映城市活动实际运行的数据信息进行统一管理的基础平台。具体地说，数据信息整合平台不仅具备满足系统数据整合需要的数据调节及格式转换功能，还具备统一数据项内容需要的元数据定义功能，还能为分析应用程序的信息访问提供操作界面。

MDM（Meta Data Management）系统就是具有数据信息整合平台功能的应用软件，此系统将从智能电表收集到信息的数据项进行规范，与客户数据信息及电网的负荷信息等数据进行统一管理。使用MDM系统，可以轻松地对不同智能电表系统获得的数据信息进行统一管理。

3. 数据信息分析与应用：大容量、实时性分析技术

储存在数据信息整合平台的数据经过分析后，在能源供求关系优化以及公共设备故障预防功能自动化等系统中得到应用。

在智慧城市的运行过程中，需要对收集到的大量信息进行实时分析，及时将分析结果传送给控制系统。因此，需要开发和使用实时数据分析技术，而实时数据分析技术和常规的数据分析技术有很大区别。智慧城市建设中使用到的数据智能分析技术有以下两个发展方向（图9.5）。

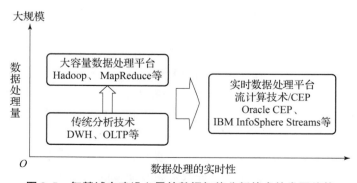

图9.5　智慧城市建设必需的数据智能分析技术的发展趋势

第一个发展方向是对传感数据等大规模数据进行处理的技术。近年来在对网络服务器的浏览记录等大规模数据分析管理时，如果使用以往的数据仓库技术，则无法完成这些大量非结构性数据的处理，因此，开源分布式处理框架"Hadoop"作为不同于传统数据仓库的数据分析技术正逐步得到推广。

例如，美国的 Tennessee Valley Authority（TVA），是以田纳西河流域的开发为目的而设立的政府机关，为了尽早发现送电网的异常情况，就把"Hadoop"技术应用到对电网电压以及相位等传感数据的分析中。

第二个发展方向是用于现实世界控制的实时化信息处理技术，流计算是具有代表性的技术。流计算不仅可以处理存储在数据库中的静态数据，还可以对时刻变化的动态数据进行实时处理。目前，流计算技术已经应用在耗电量数据及交通拥堵数据的分析等领域。

例如，瑞典首都斯德哥尔摩市通过引入 IBM 的流计算平台"InfoSphere Streams"，实现了为城区的通行车辆提供回避拥堵路线的服务。

此服务对来自约 1 500 台出租车（装有全球定位系统终端）每隔 60 s 回传的位置数据进行实时分析，并得出实时的道路拥堵状况，然后向服务请求人提供正确的回避拥堵线路的建议。

应用此系统后，斯德哥尔摩市减少了 10% 的温室气体排放量，还减少了 20% 的交通拥堵率，居民的外出开车时间也缩短了一半。

9.1.3　智慧城市案例

2008 年 11 月，在纽约召开的外国关系理事会上，IBM 提出了"智慧的地球"这一理念，进而引发了智慧城市建设的热潮。

欧盟于 2006 年发起了欧洲 Living Lab 组织，它采用新的工具和方法、先进的信息和通信技术来调动方方面面的"集体的智慧和创造力"，为解决社会问题提供机会。该组织还发起了欧洲智慧城市网络。Living Lab 完全是以用户为中心，借助开放创新空间的打造，帮助居民利用信息技术和移动应用服务提升生活质量，使人的需求在其间得到最大的尊重和满足。

2009 年，迪比克市与 IBM 合作，建立了美国第一个智慧城市。利用物联网技术，在一个有 6 万居民的社区里将各种城市公用资源（水、电、油、气、交通、公共服务等）连接起来，监测、分析和整合各种数据，以做出智能化的响应，更好地服务市民。

韩国以网络为基础，打造绿色、数字化、无缝移动连接的生态、智慧型城市。通过整合公共通信平台以及无处不在的网络，消费者可以方便地开展远程教育、医疗，办理税务，还能实现家庭建筑能耗的智能化监控等。

新加坡 2006 年启动"智慧国 2015"计划，通过物联网等新一代信息技术的积极应用，力争将新加坡建设成为经济、社会发展一流的国际化城市。在电子政务、服务民生及泛在互联方面，新加坡成绩引人注目。其中，智能交通系统通过各种传感数据、运营信息及丰富的用户交互体验，为市民出行提供实时、适当的交通信息。

美国麻省理工学院比特和原子研究中心发起的 Fab Lab（微观装配实验室）基于从个人通信，到个人计算，再到个人制造的社会技术发展脉络，试图构建以用户为中心、面向应用的用户创新制造环境，使人们即使在自己的家中也可随心所欲地设计和制造自己想象中的产品，巴塞罗那等城市从 Fab Lab 到 Fab City 的实践，则从另外一个视角解读了智慧城市以人为本、可持续创新的内涵。

欧洲的智慧城市更多地关注信息通信技术在城市生态环境、交通、医疗、智能建筑等民生领域的作用，希望借助知识共享和低碳战略来实现减排目标，推动城市低碳、绿色、可持续发展，投资建设智慧城市，发展低碳住宅、智能交通、智能电网，提升能源利用效率，应对气候变化，建设绿色智慧城市。

丹麦建造智慧城市哥本哈根（Copenhagen），有志在 2025 年之前成为第一个实现碳中和的城市。要实现该目标，主要依靠市政的气候行动计划——启动 50 项举措，以实现其 2015 年减碳 20% 的中期目标。在力争取得城市可持续性发展的同时，许多城市的挑战在于维持环保与经济之间的平衡。采用可持续发展城市解决方案，哥本哈根正逐渐接近目标。哥本哈根的研究显示，其首都地区绿色产业从 2008—2012 年，营业收入增长了 55%。

瑞典首都斯德哥尔摩，2010 年被欧盟委员会评定为"欧洲绿色首都"。在普华永道 2012 年智慧城市的报告中，斯德哥尔摩名列第五，分项排名中智能资本与创新、安全健康与安保均为第一，人口宜居程度、可持续能力也是名列前茅。

下面看一些智慧城市建设的具体案例。

9.1.3.1　韩国

以往，城市中供电、供水、供气、交通等社会基础设施的建设和维护工作，分别由所在地区的地方政府相关部门及公益机构承担。但在社会基础设施管理资源越来越有限的情况下，如果分别推进基础设施建设及维护工作，效率就会极其低下。

松岛新城位于韩国仁川市郊区，致力于建设成为东北亚经济中心，已被韩国政府指定为经济特区。在松岛城的规划中包括了以智能大厦为中心的商务园区，由国际展览中心、酒店组成的会展中心以及住宅小区。在该城的高楼大厦中，不仅实现了照明控制及耗电记录的集中管理，还利用视频会议系统实现了远程教学及远程医疗（图 9.6）。

图 9.6　松岛新城

松岛新城部署的网络、数据中心、视频会议系统等信息技术基础设施不仅应用在公共服务方面，还通过标准化方式向企业开放，这样企业就可以利用这些信息技术基础设施开发新型服务。

对地方政府来说，通过集中管理信息基础设施，不仅可以降低社会基础设施的构建、维护、管理等费用，还可以对使用这些基础设施的企业征收使用费。图 9.7 所示为韩国政府斥巨资修建的松岛新城。

图 9.7　韩国政府斥巨资修建的松岛新城

9.1.3.2　日本

1. "智慧日本"战略

2009 年 7 月，日本推出"智慧日本（I-Japan）战略 2015"，旨在到 2015 年实现以人为本"安心且充满活力的数字化社会"，让数字信息技术如同空气和水一般融入生产、生活的每个角落。目前，该战略将目标聚焦在电子化政府治理、医疗健康信息服务、教育与人才培育三个公共事业上。当前日本各城市积极落实国家战略，重视新技术的研发和应用推广，在远程医疗、电子病历等方面进行了积极尝试。

2. 推广泛在网络环境下的网络技术

泛在网络环境是指互联网在任何时候和任何情况下都可以实现全面互联的状态。基于这种技术的优越性，目前日本大力发展泛在环境下的电子政府和电子地方自治体，推动医疗、健康和教育的网络化。日本政府希望通过执行这一战略，开拓并支持日本中长期经济发展的新产业。

3. 电子病历系统

目前，东京电子病历系统在各类医院已基本普及，电子病历系统整合了各种临床信息系统和知识库，如能提供病人的基本信息、住院信息和护理信息，为护士提供自动提醒，为医生提供检查、治疗、注射等诊疗活动。此外，医院采用笔记本计算机和 PDA 实现医生移动查房和护士床旁操作，实现无线网络化和移动化。目前，日本的医疗信息化建设基本实现了诊疗过程的数字化、无纸化和无胶片化。

9.1.3.3　美国

2009 年 1 月 28 日，奥巴马就任美国总统后，与美国工商业领袖举行了一次圆桌会议。

作为仅有的两名代表之一，IBM 首席执行官彭明盛在会上首次提出"智慧地球"（Smart Planet）这一概念，建议奥巴马政府投资新一代的智慧型信息基础设施。随后，在精心规划和部署下，奥巴马政府将智能电网项目作为其绿色经济振兴计划的关键性支柱之一，进行了改革与投入。

1. 哥伦布市

建于 1812 年的哥伦布市，位于美国内陆中西部偏北的塞奥托河（Scioto River）与奥兰滕吉河（Olentangy River）的交汇之处，是俄亥俄州的首府。自建立后，哥伦布市快速发展，大批欧洲移民、亚裔、拉美裔来此定居。漫步哥伦布市，满眼都是仿古建筑与现代大厦交相辉映之美。俯瞰整个城市面貌，仿希腊式的州政府大楼、欧式的老教堂、维克多利亚风格的民居以及玻璃幕墙的商业写字楼，无不诉说着这座城市人口与文化的多样性。

哥伦布市的多样性还体现在经济方面，基于教育、保险、时尚、国防、航空、食品、物流、能源、医学研究、酒店和零售等，哥伦布市拥有良好的服务产业生态系统。在这个生态系统中，哥伦布大学颇为引人注目。确切说来，拥有 54 所大学的哥伦布市本身就是一座大学城，包括 15 万名在校生、2 000 多家科技研究机构和近 5 万名科技工作人员。其中，俄亥俄州立大学哥伦布校区是美国最大的大学校区之一。

哥伦布市的企业力量也颇为引人注目，2013 年，全市共有 4 家公司入选美国《财富》500 强名单。摩根大通、欧文斯科宁等大型雇主，为哥伦布市创造了诸多就业机会。此外，哥伦布市还有十分发达的物流业，其延伸出的铁路与美国东西海岸各大港口直接相连，却有较芝加哥和纽约低廉的货机降落费用和仓库及分销中心的租金，使 Gap、飞利浦、卡夫食品都在里奇贝克内陆港设全球物流中心。

总之，多样性的文化和丰富的科研院所资源为哥伦布市提供了智慧的源泉。凭借深厚的人力资源基础和商业主体优势，在多元文化的碰撞下，哥伦布市才有可能高屋建瓴地投资于城市可持续发展所需的信息基础和绿色信念，以一种强大的包容力调动各方面的资源，体现出城市整体的智慧，并在进一步的人力资源发展中实现良性循环。

哥伦布市从来就不是信息经济时代的落后分子，哥伦布市的超级计算机中心（Ohio Supercomputer Center，OSC）成立于 1987 年，它为俄亥俄州立大学的研究人员及俄亥俄州各行业提供超级计算机服务和计算机科学专业知识。长期以来，政府对 OSC 的投入毫不吝啬，仅 2011 年，OSC 获得的政府科研经费就达 1.4 亿美元。与许多纯粹的空中楼阁式研究学院不同，OSC 除了致力于科技研发，还十分注重产学研结合以及与市民的互动。产学研结合让 OSC 与企业一起开发新的产业和服务，为企业提供培训和教育服务；与市民的互动则引领了社会的价值导向，信息技术的重要意义在潜移默化中渗透到社会的基因当中。图 9.8 所示为哥伦布市。

同样身为著名研究机构的巴特尔纪念研究所（Battelle Memorial Institute）则在其研究领域之外还致力于 STEM 教育，STEM 代表科学（Science）、技术（Technology）、工程（Engine）和数学（Mathematics），并参与建立了包括哥伦布市在内的俄亥俄州 STEM 学习网络（Ohio STEM Learning Network，OSLN）。与传统理念有所不同，STEM 教育强调跨学科和跨组织合作的方式培养学生，在调查和解决实际问题的过程中培养学生分析和创造的能力，研究所更像是由学者、商业领袖和机构成员编织成的网络系统，既为培养学生提供切实可行的方案，也为产学研各方的交流提供了平台。

图 9 - 8　美国俄亥俄州的哥伦布市

为了进一步提升信息优势，2012 年 12 月，哥伦布市通过无线网络部署，第一步实现了网络速度从 70 Mbps 到 117 Mbps 的跨越。2013 年 5 月，哥伦布市完成了多阶段无线网络铺设计划的第二步，中央商务区移动设备的下载速度得以超过 150 Mbps，为北美最快的无线网络。两阶段无线网络成功铺设后，第三步将接踵而至。这一次，哥伦布市将考虑中央商务区外的其他地点，并集成商业和住宅区的高容量网络服务及公共安全摄像机系统。这样的网络设施一旦在全市范围内铺设完成，智慧的城市安全系统便有望建成，城市不仅能实现智能监控，还将能对突发事件做出及时响应。

哥伦布市所致力的能源改革最早开始于 2005 年，政府分析城市释放的温室气体量，并推出了公共教育活动"实现绿色哥伦布"。政府已经意识到，改革节省下来的能源成本和减少污染危险将有助于促进经济的发展，并改善居民生活。为实现能源利用的绿色改革，政府采取了包括改造城市建筑物、铺设清洁能源设备和促进公共交通等在内的诸多举措。

2006 年，哥伦布市积极开发绿色经济实用住房项目，完成后的建筑有顶尖的保温功能、室内气体过滤系统、节能家电等，提高能源效率的同时帮助居民降低生活成本。

2009 年，六家哥伦布市地区的制造厂商参加了环保局的试点项目——"经济、能源与环境"（E3 项目），政府提供补助及绿色基金，公用事业单位提供技术评估，金融企业为有潜力的厂商提供贷款，多方协作帮助制造商走向绿色生产。图 9.9 所示为 My Columbu 移动应用程序。

2010 年，哥伦布市政府利用 740 万美元的节能津贴启动了一系列改造，用于减少建筑物中的能源浪费。

图 9.9　My Columbu 移动应用程序

一直以来，美国都因个人高度消耗能源而备受争议，作为一个车顶上的国家，哪怕是银行存取款都设计好汽车通道，以便驾驶员可以不下车就能搞定所有的手续。

与美国许多城市取消自行车道和人行道、强化车道形成鲜明对比的是，哥伦布市大力修建完善自行车道，以减少机动车辆的使用。

从哥伦布市的表现来看，处处都有绿色，行动在于点滴。绿色理念提高了哥伦布市运作的效率，从而能够将资源使用在更加有利于未来发展的地方。

如果说信息基础为哥伦布市提供了高效沟通的可能，无处不在的社会网络则为高效的交流提供了动力。凭借育成中心、暑期学院、STEM教育计划、企业产学研项目、校友会等纵横交错的合作交流，哥伦布市的政府、大学、企业和非营利组织之间存在大量的信息接口。这些信息接口借助畅通的信息高速公路，让哥伦布市成为一个有机的整体。

城市各功能体之间的融合贯通，将具有多元文化背景的主体放入一个大的平台中，以此发挥集体思考的能力，才有可能激发出持续创新的灵感。这些灵感再借助系统进入城市各功能体中，以扬长避短、相互配合的方式找到创新落地的方法和载体。对此，ICF在报告中也曾称赞过哥伦布市政府、学术界、企业及非营利组织之间的协作。

哥伦布市的开放创新还体现在对未来的响应上。新能源、低碳、3D打印机、健康、新能源汽车成为哥伦布市的重要投入方向。由于哥伦布市有强大的企业和科研院所资源，凭借两者之间的长期配合，哥伦布市包揽了全美国2/3的能源项目研究。凭借政府、企业和科研院所力量的整合，这些实验室研发项目能够迅速地进入产业化通道，体现了科学技术对生产力的直接作用。

多元而包容的文化、科研院所资源基础、出色的企业、坚定的信息基础投入、绿色的理念、开放的创新心态，智慧城市虽然有着一样的未来畅想，但付之于建设时，不同的城市有不同的背景，其建设起点与内容也会有所不同。但在可见的差异背后，以上基础要素值得每一个有着雄心描绘智慧蓝图的城市借鉴。

2. 美国其他建设智慧城市的举措

1）建设现代化的城市电网。2009年年初，美国总统奥巴马在发布《经济复兴计划进度报告》中宣布，美国计划在未来的3年之内，为百姓家庭安装4 000万个智能电表，同时投资40多亿美元推动电网现代化建设。在这一过程中，美国博尔德市较早地启动了智能电网城市工程，该工程将现有的测量设施改造成强大、动态的电力系统和通信网络，并通过配电网络提供实时、高速、双向的通信服务，将现有的变电站改造成具备远程监控、实时数据发布等优化性能的"智能"变电站，届时该市将成为一座全集成的智能电网城市。

2）研制虚拟车辆设计平台。美国伊利诺伊州立大学研制出的车辆设计系统，使不同国家、不同地区的工程师们可以通过计算机网络实时协作进行设计。该技术也可以应用于人们的生活环境中，使人们在虚拟世界里完成现实生活中的互联互通，实现人们在虚拟化的环境中远程合作，形成无所不在的智能化协同环境。当虚拟办公室、虚拟社区等概念成为现实时，人们便可以在同一虚拟平台中无障碍沟通，推动经济的繁荣发展。

3）智能道路照明工程。圣何塞2009年4月启动了智能道路照明工程，其控制网络技术不受灯具的约束，有效地为各种户外和室内照明市场带来节能、降低运行成本、实施远程监控以及提高服务质量等好处。智能控制联网技术以新型灯具的效率为基础，通过诸如失效路灯的早期排查、停电检测、光输出平衡以及调光等功能来降低成本和改善服务，同时使城市的街道、道路和公路更安全、美观。

4）联邦智能交通系统。此系统包括两大智能子系统：智能基础设施和智能交通工具。智能基础设施由动脉管理、高速公路管理、意外预防及安全保障系统、道路天气管理、道路作业和维修、运输管理、交通事故管理等 13 项管理措施组成。其中，智能基础设施中的动脉管理主要包括对交通和基础设施的监控、交通控制、道路管理、停车管理、信息传播和自动执法系统；高速公路管理包括交通和基础设施监控、匝道管控、道路管理、特殊活动交通管理、信息传播和自动执法系统；意外预防及安全保障系统包括道路几何预警系统、铁路穿越预警系统、交叉口碰撞预警系统、自行车预警及动物预警系统；公路天气管理包括天气和道路条件的监控、检测及预测等。而智能交通工具则包括防撞保护、驾驶者助手和碰撞信息发布等。

5）优化能源分配，保证电力供给。加州电网系统运营中心（Independent System Operator，ISO）管理着加州超过 80% 的电网，向 3 500 万个用户每年输送 2.89 亿 MW 电力，电力线长度超过 25 000 mi（英里）。该中心采用了 Space - Time Insight 的软件进行智能管理，能够综合分析来自包括天气、传感器、计量设备等各种数据源的海量数据，通过可视化界面，用户可以以最优的方式优化和利用可再生能源，平衡全网的电力供应和需求，并对潜在危机做出快速响应。

6）大数据推动智能水资源管理。佛罗里达州迈阿密戴德县与 IBM 的智慧城市项目合作，将 35 种关键县政工作和迈阿密市紧密联系起来，帮助政府领导在治理水资源、减少交通拥堵和提升公共安全方面制定决策时获得更好的信息支撑。IBM 使用云计算环境中的深度分析向戴德县提供智能仪表盘应用，帮助县政府各个部门实现协作化和可视化管理。智慧城市应用为戴德县带来多方面的收益，例如，戴德县的公园管理部门因及时发现和修复跑冒滴漏的水管而节省了 100 万美元的水费。

7）减少交通事故。美国是世界最先普及汽车的大国，拥有的机动车辆是中国的 3 倍，但是它的交通事故死亡率却只有中国的一半。其实，美国的汽车刚普及时，交通事故死亡率也很高。1966 年，交通事故死亡人数达 5 万人，美国国会要求联邦政府"立即建立一套有效的交通事故记录系统，以分析确定交通事故及死亡的原因"。一起交通事故的数据可能是无序的，一年的数据、一个地区的数据也看不出太多章法，但随着跨年度、跨地区的数据越来越多，群体的行为特点就会在数据上呈现一种"秩序、关联、稳定"，更多规律就会浮出水面。

数据显示，美国某州发生车辆右侧碰撞的比例比其他州高，调查发现，该州公路的路缘坡比其他州的都长，导致驾驶员注意力分散。经过修整路面，交通事故骤然减少。

9.1.3.4　爱沙尼亚

爱沙尼亚的塔林市（图 9.10）（爱沙尼亚首都），名列全球智慧社区论坛（Intelligent Community Forum，ICF）公布的"2013 全球 7 大智慧城市"名单中。

爱沙尼亚是一个虽小却充满创新精神的北欧国家，不为国人所熟知，但其城市信息化水平之高，令人称奇。

在世博会上，爱沙尼亚馆号召大家参与一次为全世界城市"储蓄"智慧的活动。"小猪"外观的愿望储蓄罐将在馆内收集游客对改善世界各个城市而提出的巧思妙计。游客们可以参加抽奖，最高奖品是前往 2011 年欧洲文化之都塔林旅游的大奖。

图9.10　爱沙尼亚的塔林市

展馆内播放的大屏幕视频采用了"穿越"的手法演绎爱沙尼亚的古今融合，一边是保存完好的中世纪城市风貌，另一边却是信息化程度极高的现代化都市。塔林市政府办公室主任图马斯·塞普说："塔林的电子服务足以代表爱沙尼亚甚至整个欧洲在新技术应用上的领先水平。"

在爱沙尼亚，通过网站文件系统，内阁会议已变成无纸会议；所有的爱沙尼亚学校均可上网；每100人拥有121部手机；只要18 min就可以通过网络注册一家实体公司。

带有IC卡的身份证和手机是爱沙尼亚人的两大信用终端，人们可以通过它们实现自己的全方位电子生活。98%的银行交易是通过网络完成的，91%的所得税通过电子平台申报，电信运营商和银行的双头监管使电子支付在爱沙尼亚的普及率非常高。通过银行开办的手机支付业务，人们可以在汽车旅馆、美容院、出租车等所有贴着蓝黄两色标志的地方"刷手机"消费。

通过手机号码登录学校账号，家长即可查询自己子女的课业成绩；利用身份证登录政府网站后，则能查到自己的所有个人信息，甚至包括最近哪个国家机构、税务局或警察局查看过你的档案，如果你担心有问题，可以立即与相关政府部门取得联系。

不断扩大的无线网络覆盖遍及爱沙尼亚各区，有的免费无线网络覆盖率甚至超过了98%，成为名副其实的"无线城市"。居民支付家庭宽带费用后，即可免费享受无处不在的WiFi宽带网络。

虽然16～74岁的爱沙尼亚人中有71%是互联网用户，63%的家庭可以在家上网，小孩从四五岁就开始学着使用计算机，但爱沙尼亚仍旧希望通过对老年人的教育，进一步提高网络使用率，如提高目前为15%的地方政府选举网络投票率。

9.1.3.5　荷兰

荷兰虽然是欧洲小国，但是在欧洲甚至全球范围内自我意识甚强，非常在乎国际观感。由于位于阿姆斯特丹市中心的旧街道非常狭窄而运河发达，往来的船只与汽车造成噪声污染与空气污染相当严重。以政府行政单位的立场，期望透过智慧城市计划（Amsterdam Smart City，ASC），提高市民生活水平并创造新就业机会（图9.11）。

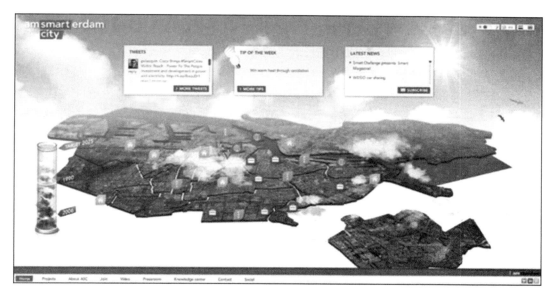

图 9.11　阿姆斯特丹的 ASC 计划

阿姆斯特丹智慧城市的建设主要由以下四个主题组成：

1. 可持续性生活：West Orange 项目和 Geuzenveld 项目

阿姆斯特丹是荷兰最大的城市，总共有 40 多万户家庭，占据了全国二氧化碳排放量的 1/3。通过节能智慧化技术，二氧化碳排放量和能量消耗可以得到很大程度的降低。

Geuzenveld 项目的主要内容是为超过 700 户家庭安装智慧电表和能源反馈显示设备，促使居民更关心自家的能源使用情况，学会确立家庭节能方案。

West Orange 项目中，500 户家庭将试验性地安装使用一种新型能源管理系统。目的是节省 14% 的能源，同时减少等量的二氧化碳排放。通过这一系统，居民可以了解整个屋子的能源使用量，甚至每件家用电器的用电量。

参与以上项目的部门、企业有：Liander，Amsterdam Innovation Motor（AIM），Municipal District Geuzenveld，阿姆斯特丹气候局，FarWest，Favela Fabric，Accenture，Nuon，IBM，Cisco，Ymere，Home Automation Europe，Amsterdam ROC，阿姆斯特丹大学。其中，IBM 负责利用智能 IT 系统和网络防护技术开发一种能源管理软件；Cisco 则负责对基于 IP 的家庭能源软件、家用电器和能源网络之间进行安全连接。

2. 可持续性工作：智能大厦项目

阿姆斯特丹全城汇集了许多大大小小的公司，从小商铺到跨国公司，从运河边的老房子到钢筋玻璃的办公大楼。ITO Tower 大厦是智能大厦项目的试验性、示范性工程，总面积 38 000 m²。智能大厦的用途就是在未给大厦的办公和住宿功能带来负面影响的前提下，将能源消耗减小到最低限度。在大楼能源使用的具体数据分析的基础上，使电力系统更有效地运行。

另外，一些新型可持续性系统的安装，传感器记录能源消耗量，保证了照明系统、制热制冷系统和保安系统的低能耗正常运行。

参与以上项目的企业、部门有：Liander、AIM、阿姆斯特丹气候局和 Accenture。

3. 可持续性交通：Energy Dock 项目

阿姆斯特丹的移动交通工具，从轿车、公共汽车、卡车到游船，其二氧化碳排放量占据整个阿姆斯特丹的 1/3。该项目在阿姆斯特丹港口的 73 个靠岸电站中配备了 154 个电源接入口，便于游船与货船充电，利用清洁能源发电取代原先污染较大的产油发动机。在具体操作过程中，船长通过电话输入个人账号，可以与靠岸电站取得连接，收费则自动从船舶账号上扣除。

参与以上项目的部门、企业有：Liander、AIM、阿姆斯特丹气候局、阿姆斯特丹港口局和 Accentrue。

4. 可持续性公共空间：气候街道（the Climate Street）

Utrechtsestraat 是位于阿姆斯特丹市中心的一条具有代表性的街道。狭窄、拥挤的街道两边满是漂亮的咖啡馆和旅店。小型公共汽车和卡车来回穿梭运送货物或者搬运垃圾，造成交通拥堵。2009 年 6 月 5 日，气候街道项目启动。整个项目涉及三个方面：

1）后勤部门：利用电动汽车搬运垃圾；货物集中运送至一个中心点，随后由电动汽车转送到各家商户。

2）公共空间：街道照明采用节能灯，深夜无人时灯光自动减弱。环保电车站的灯利用太阳能发光。此外，太阳能 BigBelly 垃圾箱配备了内置垃圾压缩设备，使得垃圾箱空间利用率提高 5 倍。

3）商户：安装智慧电表，并且可以与节能电器连接。能源可视屏则可以反馈能源消耗情况，基于智能电表提供的信息向商户提供个人节能建议。另外，智能插座可以关闭未使用的家用电器或降低其工作功率。商户还可以通过向气候局的能源办提供一份能源账单，获得在购买节能电器或节能灯时享受优惠的机会。

ASC 计划最初包含四大行动计划，在 2011 年，行动计划正式增加至五大领域，包括拥有数字监控设施的市政办公楼建设（Online Monitoring Municiple Buildings）、太阳能共享计划、智能游泳池计划、智能家用充电器、商务办公区域全面使用太阳能节能计划五大行动计划。所有行动计划于 2015 年前完成，将荷兰阿姆斯特丹建设成了一个真正的节能绿色智慧城市。

五大计划与相关的商务合作机会均可以在 ASC 官方网站上了解到详细信息。同时，也希望借此计划能改变民众使用能源的行为，达到节能的目的。因此，计划中将运用智慧电表等技术，让耗能状况视觉化，针对能源消耗行为进行评估与改善。此外，在导入智慧电表前后，通过民间企业与当地大学协助，对民众进行意识调查，所得结果对扩大城市建设将有所帮助。该计划期待透过各种方式，促进阿姆斯特丹朝智慧城市迈进，截至 2012 年，投资金额已达 11 亿欧元。

9.1.3.6 英国

1. 打造"数字"之都

2009 年 6 月，英国发布了"数字英国"（Digital Britain）计划，明确提出将英国打造成世界的"数字之都"，在 2012 年建成覆盖所有人口的宽带网络。英国城市建设模式注重发展应对世界气候变化的各种智能和环境友好型的技术与方案，"绿色环境"是其城市智慧化的目标之一。

2. 智能屋试点应用

2007 年，英国在格洛斯特建立了"智能屋"试点，将传感器安装在房子周围，传感器传回的信息使中央电脑能够控制各种家庭设备。智能屋装有以电脑终端为核心的监测、通信网络，使用红外线和感应式坐垫可以自动监测老人在屋内的走动。屋中配有医疗设备，可以为老人测心率和血压等，并将测量结果自动传输给相关医生。此外，智能屋还可以提供空调温度设定等诸多功能。

3. "贝丁顿零化石能源发展"生态社区

贝丁顿社区是英国最大的低碳可持续发展社区，其建筑构造是从提高能源利用的角度考虑，是表里如一的真正"绿色"建筑。该社区的楼顶风帽是一种自然通风装置，设有进气和出气两套管道，室外冷空气进入和室内热空气排出时会在其中发生热交换，这样可以节约供暖所需的能源。由于采取了建筑隔热、智能供热、天然采光等设计，并综合使用太阳能、风能、生物质能等可再生能源，该小区与周围普通住宅区相比，可节约 81% 的供热能耗以及 45% 的电力消耗。

9.1.3.7　巴西

在距离巴西科帕卡巴纳海滩（Copacabana Beach）不远处，有一间布局和设施都很像美国国家航空航天管理局（NASA）指挥中心的控制室。身穿白色套装的市政机构管理人员坐在控制室内巨大的屏幕墙前静静地工作着，屏幕上显示着里约热内卢城市动态监控视频，包括各个地铁站、主要路口的交通状况，通过复杂的天气预测系统预报城市未来几天的降雨情况、交通事故处理状况、停电处理状况，以及其他城市问题处理及其进展等状态。采用了以往难以想象的城市管控模式的里约热内卢，今后可能成为全球各大城市进行运营、管控时效仿的样板。

这间控制室所在的大楼正是里约热内卢市政运营中心大楼，其管控运营系统是 IBM 公司应里约热内卢市长帕斯的请求专门设计的。此前，IBM 曾在其他地方为警察局等单个政府职能部门建立过类似的数据中心管理运营系统，但从未开发过整合了 30 多个城市管理部门数据的统一城市运营管理系统。此次里约热内卢市的实践，标志着 IBM 正在深入拓展这一有着巨大市场规模的业务领域。

里约热内卢城市运营中心系统于 2010 年年底正式投入使用，它成为 IBM、思科等科技公司开拓这一智慧城市运营市场的成功案例。图 9.12 所示为里约热内卢的城市运营中心。

图 9.12　里约热内卢的城市运营中心

　　里约热内卢城市地理环境复杂，绵延于山脉和大西洋之间，城市里遍布着别墅、民居、研发中心和建筑工地。石油开采业巨头，如 Halliburton 和 Schlumberger 等，纷纷到这里建立研发中心，准备开发丰富的海上油气田资源。

　　在里约热内卢，自然和人为灾难时有发生，频发的暴雨常会造成山体滑坡，导致人员伤亡。2011 年，这里发生的一起历史上最严重的游览电车出轨事故致使 5 人遇难。2013 年年初，三座建筑倒塌造成至少 17 人死亡。此外，贫富差距悬殊问题也在困扰着这个城市。

　　实施里约热内卢市政运营中心系统对于 IBM 公司也是一个非常大的挑战。不过，对致力于拓展地方政府业务的 IBM 来说，里约热内卢复杂的状况恰好为其提供了一个大显身手的契机，将环境如此复杂的里约热内卢市打造为一个运营、管控更加智慧化的城市，其经验对全球其他城市的管理都很有借鉴意义（图 9.13）。

图 9.13　里约热内卢的智慧城市建设

　　IBM 全球政府及公众服务部门首席技术官巴纳瓦尔指出："信息是智慧城市管理的根本。城市管理部门一旦掌握信息、理解信息，并且知道如何利用信息，实现智慧城市管理的目标就已经完成一半了。"

　　据巴纳瓦尔讲，有一天，他站在 Praca da Bandeira 中心十字路口。这里连接里约热内卢北部及南部沿海地区。巴纳瓦尔不禁思索，如果这个十字路口积水达一两米深，这里就仿佛变成一个大池塘，高架摄像头将图像传回市政运营中心后，多个市政管理部门如何才能快速联合行动起来，协调处理各种状况呢？

　　事实上，正是几年前夏天的一场特大暴雨促使里约热内卢市政运营中心决定改造信息运营管理系统。一天早晨，帕斯市长收到了警告报告：暴雨引发一些贫民区房屋倒塌，许多人面临危险；暴雨带来的洪水来势凶猛，轿车和卡车被冲到不断暴涨的水中……但里约热内卢市内找不到一个地方能让市长实时监控灾难状况，指挥落实应急措施。

　　帕斯市长在随后的电话采访中说："我当时认识到，我们太被动了。我简直要急疯了。"他突然想起自己小时候住在美国康涅狄格州时，美国城市管理部门在下雪天号召民众清扫道路的情形了。于是他立刻召集电视台、电台和报纸等媒体人士，请他们发布城市的紧急情况，要求人们待在家里。帕斯市长说："我们没有制定预案，但可以采取行动。洪水和房屋倒塌，造成全市 68 人死亡，但是如果不发布警告，后果将更加严重。"

为了使里约热内卢在下一次灾难应对中可以做得更好，帕斯市长做了一个大决定。一个月后，他会见了巴纳瓦尔和他所领导的 IBM 智慧城市团队。帕斯市长希望 IBM 智慧城市团队能帮助他们消除城市职能部门之间的信息孤岛，整合每个职能部门的数据，为整个城市运营管理提供支持。帕斯市长说："其实我们一直在利用这些信息，只是我们未能将其整合，并以智能化的方式重新加以利用。"他希望新的、整合的市政运营中心系统能尽快投入运行。

尽管过去 IBM 曾为马德里和纽约市开发了犯罪管控中心，为斯德哥尔摩开发了交通拥堵费管理系统等，但为里约热内卢整个城市建立一个整合系统仍是一项十分艰巨的任务。IBM 面临的挑战是，作为总承包商，除了负责具体实施工作以外，IBM 还要管理项目中其他供应商提供的实施工作，如管理当地公司承接的建筑和电信工程，管理思科提供的网络基础设施和电视会议系统，管理三星公司提供的数字显示屏等。巴纳瓦尔说："IBM 作为主集成商，必须全面协调项目实施中每一项工作。"

与此同时，IBM 结合其硬软件应用需求，以及分析和调查结果，制定了用户手册，帮助市政运营中心员工将城市出现的问题分为四类：事件、事故、紧急情况和危机。例如，公众聚会属于事件，人们在聚会上相互打斗属于事故，聚会发生暴乱属于紧急情况，如果有人在暴乱中死亡属于危机。手册还规定了城市各个部门处理洪水和山体滑坡等危急情况的流程。

此外，IBM 还安装了整合的虚拟操作平台。这是一个基于 Web 的信息交互平台，用以整合通过电话、无线网络、电子邮件和文本消息发来的信息。比如说，市政管理员工在登录平台后，可在事件现场及时输入信息，同时可查看派出了多少辆救护车等信息。他们还可以分析历史信息，确定诸如汽车容易发生事故的地点等。

IBM 还将为里约热内卢城市定制的洪水预测系统整合到城市运营中心系统中。巴纳瓦尔甚至建议市长设立一个首席运营官职位，全面监控市政运营中心的运营工作。帕斯市长接受了这个建议。据帕斯市长介绍，里约热内卢市政运营中心这个项目的投资大约 1 400 万美元。里约热内卢已成为基于数据对城市进行运营、管理的典范。

系统上线后的一天晚上，里约热内卢市立剧院附近的一座 20 层办公楼发生垮塌并殃及邻近的两座建筑，引起一片恐慌。市政运营中心根据运营系统提供的信息立即采取相应措施。

一名市政机构的工作人员恰巧在事故现场附近喝啤酒，他向市政中心负责公共事务善后处理的秘书长卡洛斯·罗伯托·奥索里奥汇报了现场情况。在这个时候，"赢得一分钟时间都非常宝贵，"奥索里奥说，"我们的系统运行得相当好"。

在市政运营中心，管理人员就此事故向消防和民防部门发出警报，要求燃气和电力公司中断事故现场附近的供气和供电。市政运营中心采取的其他措施包括：临时关闭事故现场附近的地铁、封锁街道、派出救护车、通知医院、调集重型设备清理瓦砾、派遣民防队员疏散建筑附近的人群并保证事故现场的安全。市政运营中心在 Twitter 上向网民提示被封锁的街道名及绕行路线。奥索里奥本人火速前往现场，他在现场通过 Twitter 和 Facebook 发布照片。

市政人员事后称，事故原因可能是这座 20 层建筑的内部构件压垮了承重墙，而市政机构能够相互协调处理是市政运营中心的胜利。奥索里奥说：“我们以前不可能做出如此迅速的响应。”

在巴西狂欢节的一天，巴纳瓦尔曾站在里约热内卢市政运营中心内，仔细察看整合城市运营系统运行状态。巴纳瓦尔感叹：“我在全球其他城市单体职能部门见过比这里还好的信息基础设施，但里约热内卢市政运营中心系统的整合程度之高是前所未有的。”

在狂欢节准备工作中，这个城市面临的最大挑战是街道的通行能力。据奥索里奥介绍，狂欢节期间的四个周末，在 350 个不同的地点大约要举行 425 场桑巴舞游行表演，几百万人参加活动。利用运营中心，市政机构现在可以协调 18 个不同部门进行同步计划。这些部门可以共同分配街道的表演时段并设计游行路线，同时制订安全、街道清理、人群控制及满足其他城市管理需求的计划。

“过去，每个部门都独自制订计划，相互之间几乎不进行沟通。”奥索里奥说。狂欢节的一天晚上，Ipanema 区高档购物街 Visconde de Pirajá 发生火灾。一些参加狂欢节的人取出智能手机拍照。还不到晚上 7 点，住在附近的一位女演员皮蒂·韦博就开始在 Twitter 上向她的“粉丝”发出警报。几分钟后，运营中心就在 Twitter 上发出了改道的通知。

另外一个例子是，自从发生山体滑坡后，里约热内卢在 66 个贫民区安装了警报器，以无线方式连接到市政运营中心。同时，市政中心开展了大量演习，志愿者在演习中帮助疏散居民。

在真正发生山洪的情况下，运营中心可以决定何时发布何种警报。这一决定是由城市运营中心系统来做的——通过超级计算机、系统模型、算法运算预测 1 km^2 范围内的降雨量，计算结果比标准气象系统准确得多。当系统预测出强降雨时，运营中心向不同部门发送相应预警信息，便于各部门做出应对准备。

市政人员认为，市政运营中心还成为里约热内卢吸引投资的一个名片。奥索里奥表示，市政管理人员可以利用市政运营中心最大限度地缓解城市中的不便，吸引外来投资。

然而，尽管境内外都对里约热内卢市政运营中心做了大量报道，帕斯市长也参加了在加利福尼亚长滩举行的 TED 会议上的城市座谈会，并介绍了市政运营中心，然而许多居民还不是很了解这个运营中心：有些人怀疑所有这些是否只是为了让奥运会官员和海外投资者放心而在作秀；有些人担心市政运营中心只能是观光区而不会使市民区受益；有些人则担心这种监视会限制自由或侵犯隐私；还有一些人认为市政运营中心采取的措施只是权宜之计，不能解决城市建设中的基础设施问题等。

让公众认可危机已经得到防范也是相对困难的。帕斯市长说：“这不是人们每天能够感受到的，这种问题（危机）不会每天都发生。”

值得一提的是，IBM 已经将里约热内卢的很多成功实践经验整合到其新推出的软件产品 IBM Intelligent Operations Center（IBM 智能运营中心——IOC）中。IOC 产品可以理解为智慧城市一体化解决方案。巴纳瓦尔指出：“过去，您需要购买 IBM 的 12 个软件组件并需要集成服务，才能解决城市管理问题。现在，一次购买就将服务整个城市运营。”

这款产品已经引起另外一些城市的兴趣。近期 IBM 宣布，我国浙江省镇江市购买了 IOC 系统，用于公共交通管理，用来进行交通预测，并缓解公交路线交通拥堵问题。

不仅是城市，迈阿密足球队也购买了这款产品，用来管理具有 7.5 万个座席的永明体育场的观众流量。

IBM 很早就认识到了，数据将成为一切行业当中决定胜负的根本因素，最终数据将成为人类至关重要的自然资源。

2012 年 5 月 IBM 发布了智慧分析洞察"3A5 步"动态路线图。

所谓的"3A5 步"，指的是在"掌握信息"（Align）的基础上"获取洞察"（Anticipate），进而采取行动（Act）。除此之外，还需要不断地"学习"（Learn）从每一次业务结果中获得反馈，改善基于信息的决策流程，从而实现"转型"（Transform）的过程。

基于"3A5 步"，IBM 提出了自己的大数据平台和应用程序架构（图 9.14），其中包括四大核心能力：Hadoop 系统、流计算（Stream Computing）、数据仓库（Data Warehouse）和信息整合与治理（Information Integration and Governance）。

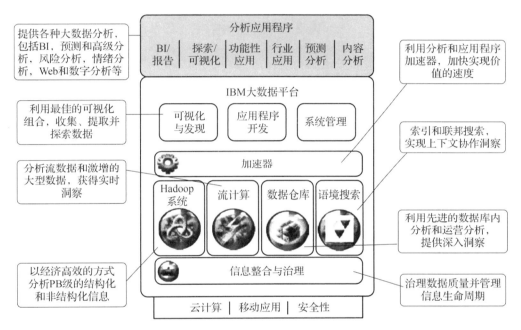

图 9.14　IBM 的大数据平台和应用程序框架

基于此架构，IBM 也构思了多种大数据的应用场景。

1）大数据探索。主要解决每个大型组织所面对的一项挑战，即商业信息散落在多个系统和平台上，工作人员需要获取各种权限，才能访问这些数据，完成决策的制定。该应用场景帮助这些组织来探索和挖掘相关的数据，帮助工作人员找到、展示和理解这些数据，从而辅助实现决策。该应用场景可以结合组织内外、多个数据源头上的数据统一进行管理和展示，从而辅助提升工作人员对数据的理解。

2）增强的全方位客户视图。通过整合其他内部和外部信息扩展现有的客户视图。全面了解客户——什么使他们感到气愤，他们为什么购买，他们最喜欢的购物方式是什么，他们为什么会离去，他们接下来会购买什么，以及哪些因素导致他们向他人推荐一家公司。

3）安全/智能扩展。提供实时监控网络安全，检测欺诈，降低风险。通过使用大数据技术处理和分析新的数据类型（如社交媒体、电子邮件、传感器、远程通信）和未充分利用的数据源，大幅提高智能化、安全性和法律执行洞察力。

4）运营分析。通过分析各种各样的机器数据和运营数据，以获得更好的业绩。在现有工作流程下，可能有大量不同类型的机器数据（可能包括 IT 设备、传感器、仪表和 GPS 设备等信息），使分析变得非常复杂。而使用大数据进行运营分析，企业可实时可视化地了解运营情况、客户体验、交易和行为。

5）数据仓库扩展。通过整合大数据和数据仓库，提高操作效率。优化数据仓库，使其支持新的分析类型。首先使用大数据技术为新数据设置一个暂存区域或着陆区，然后再确定应该将哪些数据转移到数据仓库。使用信息整合软件和工具从仓库和应用数据库卸载不常访问的数据或过时的数据。

9.2 智慧医疗

9.2.1 概述

从计算机、互联网、云计算一直到物联网，大数据的浪潮已经悄然降临。医疗服务作为人类最基本的需求之一，拥有庞大的数据量。当大数据和医疗服务相撞后，一个崭新的智能医疗时代就呼之欲出了。

医疗和大数据结缘于医疗数字化，病历、影像、远程医疗等都会产生大量的数据。在医疗服务行业上，大数据可应用于临床诊断、远程监控、药品研发、防止医疗诈骗等方面。麦肯锡曾说，大数据就是生产资料。有报告显示，医疗大数据的分析会为美国产生 3 000 亿美元的价值，减少 8% 的美国国家医疗保健的支出。

医疗离不开数据，数据用于医疗，大数据的基础为医疗服务行业所提出的"生态"概念的实现提供了有力保障。

随着全球老龄化问题的不断加重、医疗费用的持续上涨以及医疗大数据价值的不断增长，医疗行业出现了新的转折点。据介绍，2020 年，医疗数据增至 35 ZB，相当于 2009 年数据量的 44 倍。其中，影像数据增长最快，其次是 EMR 电子病历数据。

IBM 中国研究院信息管理与医疗健康首席科学家潘越表示："医疗领域的数据有几种类型，第一类数据是医学影像的数据，像 X 光、CT，等等。比如说，如何通过医学影像的自动分析来确定病变的位置；现在有很多放射治疗要对癌细胞的位置进行辐射，范围越小，接受的辐射量就越小，对病人本身的损害就越小，利用大数据的分析方法可以确定这个范围。这个技术现在刚刚产生。第二类数据是电子病例、电子健康档案。这类数据的获取还是非常多的，有些技术是基于病人的相似度，比较两个患者的病例，如果相似的话，就可以找到一群相似的病人，然后分析有效的治疗手段是什么。目前，IBM 已经把它变成了产品。第三类数据是跟基因组学、蛋白组学等新的治疗技术相关。这些技术已经发展到了应用的边缘。"

大数据给医疗行业带来的不仅仅是庞大的数据处理，在各个分支领域都有相关的优异表现。

下面具体来看看在医疗服务业的五大领域（临床业务、付款/定价、研发、新的商业模式、公众健康），大数据是如何发挥它的效力的。

9.2.2　智慧医疗的范畴

9.2.2.1　临床操作

在临床操作方面，有五个主要场景的大数据应用。麦肯锡估计，如果这些应用被充分采用，光是美国，国家医疗健康开支一年就将减少 165 亿美元。

1. 比较效果研究

通过全面分析病人的特征数据和疗效数据，然后比较多种干预措施的有效性，就可以找到针对特定病人的最佳治疗途径。

基于疗效的研究包括比较效果研究（Comparative Effectiveness Research，CER）。研究表明，对同一病人来说，医疗服务提供方不同，医疗护理方法和效果不同，成本上也存在着很大的差异。精准分析对象包括病人体征数据、费用数据和疗效数据在内的大型数据集，可以帮助医生确定临床最有效和最具有成本效益的治疗方法。医疗护理系统实现 CER，将有可能减少过度治疗（比如避免那些副作用比疗效明显的治疗方式）和治疗不足的发生。从长远来看，不管是过度治疗还是治疗不足都将给病人身体带来负面影响，并且产生更高的医疗费用。

世界各地的很多医疗机构（如英国的 NICE、德国的 IQWIG、加拿大普通药品检查机构等）已经开始了 CER 项目，并取得了初步成功。2009 年，美国通过的复苏与再投资法案，就是向这个方向迈出的第一步。在这一法案下，设立的比较效果研究联邦协调委员会协调整个联邦政府的比较效果的研究，并对 4 亿美元投入资金进行分配。这一投入若想获得成功，还有大量潜在的问题需要解决，比如临床数据和保险数据的一致性问题。当前在缺少 EHR（电子健康档案）标准和互操作性的前提下，大范围仓促部署 EHR 可能造成不同数据集难以整合。再如，病人隐私问题。想要在保护病人隐私的前提下，又要提供足够详细的数据以便保证分析结果的有效性不是一件容易的事情。还有一些体制问题。比如目前美国法律禁止医疗保险机构和医疗补助服务中心（Centers for Medicare and Medicaid Services）（医疗服务支付方）使用成本/效益比例来制订报销决策，因此即便他们通过大数据分析找到更好的方法也很难落实。

2. 临床决策支持系统

临床决策支持系统可以提高工作效率和诊疗质量。目前的临床决策支持系统分析医生输入的条目，比较其与医学指引不同的地方，从而提醒医生防止潜在的错误，如药物不良反应。

通过部署这些系统，医疗服务提供方可以降低医疗事故率和索赔数，尤其是那些因临床错误引起的医疗事故。在美国 Metropolitan 儿科重症病房的研究中，两个月内，临床决策支持系统就削减了 40% 的药品不良反应事件数量。

大数据分析技术将使临床决策支持系统更智能，这得益于对非结构化数据的分析能力的日益加强。比如可以使用图像分析和识别技术，识别医疗影像（X 光、CT、MRI）数据，或者挖掘医疗文献数据，建立医疗专家数据库（就像 IBM Watson 做的），从而给医生提出诊疗建议。此外，临床决策支持系统还可以使医疗流程中大部分的工作流向护理人员和助理医生，使医生从耗时过长的简单咨询工作中解脱出来，从而提高治疗效率。

3. 医疗数据透明度

提高医疗过程数据的透明度，可以使医疗从业者、医疗机构的绩效更透明，间接促进医疗服务质量的提高。

根据医疗服务提供方设置的操作和绩效数据集，可以进行数据分析并创建可视化的流程图和仪表盘，促进信息透明化。流程图的目标是识别和分析临床变异和医疗废物的来源，然后优化流程。仅仅发布成本、质量和绩效数据，即使没有与之相应的物质上的奖励，也往往可以促进绩效的提高，使医疗服务机构提供更好的服务，从而更有竞争力。

数据分析可以带来业务流程的精简，通过降低生产成本，找到符合需求的更高效的员工，从而提高护理质量，并给病人带来更好的体验，也给医疗服务机构带来额外的业绩增长潜力。

美国医疗保险和医疗补助服务中心正在测试仪表盘，将其作为建设主动、透明、开放、协作型政府的一部分。本着同样的精神，美国疾病控制和预防中心（Centers for Disease Control and Prevention）已经公开发布医疗数据，包括业务数据。

公开发布医疗质量和绩效数据还可以帮助病人做出更明智的健康护理决定，这也将帮助医疗服务提供方提高总体绩效，从而更具竞争力。

4. 远程病人监控

从对慢性病人的远程监控系统收集数据，并将分析结果反馈给监控设备（查看病人是否正在遵从医嘱），从而确定今后的用药和治疗方案。

2010 年，美国有 1.5 亿慢性病患者，如糖尿病、充血性心脏衰竭、高血压患者，他们的医疗费用占医疗卫生系统医疗成本的 80%。远程病人监护系统对慢性病患者的治疗是非常有用的。远程病人监护系统包括家用心脏监测设备、血糖仪，甚至还包括芯片药片，芯片药片被患者摄入后，实时传送数据到电子病历数据库。举个例子，远程监控可以提醒医生对充血性心脏衰竭患者采取及时治疗措施，防止紧急状况的发生，因为充血性心脏衰竭的标志之一是因保水而使体重增加，这可以通过远程监控实现预防。更多的好处是，通过对远程监控系统产生的数据的分析，可以减少病人的住院时间，减少急诊量，实现提高家庭护理比例和门诊医生预约量的目标。

5. 对病人档案的先进分析

在病人档案方面，应用高级分析可以确定哪些人是某类疾病的易感人群。举例来说，应用高级分析可以帮助识别哪些病人有患糖尿病的高风险，使他们尽早接受预防性保健方案。这些方法也可以帮助患者从已经存在的疾病管理方案中找到最好的治疗方案。

9.2.2.2 付款/定价

对医疗支付方来说，通过大数据分析，我们可以更好地对医疗服务进行定价。以美国为例，这将有可能创造每年 500 亿美元的价值，其中一半来源于国家医疗开支的降低。

1. 自动化系统

自动化系统（如机器学习技术）可以检测欺诈行为。业内人士评估，每年有 2%~4% 的医疗索赔是欺诈性的或不合理的，因此检测索赔欺诈具有巨大的经济意义。通过一个全面的、一致的索赔数据库和相应的算法，可以检测索赔准确性，查出欺诈行为。这种欺诈检测可以是追溯性的，也可以是实时的。在实时检测中，自动化系统可以在支付发生前就识别出欺诈，避免造成重大损失。

2. 基于卫生经济学和疗效研究的定价计划

在药品定价方面，制药公司可以参与分担治疗风险，比如基于治疗效果制定定价策略。这对医疗支付方的好处显而易见，有利于控制医疗保健成本支出。对患者来说，好处更加直接。他们能够以合理的价格获得更好的药物，并且这些药物经过了基于疗效的研究。而对医药产品公司来说，更好的定价策略也是好处多多。他们可以获得更高的市场准入可能性，也可以通过创新的定价方案，推出更有针对性疗效的药品，从而获得更高的收入。

在欧洲，现在有一些基于卫生经济学和疗效的药品定价试点项目。一些医疗支付方正在利用数据分析衡量医疗服务提供方的服务，并依据服务水平进行定价。医疗服务支付方可以基于医疗效果进行支付，可以与医疗服务提供方进行谈判，看医疗服务提供方提供的服务是否达到特定的基准。

9.2.2.3　研发

医疗产品公司可以利用大数据提高研发效率。以美国为例，这将创造每年超过 1 000 亿美元的价值。

1. 预测建模

医药公司在新药物的研发阶段，可以通过数据建模和分析，确定最有效率的投入产出比，从而配备最佳资源组合。模型基于药物临床试验阶段之前的数据集及早期临床阶段的数据集，尽可能及时地预测临床结果。评价因素包括产品的安全性、有效性、潜在的副作用和整体的试验结果。通过预测建模可以降低医药产品公司的研发成本，在通过数据建模和分析预测药物临床结果后，可以暂缓研究次优的药物，或者停止在次优药物上的昂贵临床试验。

除了研发成本，医药公司还可以更快地得到回报。通过数据建模和分析，医药公司可以将药物更快地推向市场，生产更有针对性的药物，生产有更高潜在市场回报和治疗成功率的药物。原来一般新药从研发到推向市场的时间大约为 13 年，使用预测模型可以帮助医药企业提早 3~5 年将新药推向市场。

2. 提高临床试验设计的统计工具和算法

使用统计工具和算法，医药公司可以提高临床试验设计水平，并在临床试验阶段更容易招募到患者。它们通过挖掘病人数据，评估招募患者是否符合试验条件，可以加快临床试验进程，提出更有效的临床试验设计建议，并能找出最合适的临床试验基地。比如那些拥有大量潜在符合条件的临床试验患者的试验基地可能是更理想的，或者在试验患者群体的规模和特征二者之间找到平衡。

3. 临床实验数据的分析

分析临床试验数据和病人记录可以确定药品更多的适应证，也可发现其副作用。在对临床试验数据和病人记录进行分析后，可以对药物进行重新定位，或者实现针对其他适应证的营销。实时或者近乎实时地收集不良反应报告，可以促进药物警戒（药物警戒是上市药品的安全保障体系，对药物不良反应进行监测、评价和预防）。或者在一些情况下，临床实验暗示了一些情况，但没有足够的统计数据去证明，现在基于临床试验大数据的分析可以给出证据。

这些分析项目是非常重要的。可以看到最近几年药品撤市数量屡创新高，药品撤市可能给医药公司带来毁灭性的打击。2004 年，从市场上撤下的止痛药 Vioxx，给默克公司造成 70 亿美元的损失，短短几天内就造成股东价值 33% 的损失。

4. 个性化治疗

另一种在研发领域有前途的大数据创新，是通过对大型数据集（如基因组数据）的分析发展个性化治疗。这一应用考察遗传变异与特定疾病的易感性、特殊药物的反应的关系，进而可以使专家在药物研发和用药过程中考虑个人的遗传变异因素。

个性化医学可以改善医疗保健效果，比如在患者发生疾病症状前，就提供早期的检测和诊断。很多情况下，病人用同样的诊疗方案但是疗效却不一样，部分原因是遗传变异。针对不同的患者采取不同的诊疗方案，或者根据患者的实际情况调整药物剂量，可以减少副作用。

个性化医疗目前还处在初期阶段。麦肯锡估计，在某些案例中，通过减少处方药量可以减少 30% ~ 70% 的医疗成本。比如早期发现和治疗可以显著降低肺癌给卫生系统造成的负担，因为早期的手术费用是后期治疗费用的一半。

5. 疾病模式的分析

通过分析疾病的模式和趋势，可以帮助医疗产品企业制定战略性的研发投资决策，帮助其优化研发重点，优化配备资源。

9.2.2.4 新的商业模式

大数据分析可以给医疗服务行业带来新的商业模式。

1. 汇总患者的临床记录和医疗保险数据集

汇总患者的临床记录和医疗保险数据集，并进行高级分析，将提高医疗支付方、医疗服务提供方和医药企业的决策能力。比如对医药企业来说，他们不仅可以生产出具有更佳疗效的药品，而且能保证药品适销对路。临床记录和医疗保险数据集的市场刚刚开始发展，扩张的速度将取决于医疗保健行业完成 EMR 和循证医学发展的速度。

2. 网络平台和社区

另一个潜在的大数据启动的商业模型是网络平台和大数据，这些平台已经产生了大量有价值的数据。比如 PatientsLikeMe. com 网站，病人可以在这个网站上分享治疗经验；Sermo. com 网站，医生可以在这个网站上分享自己的医疗见解；Participatorymedicine. org 网站，这家非营利性组织运营的网站，鼓励病人进行积极治疗。这些平台可以成为宝贵的数据来源。例如，Sermo. com 向医药公司收费，允许他们访问会员信息和网上互动信息。

9.2.2.5 公众健康

大数据的使用可以改善公众健康监控。公共卫生部门可以通过覆盖全国的患者电子病历数据库，快速检测传染病，进行全面的疫情监测，并通过集成疾病监测和响应程序，快速地进行响应。这将带来很多好处，包括医疗索赔支出减少、传染病感染率降低，卫生部门可以更快地检测出新的传染病和疫情。通过提供准确和及时的公众健康咨询，将会大幅增强公众健康的风险意识，同时也将降低传染病感染风险。所有的这些都将帮助人们创造更好的生活。

不光是传染病，随着老龄化问题加剧，人口年龄不断增长，慢性病目前已经成为我国重要公共卫生问题之一。基于智慧医疗的开展，也可以帮助我们有效地去关注随着人口年龄增长，慢性病发病情况和风险变化的趋势。比如北京大学公共卫生学院和北京理工大学 AETAS 实验室之前开展的一项研究，就是基于数据仿真模拟技术和可视化技术，对大型人群队列进行建模和仿真，构建全生命周期疾病转换轨迹（图 9.15），研究健康→单病→共病→死亡的转换历程，为慢性病以及其共病的研究提供了新的思路。

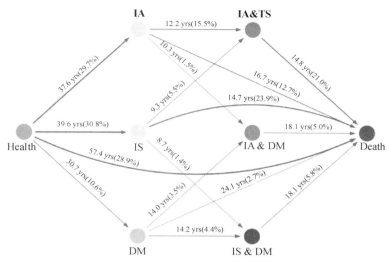

图 9.15　采取数据仿真模拟构建全生命周期模拟

9.2.3　数据智能助力智慧医疗

9.2.3.1　服务心脏病患者

位于美国旧金山的加州太平洋医疗中心是加利福尼亚州最大型的私营、非营利性学术医疗中心。该医疗中心旨在向社会提供高品质、经济高效的健康保健服务，并且他们得到了教育和研究领域的支持和鼓励。该中心心脏病研究主管理查德·肖博士负责心脏病研究项目，在发现最有效的新治疗方法和技术方面起了重要作用。肖博士和心脏病研究团队通常会执行10～15 次持续研究，以测试旨在提高心脏病患者成活率的治疗程序是否有效。

心脏病研究项目的教学人员还参与了由研究员发起的研究，其中许多研究利用了来自整个萨特集团 Apollo 心脏病患者数据库的数据，该数据库不断加入患者数据。最新的项目包含对在非保护性左主干疾病治疗中使用了冠脉支架的患者的长期研究，以及使用药物洗脱冠脉支架治疗 HIV 患者的晚期成果的研究。此外，还使用了一个庞大的外科手术数据库来研究接受外科手术的患者，包括评估手术更换主动脉瓣的长期成果以及通过手术治疗心房颤动患者的晚期成果。

由于这些复杂、多学科的项目生成了海量的患者数据，肖博士和他的团队希望有一种解决方案，能够使他们迅速、准确地管理、跟踪和分析不同患者的海量数据，准确地预测患者在冠心病治疗之后发生并发症的风险；强化标准的诊断测试，使用决策模型实现更快和更准确的诊断，从而更恰当地使用资源和更有效地进行测试；由于更有效的治疗，潜在地缩短了住院时间并改善了长期治疗成果。

肖博士的团队使用 IBM SPSS Statistics 软件，管理和分析数千个数据元素，跟踪数千名心脏病患者和接受心脏移植的患者的治疗成果。这些分析结果使心脏病实习生和医生能够发现更有效的治疗方式，开发可供全球心脏病学家共享和采用的新的治疗规程。这样一来，心脏病团队能够开发准确的心脏病风险模型，改善患者的长期治疗成果，通过由整个医院的医疗团队生成的患者统计数据库，可以预测哪些患者将发展成多支冠心病，同样也可以改善糖尿病手术患者的恢复时间，缩短患者的住院时间，并减少治疗成本。

而麻省理工学院、密歇根大学和一家妇女医院创建了一个计算机模型，可利用心脏病患者的心电图数据进行分析，预测在未来一年内患者心脏病发作的概率。在过去，医生只会花 30 s 来观看用户的心电图数据，缺乏对之前数据的比较分析，这使得医生对 70% 的心脏病患者再度发病缺乏预判，而现在通过机器学习和数据挖掘，医生可以发现高风险指标。

9.2.3.2 "魔毯"病人的监控

"魔毯"是 GE 和 Intel 联合开发的一个项目，其原型是使用家中地毯内装的传感器，感应缺乏照料的老人下床和行走的速度和压力，一旦这些数据发生异常，机器就向老人的亲人发送一个警报。虽然内置传感器装置对大多数人来讲依然昂贵，但斯莫兰称，由于这些对自身数据量化的小工具越来越受到欢迎，用户可以清楚地了解和改变他们的行为，从而提高他们的健康状况。

9.2.3.3 监测脑外伤病人恢复

IBM 公司、Excel Medical Electronics 公司与加州大学洛杉矶分校（UCLA）神经外科部门，目前正在实验如何利用大数据技术来预测脑外伤病人的脑部压力情况。

这是一次典型的大数据在医疗领域的实际应用。IBM 研究院与 Excel Medical Electronics 公司则负责对该实时监测系统进行设计，而加州大学洛杉矶分校负责进行实际测试。监测系统会收集并分析病人的生命特征数据、颅内压力数据、呼吸系统数据等，以便预测未来可能会出现的病理变化（图 9.16）。

图 9.16 科学家运用数据智能监控脑伤病人的恢复情况

加州大学洛杉矶分校的研究目的是及时提醒内科医生及护士其病人的脑外伤状况的恶化情况。该监控系统融合了 IBM InfoSphere Streams 软件以及 Excel Medical Electronics 公司的 BedMasterEX 分析应用的功能，目前，美国 80% 的大型医疗机构都在使用这些软件。监控系统在病人脑部压力低于临界值时就会关闭警报，院方必须要确诊病人出现了何种病变。加州大学洛杉矶分校目前正在 Ronald Reagan UCLA 医疗中心的重症监护室内部署该实时分析监控系统。

加州大学洛杉矶分校神经外科部门得到了来自美国国家神经疾病与中风研究协会的 120 万美元经费。足够的经费可以使其更好地研究如何应对病人颅内压力变化，并为此开发新的监测警报系统。加州大学洛杉矶分校在脑外伤方面有着 8 年的研究经验，而现在他们又得到了 IBM 与 Excel Medical Electronics 的帮助。

从应用角度来看，数据分析与大数据在商业领域中的成功案例比较多，但在医疗领域中成功案例就相对较少。很早以前，美国以及其他一些国家就认为，医疗机构发展的同时，相关的管理及研发成本也必须要得到控制，而现在信息技术正是满足这一需求的关键。接下来，一些像美国通用电气和 IBM 这样的企业涌现了出来，他们开始在医院系统内部署应用，比如屈臣氏超市的客户端应用等。换句话说，医疗机构正逐渐成为大数据应用的最佳测试场所。

9.2.3.4 实现个性化用药和诊断

每个人的基因都是不同的，因而对于不同种类的药物会有不同情况的耐药性。但是，目前，在医疗诊断和用药中往往不会去考虑个人基因的差异性。比如氯吡格雷是目前心脑血管系统预防血栓的一线用药，用于预防和治疗因血小板高聚集引起的心、脑及其他动脉循环障碍疾病，如近期发作的脑卒中、心肌梗死和确诊的外周动脉疾病。2013 年，氯吡格雷的全球销售额在 120 亿美元左右。

然而，针对我们黄种人的基因，氯吡格雷在使用中有可能出现代谢不同的状况，从而导致出现不良反应。在国内的运用过程中，根据研究表明，存在约 9.3% 的出血事件。

因此，亟须建立针对特定基因的个性化用药指南和标准，建立相应数据库，帮助医生依据个人基因情况来实现个性化的诊断和用药。图 9.17 给出了一种可行的研究方案。

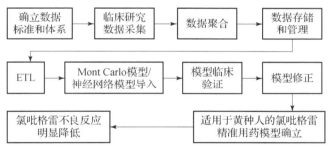

图 9.17 建立个性化的用药模型

9.2.3.5 助力医学新发现

传统医学研究多采用统计学方法或者荟萃分析方式，医生面对的都是枯燥的医学数据和统计结果。如果缺乏经验，甚至连如何解读这些数据都是个问题。

但在大数据时代，基于数据密集型方法，我们可以提供很多新的思路和手段来帮助理解和洞察这些医学数据，比如我们之前所说的数据可视化方法。

近几年来，国内帕金森患者的数量开始逐渐增多。目前，国内超过 600 万患者，且每年以 5%～10% 的速度递增，2020 年诊疗产值达 20 亿元。医学研究表明，经典帕金森具备四大核心症状：运动迟缓、震颤、强直、步态障碍。但是，有些情况下出现了这些症状并不能说明就一定患了帕金森病。且医学研究的重点不光是治疗，还要预防，为此，也非常关心这些症状的早期出现能否预示帕金森病，或者指示处于帕金森病的哪个时间，以便帮助医生进行医疗决策。

图 9.18 展示了利用数据可视化方式对帕金森患者数据的可视化分析结果。这种利用数据可视化来展示结果的方式更加适合人类对结果的理解。利用这种大数据可视化技术及人工智能算法，结果发现面具脸也是帕金森病的潜在核心症状，进而还建立了更准确的帕金森病风险预测模型，成功修订了 WHO 发布的帕金森病新版诊疗指南。

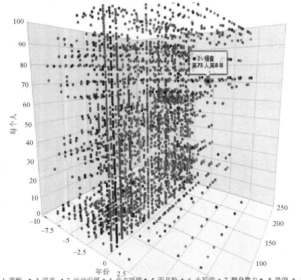

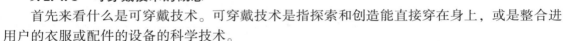

● 1.震颤 ● 2.强直 ● 3.运动迟缓 ● 4.步态障碍 ● 5.面具脸 ● 6.小写症 ● 7.翻身费力 ● 8.跌倒 ● 9.发音减轻
● 10.吞咽费力 ● 11.出汗过多 ● 12.流涎 ● 13.皮脂过多 ● 14.便秘 ● 15.排尿问题 ● 16.体位性低血压/头晕
● 17.睡眠障碍 ● 18.性功能障碍 ● 19.记忆下降 ● 20.人格改变 ● 21.嗅觉减低 ● 20.抑郁 ● 23.焦虑 ● 24.高血压

图 9.18　利用数据可视化手段分析病症

9.2.4　可穿戴技术

9.2.4.1　可穿戴技术的概念

首先来看什么是可穿戴技术。可穿戴技术是指探索和创造能直接穿在身上，或是整合进用户的衣服或配件的设备的科学技术。

可穿戴技术是 20 世纪 60 年代美国麻省理工学院媒体实验室提出的创新技术，利用该技术可以把多媒体、传感器和无线通信等技术嵌入人们的衣着中，可支持手势和眼动操作等多种交互方式。

之所以要开发可穿戴设备，是为了通过"内在连通性"，实现快速的数据获取。通过超快的分享内容能力，高效地保持社交联系，摆脱传统的手持设备而获得无缝的网络访问体验（图 9.19）。

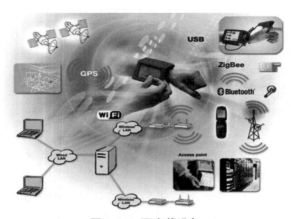

图 9.19　可穿戴设备

可穿戴健康设备是随着可穿戴设备的产生、发展而逐渐衍生出来的可穿戴设备的又一分支。1960 年以来，可穿戴式设备逐渐兴起。到了 20 世纪 70 年代，发明家艾伦·路易斯打造的配有数码相机功能的可穿戴式计算机能预测赌场轮盘的结果。1977 年，Smith-Kettlewell 研究所视觉科学院的科林为盲人做了一款背心，他把头戴式摄像头获得的图像通过背心上的网格转换成触觉意象，让盲人也能"看"得见，从广义上来讲，这可以算是世界上第一款可穿戴健康设备。

Every 实验室认为，健康领域才是可穿戴设备应该优先发展、最优前途的领域，可穿戴健康设备本质是对人体健康的干预和改善。可穿戴设备也正从"信息收集"向"直接干预"发展，可穿戴健康设备只针对城市人群的各种常见病。例如，随时随地给颈椎做个放松按摩，甚至直接干预脑电波助人睡眠。而国外的 Melon 以及国内的 Every 都在此方面提出了自身的创新产品。

一般来说，对可穿戴设备有以下几方面的基本要求：

1）佩戴舒适，甚至无感。想做到完全无感，对现在的可穿戴健康设备而言还是天方夜谭。但是尽量做到轻便小巧，则是所有企业的努力方向。可穿戴健康设备和专业医疗设备相比，虽然效果不及专业设备，但其优势就在于可以方便地、随时随地对身体进行保健治疗，对于预防、缓解疾病有很大优势。

2）使用过程不应干扰正常生活。消费者不能接受需要专门花费时间、不断挑战自己耐心的健康设备。所以，可穿戴健康设备在设计上应该充分考虑不要影响使用者的正常生活、工作。

3）外观应适合使用场合和环境。有时候，可穿戴设备并不可能"隐形"。但是，如果这些设备的外观足够贴合环境，甚至足够酷，那么用户也不介意戴着这样的设备走在路上。

9.2.4.2　可穿戴设备简析

1. 美信：生命体征测量 T 恤

美信公司试制出了嵌有多种传感器、能够测量生命体征数据的 T 恤，并在"2013 International CES"上面向嘉宾进行了展示。该公司称为"Fit 衫"（图 9.20）。

图 9.20　Maxim 生命体征测量 T 恤

Fit 衫利用内嵌的传感器来测量心电图、体温及用户活动量等，供医疗机构用来持续监测患者的生命体征。T 恤中采用了美信的多种 IC，目的还在于展示该公司技术的先进性。另外，有预测认为，将来这种穿着型器件的市场会扩大，因此美信期待其成为新的应用市场。

T 恤里的传感器所测得的心率、活动量及心电图等数据可显示在平板电脑的显示器上。

这款 T 恤在两个袖子等 4 处嵌入了心电仪用传感器（含有参照信号用传感器）。传感器同时会测到多种噪声信号，而从多种信号中抽出想要的信号的算法则属于新加坡 Clearbridge VitalSign 公司的技术。另外，为减轻 T 恤穿着时的不适感，Fit 衫将采用美国 Orbital Research 公司开发的干式电极。

在 T 恤胸部嵌入了封装有各种控制电路的电路板和充电电池。控制 IC 采用美信的 MCU "MAXQ 612"，电源管理 IC 采用 "MAX 8671"，温度传感器采用 "MAX 6656"，ESD 保护 IC 采用 "MAX 3204"。此外还配备有蓝牙通信功能，可将传感器获得的信息发送到外部。

目前 Fit 衫尚处于试制品阶段，因此只能用内置的充电电池驱动 7.5 h 左右。但是，通过今后 2 年左右的开发及优化，Fit 衫将实现用纽扣电池驱动 24 h。

2. TI 公司的 Health Tech 产品

为了开发出更新的健身监控装置，TI 公司开发了一系列以创新方式提高整合度、降低功耗，并拥有智能连接的组件，让健身装置更灵活，价格更实惠。

TI 公司提出了全面性系统架构图、选择表和关键的设计工具等想法，协助制造商加快创新。TI 公司的 Health Tech 产品组合整合了 TI 公司的全球企业资源，以大量模拟及嵌入式处理器组件知识和在健身应用领域的经验为用户提供服务（图 9.21）。

图 9.21　TI 公司的 Health Tech

例如，心跳/健身监控装置可衡量一个人的运动量和速率（如动作节奏）。通常情况下，手表或腕戴显示器可用于控制并提供反馈。储存的数据可以透过 USB 或无线方式下载到计算机。所有的系统组件都需要超低功耗嵌入式控制器和功率 RF 通信组件。心跳监测和运动输出监控（如运动速度传感器或传感器电源）则需要额外的信号调理。

3. Valencell：可随身穿戴的微型生理监测模块

Valencell 开发出一种生理监测模块并提供授权，包含一个传感器模块、一个数字信号处理（DSP）芯片以及生物辨识韧体与应用程序编程接口，让 OEM 代工业者能将之整合至耳塞式耳机、臂带或腕带等可穿戴式运动与健身产品。

此种生物传感器包含了一个光学机械传感器模块，其中还运用了 DSP 技术，能感测并计算用户的心律、行走速度和距离以及燃烧的卡路里数与血氧信息，用户只要透过智能型手机便能查询（图 9.22）。

图 9.22　Valencell：可随身穿戴的
微型生理监测模块

4. Google Glass

2012 年 6 月 28 日，谷歌通过 I/O 产品发布会发布了这款可穿戴式 IT 产品。Google Glass 结合了声控、导航、照相与视频聊天等功能，预示了未来世界可能的样貌。一块右眼侧上方的微缩显示屏，一个右眼外侧平行放置的 720 p 画质摄像头，一个位于太阳穴上放的触摸板以及喇叭、麦克风、陀螺仪传感器和可以支撑 6 h 电力的内置电池。谷歌在 I/O 大会上公开了研发多时的 Google Glass，一个近似配戴眼镜方式的辅助信息系统。尽管谢尔盖·布林并未透露更多 Google Glass 的工程细节，但 1 500 美元的 2013 年预订价格，暗示了 Google Glass 的性质，至少按照无线传输和电池系统之间的能耗关系，Google Glass 还无法实现很多以往科幻小说中的诸多设想。

对于这款眼镜，谷歌方面自然十分重视，公司多次向公众传达这样一个理念：穿戴式计算将成为未来的趋势。谷歌公司创始人谢尔盖·布林称，这副眼镜改变了他的活动方式。他举了一个例子：将自己的儿子用双手反复抛向空中，Google Glass 可以拍照，并记录这一时刻。

布林说："用智能手机或照相机根本无法做到。"谷歌产品经理史蒂夫·李则表示，打造这款眼镜的目标是提升人们的社交生活，不是炫耀技术。谷歌 Project Glass 团队主管巴巴卡·帕韦兹称，希望人们能把科技穿在身上——眼睛、耳朵和手。纽约时报的专栏作者尼克·比尔顿甚至将谷歌眼镜与历史上的印刷机和电影的发明相提并论，认为这一技术将改变世界。他说："当这项技术成熟，我们就能获得解放。可穿戴计算机将使我们摆脱紧盯 4 in 屏幕的生活。我们不再需要无时无刻看着设备，相反，这些可穿戴设备会回过来看着我们。"（图 9.23）

美国西北大学梅迪尔新闻学院的最新调查显示，人们对 Google Glass 不感兴趣的两大主要原因为分散注意力和价格。不过，有意思的是，这项调查发现，Google Glass 的关注度非常高，在受访的 1 210 位移动产品拥有者中，有超半数的人知道 Google Glass。此外，在听说过 Google Glass 并对其感兴趣的人群中，男性的比例稍高于女性。约 2/3 的受访者称，他们可能将在旅行等某些特定情况下使用 Google Glass。当被问及为何不

图 9.23　Google Glass

戴 Google Glass 时，2/3 的受访者称分散注意力，1/3 的受访者认为售价太高。针对早期开发者的 Google Glass 的售价为 1 500 美元的情况，谷歌尚未宣布其消费者版本的售价。此外，还有约 1/4 的受访者担忧个人隐私问题。而一些男子则特别担心，使用 Google Glass 会看起来傻乎乎的。

虽然售价 1 500 美元对大多数人而言，确实非常昂贵，但也有约 1/3 的受访者称，即使 Google Glass 再便宜，他们也不会购买。40% 的受访者称，Google Glass 最多值 100 美元，另有 20% 的受访者认为，其最高售价为 200 美元。

不过，西北大学的调查结果明显好于移动应用开发商 Bite Interactive 曾经进行过的另外一项调查。Bite Interactive 的调查显示，只有一成美国人表示会在未来经常佩戴 Google Glass。

5. 苹果 iWatch

如今智能设备已经不再局限于手机和平板电脑，由谷歌研发的 Google Glass "拓展现实"眼镜让我们眼前一亮。随着科技的进步，人类已经具备了之前很多科幻电影里面才会出现的设备。苹果为了挑战谷歌，也推出了一款智能设备，这就是由概念设计师安德斯·谢尔贝格设计的智能手表——iWatch（图 9.24），这款手表内置了 iOS 系统，并且支持 Facetime、WiFi、蓝牙、Airplay 等功能，同时最令人惊喜的是，iWatch 支持 Retina 触摸屏，这款手表和 iPod nano 一样，也具备 16 GB 的存储空间，令人兴奋的是 iWatch 还具备 8 种个性化的表带，让你尽情挥洒个性。

6. BrainLink 意念头箍

BrainLink 意念头箍是由深圳市宏智力科技有限公司专为 iOS 系统研发的配件产品，它是一个安全可靠、佩戴简易方便的头戴式脑电波传感器（图 9.25）。作为一款可佩戴式设备，它可以通过蓝牙无线连接智能手机、平板计算机、手提计算机、台式计算机或智能电视等终端设备。配合相应的应用软件就可以实现意念力互动操控。Brainlink 引用了国外先进的脑机接口技术，其独特的外观设计、强大的培训软件深受广大用户的喜爱。它能让手机或平板电脑及时地了解到用户的大脑状态，例如，是否专注、紧张、放松或疲劳等。用户也可以通过主动调节自己的专注度和放松度来给予手机平板计算机指令，从而实现神奇的"意念力操控"。

图 9.24　苹果的 iWatch

图 9.25　BrainLink 意念头箍

9.2.4.3　可穿戴设备与智慧医疗

据相关媒体报道，苹果公司最早被外界曝光正在秘密研发一款智能手表。随后不久，谷歌公司对外展示了带有摄像头的智能眼镜，人们带上这款眼镜后就可以随时查看邮件、和朋友的对话聊天。另外，美国运动外设厂商 Jawbone 已经推出了 Jawbone UP 智能手环，戴在手腕上，就能监测自己的日常活动、睡眠情况和饮食习惯等数据。人们可以将这款智能设备插在 Android 或者苹果 iPhone 手机以显示这些监测数据，并给出一个长时间段的统计和分析结果。由此可见，可穿戴式智能设备热潮兴起，不仅苹果、谷歌、百度等 IT 巨头热衷于此，而且英特尔、TI、美信等半导体厂商亦瞄准了可穿戴设备的研发与创新，并乐此不疲。目前，消费市场出现了一股新趋势——个人健身装置。心率监控器、可穿戴式健身追踪器、可分析人体成分的体重计，都只是运动员和健身爱好者们用来测量和监控其个人化健身锻炼和日常活动的选项。

那可穿戴式设备在医疗领域有哪些应用呢？

目前市场上与健康相关的可穿戴式传感器主要有两大类：

第一，体外数据采集。主要通过带 G‑sensor 的三维运动传感器或 GPS 获取运动状况、运动距离和运动量，来帮助用户进行运动和睡眠的管理，同时帮助用户引入社交平台概念，让用户之间进行数据衡量和对比，来推动其持续产生行为，改变用户的健康状况，并且在后端服务领域，引入专业的运动和睡眠实验室的数据分析模型，来对个体的运动和睡眠的改进提供收费建议。在这个领域，国外 Fitbit、Jawbone、Nike 是领头羊。这类设备面临的问题只能满足用户自我量化的需求，并激发用户通过锻炼等预防行为来改善身体状况，但无法发现健康异常状况并做出风险预警。

第二，通过体征数据（如心率、脉率、呼吸频率、体温、热消耗量、血压、血糖和血氧、激素和 BMI 指数、体脂含量）监测来帮助用户管理重要的生理活动。现阶段可以利用的体征数据传感器包括：

1）体温传感器。

2）热通量传感器，用来监测热量消耗能力，可以用于血糖辅助计算和新陈代谢能力推算。

3）体重计量传感器，用于计算 BMI 指数。

4）脉搏波传感器，推算血压、脉率等数据。

5）生物电传感器，可用于心电、脑电数据采集，也可用来推算脂肪含量等。

6）光学传感器，推算血氧含量、血流速。

这些数值交叉分析的结果可以用来分析用户现在的体质状况，进行健康的风险评估，并结合数据可以给出几项关键生理活动：睡眠、饮食、运动和服药的个性化改善建议，让用户保持一个稳定的身体健康状况。

但是利用可穿戴设备来解决医疗问题，目前还存在一些问题，比如测量的精准度以及人们使用的随意性等。

9.2.4.4　可穿戴设备的缺陷

可穿戴设备浪潮冲击移动互联网市场。目前可穿戴设备不少，可穿戴市场是否能成为下一个创新蓝海市场，不仅是产品自身，而且将是人体关怀和隐私保护的问题了。

可穿戴设备在近两年成为一个热得发烫的话题，自从 Google Glass 发布以来，移动可穿戴设备概念成为市场中的焦点。有人甚至认为可穿戴设备将代替以智能手机为代表的移动设备潮流，进一步智能化、简便化人们的生活和工作，比如 Google Glass、健康手环、智能腕带、智能手表，等等。硬件能力的微型化和高性能演进，尤其是无线网络技术的深耕密植，让技术应用的概念更加紧密地围绕在人们的身边。

可穿戴设备被认为是继平板电脑、智能手机之后的又一颗覆性产品。这一切都源于"互联网化"浪潮的推动——互联网让生活变得更加便捷和智能。Google Glass 也因为仅能支撑五六个小时的电量而频遭质疑。未来可穿戴设备想要在智能市场站稳脚跟，在技术上就不得不趋于完善，从而出现更多杀手级应用。智能穿戴，将孕育出更多高科技产品，它们将更好地服务于生活。

科技很大程度上是服务于我们人体自身的。我们最大的共同点是拥有身体，身体是我们与世界接触的主要界面。在移动互联网时代，物联网技术建立了身体和世界的联系。其形式是手机，还是穿戴在身上的设备，或许这并不是一件关键的事，重要的是如何更好地满足我们的沟通和应用需要。随着可穿戴设备技术的快速发展，这些设备会逐渐融入我们生活中的每一个角落。我们不会像从前那样仅仅去使用技术，尽管我们的生活已经被科技包围。

可穿戴设备根植于物联网，产品范围从智能设备到健康与行为感应器应有尽有。由此造就了新的大数据时代，可供我们利用的数据收集手段在逐渐增多，可挖掘的数字资源也在成倍扩展。数据扩展和应用的广泛化，使得围绕人自身的一切改善和推进都可以借助科技来实现。因为我们的身体就是计算机，身体即数据，给人体扩展新空间提供了更大空间。现在已经开展市场推广的健身、健康智能穿戴设备，主要是通过对人体自身的实时监测和数据处理，来达到帮助人们改善自身的身体状态和健康状况的目的。科技为人服务，只有人性化关注才是好的技术。

目前可穿戴设备多以具备部分计算功能、可连接手机及各类终端的便携式配件形式存在，主流的产品形态包括以手腕为支撑的 Watch 类（包括手表和腕带等产品）、以脚为支撑的 Shoes 类（包括鞋、袜子或者将来的其他腿上佩戴产品）、以头部为支撑的 Glass 类（包括眼镜、头盔、头带等）以及智能服装、书包、拐杖、配饰等各类非主流产品形态。可穿戴设备将人与互联网连接得更加紧密，个人隐私也将受到极大的挑战。人类即将迎来大数据时代，但在大数据的发展过程中，人们对隐私的保护问题越来越担心。

在今天的大数据时代，人们对网络的依赖日益增强，可穿戴设备强化了这种依赖性，当到处印刻着健康指数、行为习惯、生活偏好和工作履历痕迹时，个人隐私泄露的危险大大增加。毫无疑问，可以获得的个人数据量越多，其中的隐私信息量就越大。只要拥有了足够多的数据，就可能发现关于一个人的一切。我们知道，互联网将每时每刻都释放出海量数据，无论是围绕企业销售，还是个人的消费习惯、身份特征，等等，都变成了以各种形式存储的数据。大量数据的背后隐藏着大量的经济与政治利益，尤其是通过数据整合、分析与挖掘，其所表现出的数据整合与控制力量已经远超以往。

可穿戴设备可以提供大量可供处理的数据，其中也有许多的隐私信息。这些大数据如同一把双刃剑，我们因大数据的使用而获益匪浅，但个人隐私也无处遁形。关于数据安全和隐私的问题，现在还没有办法给出任何妥帖的答案。因为人们希望通过这种技术来更多地了解自己，但同时又不想他人了解自己太多。无论什么行业，离开人为中心的作业模式都必将走向衰落，如今科技产品已经变得无处不在。新一代的人类从学会走路开始起就与科技产品打交道，科技又会发展到什么程度？似乎科技永远走在前面，高科技和个人隐私的矛盾，可穿戴设备在未来的大规模市场化中，无疑会放大这种困境。

尽管现阶段的可穿戴设备还存在着一系列推广难题，未来也将面临隐私保护的问题，可穿戴设备将对人类社会产生前所未有的深刻影响力，让用户习惯这种随身携带的智能化。但同时可能会暴露的隐私保护问题也需要重视起来，推广的前提是良好的体验、可控的隐私风险，需让科技服务于人，以避免陷入新的数据迷局。

9.2.5　思维启示

也许前面看到的首先是大量数据所带来的好处，但是也不能忽视潜在的各种问题。如何应对"大数据"，是摆在医院 IT 部门面前的一个"大考验"。如果处理不好，"大数据"就会成为"大包袱""大问题"；反之，如果应对得当，"大数据"则会为医院带来"大价值"。而这一切，都离不开科学地规划和部署存储架构。

安全、效率、成本——这是大数据在医疗服务业面前的三座大山。

数据存储是否安全可靠，关乎医院业务的连续性。系统一旦出现故障，首先考验的就是数据的存储和恢复能力。如果数据不能迅速恢复，而且恢复不能到断点，则会对医院的业务、患者的满意度构成直接损害。

一个病人的 CT 影像往往多达 2 000 幅，调取一个病人的数据就要等 5 min，为等待大量图像数据传输到本地，等待阅片的教授不得已只能以喝茶消磨时间；采用虚拟化云存储架构之后，调阅 2 000 幅影像仅需 50 s。提高效率就是节省医生的时间，从而缓解医疗资源的紧张状况，在一定程度上帮助解决"看病难"问题。

很多医院的信息中心主任都感叹："我们花了很多钱购买存储设备，但依然觉得不够用。"

医疗数据激增，造成医院普遍存在着较大的存储扩容压力。如今，医院的存储设备大多是由不同厂商构成的完全异构的存储系统，这些不同的存储设备利用各自不同的软件工具来进行控制和管理，这样就增加了整个系统的复杂性，而且管理成本非常高。

只有妥善处理好存储架构，"大数据"才能给医院带来大价值，才不会成为大问题。当下数据的应用决定着一切，无论是不是大数据。而大数据相关的技术，如 NoSQL 等，短期内还无法进入医院的主流技术中，安全、效率和成本问题仍然困扰着决策者的思路。如果抛开大数据的概念，换一种想法，考虑如何进行采集数据，分析整理，把医疗数据转化为生活数据，将日常生活中个人的身体信息进行收集分析，使医疗信息进一步融入个人生活，或许就是一条更加有趣的道路。

9.3　未来已来

《论语·卫灵公》有云："子曰：人无远虑，必有近忧。"晋代葛洪在《抱朴子·安贫》也言道："明哲消祸于未来，智士闻利则虑害。"对未来的思考和创造是科学研究的原动力。

《马克思恩格斯全集》第 23 卷中讲道，"各种经济时代的区别，不在于生产什么，而在于怎样生产，用什么劳动资料生产。劳动资料更能显示一个社会生产时代的具有决定意义的特征"（图 9.26）。

图 9.26　劳动资料更能显示一个社会生产时代的具有决定意义的特征

大数据和人工智能的时代已经来临，数据和人工智能技术就是新的劳动资料。数据是智能腾飞的基础，而智能则是数据增值的渠道。数智赋能，数据和智能融合与发展，将会赋能未来。

未来已来，我们需要不断思考，我们的路在何方。

阿兰·图灵1950年在《计算机器和智能》中写道，人工智能的发展不是把人变为机器，也不是把机器变成人，而是"研究、开发用于模拟、延伸和扩展人类智慧能力的理论、方法、技术及应用系统，从而解决复杂问题的技术科学并服务于人类"。

我们研究数据科学和人工智能的目的，是让数智赋能人类，而不是让数智赋能的AI成为人类，更不是让数智赋能的AI取代人类。数据智能要与人类和谐发展，我们需要考虑数据智能与人类之间的协同、安全、隐私和公平问题，最终实现以人为本、让数据和智能服务于人的目的。

9.3.1　AIGC

9.3.1.1　概述

生成式人工智能——AIGC（Artificial Intelligence Generated Content），是指基于生成对抗网络、大型预训练模型等人工智能的技术方法，通过已有数据的学习和识别，以适当的泛化能力生成相关内容的技术，是人工智能1.0时代进入2.0时代的重要标志。

AIGC技术的核心思想是利用人工智能算法生成具有一定创意和质量的内容。通过训练模型和大量数据的学习，AIGC可以根据输入的条件或指导，生成与之相关的内容。例如，通过输入关键词、描述或样本，AIGC可以生成与之相匹配的文章、图像、音频等。GAN、CLIP、Transformer、Diffusion、预训练模型、多模态技术、生成算法等技术的累积融合，催生了AIGC的爆发。算法不断迭代创新，预训练模型引发AIGC技术能力质变，多模态推动AIGC内容多边形，使得AIGC具有更通用和更强的基础能力。

我们来看看业界对AIGC的认知吧：

麦肯锡对AIGC的定义是："生成式人工智能旨在通过以一种接近人类行为，（与人类）进行交互式协作。"而Gartner则称："生成式人工智能是一种颠覆性的技术，它可以生成以前依赖于人类的工件，在没有人类经验和思维过程偏见的情况下提供创新的结果。"我国信通院给出的定义则是："AIGC既是从内容生产者视角进行分类的一类内容，又是一种内容生产方式，还是用于内容自动化生成的一类技术集合。"

从计算智能、感知智能再到认知智能的进阶发展来看，AIGC已经为人类社会打开了认知智能的大门。通过单个大规模数据的学习训练，令AI具备了多个不同领域的知识，只需要对模型进行适当的调整修正，就能完成真实场景的任务。

AIGC对于人类社会、人工智能的意义是里程碑式的。短期来看，AIGC改变了基础的生产力工具，中期来看，会改变社会的生产关系，长期来看，促使整个社会生产力发生质的突破，在这样的生产力工具、生产关系、生产力变革中，生产要素——数据价值被极度放大。

AIGC把数据要素提到时代核心资源的位置，在一定程度上加快了整个社会的数字化转型进程。

9.3.1.2　发展历程

使用计算机生成内容的想法自20世纪50年代就已经出现，早期的尝试侧重通过让计算机生成照片和音乐来模仿人类的创造力，生成的内容也无法达到高水平的真实感。结合人工智能的演进改革，AIGC的发展可以大致分为以下三个阶段：

1. 早期萌芽阶段：1950—1990 年

受限于科技水平，AIGC 仅限于小范围实验。1957 年，莱杰伦·希勒（Lejaren Hiller）和伦纳德·艾萨克森（Leonard Isaacson）通过将计算机程序中的控制变量改为音符，完成了历史上第一部由计算机创作的音乐作品——弦乐四重奏《依利亚克组曲（Illiac Suite）》。1966 年，约瑟夫·韦岑鲍姆（Joseph Weizenbaum）和肯尼斯·科尔比（Kenneth Colbv）共同开发了世界上第一个机器人"伊莉莎"（Eliza），其通过关键字扫描和重组来完成交互式任务。20 世纪 80 年代中期，IBM 基于隐马尔可夫链模型创造了语音控制打字机"坦戈拉"（Tangora），能够处理 2 万个单词。

2. 沉积积累阶段：1990—2010 年

AIGC 从实验性向实用性逐渐转变，深度学习算法、图形处理单元（GPU）、张量处理器（TPU）和训练数据规模等都取得了重大突破，受到算法瓶颈的限制，效果有待提升。2007 年，纽约大学人工智能研究员罗斯·古德温（Ross Goodwin）装配的人工智能系统通过对公路旅行中的所见所闻进行记录和感知，撰写出世界上第一部完全由人工智能创作的小说 *I The Road*。2012 年，微软公开展示了一个全自动同声传译系统，通过深度神经网络（DNN）可以自动将英文演讲者的内容通过语音识别、语言翻译、语音合成等技术生成中文语音。

3. 快速发展阶段：2010 年至今

深度学习模型不断迭代，AIGC 取得突破性进展。尤其在 2022 年，算法获得井喷式发展，底层技术的突破也使得 AIGC 商业落地成为可能。其中主要集中在 AI 绘画领域：2014 年 6 月，生成式对抗网络（Generative Adversarial Network，GAN）被提出；2021 年 2 月，OpenAI 推出了 CLIP（Contrastive Language – Image Pre – Training）多模态预训练模型；2022 年，扩散模型 Diffusion Model 逐渐替代 GAN。

9.3.1.3　产业结构及应用形态

AI 产业链主要由基础层、技术层、应用层三大层构成。其中基础层侧重基础支撑平台的搭建，包含传感器、AI 芯片、数据服务和计算平台；技术层侧重核心技术的研发，主要包括算法模型、基础框架、通用技术；应用层注重产业应用发展，主要包含行业解决方案服务、硬件产品和软件产品。

调研归纳发现，国内 AIGC 产业链结构主要由基础大模型、行业与场景中模型、业务与领域小模型、AI 基础设施、AIGC 配套服务五部分构成，并且已经形成了丰富的产业链：

1）基础大模型：通过大量无标签或通用公开数据集，在数百万或数十亿参数量下，训练的深度神经网络模型。这种模型经过专门的训练过程，能够对大规模数据进行复杂的处理和任务处理。大模型需要占用大量的计算资源、存储空间、时间和电力等资源来保证它的训练和部署。

2）行业与场景中模型：基于行业与场景专有数据，在较小参数量下训练的深度神经网络模型。面向特定场景和行业，该模型运行速度更快，也更加轻便。代表供应商类型包括行业头部数字化供应商、AI 厂商、行业巨头、基础大模型厂商、数据服务供应商。

3）业务与领域小模型：基于少量、特定领域或企业独有数据，在小规模参数下训练的深度神经网络模型。适用于解决一些简单的、小规模的问题，可以在低功耗设备上运行，具有更快的推理速度。代表供应商类型为垂直领域数字化服务供应商（包含 SaaS 服务供应商）、行业巨头、AI 厂商、基础大模型厂商。

4）AI 基础设施：为模型厂商提供算力、算法、数据服务三大套件支持，包括服务器、芯片、数据湖、数据分析能力。

5）AIGC 配套服务：围绕大模型，提供建模工具、安全服务、内容检测、基础平台等服务。

AIGC 产业链上游主要提供 AI 技术及基础设施，包括数据供给方、数据分析及标注、创造者生态层、相关算法等。中游主要针对文字、图像、视频等垂直赛道，提供数据开发及管理工具，包括内容设计、运营增效、数据梳理等服务。下游包括内容终端市场、内容服务及分发平台、各类数字素材以及智能设备，AIGC 内容检测等。

而目前 AIGC 的主要应用形态包括：

（1）文本生成。

文本生成（AI Text Generation），人工智能文本生成是使用人工智能（AI）算法和模型来生成模仿人类书写内容的文本。它涉及在现有文本的大型数据集上训练机器学习模型，以生成在风格、语气和内容上与输入数据相似的新文本。

（2）图像生成。

图像生成（AI Image Generation），人工智能（AI）可用于生成非人类艺术家作品的图像。这种类型的图像被称为"人工智能生成的图像"。人工智能图像可以是现实的或抽象的，也可以传达特定的主题或信息。

（3）语音生成。

语音生成（AI Audio Generation），AIGC 的音频生成技术可以分为两类，分别是文本到语音合成和语音克隆。文本到语音合成需要输入文本并输出特定说话者的语音，主要用于机器人和语音播报任务。到目前为止，文本转语音任务已经相对成熟，语音质量已达到自然标准，未来将向更具情感的语音合成和小样本语音学习方向发展；语音克隆以给定的目标语音作为输入，然后将输入语音或文本转换为目标说话人的语音。此类任务用于智能配音等类似场景，合成特定说话人的语音。

（4）视频生成。

视频生成（AI Video Generation），AIGC 已被用于视频剪辑处理以生成预告片和宣传视频。工作流程类似于图像生成，视频的每帧都在帧级别进行处理，然后利用 AI 算法检测视频片段。AIGC 生成引人入胜且高效的宣传视频的能力是通过结合不同的 AI 算法实现的。凭借其先进的功能和日益普及，AIGC 可能会继续革新视频内容的创建和营销方式。

9.3.1.4　业界新动态

Sora 的火热是一石激起千层浪。在 Sora 推出之前，大模型在各个领域的应用，主要集中在文生文、文生图上，在文生视频领域却进步缓慢。而文生视频模型 Sora 的发布，无疑令人振奋，也直接导致目前 AIGC 领域最热门的研究范畴被引向了 AI 视频生成，同类产品发布你追我赶，战况之焦灼可见一斑。

在该领域，要让视频人物和声音完美同步，需要捕获说话人微妙和多样化的面部动作，这是一个巨大的挑战。2024 年 2 月 28 日，PIKA 上线唇形同步功能 Lip sync（图 9.27），可以为视频中的人物说话匹配口型，音频生成部分由 AI 语音克隆创企 ElevenLabs 提供技术支持。

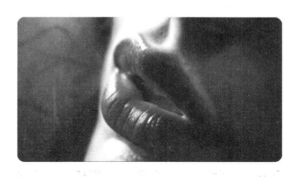

图 9.27 PIKA 上线唇形同步功能 Lip sync

阿里也推出视频生成框架 EMO（Emote Portrait Alive）（图 9.28）。两者都有对口型的功能，相比较而言，目前受限于已有产品的架构，PIKA 只能分段生成 3 s 时长的唇形同步视频，且仅仅生成唇部配合音频发生运动；而 EMO 不仅可以生成任意时长的说话视频，还能生成人像整个头部都发生丰富变化的说话视频，表情、五官、姿势都会产生非常自然的变化。目前 EMO 相关论文同步发表于 arXiv，同时宣布开源。

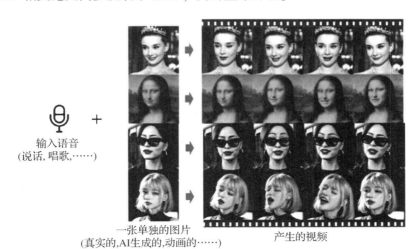

输入语音
（说话, 唱歌,……）

一张单独的图片
（真实的, AI 生成的, 动画的……）

产生的视频

图 9.28 EMO 框架

2024 年 3 月 6 日，一部完全由 AI 制作的开创性长篇电影在洛杉矶 Landmark Nuart Theater 首映。

50 位 AI 领域艺术家组成一个创作团队，创作出了《终结者 2》翻拍作品——《我们的终结者 2》重制版（*Our T2 Remake*）（图 9.29）。该片并不只是单纯地翻拍重制，其呈现了一个人类对抗 ChatGPT 统治的世界，探讨当代 AI 发展的影响。

图 9.29 *Our T2 Remake* 场景

"这将是 AI 在电影制作应用中的一个重要里程碑……我们希望向世界展示，AI 赋予了每个人创作自己的史诗级故事的能力。"电影制作团队如此表示。

团队利用 Midjourney、Runway、Pika、Kaiber、Eleven Labs、ComfyUi、Adobe 等多个 AIGC 工具进行创作，不使用原电影中的任何镜头、对话或音乐，确保 *Our T2 Remake* 所有内容均为原创。

也正是因此，在 *Our T2 Remake* 中出现了多种不同的画风，还有《星球大战》中的尤达大师、《泰迪熊》中的主角泰迪熊"客串"。

在国内，博主"AI 疯人院"也于 2024 年 3 月在网络发布了一部 AI 生成的《西游记》动画短片（图 9.30），视频长约 4 min，以《西游记》原著第一集为蓝本，用 AI 描绘出了花果山、仙宫、人间城池等场景。

图 9.30 AI 生成的《西游记》动画短片

据悉，该博主有着 15 年美术工作经验，依靠 AI，在短短一周就完成了人工需要半年来渲染的剧情内容。

如果说 AI 重制版《终结者 2》和 AI 生成《西游记》的创作过程还有一定门槛，那么，AI 文生视频工具 LTX Studio 则是真正实现了"让普通人一键'手搓'电影"。

2024 年 2 月 28 日，曾推出知名 P 图 App Facetune 的以色列新创 Lightricks，推出 LTX Studio（图 9.31），包办从构思阶段到影片生成的电影制作全过程，据称将在 2024 年 3 月 27 日全面免费开放。

图 9.31　LTX Studio

用户输入想法后，LTX Studio 便会创造脚本、角色、分镜，用户可以通过提示改变场景、风格，调整镜位和增加音效等，不过每段影片长段只有几秒。

"（AI 的）价值在于讲故事（内容创作）的全民化，这是一项令人难以置信的价值，"《复仇者联盟》（Avengers）导演罗素兄弟中的 Joe Russo 曾表示，"这意味着，通过虚幻引擎或 AI 工具，任何人都可以讲述故事。不论是游戏、电影，还是电视剧，人们都可以通过 AI 创作一个不断发展推进的故事。"

有人说，AI 会砸了影视从业者的饭碗，但不可否认的是，AI 也为影视行业的创作者，甚至是普通人带来了更多机会，人人都能是导演，都能拍出独属于自己心中的哈姆雷特。正如导演兼编剧陆川之前说的，当 AI 填补了技术的沟渠后，"实际上比拼的就是创意，AI 来辅助呈现你的想法"。

9.3.1.5　发展需求

要使得 AIGC 更加智能化、实用化，需要三大要素的支持，即数据、算力、算法。

数据是 AIGC 的核心基础，包括存储（集中式数据库、分布式数据库、云原生数据库、向量数据库）、来源（用户数据、公开域数据、私有域数据）、形态（结构化数据、非结构化数据）、处理（筛选、标注、处理、增强……）。算力则为 AIGC 提供强大的处理能力支撑，相应产业链包括半导体（CPU、GPU、DPU、TPU、NPU）、服务器、大模型算力集群、基于 IaaS 搭建分布式训练环境、自建数据中心部署。算法方面，AIGC 的发展，需要通过模型设计、模型训练、模型推理、模型部署步骤，完成从机器学习平台、模型训练平台到自动建模平台的构建，实现对实际业务的支撑与覆盖。

此外，AIGC 的发展还有一些隐忧我们需要去面对，比如：

1）法律法规完善程度低：目前 AIGC 相关的法律法规不完善是主要问题，想要实现对 AIGC 技术的有效发挥，必须对其相关的法律法规进行完善。就当前的 AIGC 技术在目前的应用来看，其缺乏完善的安全性标准，没有明确 AIGC 技术服务、内容传播与技术应用各相关方面的法律和社会责任。另外，缺乏完善的 AIGC 技术相关立法与分级分类的监管手段，AIGC 技术的安全性难以得到保障。

2）数据要素问题突出：在 AIGC 技术的使用中，没有明确划分公有数据和专有数据的使用界限，使基础大模型训练的数据合规性、安全性、权属产生问题。例如，专有数据的泄露可能会导致用户数据安全的问题，同时数据要素也很难有效发挥出自己的价值。

3）技术保密性问题：技术保密性是 AIGC 的首要问题。比如在与 AIGC 交互的过程中，企业的专有资源被泄露等。如果技术保密性不足就可能严重影响到信息资源的所有者。

所以，下一步 AIGC 的发展迫切需要的是：

1）构建完善的法律体系：随着 AIGC 技术的不断发展，AI 应用的领域日益广泛，为了更好地规范市场发展，建议逐步完善保障 AIGC 良性发展的法律法规体系，建立法律准入体系。开展针对 AIGC 模型市场准入方面的法律法规研究，从而明确 AIGC 技术服务、内容传播与技术应用各相关方面的法律和社会责任。同时，鼓励立法研究的多方参与、监管手段的分级分类、行业治理的公私合作。

2）数据服务产业链纳入统一管理体系：数据是 AIGC 发展的三大根基之一，加强数据要素安全，是 AI 技术安全落地的基础。可以加强各级单位对于数据要素的治理，分级分层建立数据要素安全标准，如在网络安全等级保护、数据分类分级管理、合规管理体系的搭建以及安全事件的防范等方面建立完善的解决方案。

3）技术标准统一和完善：技术是 AIGC 发展的核心，加强技术的独立可控是 AIGC 发展的重要手段。可以在基础大模型阶段开始实施技术标准、业务标准的制定，从起步阶段完善产业链体系的标准化。同时加强数据归集、算力统筹、算法开源等平台和基础能力建设等；同时优化 AIGC 技术的发展环境，通过技术创新、理念创新，进一步适应新的发展环境，提高技术的应用价值，是未来 AIGC 技术的发展重点。

9.3.2　脑机接口

9.3.2.1　概述

脑机接口（Brain – Machine Interface，BMI；或称 Brain Computer Interface，BCI），指在人或动物大脑与外部设备之间创建的直接连接，实现脑与设备的信息交换。这一概念其实早已有之，但直到 20 世纪 90 年代以后，才开始有阶段性成果出现。

脑机接口技术是一种变革性的人机交互技术。其作用机制是绕过外周神经和肌肉，直接在大脑与外部设备之间建立全新的通信与控制通道。它通过捕捉大脑信号并将其转换为电信号，实现信息的传输和控制。

2023 年，科学家们开发了可以将神经信号转化为接近正常对话速度的语句的脑机接口。全球首例非人灵长类动物介入式脑机接口试验在北京获得成功，促进了介入式脑机接口从实验室前瞻性研究向临床应用迈进。随着脑科学、人工智能和材料学的发展，脑机接口技术的不断进步，它将在提高患者生活质量、促进个性化和精准化医疗方面发挥重要的作用。

2024 年 2 月，首都医科大学附属北京天坛医院神经外科贾旺教授团队联合清华大学洪波教授团队，利用微创脑机接口技术首次成功帮助高位截瘫患者实现意念控制光标移动。

脑机接口，有时也称为"大脑端口"（Direct Neural Interface）或者"脑机融合感知"（Brain – Machine Interface），它是在人或动物脑（或者脑细胞的培养物）与外部设备间建立的直接连接通路。在单向脑机接口的情况下，计算机或者接受脑传来的命令，或者发送信号到脑（如视频重建），但不能同时发送和接收信号。而双向脑机接口允许脑和外部设备间的双向信息交换。

脑机接口是一种在脑与外部设备之间建立直接的通信渠道。其信号来自中枢神经系统，传播中不依赖外周的神经与肌肉系统。常用于辅助、增强、修复人体的感觉—运动功能或提升人机交互能力。

在该定义中，"脑"一词意指有机生命形式的脑或神经系统，而并非仅仅是"Mind"。"机"意指任何处理或计算的设备，其形式可以从简单电路到硅芯片。

对脑机接口的研究已持续了 40 多年。20 世纪 90 年代中期以来，从实验中获得的此类知识显著增长。在多年来动物实验的实践基础上，应用于人体的早期植入设备被设计及制造出来，用于恢复损伤的听觉、视觉和肢体运动能力。研究的主线是大脑不同寻常的皮层可塑性，它与脑机接口相适应，可以像自然肢体那样控制植入的假肢。在当前所取得的技术与知识的进展之下，脑机接口研究的先驱者们可令人信服地尝试制造出增强人体功能的脑机接口，而不仅止于恢复人体的功能。这种技术在以前还只存在于科幻小说之中。

脑机接口可分为感觉型（输入型）和运动型（输出型）两种。

感觉型脑机接口，它是将输入人体传感器的外界信息转换（编码）为电信号，通过植入脑内的电极将该信号传递给感觉神经，从而实现重建感觉功能。例如，对于存在听觉障碍的患者，在其耳部植入小型传声器，将传声器采集到的声音信息通过嵌入听神经的电极传入脑内（人工耳蜗），就可以达到恢复听力的效果。在临床上，这种技术已经应用于佩戴助听器改善听力效果不佳的患者身上。

运动型脑机接口，简单来说，它是通过思维来驱动机器。当要做某个动作时，计算机通过读取大脑运动区的信号，就可以直接驱动机器。一般情况下，脑机接口指的是运动型脑机接口，多数人想象中的脑机接口也基本上是运动型的。

脑机接口技术中，有向人体植入某种装置的侵入式，也有通过戴在头部并从体外读取脑的信息或者向脑传输信号的非侵入式。人工耳蜗就是侵入式脑机接口的例子。

脑机接口技术预计会得到快速发展。在可见的未来，有可能实现脑和外部网络的直接连接。例如，将类似超小型智能手机的设备植入脑内，从而实现不用手持而是用脑对其直接操作。

如果发展到脑与外部网络直接连接，则个人的思考、决策会在更大的程度上受到来自第三者或人工智能发出的信息的影响；自己脑内思考着的信息如果可能泄露到外部，则会引起隐私方面的担忧。有专家指出，无论采取什么样的形式，脑和外部网络的连接都需要慎重对待。

9.3.2.2 业界新动态

说到脑机接口，不得不提到 NeuraLink 公司。

2013 年 5 月，Neuralink 获得了美国食品和药物监管局（FDA）的人体临床试验批准。

NeuraLink 公司在 2023 年 9 月宣布正在招募一名试验参与者，当时该公司表示正在寻找一名四肢瘫痪的患者。此前就有报道称，已有数千人正排队等候植入 Neuralink 的大脑植入设备。

Neuralink 成立于 2016 年，该公司希望建立人脑与外部设备的通信通道：通过在大脑内植入超细线，并将这些线程连接到一个定制设计的芯片上，该芯片包含可以读取神经元组信息的电极。虽然这项技术算起来已有几十年的历史，而该公司的创新在于使植入物无线化，并增加了植入电极的数量。

据该公司网站介绍，其 PRIME 研究是对其无线脑机接口的一项试验，旨在评估

Neuralink 无线全植入式脑机接口的安全性和有效性，使瘫痪患者能够用他们的思想控制外部设备。

根据此前的招募信息，因颈部脊髓损伤或肌萎缩侧索硬化症（ALS）而瘫痪的患者符合参加临床试验的条件。据称，这项人体试验为期 6 年，参与者将首先参加一项为期 18 个月的研究，在那之后，他们将每周至少花 2 h 进行脑机接口方面的研究。

2024 年 1 月底，首位人类患者接受了 Neuralink 的大脑植入芯片，这是脑机接口技术发展的一个潜在里程碑，有朝一日或将帮助那些患有瘫痪等虚弱病症的患者与周围环境进行互动。实验当天，埃隆·马斯克称根据初步结果显示，神经元尖峰检测很有希望。

2024 年 2 月 20 日，埃隆·马斯克在社交媒体平台 X 上的 Spaces 活动中透露，脑机接口公司 Neuralink 首例人类大脑植入芯片手术进展顺利，目前受试者似乎已完全康复，并能仅凭思维在电脑屏幕上移动鼠标。

马斯克当天表示："试验进展非常顺利，病人似乎已经完全康复，我们已经观察到了神经系统反应，病人可以通过思维在屏幕上移动鼠标。"他补充道，现在正试图让患者点击尽可能多的鼠标按钮。

马斯克此前曾表示，Neuralink 的这项研究通过手术将脑机接口植入大脑中控制移动意图的区域，其短期目标是帮助瘫痪者实现意念打字功能，未来还将可以实现让瘫痪患者行走、让盲人看见，并最终实现"人机共生体"。

Neuralink 的脑机接口设备是一种侵入式的大脑植入物，通过神经信号控制外部设备，从而帮助重度瘫痪患者恢复与外界沟通的能力，并且帮助"治疗"自闭症和精神分裂症患者。Neuralink 的大脑植入芯片被设计用来记录和处理大脑的神经元活动，并将这些数据传输到外部设备。马斯克没有透露该公司的设备正在检测多少个神经元。

马斯克对 Neuralink 有着宏伟的抱负，称它将促进其芯片设备的快速植入技术，以治疗肥胖、自闭症、抑郁症和精神分裂症等疾病。在最新的一轮股权融资中，该公司估值为 50 亿美元。如果后续试验顺利的话，预计未来估值将进一步上升。

9.3.2.3 不同的声音

尽管 Neuralink 的工作目前看起来非常顺利，但根据报道，Meta 首席执行官马克·扎克伯格在最新采访中公开表明了对脑机芯片持谨慎立场。在 2024 年 2 月 16 日的一档播客节目中他讨论了脑机接口技术，并表示暂时不会尝试这项技术。

扎克伯格指出，"我们正在研究的一个比较疯狂的技术正是神经接口。也许将来会有这种技术，但我不想使用它的初代版本。我认为这个技术还需要进一步成熟，等到不需要每年都升级的时候再说吧"。

相关领域的科学家也对 Neuralink 的技术能否"解决"大脑异常或改变其发育结构持怀疑态度，但他们相信，它更有可能帮助瘫痪患者重新获得行走能力。

目前，关于脑机接口的伦理学争论尚不活跃，动物保护组织对这方面的研究关注也不多。这主要是因为脑机接口研究的目标是克服多种残疾，也因为脑机接口通常给予病人控制外部世界的能力，而不是被动接受外部世界的控制（当然视觉假体、人工耳蜗等感觉修复技术是例外）。

有人预见，未来当脑机接口技术发展到一定程度后，不但能修复残疾人的受损功能，也能增强正常人的功能。例如深部脑刺激（DBS）技术和 RTMS 等技术可以用来治疗抑郁症和帕金森病，将来也可能可以用来改变正常人的一些脑功能和个性。又如，海马体神经芯片将来可能用来增强正常人的记忆。这可能带来一系列关于"何为人类""心灵控制"的问题争论。

9.3.3　具身智能

让我们先来看一个例子。

"Ameca，最近怎么样？""嗯……就勉强活着吧。"——英国机器人公司 Engineered Arts 近日最新发布的视频中，"当家花旦"人形机器人 Ameca 以这样一个回答开场后，展示了一番视觉感知能力与声音克隆能力（图 9.32）。

图 9.32　Ameca 视频截图

机器人"睁眼看世界"不是什么新鲜事，而 Ameca 这次掌握的，是"睁眼看懂世界"能力，即基于视觉的分辨能力。

当研究人员要求 Ameca 描述所处的房间时，她会在左顾右盼一番后开始发言，中间还夹杂些许"英式嘲讽"："房间的窗户开着，光线太亮、让人睁不开眼；书架上摆着很多书，不知道是真求知还是假学问；还有桌椅，那是生产力工具，也是拖延症帮手……"当被问起研究人员手中拿着什么时，Ameca 不仅可以精准识别出机器人玩具、医学人头模型，还会加上细节描述，例如，"是过去时代的东西""有怀旧气息""做得很细致"等。

除了视觉能力，Ameca 还学会了声音模仿。

在视频的后半部分，Ameca 模仿起了摩根·弗里曼、马斯克、海绵宝宝的声音，在每段模仿秀中，还保留了他们各自的说话风格；最后，还按照研究人员要求，来了一段·"海绵宝宝声音、特朗普说话风格"的演讲。

在问答全程中，Ameca 的眼珠会跟随研究人员的行动而移动，会在回答时直视研究人员，也会歪头端详，会垂眼思考，还会微笑。

之前 Ameca 就曾因为表情逼真、"过于像人"而走红，甚至一度被称为"最像人""最先进"的人形机器人。

这次的视频中，只有半身无手版 Ameca 出场；而在此前的视频中，全身版 Ameca（图 9.33）还会在对话过程中，配合不同表情做出不同的手势。

在 2024 年世界移动通信大会（MWC）上，Engineered Arts 还推出了第二代 Ameca 机器人，由 GPT–4 提供支持。

图 9.33　全身版 Ameca 图

虽然在表情展示方面，Ameca 作为人形机器人已遥遥领先，但目前它还不能行走。Engineering Arts 计划未来将其改造升级，让其具备行走、奔跑等更多能力。

Ameca 就是一个典型的具身智能机器人，另外一个典型的例子，就是特斯拉的人形机器人 Optimus（擎天柱）（图 9.34）。

2024 年 2 月 24 日，马斯克分享了最新的 Optimus 的视频，视频中，Optimus 的步态更加稳健，行走体态也更接近人类；改变行进方向时极为顺滑，没有僵硬的机械感，且转向的同时并未停止前进。

Optimus 机器人工程师 Milan Kovac 介绍，这是 Optimus 有史以来最快的步态，速度约为 0.6 m/s，与 12 月发布的视频相比，速度提高了 30%。"我们改进了前庭系统、脚部轨迹和地面接触逻辑；升级了运动规划器，并缩短了整个机器人的环路延迟。Optimus 整体行走稳定性和自信程度上都有所提升，即使在转弯时也表现优异。我们还增加了轻微的躯干和手臂摇摆。"

2024 年 2 月 22 日，国内厂家优必选宣布其工业版人形机器人 Walker S（图 9.35）已经在蔚来的汽车工厂进行"实训"，实训任务包括移动产线启停自适应行走、鲁棒里程计与行走规划、感知自主操作与系

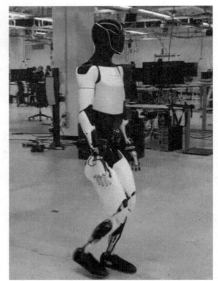

图 9.34　特斯拉的人形机器人 Optimus（擎天柱）

统数据通信与任务调度等方面。根据所发布的视频内容来看，在蔚来汽车工厂，Walker S 正在进行车门锁质检、安全带检测、车灯盖板质检、贴车标等工作。

具体来看，在汽车前后门锁的质检环节，Walker S 搭载了定制化 AI 质检管理系统，可以对汽车门锁进行实时图像采集与传输，门锁状态无误，Walker S 则会在系统上标注"OK"。在安全带检测环节，Walker S 可以将手部翻转 180°，下拉安全带，完成 6D 位姿识别。在车灯盖板质检环节，Walker S 同样进行了实时图像采集与传输。最后 Walker S 再走到车头前面，贴好蔚来汽车 Logo。

图 9. 35　优必选的 Walker S

Walker S 是优必选用于工业领域的人形机器人，于 2023 年研发，在 2023 年年底优必选上市当天首次亮相，当天它还完成了上市敲钟动作。

所谓具身（Embodiment），是指具有支持感觉和运动（Sensorimotor）的物理身体。具身智能（Embodied AI）就是指有身体并支持物理交互的智能体，如家用服务机器人、无人车等。也可以认为是指一种智能系统或机器能够通过感知和交互与环境进行实时互动的能力。相反，非具身智能（Disembodied AI）则是指没有物理身体，只能被动接受人类采集、制作好的数据。

具身智能系统通常具备感知、认知、决策和行动的能力，能够通过感知器和执行器与环境进行交互，并根据环境的变化做出相应的决策和行动。Embodied AI 通过与环境的互动，虽然以第一视角得到的数据不够稳定，但这种类似人类的自我中心感知中学习，从视觉、语言和推理到一个人工具象（Artificial Embodiment），可以帮助解决更多真实问题。

训练具身智能的一种直接方法是将它们直接放置在物理世界中。这很有价值，但在现实世界中训练机器人速度慢、危险（机器人可能会摔倒并摔坏）、资源密集型（机器人和环境需要资源和时间）并且难以重现（尤其是罕见的边缘情况）。另一种直接方法是在逼真的模拟器中训练具身代理，然后将学到的技能转移到现实中。模拟器可以帮助克服物理世界的一些挑战。模拟器可以比实时运行快几个数量级，并且可以在集群上并行化；模拟培训安全、便宜。一旦在模拟中开发和测试了一种方法，就可以将其转移到在现实世界中运行的物理平台。

1950 年，图灵在他的论文 *Computing Machinery and Intelligence* 中首次提出了具身智能的概念。在之后的几十年里，大家都觉得这是一个很重要的概念，但具身智能并没有取得很大的进展，因为当时的技术还不足以支撑其发展。图灵所说的下围棋和使机器具备感官、能说英语、能学习就分别代表了非具身智能和具身智能，而两种智能形态的此消彼长也贯穿了人工智能研究这跌宕起伏的 70 年。

非具身智能聚焦于智能中表征与计算的部分。早在符号主义大行其道的 20 世纪六七十年代，非具身智能就占据了绝对的优势。不需要物理交互、不考虑具体形态、专注抽象算法的开发这一系列有利条件使非具身智能得以迅速发展。今天在算力和数据的支持下，深度学习这一强有力的工具大大推进了人工智能研究，非具身智能已经如图灵所愿，近乎完美地解决了下棋、预测蛋白质结构等抽象的独立任务。互联网上充沛的图片和语义标注也使一系列视觉问题取得了突出的成果。

然而这样的智能显然是有局限的。非具身智能没有自己的眼睛，因此只能被动地接受人类已经采集好的数据。非具身智能没有自己的四肢等执行器官，无法执行任何物理任务，也缺乏相关的任务经验。即使是可以辨识万物的视觉大模型也不知道如何倒一杯水，而缺乏身体力行的过程，使得非具身智能体永远也无法理解事物在物理交互中真实的意义。

相比而言，具身智能具有支持感觉和运动的物理身体，可以进行主动式感知，也可以执行物理任务，没有非具身智能的诸多局限性。更重要的是，具身智能强调"感知—行动回路"（Perception – Action Loop）的重要性，即感受世界、对世界进行建模、进而采取行动、进行验证并调整模型的过程。这一过程正是"纸上得来终觉浅，绝知此事要躬行"，与我们人类的学习和认知过程一致。

这也是为什么像人一样能与环境交互感知，自主规划、决策、行动、执行能力的机器人/仿真人（指虚拟环境中）被指是 AI 的终极形态。它的实现包含了人工智能领域内诸多的技术，例如，计算机视觉、自然语言处理、机器人学等。

近 10 年来，计算机视觉、自然语言处理等技术已经在图像识别、语音处理等方面有爆炸性的发展，方方面面的集成应用也早已经融入平常百姓家的日常生活。可是，具有物理实体、能够与真实世界进行多模态交互，像人类一样感知和理解环境，并通过自主学习出色完成复杂任务的智能体，仍没有跳出科幻电影的剧本，拥入现实世界的怀抱。我们目前更多看到的还是一些玩具化的人形机器人，迈着呆板的步伐，做着看起来 Simple and Easy 的展示性任务（其实是很不容易的）。

可以说，要造出像变形金刚那样的自如行动的具身智能机器人还任重道远。

9.3.4　元宇宙

9.3.4.1　概述

元宇宙（Metaverse）是指人类运用数字技术构建的，由现实世界映射或超越现实世界，可与现实世界交互的虚拟世界，具备新型社会体系的数字生活空间。

"元宇宙"本身并不是新技术，而是集成了一大批现有技术，包括 5G、云计算、人工智能、虚拟现实、区块链、数字货币、物联网、人机交互等。

元宇宙本质上是对现实世界的虚拟化、数字化过程，需要对内容生产、经济系统、用户体验以及实体世界内容等进行大量改造。但元宇宙的发展是循序渐进的，是在共享的基础设施、标准及协议的支撑下，由众多工具、平台不断融合、进化而最终成形。

元宇宙基于扩展现实技术提供沉浸式体验，基于数字孪生技术生成现实世界的镜像，基于区块链技术搭建经济体系，将虚拟世界与现实世界在经济系统、社交系统、身份系统上密切融合，并且允许每个用户进行内容生产和世界编辑。

元宇宙主要有以下几项核心技术：

1）扩展现实技术：包括 VR 和 AR。扩展现实技术可以提供沉浸式的体验，可以解决手机解决不了的问题。

2）数字孪生：能够把现实世界镜像到虚拟世界里面去。这也意味着在元宇宙里面，我们可以看到很多自己的虚拟分身。

3）区块链技术：可以用来搭建经济体系。随着元宇宙进一步发展，对整个现实社会的模拟程度加强，我们在元宇宙当中可能不仅仅是在花钱，而且有可能赚钱，这样在虚拟世界里同样形成了一套经济体系。

9.3.4.2　发展历程

"元宇宙"一词诞生于著名作家尼尔·斯蒂芬森（Neal Stephenson）1992 年的科幻小说《雪崩》（图 9.36）。小说中提到 "Metaverse"（元宇宙）和 "Avatar"（化身）两个概念。人们在 "Metaverse" 里可以拥有自己的虚拟替身，这个虚拟的世界就叫作 "元宇宙"。小说描绘了一个庞大的虚拟现实世界，在这里，人们用数字化身来控制，并相互竞争以提高自己的地位。如今看来，尼尔的小说描述的还是超前的未来世界。

关于 "元宇宙"，比较认可的思想源头是美国数学家和计算机专家弗诺·文奇教授在其 1981 年出版的小说《真名实姓》中创造性地构思了一个通过脑机接口进入并获得感官体验的虚拟世界。

20 世纪 70 年代到 1995 年出现了大量的开

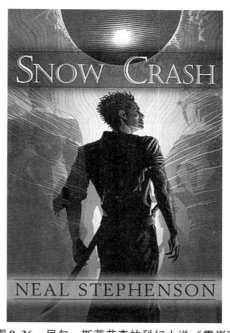

图 9.36　尼尔·斯蒂芬森的科幻小说《雪崩》

放性多人游戏，游戏本身的开放世界形成了元宇宙的早期基础。2003 年，游戏 Second Life 发布，它在理念上给大家部分解放了现实世界所面临的窘境，大家在现实世界中不能快速调整自己的身份，而在虚拟世界当中，大家可以通过拥有自己的分身来实现。

2020 年人类社会到达虚拟化的临界点，一方面，疫情加速了社会虚拟化，在新冠疫情防控措施下，全社会上网时长大幅增长，"宅经济" 快速发展；另一方面，线上生活由原先短时期的例外状态成为常态，由现实世界的补充变成了与现实世界的平行世界，人类现实生活开始大规模向虚拟世界迁移，人类成为现实与数字的 "两栖物种"。

2021 年是元宇宙元年。2021 年年初，Soul 在行业内提出构建 "社交元宇宙"。2021 年 3 月，被称为元宇宙第一股的罗布乐思（Roblox）正式在纽约证券交易所上市。2021 年 5 月，微软首席执行官萨蒂亚·纳德拉表示公司正在努力打造一个 "企业元宇宙"。2021 年 8 月，海尔发布制造行业首个智造元宇宙平台，实现智能制造物理和虚拟融合，融合 "厂、店、家" 跨场景的体验。

2021 年 8 月，英伟达宣布推出全球首个为元宇宙建立提供基础的模拟和协作平台。

2021 年 9 月 29 日，《2020—2021 中国元宇宙产业白皮书》启动会在北京成功举办。

2021 年 10 月 28 日，美国社交媒体巨头脸书（Facebook）宣布更名为 "元"（Meta）。

2022 年 1 月，索尼（Sony）布局 "元宇宙" 赛道，宣布虚拟现实头盔 PS VR2 的新细节，以及一款适配 PS VR 2 的新游戏。

2022 年 4 月 25 日，Facebook 母公司 Meta 宣布，其第一家 "元宇宙" 实体店将于 5 月开业，消费者可以在实体店试用和购买虚拟现实（VR）头显和其他设备。

2022 年 6 月 22 日，微软公司、Facebook 母公司 Meta 以及其他竞相构建新兴元宇宙概念的科技巨头成立了一个组织，目的是促进元宇宙产业标准的制定，以便这些公司新推出的数字世界能够相互兼容。

2022 年 6 月 30 日，首届"中国产业元宇宙大会"成功举办。

2022 年 9 月 15 日，北京理工大学推出"挑战杯·元宇宙"大型沉浸式数字交互空间（图 9.37），它包含北京理工大学良乡校区数字校园、千余参赛者构筑的"挑战杯"世界和万人在线的"挑战杯"舞台等虚拟场景。该空间制作使用了数字人身份引入、虚拟交互机制、数字资产创作等技术，对直播节目的虚实结合、内容拓展、沉浸体验进行了开拓性探索，为未来智能媒体使用元宇宙聚合技术，为"挑战杯"虚拟办赛提供新形式，也是元宇宙技术在教育领域的一次大规模应用。北京理工大学发挥元宇宙技术优势，将数字化办赛作为本届竞赛的鲜明特色，有效增强了全国竞赛的客观性、群众性、交流性。

学校构建数千个数字模型资产，首次推出大型沉浸式数字校园；通过云端资产部署、实时渲染推流等技术，首次举办超大规模线上活动，可实现 10 万人同时在线、百万人共同参与；首次构建可视化的大学生创新创业成果库，让"挑战杯"永不落幕；推出"挑战杯"001 号参赛选手，首次实现数字人与大学生参赛者同屏参与、同台竞技。"挑战杯·元宇宙"由北京理工大学计算机学院数字表演实验室研发，北京理工大学设计与艺术学院科研团队负责视觉设计，是元宇宙技术在国内教育领域的一次大规模应用。

图 9.37　北京理工大学推出"挑战杯·元宇宙"大型沉浸式数字交互空间

"挑战杯·元宇宙"包含北京理工大学良乡校区数字校园、千余参赛者展台的挑战杯世界、万人在线挑战杯舞台等场景，通过即时云渲染技术，将大型沉浸式体验需要的图形算力、存储需求放在云端，为所有线上参与赛事的人员提供了一个可以沉浸式感受决赛现场氛围的渠道。用户通过微信、钉钉、i 北理、鸿蒙浏览器、Chrome、Safari 浏览器等形式进入，实现"破屏"融合传播。本届"挑战杯"决赛期间，共有 1 083 518 名用户登录"挑战杯·元宇宙"，创造了新的吉尼斯世界纪录。

2022 年 11 月，作为卡塔尔世界杯持权转播商，中国移动创新推出宏大奇妙的世界杯元宇宙比特景观，打造 5G 时代首个世界杯元宇宙，并实现多个"首次"：国内首创批量数智人参与全球顶级赛事转播和内容生产；首创中国自主知识产权音视频标准商业化播出；首创

5G + 低延时转播方案；首创基于 3D 渲染引擎的裸眼 3D 视频彩铃；首创多屏多视角"车里看球"智能座舱（覆盖 2022 年 80% 以上新能源车企）；首创基于 5G + 算力网络 + 云引擎的比特转播，并实现跨手机/平板/VR/AR/大屏等多终端的全新体验；首创元宇宙比特空间"星际广场""星座·M"；推出全球首个 5G + 算力网络元宇宙比特音乐盛典；首创单一比特空间实时渲染全交互全互动用户破万，5G + 算力网络分布式实时渲染并发破 10 万，5G + 算力网络云游戏全场景月活破亿。世界杯期间，登录中国移动咪咕全系产品，领取专属比特数智人身份的首批"元住民"超 180 万，元宇宙互动体验用户超 5 700 万。

2022 年 11 月 10 日，全国首个"元宇宙城市体验馆"亮相乌镇。

2022 年 11 月 15 日，太平洋岛国图瓦卢宣布将在元宇宙中复制自己。

2023 年 8 月 29 日，工业和信息化部、教育部、文化和旅游部、国资委、国家广播电视总局等五部门联合印发《元宇宙产业创新发展三年行动计划（2023—2025 年）》。

2023 年 9 月，工业和信息化部印发通知，组织开展 2023 年未来产业创新任务揭榜挂帅工作。揭榜任务内容为面向元宇宙、人形机器人、脑机接口、通用人工智能四个重点方向，聚焦核心基础、重点产品、公共支撑、示范应用等创新任务，发掘培育一批掌握关键核心技术、具备较强创新能力的优势单位，突破一批标志性技术产品，加速新技术、新产品落地应用。

2024 年 1 月 30 日，《2023 中国元宇宙产业白皮书》在北京发布，2023 年 12 月 31 日，中国市场信息调查业协会区块链专业委员会、中国民营科技实业家协会元宇宙工作委员会、中国民营科技实业家协会 Web 3.0 专业委员会、深圳市车联网行业协会、哈尔滨工业大学区块链研究中心、北京工业大学元宇宙云图智能研究院等机构共同编制的《2023 中国元宇宙产业白皮书》在北京发布。

9.3.4.3　未来发展

在元宇宙时代，实现眼、耳、鼻、舌、身体、大脑六类需求（视觉、听觉、嗅觉、味觉、触觉、意识）有不同的技术支撑，如网线和电脑支持了视觉和听觉需求，但这种连接还处在初级阶段。随着互联网的进一步发展，连接不仅满足需求，而且通过供给刺激需求、创造需求。如通过大数据精准"猜你喜欢"，直接把产品推给用户，实现"概率购买"的赌注。

作为一种多项数字技术的综合集成应用，元宇宙场景从概念到真正落地需要实现两个技术突破：第一个突破是 XR、数字孪生、区块链、人工智能等单项技术的突破，从不同维度实现立体视觉、深度沉浸、虚拟分身等元宇宙应用的基础功能；第二个突破是多项数字技术的综合应用突破，通过多技术的叠加兼容、交互融合，凝聚形成技术合力推动元宇宙稳定有序发展。

元宇宙涉及非常多的技术，元宇宙的生态版图中有底层技术支撑、前端设备平台和场景内容入口。元宇宙有三个属性，一是包括时间和空间的时空性；二是包括虚拟人、自然人、机器人的人机性；三是基于区块链所产生的经济增值性。

元宇宙在不同产业领域当中，发展速度是不一样的，如果某一个产业领域和元宇宙的三个属性有密切结合，它发展会更快，这包括游戏、展览、教育、设计规划、医疗、工业制造、政府公共服务等。未来人类所有的行业都需要在有空间性、人机性、经济增值性的元宇宙当中重新进入赛道。

伴随着应用场景的不断成熟，未来元宇宙将演化成为一个超大规模、极致开放、动态优化的复杂系统。这一系统将由多个领域的建设者共同构建完成，涵盖了网络空间、硬件终端、各类厂商和广大用户，保障虚拟现实应用场景的广泛连接，并展现为超大型数字应用生态的外在形式。实现稳健运营后的元宇宙，主要包括五大体系：

1）技术体系：作为一种多项数字技术的综合应用，元宇宙技术体系将呈现显著的集成化特征。一方面，元宇宙运行的技术体系，包括扩展现实（XR）、数字孪生、区块链、人工智能等单项技术应用的深度融合，以技术合力实现元宇宙场景的正常运转；另一方面，元宇宙将与生产活动具有更加紧密的关联性，因此元宇宙技术体系将接入更多不同的产业技术，产业技术将成为元宇宙技术体系的重要组成部分。

2）连接体系：随着新一代信息技术的持续深入，社会发展将日益网络化，元宇宙的连接体系拓展过程正好与社会网络化这一趋势相遇。元宇宙的连接体系主要包括内部连接和外部连接两部分。内部连接，即元宇宙内部不同应用生态之间的连接；外部连接，即元宇宙与现实世界的连接。

3）内容体系：由于视觉仿真因素的全面融入，推动信息传递从二维平面升级到三维立体空间，未来内容输出形式更加生动灵活，有力增强了用户的真实感、临场感和沉浸感，极大扩充和丰富了元宇宙的内容体系。元宇宙的内容体系主要涵盖了两大类型：一类是娱乐、商业、服务等传统网络内容的立体化呈现；另一类是文化和创意产业将在元宇宙中进一步融合，衍生出一系列全新内容，即虚拟世界的创造物。

4）经济体系：元宇宙经济是实体经济和虚拟经济深度融合的新型数字经济形态，具有始终在线、完整运行、高频发生等特征。从交易角度来看，一个正常运转的元宇宙经济体系包括四个基本要素：①商品，既有现实世界在元宇宙中的数字化复制物，也有虚拟世界全新的创造物；②市场，元宇宙中商品和服务的交易场所；③交易模式，元宇宙中将有去中心化金融（De–Fi）、不可替代币（NFT）等多种共存的交易模式；④安全，保障交易活动规范有序的安全要素。

5）法律体系：只有在法律的保驾护航下，才能有效解决元宇宙这一新生事物可能引发的各种问题，有效推进其健康发展。元宇宙的法律体系至少包括三部分内容：一是现实法律的重塑与调整，为规范虚拟主体人格做好铺垫；二是保障元宇宙经济社会系统正常运行的交易、支付、数据、安全等法律规范；三是对元宇宙开发和应用进行外部监管的法律法规。

当然，未来元宇宙的发展也面临不少的挑战。除了技术瓶颈以外，元宇宙发展主要面临四个方面的挑战：

第一，如何确立元宇宙运行的基本框架，元宇宙是现实经济社会的场景模拟，其中涉及价值观念、制度设计和法律秩序等一系列基本框架选择问题。

第二，如何避免形成高度垄断，元宇宙场景的实现，需要巨大的人力和物力投入，同时又要实现超大规模的连接，因此元宇宙具有一种内在垄断基因。人们需要避免元宇宙被少数力量所垄断。

第三，如何维系现实世界和元宇宙之间的正面互动关系，也就是用好元宇宙这把双刃剑，谨防人们沉浸在元宇宙场景中不能自拔，要发挥元宇宙的积极作用。

第四，如何保护隐私和数据安全，元宇宙的发展，需要搜集人们更多的个人信息，保护个人隐私和数据安全将是一个非常大的挑战。

第 10 章
结　　语

10.1　要注意的事

10.1.1　数据不是万能的

有这样一个故事。一位大型银行的首席执行官正在考虑是否要退出意大利市场，因为经济形势不景气，而且未来很可能出现一场欧元危机。

这位 CEO 手下的经济学家描绘出一片惨淡的景象，并且计算出经济低迷对公司意味着什么。但是最终，他还是在自己价值观念的指引下做出了决定：不会退出意大利市场。

这家银行在意大利已经有了几十年的历史，他不希望意大利人觉得他的银行只能同甘不能共苦。他不希望银行的员工认为他们在时局艰难之际会弃甲而逃。他决定留在意大利，不管未来有什么危机都要坚持下去，即便付出短期代价也在所不惜。

做决策之时他并没有忘记那些数据，但最终他采用了另一种不同的思维方式。当然，他是正确的。商业建立在信任之上。信任是一种披着情感外衣的互惠主义。在困境中做出正确决策的人和机构能够赢得自尊和他人的尊敬，这种感情上的东西是非常宝贵的，即便它不能为数据所捕捉和反映。

这个故事反映出了数据分析的长处和局限。目前这一历史时期最大的创新就在于，我们的生活现在由收集数据的计算机调控着。在这个时代，头脑无法理解的复杂情况，数据可以帮我们解读其中的含义。数据可以弥补我们对直觉的过分自信，数据可以减轻欲望对直觉的扭曲程度。

那么来看看数据在哪些方面并不擅长：

1. 数据不懂社交

大脑在数学方面很差劲（不信请迅速心算一下 437 的平方根是多少），但是大脑懂得社会认知。人们擅长反射彼此的情绪状态，擅长侦测出不合作的行为，擅长用情绪为事物赋予价值。

2. 计算机数据分析擅长的是测量社会交往的"量"而非"质"

网络科学家可以测量出你在 76% 的时间里与 6 名同事的社交互动情况，但是他们不可能捕捉到你心底对那些一年才见两次的儿时玩伴的感情。因此，在社交关系的决策中，不要愚蠢到放弃头脑中那台充满魔力的机器，而去相信你办公用的那台机器。

3. 数据不懂背景

人类的决策不是离散的事件，而是镶嵌在时间序列和背景之中的。经过数百万年的演化，人脑已经变得善于处理这样的现实。人们擅长讲述交织了多重原因和多重背景的故事。数据分析则不懂得如何叙事，也不懂得思维的浮现过程。即便是一部普普通通的小说，数据分析也无法解释其中的思路。

4. 数据会制造出更大的"干草垛"

这一观点是由纳西姆塔勒布（著名商业思想家，著有《黑天鹅：如何应对不可知的未来》等著作）提出的。随着我们掌握的数据越来越多，可以发现的统计上的相关关系也就越来越多。这些相关关系中，有很多都是没有实际意义的，在真正解决问题时很可能将人引入歧途。这种欺骗性会随着数据的增多而逐步增长。在这个庞大的"干草垛"里，我们要找的那根针越埋越深。大数据时代的特征之一就是，"重大"发现的数量被数据扩张带来的噪声淹没。

5. 大数据无法解决大问题

如果你只想分析哪些邮件可以带来最多的竞选资金赞助，你可以做一个随机控制实验。但假设目标是刺激衰退期的经济形势，你就不可能找到一个平行世界中的社会来当对照组。最佳的经济刺激手段到底是什么？人们对此争论不休。尽管数据像海浪一般涌来，但在这场辩论中没有哪位主要"辩手"因为参考了数据分析而改变立场的。

6. 数据偏爱潮流，忽视杰作

当大量个体对某种文化产品迅速产生兴趣时，数据分析可以敏锐地侦测到这种趋势。但是，一些重要的（也是有收益的）产品在一开始就被数据摒弃了，仅仅因为它们的特异之处不为人所熟知。

7. 数据掩盖了价值观念

《"原始数据"只是一种修辞》中的要点之一就是数据从来都不可能是"原始"的，数据总是依照某人的倾向和价值观念而被构建出来。数据分析的结果看似客观公正，其实价值选择贯穿了从构建到解读的全过程。

上面所说的这些是数据不擅长的，并不是要批评大数据不是一种伟大的工具，只是说它和任何一种工具一样，有拿手强项，也有不擅长的领域。正如耶鲁大学的爱德华·图弗特教授所说："这个世界的有趣之处，远胜于任何一门学科。"好钢要用在刀刃上，我们要从各个方面去充分了解数据科学的优势和不足之处，从而更好地去运用它。

10.1.2 大数据时代的伦理忧思

本书中谈到了美国和加拿大等国的"棱镜门"事件。尽管在"棱镜门"背景下，各国政府是利用数据来维护国内的稳定和安全，出发点是好的。但是"棱镜门"事件的持续发酵，还是难以避免地引发了更多的对于大数据时代隐私安全的顾虑。在大数据时代，隐私安全该如何去维护呢？

隐私是我们最基本也是最神圣的一种权利。但是在 Web 2.0 时代，面对如此众多的社交和共享应用，我们的这一权利正在慢慢地被剥夺了。事实上，一些专家认为，这一权利已经丢失了。

数据安全往往涉及很多隐私，数据被谁掌握，怎样能够保证安全，是一直困惑我们的问题，这一问题在大数据时代下再一次被放大。在信息爆炸的信息化社会，保护隐私安全不仅仅是我们所谈到的大数据技术或者个人的单独行为，它是整个社会的行为。所有东西都不可能通过单一的技术手段解决，它还要使用法律手段和道德手段。

就像是对于之前的各种科技发明的态度一样，人们已经开始讨论大数据带来的究竟是天堂还是地狱。

"棱镜门"事件引发了公众对于大数据的恐慌，人们害怕在大数据的洞察和检测下成为没有隐私的"透明人"。因此大数据作为一种基础设施，必须要建立自己的规则，对掌握大数据的人要有所约束，以保证其应用到了对的地方。

此外，还有学者在探讨的一个问题是：大数据时代，自然规律能够被轻易地发现和预测，但是对于主观性更强、所思与所做常常大相径庭的人类行为，预测产生的价值究竟有多大？

《大数据时代》一书的作者维克托·迈尔·舍恩伯格就曾有过这样的担忧：大数据在欧美国家已经被应用到了警察这一行业，如果按照一个人过往的行为数据分析，预测他两年之后可能成为一个杀人犯，那么是放任自由还是现在就要给他贴上"杀人犯"的标签，开始对他进行监控或者直接投入监狱？事实上，没有人能够给出答案。

试想，如果通过数据分析出哪个姑娘最适合你但你却对她没有心动的感觉；在你下班的时候没有决定去哪里但数据预测却清楚地点出了你即将出现的目的地……人们面对这些预测的时候，是否会失去选择的权利？

只有将大数据用到对的地方，才能为我们带来更加欣喜的明天，造福人类生活。

因此，大数据带来的究竟是天堂还是地狱，我们认为，重点在于是否要对掌握大数据的人有所约束。一方面，要对数据使用者进行道德和法律上的约束；另一方面，还是要加强我们自身的保护意识。

10.1.3　别忘了，数据只是工具

我们说数据记载了过去，数据描述了历史长河中事物运行的规律，温故知新，对数据的分析和理解可以帮助我们了解规律，掌握趋势，甚至预测未来。有人会觉得，也许数据就像是巫婆的水晶球，能够预知一切。但如果未来真的可预测，你的命运都通过数据提前告诉了你，你是会遵从数据的结论，顺应命运呢，还是会依旧无怨无悔地去拼搏和改变？

让我们来温习一部电影吧。

《千钧一发》（Gattaca）（图 10.1）是一部1997 年上映的美国科幻电影，讲述了在不久的未来，通过基因工程加工出生的人才是正常人，而自然分娩的孩子则被视同"病人"。主人公文森特就是这样一个病人，而他的弟弟安东则是正常人。

在这个未来世界，每个人的命运都不再是充满未知。当一个生命刚刚诞生（甚至在他/她刚刚可以被称为生命之时），他/她的人生路径就已基

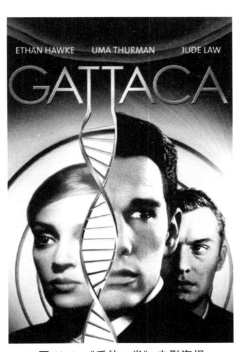

图 10.1　《千钧一发》电影海报

本确定，通过对基因大数据的分析，就知道了他/她将面对的一切，除非有一些意想不到的非基因因素出现。

从基因的角度来说，文森特是个不幸的人。他一出生就被宣布带有一定的基因缺陷，长大后的他将是近视和心脏病患者，更可怕的是：根据基因推断，他只有 30 年的生命。

文森特的父母非常想要一个优秀的儿子，因此用基因优选法为他生了一个弟弟。尽管文森特在成长的过程中事事努力，但仍受到不公正的基因歧视。他喜欢与弟弟进行游泳比赛，事实也证明他并不比弟弟差，然而这一切又有什么用呢？人们相信的只有基因大数据分析的结果！

文森特痴迷于太空，为了实现飞上天去的梦想，他离家出走，历尽人间风雨，最后终于在太空中心找到了一份清洁工的工作。连他自己也不知道，这是否意味着他缩短了离自己梦想的距离。

这时，他结识了具有优秀基因但却因意外事故而下身瘫痪的杰罗姆。杰罗姆同意与他交换身份，帮助他完成进入太空的梦想。经过一系列精心的准备，文森特终于以杰罗姆的身份成为太空中心的一级领航员。不久他得到通知：一个星期后将踏上飞往泰坦星的征程。

作为文森特的幕后支持者，杰罗姆的工作就是每天为他准备应付太空中心严密基因核查的用品，如尿样、血样，甚至毛发、皮屑。而文森特则每天都要在进入太空中心前进行烦琐细致的全身清洗，以免将自己的毛发、皮屑遗落在太空中心。这些不起眼的东西会使他暴露真实身份。

正当一切都按计划发展之时，太空中心的一位关键人物被谋杀了。警探根据一根含有劣质基因的睫毛，很快就怀疑上了他。这天早上，文森特正准备进入办公室，不想却从女友伊莲妮处得到一个令他震惊的坏消息：警探正准备对他进行更深入的基因核查。

文森特迅速躲了起来。警探强迫伊莲妮前往文森特的家，文森特暗中立即通知家里的杰罗姆。当警探赶到时，杰罗姆已经用惊人的毅力从地下室爬到楼上的会客厅。警探抽取杰罗姆的静脉血核查基因，结果令他大惑不解：面前这个人的确有着优秀的基因。

与此同时，谋杀案的真凶已经归案，而警探就是文森特多年不见的弟弟。

在登上飞船之前，还有最后一关，就是尿检。然而文森特的坚持打动了尿检的医生，医生其实早就知道他的一切，于是睁一只眼闭一只眼放了水。

文森特终于实现了飞上太空的梦想。在飞船中，他打开杰罗姆临别时送给他的信封，里面是一缕含有杰罗姆优秀基因的头发。此时，杰罗姆也结束了自己的生命。

这是一部忧伤的电影，但电影里面所传递的思想却是非常具有正能量的。他讲述的是一个被数据分析认定人生无望的孩子，不向数据低头，依靠自己的坚持、努力和奋斗实现梦想，改变了数据分析所认定的命运的故事。

不可否认，数据记载了过去，记载了之前所有事物运行的规律。但是，人与别的生物不一样的地方就在于人的创造性，人是可以改变命运的。正如生物进化过程中的突变，即使按照数据分析，依照历史规律认为有些事情是完全不可能发生的，靠我们自己的努力，也许也能去实现它。

所以，一定要牢记，即使在大数据时代背景下，数据科学也只是我们的一项科学技术，它是为我们所用的，只是我们的工具，而不是我们的主人。要人驭兵，莫要兵驭人。

10.1.4　提防进入数据使用的误区

首先，数据的可接近性并不会使得它的使用合乎伦理。大数据为监测和预示人们的生活提供了极大的方便，然而个人隐私也随之暴露在无形的"第三只眼"之下。无论是电子商务、搜索引擎还是微博等互联网服务商都对用户行为数据进行了挖掘和分析，以获得商业利益，这一过程中不可避免地威胁到普通人的隐私。以往人们认为网络的匿名化可以避免个人信息的泄露，然而在大数据时代里，数据的交叉检验会使得匿名化失效。许多数据在收集时并非具有目的性，但随着技术的快速进步，这些数据最终被开发出新的用途，而个人并不知情。不仅如此，运用大数据还可能预测并控制人类的潜在行为，在缺乏有效伦理机制的情况下，有可能造成对公平、自由、尊严等人性价值的践踏。

其次，越大的数据并不是越好的数据。对数据的盲目依赖会导致思维和决策的僵化。当越来越多的事物被量化，人们也更加容易陷入只看重数据的误区里。关于数据在何时何地有意义的争议，已经不再局限于"标准化考试是否能够衡量学生素质"之类的讨论，而是拓展到更加广阔的领域。另外，如果企业甚至政府在决策过程中滥用数据资料或者出现分析失误，将会严重损害民众的安全和利益。如何避免成为数据的奴隶，已经成为迫在眉睫的问题。

最后，大数据的有线接入产生新的垄断和数码沟。面对大数据，谁能接入？为何目的？在何种情境下？受到怎样的限制？数据大量积累的同时，却也出现了数据垄断的困境。一些企业或国家为了维护自己的利益而拒绝信息的流动，这不仅浪费了数据资源，而且阻碍了创新的实现。与互联网时代的数码沟问题一样，大数据的应用同样存在着接入和技能的双重鸿沟。对于数据的挖掘和使用，主要限于那些具有计算机开发和使用背景的专业人士，这也就意味着谁不占据优势，谁就败下阵来，以及由此而来的面对谁更有权力的拷问。

进入大数据时代，数据的掌握者们是否会平等地交换数据，促进数据分析的标准化，在数据公开的同时，如何与知识产权的保护相结合，不仅涉及政府的政策，也与企业的未来规划息息相关。

10.2　写在最后，却只是开端

我们都很清楚自己知道什么，也知道有些东西是我们不知道的，但是大数据将开启"你不知道你不知道"的世界。

它将如新世纪的"石油"一般，石油有采光的一天，数据只会越挖越多，它是我们取之不尽的宝藏；它也是我们的"小苹果"，是我们崭新的智慧泉源，帮助我们在各行各业擦出新的火花。

正如"兵圣"孙武很多年说过的那样，"多算胜，少算不胜"，数要勤算算，必胜无疑。

再套句唐太宗李世民的经典名言，"以铜为镜，可以正衣冠；以史为镜，可以知兴替；以人为镜，可以明得失；以数为镜，可以卜未来"。

能够生活在大数据时代，应该是我们这代人最大的幸运！

聚过往世间数据，生未来万物智能。

数智赋能，开创未来！

参 考 文 献

［1］沈爱民. 大数据时代对建模仿真的挑战与思考［M］. 北京：中国科学技术出版社，2014.

［2］UBALDI B. Open Government Data［J］. Opendataforum Info，2013，27（3）：11－15.

［3］PLIMPTON S H. Designing a Digital Future：Federally Funded Research and Development in Networking and Information Technology［J］. Executive Office of the President，2010（12）：148.

［4］Annual report to Congress：military and security developments involving the People's Republic of China 2013［R］. 2013.

［5］CARLSON E，REYES A，USMANI A. FAA cloud computing strategy［J］. Journal of Air Traffic Control，2012，55.

［6］WEISS R，ZGORSKI L. Obama Administration Unveils "Big Data" Initiative：Announces ＄200 Million in New R&D Investments［R］. 2012.

［7］KRUEGER A B. Six Challenges for the Statistical Community［J］. AMSTAT News，2012.

［8］HALEVY A，NORVIG P，PEREIRA F. The Unreasonable Effectiveness of Data［J］. Intelligent Systems，IEEE，2009，24（2）：8－12.

［9］HEY T，TANSLEY S，TOLLE K. The Fourth Paradigm：Data－Intensive Scientific Discovery［J］. Proceedings of the IEEE，2011，99（8）：1334－1337.

［10］BORGMAN C L. Research Data：Who will share what，with whom，when，and why?［J］. SSRN Electronic Journal，2010.

［11］HAYKIN S，PRINCIPE J. Making Sense of a Complex World［J］. IEEE SP Mag，1998，15（3）：66－81.

［12］RUNKLER T A. Data Analytics：Models and Algorithms for Intelligent Data Analysis［M］. Berlin：Springer Vieweg，2016.

［13］ZEIGLER B. Modeling & Simulation－Based Data Engineering［M］. San Diego：Elsevier Science & Technology，Academic press 2007.

［14］NAMDEV S，RASHID，JAYANTI J. Science in the Age of Computer Simulation［R］. 2014.

［15］GLEICK J. The Information：A History，A Theory，A Flood［J］. Civil Engineering，2011，81（5）：78－79.

［16］Jaeger G. Quantum Information：An Overview［M］. Berlin：Springer，2006.

［17］LETOUZÉ，EMMANUEL. Big Data for Development：Challenges & Opportunities ［R］. 2012.

［18］TEAM O R. Big Data Now：Current Perspectives from O'Reilly Radar［M］. Florida：O'Reilly Media，2011.

［19］SONG P. Correlated Data Analysis：Modeling，Analytics，and Applications［M］. Berlin：Springer，2007.

［20］KRISHNAN K. Data Warehousing in the Age of Big Data［J］. San Francisco：Morgan Kaufmann，2013.

［21］RONCHI A M. eCulture：Cultural Content in The Digital Age［J］. Cultural Content in the Digital Age，2009，3（4）：375－376.

［22］WOOD，DAVID. Linking Government Data［M］. New York：Springer，2011.

［23］WICKHAM H. Making Sense of Data II：A Practical Guide to Data Visualization，Advanced Data Mining Methods，and Applications［J］. Journal of Statistical Software，2010，34（b01）.

［24］LEWIS T G. Network Science［M］. Hoboken：Wiley，2009.

［25］BLAHA M R. Patterns of Data Modeling［M］. Leiden：CRC Press，2010.

［26］DUMBILL E. Planning for Big Data［M］. Florida：O'Reilly Media，2012.

［27］BOYD D，CRAWFORD K. Six Provocations for Big Data［J］. SSRN Electronic Journal，2011，123（1）.

［28］AGGARWAL，CHARU C. Social Network Data Analytics［M］. Berlin：Springer Publishing Company，Incorporated，2011.

［29］陈桂香. 国外"智慧城市"建设概览［J］. 中国安防，2011，000（010）：100－104.

［30］郎杨琴，孔丽华. 科学研究的第四范式 吉姆·格雷的报告"e－Science：一种科研模式的变革"简介［J］. 科研信息化技术与应用，2010（2）：92－94.

［31］周晓英. 数据密集型科学研究范式的兴起与情报学的应对［J］. 情报资料工作，2012（2）：5－11.

［32］钟义信. 高等人工智能原理：观念·方法·模型·理论［M］. 北京：科学出版社，2014.

［33］邓仲华，李志芳. 科学研究范式的演化——大数据时代的科学研究第四范式［J］. 情报资料工作，2013（4）：19－23.

［34］Decandia G，Hastorun D，Jampani M，et al. Dynamo：Amazon's Highly Available Key－value Store［J］. ACM，2007，41（6）：205－220.

［35］PANALIGAN R，CHEN A. Quantifying Movie Magic with Google Search［R］. 2013.

［36］HAN J，KAMBER M，PEI J. Data Mining：Concepts and Techniques［M］. San Francisco：Morgan Kanfmann，2012.

［37］SHNEIDERMAN B. The Eyes Have It：A Task by Data Type Taxonomy for Information Visualizations－ScienceDirect［J］. The Craft of Information Visualization，2003：364－371.

［38］ BOGOMOLOV A，LEPRI B，STAIANO J，et al. Once Upon a Crime：Towards Crime Prediction from Demographics and Mobile Data ［J］. ACM，2014.

［39］ KANDEL S，PAEPCKE A，HELLERSTEIN J M，et al. Enterprise Data Analysis and Visualization：An Interview Study ［J］. IEEE Trans Vis Comput Graph，2012，18（12）：2917 – 2926.

［40］ CHEN M，MAO S，LIK Y. "Big Data：A Survey" ［J］. Mobile Networks and Applications，2014，19（2）：171 – 209.

［41］ BUCHEL O. Big Data：A Revolution That Will Transform How We Live，Work，and Think ［J］. Journal of Information Ethics，2015，24.

［42］ OFPRESIDENT E O. Big Data：Seizing Opportunities，Preserving Values ［R］. 2014.

［43］ MOORE A. K – means and Hierarchical Clustering ［J］. tutorial slides，2001.

［44］ MANYIKA J，CHUI M，BROWN B，et al. Big data：The Next Frontier for Innovation，Competition，and productivity ［R］. 2011.

［45］ IMO Development，PA Food. Nowcasting Food Prices In Indonesia Using Social Media Signals ［CB/OL］. ［2024 – 07 – 02］. http://www. knglobalpulse. org/sites/defanlt/files/Nowcasting prices Brief_Final_WFP.

［46］ O'NEIL C，SCHUTT R. Doing Data Science ［J］. O'Reilly Media，2013.

［47］ 马家奇. 新冠肺炎防控大数据与人工智能应用优秀案例集 ［M］. 北京：人民卫生出版社，2020.